空间正义视域下城市大遗址地区的空间生产效能研究

车志晖　张　沛　著

中国建筑工业出版社

图书在版编目（CIP）数据

空间正义视域下城市大遗址地区的空间生产效能研究 / 车志晖，张沛著. —北京：中国建筑工业出版社，2024.7. —ISBN 978-7-112-30005-1

Ⅰ. TU984.11

中国国家版本馆CIP数据核字第20245H66Q0号

责任编辑：黄习习
文字编辑：高　瞻
书籍设计：锋尚设计
责任校对：赵　力

空间正义视域下城市大遗址地区的空间生产效能研究
车志晖　张　沛　著

*

中国建筑工业出版社出版、发行（北京海淀三里河路9号）
各地新华书店、建筑书店经销
北京锋尚制版有限公司制版
建工社（河北）印刷有限公司印刷

*

开本：787毫米×1092毫米　1/16　印张：19¾　字数：418千字
2024年6月第一版　2024年6月第一次印刷
定价：**78.00**元

ISBN 978-7-112-30005-1
（43013）

伴随着发展方式的转型，我国城市正在迈入新的发展阶段。新阶段的城市发展针对过往以物质、资本为主导的模式，强调满足人的多元化需求，包括个人的发展需要和城市社会的公平、正义需求；强调人口、经济、资源、环境的空间再平衡和人的发展、城市发展、社会发展相统一。近年来，随着国家对大遗址保护利用事业的日益重视，许多地方政府将大遗址保护利用和本地区的经济、社会发展相结合，特别是城市建成区范围内的大遗址，在推动地方经济发展、改善居民生活条件、提升城市对外形象等方面取得了显著成绩。与此同时，由于城市建成区内大遗址保护利用往往叠加了旧城更新、地区再开发、文旅产业培育、增加财政收入等目标，使得大遗址地区发展在经济、社会、文化、环境以及空间等方面常常面临着诸多挑战。对此，基于新阶段城市转型发展的需要，如何审视和治理城市大遗址地区的空间生产，以及提升、改善城市大遗址地区空间生产的效能，成为本书研究的切入点。

本书以大明宫遗址地区为例，按照“问题明示—理论限定—分析框架—实证应用—调控优化”的研究思路，就大明宫遗址地区的空间生产效能问题进行了系统性研究，以期在城市转型发展的背景下，为城市大遗址地区乃至城市其他空间区域的治理、研究提供新的思路和方法。首先，本书对研究背景、意义、内容、方法、现状等进行了梳理、总结，对研究涉及的主要概念进行了辨析，并作了研究对象的界定和研究数据的准备。其次，从理论渊源、发展历程、问题指向、理论限度四个方面，对空间正义价值视域进行了范式限定；从空间的本性、核心架构、学者再建构、中国化应用四个方面，对本书运用空间生产理论开展研究的可行性进行了论证；从重要国际组织文件、国外实践经验启示、我国相关方针政策、国内典型案例经验四个方面，对城市大遗址地区效能研究的现实约束进行了明晰。再次，基于以上工作基础，对城市大遗址地区本质特征的正义性进行了认知，确立了大遗址地区空间生产效能评判的价值基点；同时结合城市大遗址地区空间生产主体的识别和空间生产模式的提炼，架构了空间正义导向下城市大遗址地区空间生产效能研究的分析框架，并就空间的表征—精神效能、空间实践—物质效能、表征的空间—生活效能的分析方法、评价模型、技术步骤等进行了详细的建构、论述。最后，依托建构的分析框架和方法体系展开了实证研究；围绕效能评价结果，就影响制约大明宫遗址地区空间生产效能水平的规划政策要素、物质环境要素、日常生活要素进行了识别和剖析；在此基础上，以效能提升为导向，提出通过回归以人为本的生产逻辑、架构多元共治的生产机制、系统性织补修复建成空间、重塑安置住区生活空间等系列措施来调控优化大明宫遗址地区的空间生产。

通过研究，本书取得的主要成果有：（1）将空间正义作为研究的价值视角，围绕城市大遗址地区空间生产效能问题进行定性与定量相结合的研究，为城市大遗址地区乃至城市其他空间区域的相关研究提供了新的思路和方法。（2）基于城市大遗址地区空间生产主体的价值目标和空间偏好，提炼总结了城市大遗址地区空间生产的机制与模式。（3）基于“精神效能—物质效能—生活效能”的影响要素体系，系统架构了城市大遗址地区空间生产效能分析框架和评价体系。（4）以效能提升为导向，制定了大明宫遗址地区空间生产调控优化的对策。

站在城市转型发展背景下，基于空间正义价值视域对城市大遗址地区空间生产效能进行研究，吻合了新时期城市空间治理的现实需要。积极探索空间正义视域下城市大遗址地区空间生产调控优化的对策，不但可以系统分析城市大遗址地区的空间生产机制并探索优化路径，而且还可以为城市大遗址地区空间政策总结、规划设计决策、日常管控导引等提供更为坚实的依据和支撑，是对“人民城市”理念的落实和体现。

目录

第一章 导论

第一节

研究背景

一、城市空间生产的转型意蕴

（一）社会转型中的空间生产新命题

改革开放40多年以来，空间商品化成为推动城市发展的主导力量之一，加之地方政府对土地财政的依赖、宽松的金融信贷政策以及尚不完善的开发监管体制等，导致城市在发展过程中产生了诸多问题和矛盾。第一，大规模的新城、新区建设，使得土地城镇化远远快于产业城镇化，“空城”“鬼城”现象不断涌现。根据历年《中国国土资源公报》数据显示，2003～2019年我国累计出让国有建设用地412.39万公顷，出让合同价款总额46.4万亿元。第二，基于地方政府的财政、政绩诉求，许多城市在发展过程中选择大拆、大建模式，致使城市千城一面、特色消失。在此过程中，面对珍贵的历史文化遗产，有严重者甚至出现拆真建假、机械复制、怪异审美的城建现象。第三，权力和资本主导下的城市空间生产，更多关注的是空间资源商品化过程。投资集团通过与地方政府博弈，获得更多的空间资源分配主导权；而政府由于对市场机制缺陷的认识不足、干预机制的不完善，致使空间生产在一定程度上成为投资方获利的方式，进而造成城市文化脉络不续、公众利益无法保障等现象（表1.1）。党的十九大报告指出：“我国社会主要矛盾已经转化为人民日益增长的美好生活需要和不平衡不充分的发展之间的矛盾”。这一社会发展转型论断的提出，意味着今后我国的城镇化道路将发生系统性和全局性变化。首先，新阶段的城镇化将不再以物质空间的生产为主导，物质空间的生产从属于满足人民方方面面需求，这其中自然涵盖了民主、法治、公平、正义的公民社会建设需求，特别是平等参与城市治理的需求；其次，新阶段的城镇空间生产将一改以往唯资源、唯资本的粗放生产模式，进而转向以人的发展、经济发展、可持续发展相均衡的新模式；最后，新阶段的生产目标就是空间的协调发展，就是在新的空间生产过程中解决先前的空间隔离、空间排斥等空间失衡问题以及协调人口、经济、资源环境间的冲突、矛盾，进而实现发展的再平衡[1]。

权力、资本主导模式下的城市空间生产实践效果分析　表1.1

类别	对象	内容	效果
主体部分	政府	财政收入增加	◎
		政绩目标实现	◎
		社会信任获得	●
	市场	经济利益获取	●
		企业地方贡献	◎
	居民	经济利益获取	◎
		生活条件改善	◎
		地方社会关系	●
	租客	经济利益获取	●
		生活条件改善	●
		地方社会关系	●
公共部分	社会网络存续		●
	地段活力水平		◎
	物质环境改善		○
	历史环境保护		●
	良好氛围培育		●

（注：○较好实现，●不能实现或效果为负，◎介于两者之间）

（二）存量发展模式下的空间复杂性

经过几十年的快速发展，我国城市开始进入由“量”到“质”，控制增量、盘活存量的阶段，优化存量成为未来一段时间内城市空间生产的主要方式[3]。特别是随着新一轮空间管理体制改革的到位和空间政策、规划的逐步落地，针对存量式的空间生产模式正在成为地方政府提升城市品质、优化老城功能、焕活历史地区、促进产业升级的新路径。但存量空间的问题、矛盾显然要复杂于大面积扩张带来的增量空间，这主要体现在存量空间表征的碎片化、利益主体的多元化、社会关系的复杂化方面。

1. 空间表征的碎片化

地方政府在“经营城市”理念的指导下，一方面，快速的空间蔓延，新建城区不断包裹已有建设区，使得以往的空间结构不断被突破，并在空间上表现为无规律的新旧分异；另一方面，集中式的城市开发，使得城市空间肌理中混合着不同时期建设的不同断层，如摩天大楼旁边的传统历史街区、繁华喧闹街区背后是老旧城区、城中村，抑或废弃的工业区、农田大棚等；此外，门禁社区的兴起一定程度上影响了城市空间的有机联系，呈现出碎片化的肌理表征[4]。

2．利益主体的多元化

利益相关者多元化突出表现在空间权属结构的复杂多元和空间管理部门的复杂多元。在空间权属结构上表现为国有、事业集体、城中村集体、公司、个人等各种类型的权属主体；在空间管理部门上表现为自然资源、发展改革、住房和城乡建设、园林绿化、文物管理、文化旅游、管委会、村委会、居委会等各级、各类的管理主体。同时在此基础上，通过整合、变异、拼凑、组织等路径或方式，抑或通过潜藏的错综复杂社会关系网络途径，演化为各种各样的社会类、市场类行为主体。

3．社会关系的复杂化

空间复杂表象的背后实际上是对复杂社会网络关系的反映。改革开放以来，资本、权力导向下的城市空间生产对传统以地缘、业缘为纽带的社会关系网络造成了巨大冲击，以往清晰、均质、稳定的关系网络在城市化进程中逐渐发生变化，转而替代为陌生、异质、脆弱的新关系。新社会关系是以利益为纽带，表现为邻里人情淡化、公共事务参与度低、阶层分异和社会分化等现象。与此同时，由于相应的社会建设和制度建设又滞后于上述现象，导致在具体的公共生活中往往呈现出功利化、肤浅化、离散化甚至极端化倾向。

（三）民众参与公共事务意识的增强

首先，改革开放以来，伴随社会经济的快速发展和城乡居民收入的增长，我国民众对公共事务的关注和参与程度达到了前所未有的高度。其实早在20世纪中叶李普赛（S.M.Lipset）的研究就认为“民主政治与市场经济呈正相关”。此后，阿尔蒙德（Gabriel A. Almond）、丹尼尔·勒纳（Daniel Lerner）、罗伯特·A. 达尔（Robert A. Dahl）等学者均对此作了相关性的论断和佐证，至此基本上形成了“经济物质条件是公民社会和民主政治的物质基础，是公民参与公共事务的原动力”的观点。我国学者储建国的研究也认为“市场经济的发展为市民社会的发展提供了物质储备，在市场经济的发展过程中，一方面拓展了公民社会的活动空间和造就形成了公民主体，另一方面也培育和建构了公民社会意识和民主自治机制”[5]。

其次，权力和资本导向下的空间生产活动，在一定程度上促进了以“平等、协商”为特征的契约社会形成，并从社会层面推动以“平等、自治”为理念的契约关系的建构，培育了民众的民主参与意识[6]。一方面在具体的空间生产事务中，如：地块规划编制、更新改造计划、公共设施配套等，民众出于维护自身利益的考虑，通过自组织或他组织的形式主动参与到具体事务实践活动中，并尽可能地影响政府对公共事务的决策；另一方面，地方政府出于对资本的约束和对公平正义环境的建构诉求，在社会的公共事务中往往希望通过座谈、协商、公示等形式广泛征集民众意见。此外，新闻媒体特别是近年来新媒体的迅速发展，对公共事件的及时关注和报道，极大鼓励和激发了公众对公共事务关注的热情，在网上通过发帖、留言、回帖等形式形成了广泛的社会讨论。

最后，我国政府一直都将“公民的有序参与”作为推进中国特色社会主义政治的重要内容，通过法律和制度形式要求各级决策机关都要完善重大决策的规则和程序，建立透明完善的公共参与制度。公众参与是加强改进政府工作的重要手段，是实现有效公共管理的重要途径；公众参与的制度化是保障公众权益、促进社会和谐的重要手段。对此，在党的十九大报告中明确提出“要加强社会治理制度的建设，完善党委领导、政府负责、社会协同、公众参与、法制保障的社会治理体制；加强社区治理体系建设，推动社会治理重心向基层下移，发挥社会组织作用，实现政府治理和社会调节、居民自治良性互动”。总体而言，在国家层面，无论是法律方面，还是政府制度和政策引导方面，都赋予了民众参与公共事务的权力。

二、消费对历史文化符号偏爱

（一）消费主义与消费型社会

消费主义是把个人物质上的自我满足和快乐放到第一位的消费思潮或风气。该思潮促使人们不断追求新的消费品，以满足自己的精神快乐。消费已不再看作一种手段，而是消费本身，即为消费而消费。消费主义反映了发达资本社会中人们追求自我表现或为了寻找自我而进行的个性表现行为。早在19世纪末，托斯丹·邦德·凡勃伦（Thorstein B. Veblen）就研究了消费的社会性动机和功能，并描述了新贵阶层的“炫耀性”消费[7]。从20世纪末开始，许多西方学者对消费主义现象进行了分析研究，其中亨利·列斐伏尔（Henrry Lefebvre）认为“现时的资本主义对剩余价值的压榨已经转到了对大众消费的培育”，而对物品的消费从使用价值转向了符号价值[8]。马克斯·霍克海默（Max Horkheimer）、赫伯特·马尔库塞（Herbert Marcuse）、维克托·弗鲁姆（Victor H.Vroom）等认为，今天的生产早就不是简单的产品生产，这其中还包含了消费欲望和消费激情的生产。

作为消费主义最重要的理论奠基人之一，让·鲍德里亚（Baudrillard）认为商品除了具有使用价值之外，还具有象征价值—符号价值，有意义消费是一种系统化的符号操作行为，符号价值在消费的过程中是用来体现文化需求和地位炫耀的。不同阶层的人们通过社会等级的跨越发展，在达到更高地位的同时，也提出了通过文化符号来炫耀身份和地位的需求。鲍德里亚在其著作《消费社会》中，对消费型社会的内在逻辑进行了总结：[9]

第一，消费型社会是以市场逻辑为指导原则，商品消费面前人人平等，生活中的一切都可以用来消费，公民的基本权利是通过消费来获得。

第二，消费不仅仅体现在物质文化上，更体现在文化含义上，消费体现个人身份。正如英国学者西莉亚·卢瑞（Celia Lury）所描述“商品都具有价值，其价值取决于消费者的价值观，每个人既是价值的评判者也是被评判的对象，人们之所以选择这些商品，是因为它们有相应的等级”。

第三，消费并不是传统经济学意义范畴里对物质的需求和满足，而是指人与物品的关系，不是商品和服务的使用价值，而是他们的符号象征意义。在消费型社会里，消费目的已远远大于实际需求的满足，是不断追求被制造出来、被刺激起来的欲望满足。

第二次世界大战后，随着经济的长足发展和社会的深刻转型，西方国家的社会财富大量增加，以美国为代表的消费型社会开始广泛出现，并伴随着全球化的进程向世界各地开始渗透。在此过程中，文化、艺术成为物质商品消费的一部分，消费也不只是一种满足物质欲求的简单行为，而是从方方面面开始建构社会与空间之间的关系，成为资本空间再生产的新动力。在此背景下，纽约的苏荷区、旧金山的渔人码头、伦敦道克兰等曾经衰败的历史地区，通过符号化的空间再生产，摇身变成全球前卫文化消费空间。

（二）我国消费型社会的发展

经历了改革开放40多年的发展，我国消费领域已发生了巨大变化，消费总量持续扩大，消费结构优化调整，新兴业态不断涌现，商品短缺和凭证供应的时代一去不复返，消费成为经济增长的第一驱动力。特别是从消费结构来看，随着人民生活水平的不断提高和市场供给端的长足进步，大众化消费增速加快，并开始向多样性和个性化迈进。2018年全年社会消费品零售总额超过38万亿元，同比增长9%，最终消费对经济增长的贡献率达到76.2%。2018年，我国餐饮收入首次突破4万亿元大关，为国内消费市场贡献了重要力量。伴随消费升级，品牌化、个性化、智能化正在成为新餐饮时代的几大趋势。2018年，国内旅游人数超过55亿人次，旅游收入超过5万亿元，同比分别增长10.76%和12.3%。出境游方面，2018年我国出境游客达到1.4亿人次，消费超过1200亿美元。种种数据表明我国已进入以消费为导向的社会，而且从消费结构来看，居民消费正在由实物型向服务型和符号型全方位迈进。文化、教育、度假、餐饮、养生、休闲等服务性和符号型消费正在成为新的热点。

与此同时，时尚消费、炫耀消费、品位消费等国际性消费文化正在强烈地塑造着我国消费的社会空间形态。消费已不仅是经济学意义上的效用最大化，也是社会、空间上的建构和区分，这主要体现在以下几个方面：[10]

第一，当前我国的居民消费观念整体呈现出勤俭节约与追求享受并重、注重实用与追求品牌共存。从日常生活用品，到家庭房屋居所，再到出行交通工具，形形色色、琳琅满目，无不被区分成不同类型、不同档次、不同品牌，进而建构和区分了不同消费观念和经济基础人群。

第二，越来越多的商品被赋予符号价值，如钻戒象征爱情、宝马象征富裕、文艺装饰象征品位、街区风貌象征文化底蕴、城市CBD象征发达和繁华等，而这些在一定程度上区分着每个人的知识、收入、职业、阶层等方面的差异。

第三，炫耀、奢侈性消费随处可见。从名牌服装、高档餐厅、高档宾馆，到名人晚宴、豪华跑车、人文豪宅、古玩字画等，处处渗透着地位和体面的象征，特别是在网络媒体的助推下大有越演越烈之势。

第四，在消费领域中“品位”成了“品质”的替代词，资本通过营造一种有品位的消费社会环境，让人们形成一种“没钱可以但是不能没品位”的消费观，进而忽视产品的使用价值，更加关注环境和品牌的符号价值，如：三里屯、新天地、夫子庙、太古里、派克、宜家等文化符号型消费空间和消费品牌。

总体而言，在国际性消费文化的影响下，当前我国居民对消费过程中的文化符号价值越来越重视，而这种现象通过与权力和资本的关联，在城市空间上表现为文化符号型空间的再生产，大量打着国际、时尚、欧美、历史、生态等文化标签的城市中心、高端住区、商业街区、店铺商店等迅速复制和传播开来。

（三）消费对历史符号的偏爱

在消费的分化中，不同经济水平、社会地位、消费观念人群，往往会选择不同的消费场所。也就是说，消费空间本身也成为商品的一种附加符号，甚至有时消费空间本身就是一个消费符号，这样就出现了“在什么地方消费”有甚于“消费什么”的情况[11]。近些年来，随着收入的增长和受教育水平的提升，我国居民特别是中产阶层在追寻物质消费品升级的同时，开始喜欢精致文化、享受小资情调，喜欢到一些历史文化环境“厚重”的空间进行消费打卡（如：在2019年9月旅游景区行业的百度搜索和咨询两组指数排名中，两项排名前五的景点中有7家是历史风貌类，图1.1）。在此过程中，他们对于历史地区背后的真实文化信息好像不太关注，往往更加看重在这种貌似有人文气息环境中的消费，进而标识自己身份、地位、价值观等，消费更像是一种对“品位”生活的标榜和炫耀。

消费对历史文化空间的偏爱，究其原因主要有以下几方面：

（1）潜在的高额垄断性地租驱动

历史地区作为城市中的稀缺资源，其独特的文化内涵和空间特质使其本身及周边地区能衍生高额的垄断性地租和良好的对外形象展示功能，也因此成为权力和资本进行空间再生产重点“关照”的地区。历史文化资源潜在的商业衍生价值往往是历史地区再生

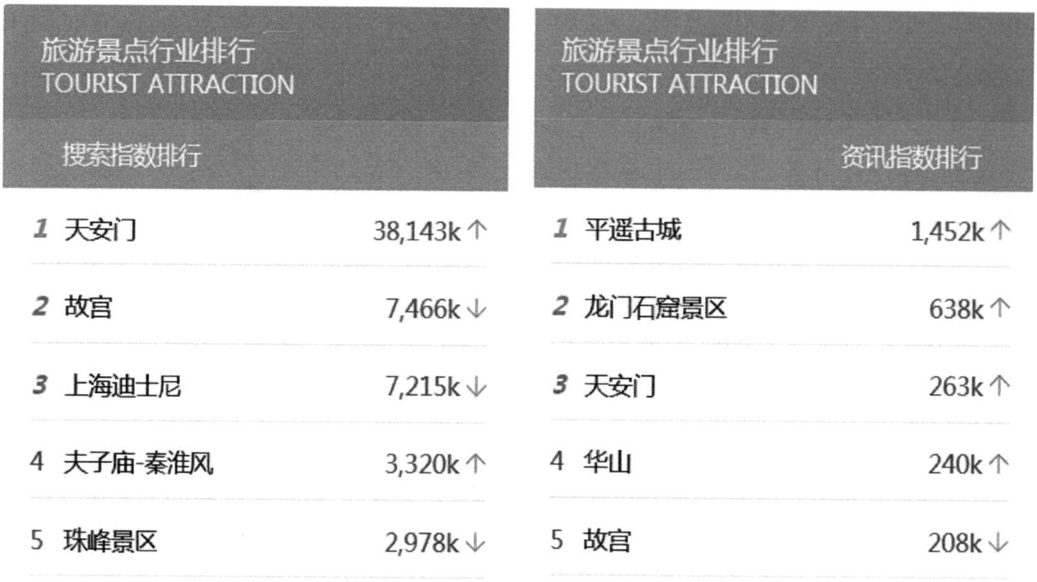

旅游景点行业排行 TOURIST ATTRACTION 搜索指数排行		
1	天安门	38,143k ↑
2	故宫	7,466k ↓
3	上海迪士尼	7,215k ↓
4	夫子庙-秦淮风	3,320k ↑
5	珠峰景区	2,978k ↓

旅游景点行业排行 TOURIST ATTRACTION 资讯指数排行		
1	平遥古城	1,452k ↑
2	龙门石窟景区	638k ↑
3	天安门	263k ↑
4	华山	240k ↑
5	故宫	208k ↓

图1.1　2019年9月国内旅游景点搜索和资讯排名

（图片来源：根据百度旅游行业检索数据整理绘制）

的动力源和新需求创造的媒介[9]。对历史地区进行空间再生产，一方面是为了释放历史文化遗产本身的文化价值和形象价值，另一方面通过历史文化价值的溢出效应能有效带动周边土地升值。

（2）符号化历史风貌的空间遐想

在上述条件下，我国许多城市将历史地区作为重点打造开发之地，如：上海外滩、南京南捕厅、成都东华门、西安曲江等。这些地区都具有特定的历史环境氛围，政府、开发商、设计师等通过建筑外饰、景观暗示、细节传递、绿植小品等符号物语，创造出一种超真实的历史场景和历史氛围，让身处其中的人们仿佛回到了久远的历史，进而自觉或不自觉地消费这些被符号化后的空间或空间中商品和服务。最终，使人们在心理上仿佛摆脱了日常生活的五味杂陈，收获了精致、文艺、华丽的品质生活。

（3）保护利用实践中的资本逻辑

从当前我国实践来看，对于城市历史地区的各种更新改造，往往是基于权力和资本的逻辑，而非文化遗产保护的逻辑。根据学者们的研究总结，国内城市内部历史地区的更新改造利用模式主要有：文化休闲、住区商业、博物馆社区、综合性开发4种类型（表1.2），其中从实践的经济效果和公共形象塑造方面来看，文化休闲和综合性开发模式最受地方政府和资本的青睐，但往往这两类的“原真性”也最受质疑。究其根本原因：在经济利益驱使下，符号性的空间再生产在“保护、更新、传承”的框架下往往与权力和资本的利益诉求相结合[7]。

历史地区四种更新改造利用模式　　表1.2

模式	主要衍生功能	典型案例
文化休闲	餐饮、休闲、观光	北京南锣鼓巷、上海新天地、重庆解放碑等
住区商业	居住社区、商业区	苏州桐芳巷、北京南池子
博物馆社区	文化教育	良渚遗址、上海多伦文化名人街
综合性开发	居住、餐饮、休闲等	西安曲江遗址地区、成都金沙遗址地区等

（表格来源：根据张佳，华晨. 城市的文化符号及其资本化重组——对国内城市历史地区仿真更新的解析整理绘制）

三、城市遗址保护的现实困境

近年来，随着国家对历史文化遗产保护利用重视程度的不断提升，我国大遗址保护利用事业也得到了长足的发展和进步。在经费投入方面，2005～2018年中央财政累计安排大遗址保护专项经费200多亿元，共支持“六大片区、四条文化线路”专项项目2000多个，动辄数以亿计的地方投入更是屡见不鲜，如：成都配套16亿元，西安配套15亿元，良渚遗址一项累计投入达30多亿元；在制度管理建设方面，除国家层面的遗址保护法律、法规以及工作方针、政策的完善，各地方政府也相继制定颁布了地方性大遗址保护管理条例，并将遗址保护与安全工作纳入地方领导班子和干部综合考核评价体系；在推动地方发展方面，大遗址保护利用行动直接带动遗址地区餐饮、旅游、文化等产业的蓬勃发展，如：良渚遗址保护所带来的潜在产业收益每年约3.68亿元，同时改善了遗址周边地区的生活环境，极大地提升了城市形象（余建立，2017）。但在大遗址保护事业推进过程中，也陆续暴露出了一些问题和困境，特别是位于城市发展建设区内的大遗址保护利用，由于其空间区位的特殊性等，对其保护利用呈现出了比较复杂的矛盾和困境，这主要体现在以下几个方面：

（一）遗址保护与城市发展之间矛盾

随着转型发展、文化强国战略的推进，近年来许多地方政府都将遗址作为城市可持续发展的重要资源，但受限于地方政府对土地财政的高度依赖、大规模旧城更新改造的快速推进、城市基础和公共服务设施配套挤压，以及利益驱使下的违法违规建设等，使得大遗址保护与城市发展之间的关系仍然紧张而激烈。

偃师双语实验学校2011年5月、2013年1月、2014年5月多次在商城遗址保护范围内进行违章建设，均被文物部门立案查处。2015年1月6日，文物执法人员再次发现该学校在违章施工，且发现现场已开挖长约29m、宽约13m、深约2m的建筑基坑3处，基坑内有约800个深7m的桩基直接打在遗址本体的灰土层上，对遗址造成了不可逆的破坏。2011年以来，偃师区文物执法部门对商城遗址保护范围内的违章建设行为已累计立案处理达42起，但至今仍然无法杜绝此类破坏行为。

2013年，随着洛阳古城更新改造的展开，附近的老住户纷纷搬离，一个斥资127亿元打造“洛邑古城”新景区的行动开始了。然而，2015年1月，国家文物局接到群众举报称，洛阳金元古城文化建设有限公司在隋唐洛阳城遗址保护范围和建设控制地带内进行了多处违法建设，尤其是古城一期北侧挖出来大坑（现为游乐场），明显破坏了1988年第三批全国重点文物保护单位隋唐洛阳城遗址中的部分街区格局（图1.2，图1.3）。随后国家文物局通报地方负责人要求严格依法处理，中央电视台记者也同时赴洛阳采访报道了东西南隅违法拆建情况。而与之相反，部分报纸媒体陆续刊登了《一座千年古城的民生追求》《洛阳老城的凋敝与新生》等文章为这次破坏文物古迹行为大唱民生赞歌。在这场大拆大建、拆真建假的行动背后，本质上是对商业开发利益的追逐，与遗址保护的真实性和完整性原则相距甚远。对此，住房和城乡建设部、国家文物局于2019年3月21日予以通报批评，并限期将整改情况上报住房和城乡建设部和国家文物局。

图1.2　2014年12月洛邑古城施工现场

图1.3　2019年9月洛邑古城景区及内部停工围挡

此外，还有荆州市楚纪南故城遗址核心区上建生态农庄、广州地铁六号线二期萝岗车辆段施工过程中5座先秦古墓遗址被破坏盗挖、济南市大辛庄遗址遭铁厂北路西延工程施工破坏等，频繁的遗址破坏事件反映了城市发展与遗址保护之间矛盾的复杂性和长期性，并成为困扰城市发展与遗址保护的一大难题。

（二）市场化运作模式下的负外部性

一直以来，国家财政拨款是我国大遗址保护经费的唯一稳定来源，但相较于大遗址的规模和重大意义，特别是对于分布于城市内部的大遗址，这些经费显然还远远不够（表1.3）。2005年8月25日，财政部、国家文物局以财教〔2005〕135号印发了《大遗址保护专项经费管理办法》；2013年6月9日，财政部、国家文物局以财教〔2013〕116号印发《国家重点文物保护专项补助资金管理办法》。尽管上述管理办法在制度层面上保障了大遗址保护的部分经费来源，但面对高额的保护拆迁安置成本和持续不断的日常管理维护投入，许多地方政府在政绩和利益的考量下，通过权力释放、利益让渡等办法将大遗址保护与市场开发相结合，利用市场开发运营能力去解决大遗址保护利用中经费不足的问题。

“央地共建”模式下国家及部分地方政府的大遗址保护经费投入情况　　表1.3

层面	经费投入情况
国家	2005～2012年，财政部和国家文物局启动了大遗址保护项目，对具有重大影响的大遗址每年投入不低于2.5亿元的保护经费，累计支持103处大遗址，1151个项目；2013年起，我国开始实施《国家重点文物保护专项补助资金管理办法》，其中2016年预算支出54.4亿元、2017年50.0亿元、2018年53.3亿元、2019年56.1亿元，每年用于大遗址保护中的考古调查、维修保养、环境治理、陈列展示、管理体系建设等项目的支出约占专项补助资金总额的5%～10%
地方	杭州：①财政专项经费划拨；②余杭区政府开创性建立了土地出让金反哺文物保护机制，在远离良渚遗址区、最靠近杭州主城区、最具价值的26平方公里范围内，将土地出让毛收入10%用于反哺良渚遗址保护；③市场配置，引入市场主体参与良渚遗址保护；④社会捐助，引导有社会责任意识的大型企业资助遗产保护事业，仅南都集团就捐助80亩土地和一座高水准的良渚博物院。通过上述渠道，余杭区累计筹集保护资金30余亿元，用于石矿关停、国道改道、搬迁安置、环境整治、遗址展示等项目
	西安：汉长安城遗址保护投资估算86亿元
	成都：金沙大遗址保护经费累计支出超25亿元
	洛阳：隋唐洛阳城遗址保护累计支出超32亿元

（表格来源：根据《大遗址保护专项经费管理办法》、财政部历年文物保护专项补助资金通知、《浙江文物》、《汉长安城遗址保护总体规划》、《金沙大遗址保护与利用的探索及实践》、于冰．大遗址保护财政制度需求特征与现状问题分析整理绘制）

地方政府通过对大遗址保护利用的市场化操作，一方面减轻了财政支出压力；另一方面还通过市场化开发，获取了高额的周边土地增值收益和良好的政绩形象。但在此过程中，由于地方政府对市场缺陷的认识不足，也造成了许多负面效应。如：为了获得更多土地增值收益和提升城市形象，利用大遗址的文化溢出价值在遗址周边地区进行商业地产开发，各种风貌性高档住区、大型购物中心等推动着遗址地区的“绅士化”；遗址及周边地区原住居民的利益被挤压，新安置的住区不论是配套设施还是环境品质均无法与同区位市场化住区相比；遗址类景区为了提高人流量，经常性地举办一些与遗址文化主题不相匹配的节事活动，这在一定程度上削减了遗址的文化教育功能；随着遗址区周边景观环境、生活环境的改善，相邻地区的地价和房价开始快速增长，为此本地居民、外来务工人员等不得不为日常的衣食住行增加更多的支出；遗址区的景区化、公园化引来大量游人，他们将在特定的时间段内与遗产所在地居民在基础设施、公共设施和环境设施等方面形成竞争，导致这些设施使用紧张和供给不足，在一定时间段内降低了当地居民的生活品质等（图1.4）。

毫无疑问，应该正视遗址开发利用过程中的负外部性，特别是对于潜在危及遗产资源安全、开发运营的趋利性、拆迁安置问题等负外部性要予以特别的关注，需要通过科学合理的政策制度体系、公平公正的社会参与体系、活力有序的多空间秩序体系予以纠偏和矫正。

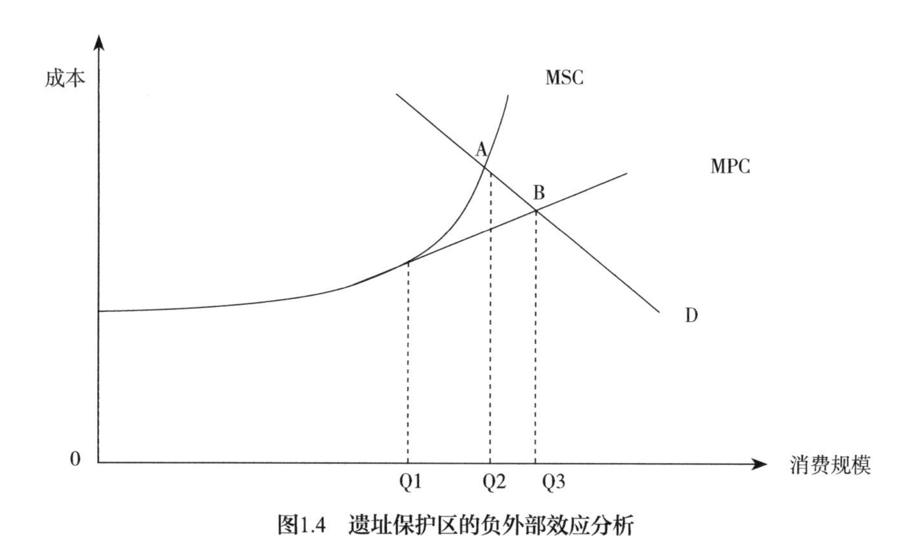

图1.4　遗址保护区的负外部效应分析

（注：横轴代表消费规模，纵轴代表成本；MSC为社会边际成本曲线，MPC为私人边际成本曲线，DD为需求曲线；Q1表示拥挤成本为零，Q2表示最佳消费规模，Q3表示实际消费规模。图片来源：根据余洁. 遗产保护区的非均衡发展与区域政策研究——以西安大遗址群的制度创新为例整理绘制）

（三）重点轻面的孤岛式空间保护模式

当前，我国建城区内的大遗址保护利用普遍存在重本体轻环境的问题。由于城市内部空间资源稀缺性，在保护利用过程中常常会人为割裂遗址本体与背景环境之间的内在联系，对遗址的完整性造成了一定程度的破坏。首先，《中华人民共和国文物法》对遗址保护区的划定只进行了原则性规定，特别是建设控制地带的划定，往往在许多保护利用规划中采用“以既有的道路为界”和“直线+点”的划定模式，如：人为地从遗址本体边界起外延多少米，形成空间上圆形或方形保护区（图1.5）。这种划定方式操作简单，界限明晰，及时解决了大遗址保护缺乏空间管理依据问题，但对遗址的环境构成考虑不周，划定和管理过于简单粗糙，加之激励的发展建设使得遗址保护范围内外形成强烈的对比反差，造成空间上的保护“孤岛”。其次，随着新的考古发掘，有些大遗址保护区需要重新进行优化调整，但迫于“新”“老”遗址之间既成的建设事实和巨大的利益关系，本应关联一体的空间范围，却被“既成建设”分割成彼此独立的保护“小岛”。如，广州的南越国宫署遗址，从20世纪70年代以来，陆续发现了造船遗址、宫殿遗址、水闸遗址等，但迫于当时认识水平和建设压力等，没有形成一体连片的遗址保护区，而是被现代建设穿插、割裂。最后，我国许多城市如北京、南京、成都、西安等建成区内分布有大、中、小不同尺度和不同历史时期的遗址，它们是城市风貌特色、文化空间以及宜居环境等建构的要素构成，但现实操作过程中往往“重大轻小、重点轻面”，仅对个别大型遗址地区予以了单独考虑，缺少从城市总体框架中进行全局统筹性考虑和安排。如：《西安市城市总体规划（2008年—2020年）》中仅粗略划定了主城区内各大遗址保护区界限和保护范围内的建筑风格，而对于大、中、小遗址共同形成的空间体系以及文脉关系对城市总体空间格局特色塑造影响等未作相应的规划安排（图1.6）。

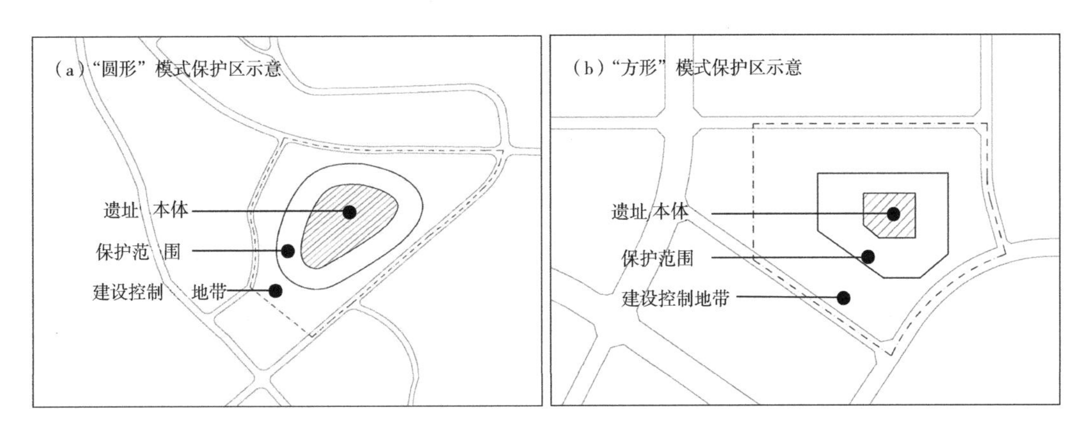

图1.5　我国城镇大遗址保护区划的空间模式

（四）双轨管理下的制度性协调困境

我国对大遗址的保护管理实行的是垂直分级与属地政府相结合的双轨并行管理体制，即：在技术业务上是以国家文物局为统领的行业垂直分级管理，在行政业务上是以地方政府为统领的横向部门管理（图1.7）[13]。这种“条条块块”的管理制度，导致在实践工作中表现出诸多方面的不适应、不到位：

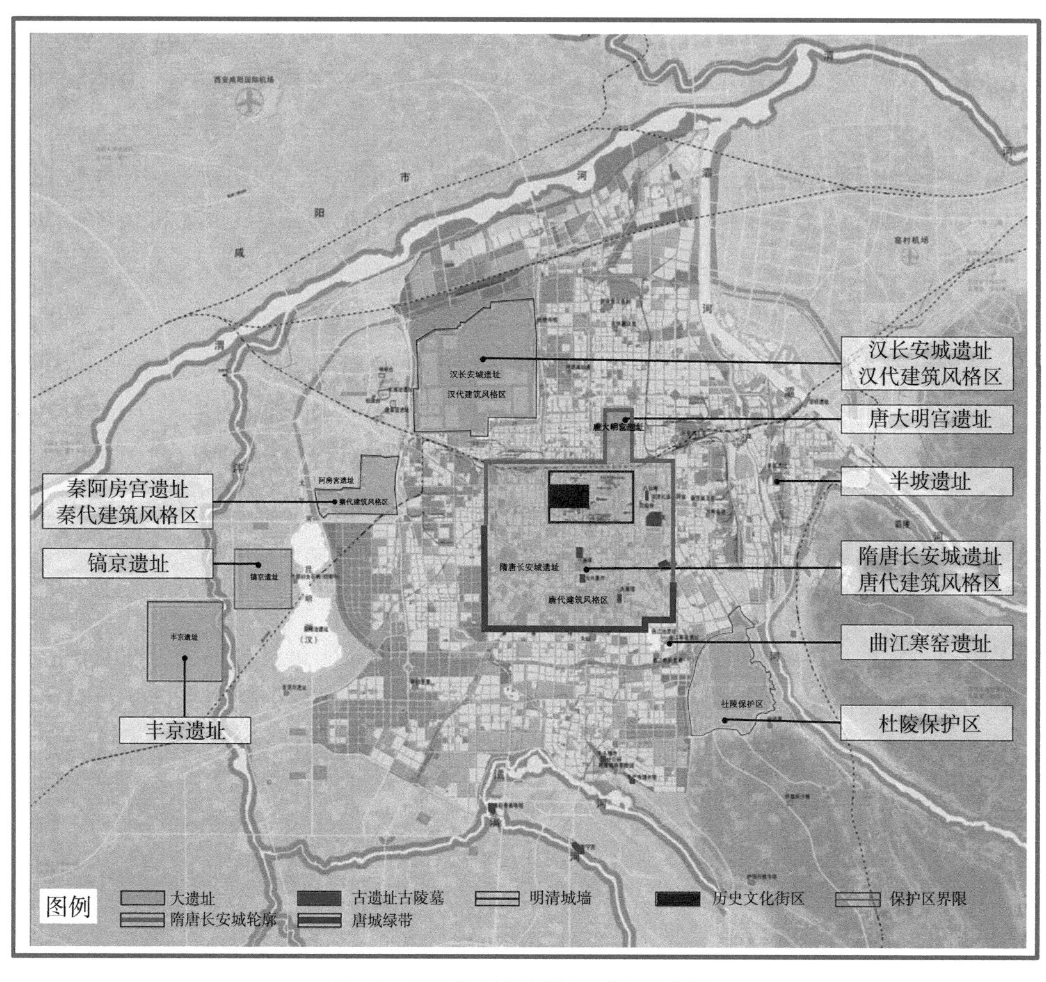

图1.6 西安市主城区遗址保护规划情况

（图片来源：根据《西安市城市总体规划（2008年—2020年）》整理绘制）

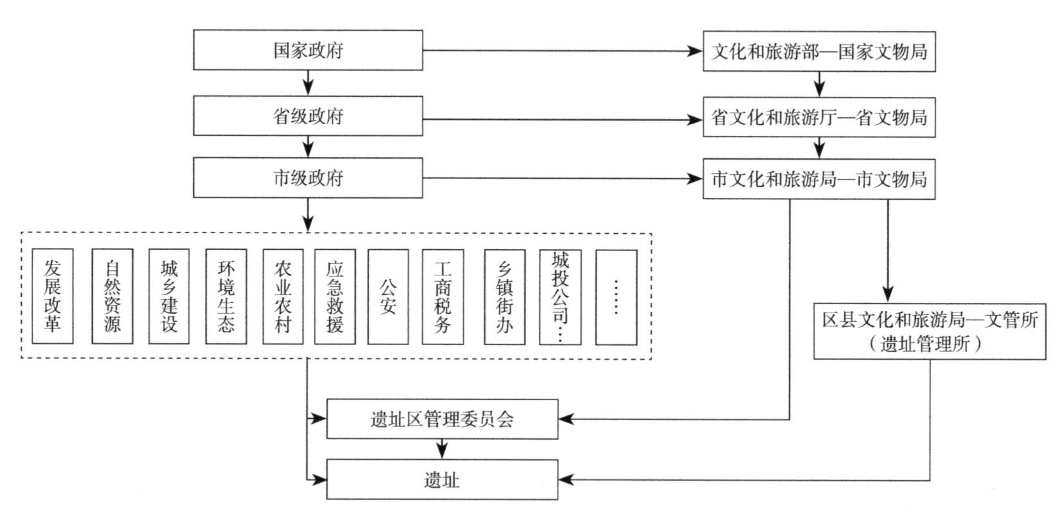

图1.7 我国"双轨"并行的大遗址管理制度

（1）部门间职能重叠、管理交叉

在大遗址日常行政管理中，文物、建设、土地、环境、财政等许多部门都对大遗址直接或间接设有一定管理权限，如：在国家层面，由国家文物局和财政部共同管理大遗址保护专项经费的申请划拨，自然资源部和国家文物局共同对大遗址保护区用地负责管理，住建部与国家文物局共同对城市建设范围大遗址保护区建控地带内的建设活动进行管理；在地方层面，省、市、县政府各级的自然、城建、环境、文旅等部门都对大遗址区在使用、经营、收益、执法等方面拥有部分管理权，权力边界模糊、管理主体混乱，使得许多国家法规、政策、方针等难以高效、有效落实。横向体制间权限冲突和纵向管理目标的路径偏移，不仅导致了大遗址保护管理的行政效率低下，还容易出现权力的利益越位和责任缺位现象，由此也成为大遗址破坏事件屡屡发生的重要原因之一[14, 15]。

（2）微观主体创新的不完全职能

鉴于城市快速发展与大遗址保护之间的激烈冲突，地方政府根据大遗址的空间分布状况和预期开发潜力，在行政管理上进行了整合，成立遗址地区管理委员会。区别于文管所、博物馆等传统遗址管理机构，遗址管理委员会除了传统遗址保护利用管理职能外，还具有将大遗址保护利用与地方经济发展相结合的综合性发展建设职能。当前，这种微观主体主要有两种组织模式：一种是作为市级政府的独立派出机构，下设城建、国土、规划、文保、产业等管理部门，负责整个遗址地区的招商引资、土地开发、空间规划、产业发展、遗址保护等职能，从实践反馈来看，这种模式往往会挤压和弱化遗址保护职能，管理天平更倾向于发展地方经济，如：西安曲江模式；另一种是与辖区政府共同组建成立联合型遗址管理委员会，管委会没有独立的人事和财务权，在涉及遗址保护经费和地方发展支出的协调关系上存在与管理目标不一致问题，如：杭州良渚模式[12, 13]。

（五）公众参与遗址保护利用程度低

相较于前文梳理国外的广泛公众参与情况，我国大遗址保护利用中公众参与度仍然较低，这主要体现在参与主体以政府为主、公众的参与能力不足以及缺乏相应的引导机制：

第一，参与主体以政府为主。我国大遗址保护利用事务更多体现为政府行为，从管理政策制定，到项目实施、落地运营等环节，政府常常习惯性地进行“大包大揽”，少有个人、非营利组织、企事业单位等能真正纳入大遗址保护利用的权力主体行列。如：对大遗址地区的保护利用工作通常由政府组建的遗址管理委员会牵头，而公众只是被动地参与给定的环节和内容，即使对与切身利益直接的相关拆迁安置方案提出异议，政府也会先通过各种程序、形式上的措施予以最大程度的化解。此外，政府牵头召开的专家会、技术会等，通常会在会前通过不同的渠道、形式达成共识，以保证会议的效果可控。

第二，公众的参与能力不足。城市中的大遗址一般多分布在老旧地区，以城中村或老旧小区为主，人员受教育程度低，对社会公共事务认识能力弱，在改造利用中较少关心遗址保护利用所带来的长远利益，更多会倾向于眼前拆迁补偿、居住环境改善等看得见的物质利益。他们不具备参与应有的专业技术能力，也没有相应的社会组织予以援助，不了解复杂的专业术语和参与程序，即使参与入户访谈、举办听证会等，他们更多聚焦于能带来多少物质性财富，而不是遗址保护所带来的文化意义和社会意义。

第三，缺乏相应的引导机制。法国、美国、日本等都将社会公众作为遗产保护的重要力量，如：法国每个城市都有遗产保护的义务宣传员，他们来自社会的不同阶层，代表多方利益群体，自发组织遗产保护成果展览，并与教育机构联合开展日常的保护教育；同时在重大事项决策中，由各种专业的非政府组织和民间组织与文化部共同协商完成。相较于这些，我国明显对社会公众参与遗址保护利用的动员和引导不够，即使偶有热情和动力，却无法找到对应的平台和路径。

综合以上背景情况，无论是转型背景下城市建成区内大遗址保护利用所要面对的新命题，还是消费型社会对历史文化符号的偏爱，乃至如何审视和面对城市发展与遗址保护之间的矛盾、保护利用过度市场化下的负面效应、体制机制不完善导致的保护利用方式的弊病以及社会公众的不完全和不充分参与等，归根结底是在遗址区的空间再生产过程中缺乏公平、正义的价值理念审视和治理体系。

首先，随着我国社会转型发展的推进、公民参与公共事务意识的增强、城市存量发展模式的开启，城市空间必将进入到空间治理的再生产阶段。将不同于以往权力和资本推动的空间资源商品化为主的生产，新阶段的空间生产要融贯和协调解决以往大拆大建、快速扩张模式所引发的社会、文化、体制、经济等方面的问题。从追求目标来看，新发展背景下的空间生产是以实现空间再平衡为目标，进而形成经济健康、环境优良、民生改善、社会公平的新局面；从实操层面来看，新阶段的空间生产是对城市不同功能空间，如商业空间、公共空间、文化空间、遗产空间、住区空间的不科学、不合理生产现象的矫正和纠偏；从生产的本质来看，新阶段的空间生产，是以问题为导向通过对空间生产的调整和优化，实现新时期的社会公平、空间正义以及环境公平等。

其次，当前大众对历史文化符号的消费热，并不是真实迫切地想了解历史文化信息和对自我文化素养提升的求知行为，更多的是标识自己的经济身份和“品味生活”。历史文化符号泛滥化的生产、消费，反映了遗产保护利用过程中对社会文化价值的牺牲。在权力和资本的逻辑下，以保护历史文化遗产和改善居住环境为掩蔽，对城市历史地区进行商业化的更新，在此过程中更新的是那些蕴含深厚文化情怀并承载着社区居民的集体记忆与个人情感的建筑、街区，纵使物质环境得到明显的改善，但社区原住居民早已被新的商业堡垒和高档社区门禁所边缘化，一直以来感知熟悉的城市意象也将无迹可寻，取而代之的是对未来生疏的不安和面对陌生人群、环境的焦虑。因此，在消费型社会浪潮的冲击影响下，对于历史地区的符号化生产现象，需要从历史文化传承和邻里关系维护的正义视角去评价和审视。

最后，大遗址的保护利用过程本质是大遗址地区空间资源再生产和再分配的过程，它与公民空间权益的公平和公正紧密相关。但由于现阶段城市快速发展、大遗址双轨制管理、保护利用市场化运作以及社会公众参与不足等，使得大遗址保护利用过程中产生了许多非正义现象，如：通过大遗址地区的过度开发，获取短期高额的商业开发利益；遗址周边大尺度的更新改造忽视了人的需求和人的发展；公共空间被压缩或门禁化；轻视公众在大遗址保护利用中的积极作用（殊不知他们才是大遗址保护利用的终极受益人）；不重视拆迁安置后的社会关系建设和传统文化观念延续等。合理保护利用大遗址是整个社会的责任，缺乏正义的大遗址保护利用工作将难以长久。城市大遗址的特殊价值和现实困境使得正义性价值理念理应成为新阶段大遗址地区事务治理的行动基石。只有唤醒社会公众的保护意识和尊重城市中人的权利，才能有效地治理大遗址地区种种非正义现象，进而长久地传承大遗址的历史信息，长远地发挥其文化、社会、经济等作用。

第二节

研究意义

一、理论意义

20世纪60～70年代起，以“社会—空间”辩证法为基础的城市空间研究开始涌现出大量的研究成果，特别是基于空间生产理论围绕城市空间生成的权力、机制、过程、效应等问题的研究，广泛而深入。总体来看，研究成果主要集中在城市空间生产范式哲思、过程剖析、现象批判等领域，抑或通过观察、访谈等方法，定性地分析评价公共空间、文化空间、旅游空间、社区空间等具体功能空间的演变机制及其关联效益问题等，而明确以“效能问题”为切入点的空间生产研究相对较少，特别是围绕城市大遗址地区这一功能空间生产效能问题的系统化量性研究还存在一定的研究空白。

本书的研究基于空间正义视角，通过对遗址地区空间生产和大明宫遗址地区相关研究成果的梳理、解析，以及相关理论本源的回溯、认知，创造性地从“空间表征—精神效能”“空间实践—物质效能”“表征空间—生活效能”三个层次架构了城市大遗址地区空间生产效能研究的正义性框架；在此基础上，通过机制分析、模型建构、方法整合，对大明宫遗址地区的空间生产效能问题展开了系统化的量性研究。因此，本书的研究理论层面意义在于对空间生产理论应用的量性研究和特性研究探索拓展，即：第一，通过系统性建构城市大遗址地区空间生产效能研究的分析框架和方法体系，丰富了空间生产理论在城市空间方面应用研究的思路和方法；第二，通过对城市大遗址地区这一特殊功能空间的效能问题研究，填补了空间生产理论对该类功能空间应用研究的空白。

二、实践意义

城市大遗址地区综合了遗产保护、文化传承、公共服务、经济发展、生活改善等多种功能，这种功能交错、边界交织、构成复杂的复合型空间，在发展演变的过程中注定要面对许多艰巨、复杂的现实问题，往往也备受社会各界的高度关注。因此，通过空间正义的视角创新城市大遗址地区空间问题的分析思路和分析方法，有助于在遗址地区的公共生活中形塑一种批判性的动力话语，以对抗和审思城市大遗址地区在发展演变过程中非正义现象和问题，进而还原遗址空间原本的现实属性及社会维度。

西安作为我国城市建成区内大遗址分布最多、面积最广的城市，对其典型空间区域——大明宫遗址地区空间生产效能进行分析评价和非正义问题审视，在实践层面同样具有两个方面的重要意义：第一，大明宫遗址地区作为世界文化遗产分布区和面积最大的棚户分布区，通过系统必要地分析解构其生产机制、评估其生产效能以及揭示其存在问题，对于其他同类的实践工作具有典型的启示和示范意义；第二，大明宫遗址地区的保护改造一度成为全国性的保护改造焦点，通过创新问题分析视角和方法，有益于更加客观地解释和验证大明宫遗址地区的空间政策、空间发展及其中的现实生活，为大明宫遗址地区空间政策的总结、调整和相关治理行动的决策、管理提供更加多元的路径依赖和支撑。

第三节
研究内容

一、大遗址地区生产效能研究的理论菜单

基于文献研究和理论哲思，通过对空间正义范式生成脉络的厘析、空间生产理论的

系统认知、遗址保护相关理论梳理，以及国外实践经验和国内案例经验的总结，建立城市大遗址地区空间生产效能研究的理论菜单，这其中包括：核心概念辨析界定、研究技术路线制定、空间正义范式限定、理论应用关键难点以及国际文件精神明晰和国内实践经验提炼（图1.8）。

二、大遗址地区生产效能正义性分析框架

认知城市大遗址天然的正义性特征，解构城市大遗址地区空间生产的运作机制，挖掘城市大遗址地区空间正义与空间生产的内在关联逻辑；以此为基础，架构空间正义导向下的城市大遗址地区空间生产效能的分析框架；根据分析框架中空间表征效能体系、空间实践效能体系、表征空间效能体系的要素构成情况，就与之匹配的分析方法和评估模型进行建构和论证（图1.9）。

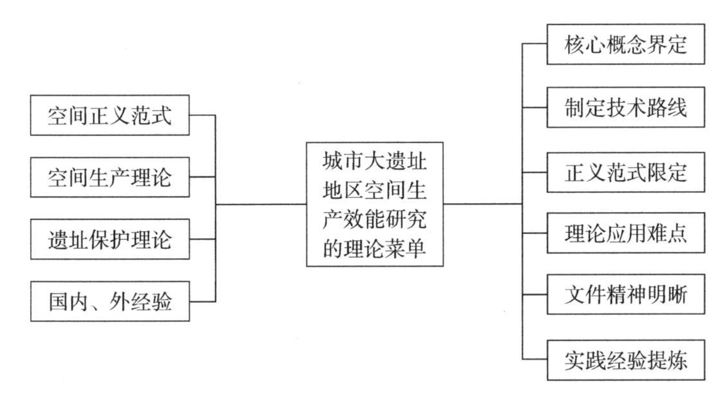

图1.8　城市大遗址地区空间生产的理论菜单

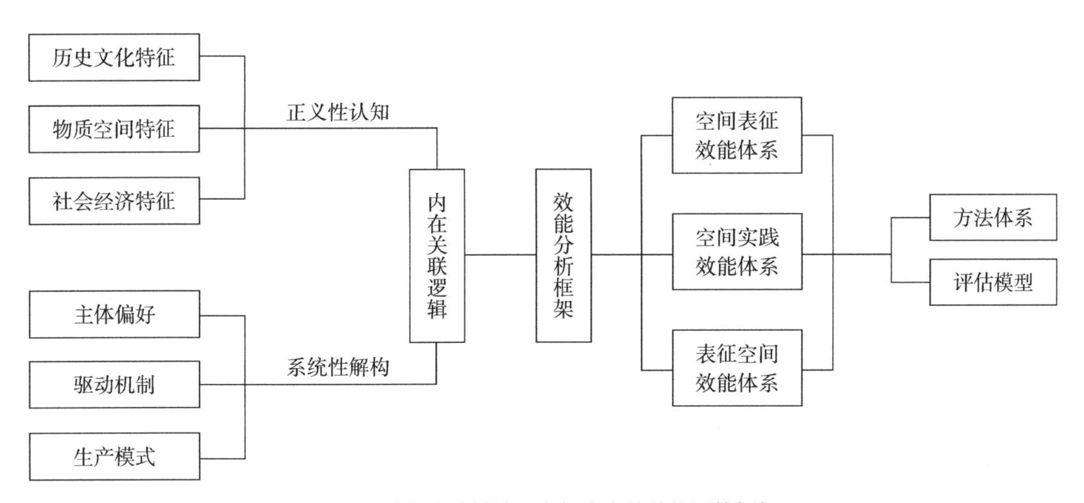

图1.9　城市大遗址地区空间生产的效能评估框架

三、大明宫遗址地区空间生产的效能评估

对2007年以来大明宫遗址地区的空间生产效能进行系统性评估研究：基于S—CAD评估分析法的环节创新，从一致性、充要性、依赖性三个层面评估分析空间表征的精神效能；建构指标值标准化模型、系统权重计算模型、评价结果合成模型、效能耦合协调模型，从空间效率、空间公平、系统总体三个层次评估分析空间实践的物质效能；通过问卷调研、深度访谈、现场调查，基于统计分析等方法评估分析表征空间的生活效能（图1.10）。

四、大明宫遗址地区空间生产的调控优化

从低效环节入手，审视大明宫遗址地区空间生产的主导逻辑，就制约精神效能、物质效能、生活效能的问题要素和背后成因予以揭示；以回归空间正义的生产逻辑为基点，从生产机制、建成空间、邻里关系三个问题维度出发，制定大明宫遗址地区的空间生产调控优化对策（图1.11）。

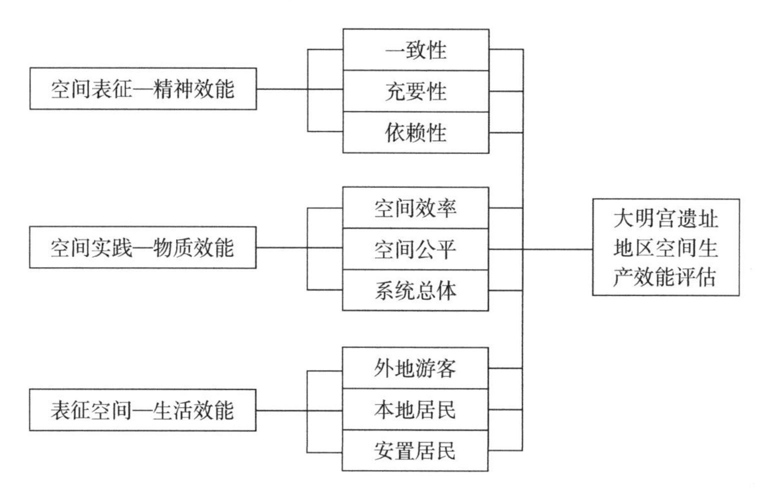

图1.10　大明宫遗址地区空间生产的效能评估

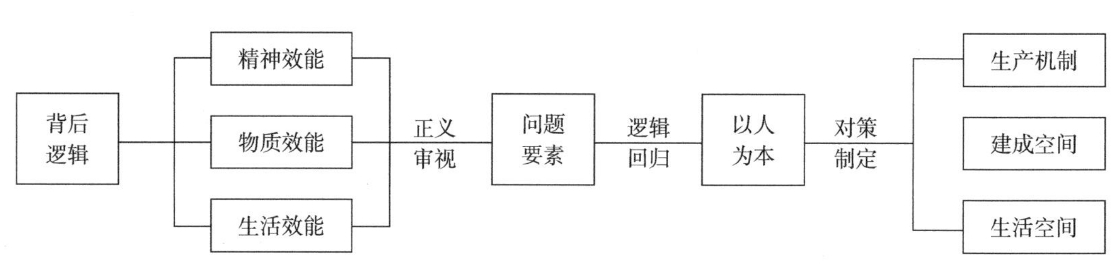

图1.11　大明宫遗址地区空间生产的调控优化

第四节

研究方法与技术路线

一、研究方法

针对不同研究部分的内容特点，本书综合运用了多种研究方法，总体可归纳为以下几种类型。

（1）理论分析法

通过国内外相关研究文献的梳理解析、空间正义范式生成的脉络厘析、空间生产理论的系统认知以及遗址保护利用国际文件、国内政策解读等，从本质上界定、确立城市大遗址地区空间生产效能研究的核心组分，进而把握各研究环节的内容特征、机制属性、相互关系等；通过以上理论分析，提炼和借鉴具有创新意义的思路和方法，并将其综合运用到城市大遗址地区空间生产效能的研究体系中，进而使研究建立在坚实的理论基础之上。

（2）实地调查法

为了真实地了解城市大遗址地区的实态特征，本书研究期间多次实地考察北京圆明园遗址、成都金沙遗址、广州南越国遗址、隋唐洛阳城遗址的保护利用情况及其周边地区的社会生活情况；通过实地考察、深度访谈、问卷调查、专家座谈等形式对大明宫遗址地区的社会经济、公共配套、交通出行、环境风貌、历史文化、生活体验等进行了详细的调研，获取了研究大明宫遗址地区空间生产效能所需的第一手资料。

（3）数理分析法

运用S—CAD评估法、德尔菲法、列联分析等对空间表征的精神效能进行评价分析；运用DepthmapX0.50软件，基于连接值、深度值、整合度、选择度对大明宫遗址地区的空间形态演化进行分析；基于高德地图POI数据点的类型、位置、聚集状况等属性和ArcGIS的可视化辅助分析，对大明宫遗址地区功能的时空演化进行分析；运用无量纲标准化函数对指标数据进行标准化处理；基于层次分析法和熵权法确定各类评价要素的权重；通过建构结果合成模型和系统耦合协调度函数，对空间实践的物质效能进行评估分析；基于样本数理统计、SPSSAU在线软件、信度分析、满意度模型等，对表征空间的生活效能进行评价分析。

（4）融贯交叉法

城市大遗址地区空间生产效能的研究，与遗址保护、物质环境、集体行动、个体行为、日常生活、管理政策等内容密切相关，研究内容具有复杂性与综合性特点，因此需要借助多学科的理论和方法。本书研究立足于跨学科交叉视角，综合运用了归纳与演绎、静态研究与动态研究、共性研究与个性研究、文献研究与统计研究、定性研究（规律与趋势）与定量研究（模型与数据）、案例研究与经验借鉴等多学科交叉融贯的方法，以期全面、深入地研究分析大明宫遗址地区的空间生产效能问题。

二、技术路线

本书研究遵循理论研究与实践研究相统一的原则，按照“问题明示—理论限定—分析框架—实证应用—调控对策”的技术思路展开具体研究工作。本书技术路线如图1.12所示：

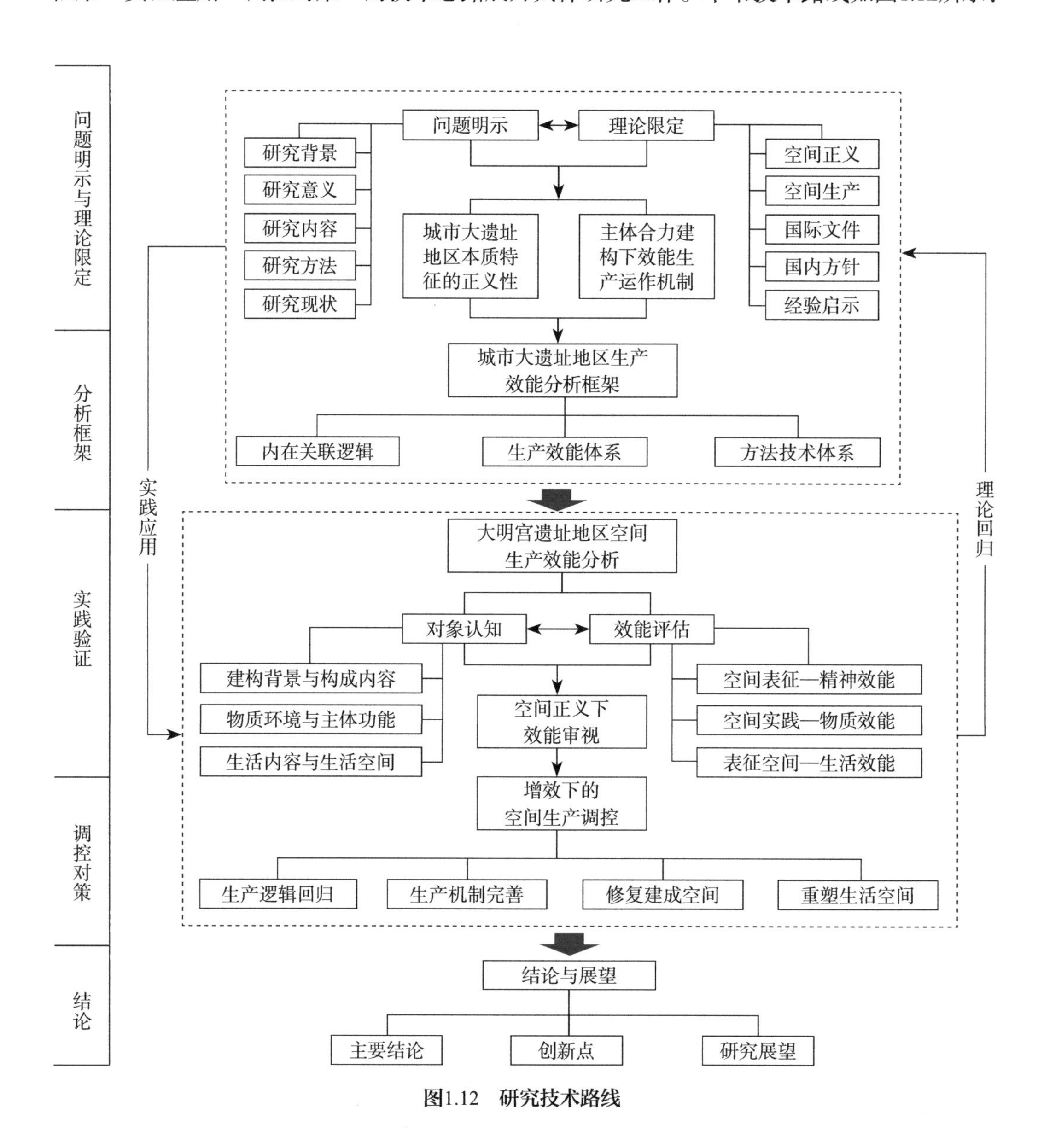

图1.12　研究技术路线

第五节

研究涉及主要概念辨析

一、空间正义

空间正义作为一个固定的词语首次出现在欧·劳克林（John O Laughlin）的博士学位论文《美国黑人选举者的空间正义：城市政治的领土之维》（Spatial Justice for the Black American Voter: The Territorial Dimension of Urban Politics，1973）中，随后南非地理学家戈登·H. 皮里（Gordon H. Pirie）发表的学术论文《论空间正义》（On Spatial Justice，1983），首次明确以“空间正义”作为论文研究的关键词[16]。

空间正义作为一种思想常常被细分和指代为：领土正义（Territorial Justice）、城市权力（The Right to the City）、生态正义等词态，用于揭示和解释领土、区域、城市、社区、建筑等空间形态中呈现出的各种非正义现象。其中，亨利·列斐伏尔（Henri Lefebvre）的城市权力强调通过空间结构和关系的变化来寻求正义、民主和公民权利的平等；大卫·哈维的领地正义聚焦于空间的社会性和生产过程，认为“城市正义是社会正义作为价值标准对特定空间生产现象的价值评价，是对特定权利体系下空间建构背后所暗藏资本生产逻辑的反映”[17, 18]。

进入21世纪，空间正义作为一种理论，越来越多的学者开始对其展开了讨论。其中，穆斯塔菲·迪克奇（Mustafa Dikec）在批判皮里（Gordon H. Pirie）的基础上，对空间正义的论述超越了再分配模式，把空间化看作是导致不正义的主要结构因素，提出了被广泛接受的空间正义辩证法，即正义的空间性与空间的正义性。而作为洛杉矶学派的代表人物，爱德华·W.索亚（Edward W. Soja）在接受了哈维的领地正义的基础上，认为“空间正义是一个地理、资源、服务获得公平分配以及空间可接近性的基本人权；认为空间正义并不是任何空间形态或模式的替代方式和替代品，而是提出对不正义的空间的一种解释方式，提供一种对（不）正义的空间性（Spatiality）进行深入批判的视角”[19]。

21世纪以来，刘怀玉、仰海峰、刘少杰、陈忠、任平、张京祥、景天魁、胡大平等一大批学者融合哲学、社会学、地理学、建筑学、地理学等知识体系，对我国的空间正义思想进行了卓有成效的研究探索（李武装，2019）。其中，任平首次对空间正义进行了定义，认为“空间正义就是存在于空间生产和空间资源配置领域中的公民空间权益方面的社会公平和公正，它包括对空间资源和空间产品的生产、占有、利用、交换、消费的正义”[20]。王建明从城市发展的系统性角度，指出城市在快速发展的过程中出现有机整体性被破坏的现象，集中表现为生态空间的多样性、地方特色和平等性被破坏的问题。

从专业学术词汇的提出和应用，到作为一种思想去批判和解释非正义的空间现象，再到作为一种研究空间中非正义问题的理论范式，不难发现“空间正义”并非是一个笼统且固定不变的概念，发展近半个多世纪以来仍处于不断深化探讨中[21]。为使本书对所涉“空间正义”问题探讨具体化，以及有利于对研究对象的分析和观察，结合国内外学者对“空间正义”的论述，本书中的“空间正义”是指：在城市大遗址地区保护改造过程中，利益相关主体对空间资源和空间产品的生产、分配、交换、消费的公平和公正性，这种正义包括文化、社会、经济效益上的和谐统一。实际上，空间正义主要是批判在空间生产过程中因价值规范与权利偏失，而导致的空间资源和商品的等级化、层级化、碎片化，以及由此导致的不断深化与扩大化的空间分化等现象。而空间正义的现实指向与理论旨趣就是要通过空间生产的规范和调整来实现空间生产的结果正义[22]。

二、空间生产

法国城市社会学家和思想家亨利·列斐伏尔从资本主义城市发展的实际出发，借助马克思主义的分析工具，通过对空间概念的系统梳理和历史批判，建构了以城市空间是（资本主义生产和消费活动的）产物和生产过程为核心观点的“空间的生产”理论[23]。“空间的生产”理论将空间本身看作人类实践的产品，其生产过程和产品（空间）具有明显的社会生产属性，受社会生产的主体实践方式所决定。

对于这种社会生产的实践（空间生产）过程，列斐伏尔通过“空间表征（Representations of Space）—空间实践（Spatial Practice）—表征空间（Space of Representations）”三元一体的理论框架加以说明。即：人类实践活动（空间生产），首先表现为受政府官员、开发商、规划师、专家学者、技术官员等知识和意识形态所支配的空间（空间表征）；其次表现为城市、社区、街道、建筑、景观等承载着社会个体、群体行为的物质空间（空间实践）；最后表现为通过使用者与环境之间的相互建构而形成的社会空间（表征的空间）[24]。

空间生产“三元一体”的理论架构，实际上是将物质空间现象与社会建构互动之间的过程、关系进行了清晰化呈现，对于认清现实语境中各种空间生产现象的本质具有重要的方法论意义。基于此，本书的空间生产是指在城市大遗址地区所进行的空间资源配置和空间产品生产的行为活动（包括过程和结果两个方面），其中涵盖了居住区、商业区、游览区、保护区、公共设施、基础设施、风貌环境等物质空间的生产，也涵盖了为此而制定、建立的各种规划方案、管理政策、程序制度等，以及由此而建构影响的各种社会关系和社会生活等。

三、空间生产效能

“效能”一般是指事物在一定条件下所起的作用，它反映了活动目标选择的正确性及其实现程度如何。效能常用于行政管理和企业管理，用来表达行政或企业管理所达到的预期效果或影响程度。其中，行政管理效能主要是指政府在实施行政行为时以较小的行政资源投入来实现最佳的行政工作目标，达到资源配置的最优状态。对于行政管理活动效能的考量通常从能力、效率、效果、效益四个方面进行，它强调的是数量、质量、影响、效果、公众满意度等多方面综合性要求[25]。

建立在行政管理效能基础上，本书的“空间生产效能”是指城市空间生产在既定的目标选择下和一定时间范围和空间尺度内，对城市社会、经济、文化、生态等方面所产生的作用和影响。它隐含于空间的表征、空间实践、表征的空间的建构形成过程和结果中，并常常表现为社会、经济、文化、生态等方面内容的变化。城市大遗址区的空间生产效能研究就是在一定的视角选择或目标导向下，对一定时间范围内的城市大遗址区及其辐射影响区（通常将两者叠合称为城市大遗址地区）的空间生产效应（空间生产效应是空间生产效能产生的原理与基础），从社会、经济、文化、生态等维度进行分析、判断和评价。

四、城市大遗址地区

关于“遗址”的定义，国际上通用的是《保护世界文化和自然遗产公约》中的定义，指从历史、美学、人种学或人类学角度看，具有突出的普遍价值的人类工程，或自然与人类的联合工程以及考古遗址地带。对此，我国学者根据研究的需要也作出了类似的定义，如：喻学才认为遗址是前人类留下的具有社会经济和文化价值的建筑物等人类活动遗迹，是历史的化石，文明的碎片，文化的载体和旅游的对象[26]。“大遗址”一词，最早于1986年3月中国考古学会第五次年会由苏秉琦先生在大会发言中提出；此后，1997年国务院在《关于加强和改善文物工作的通知》中正式沿用“大遗址”的提法。对此，陈同滨认为大遗址是指文化遗产中规模特大、文物价值突出的大型文化遗址、遗存和古墓葬[27]；孟宪民认为大遗址是祖先以大量人力营造，并长期从事各种活动的遗存，是大规模的文化及环境遗产[28]。

2020年8月，国家文物局印发的《大遗址利用导则（试行）》中明确提出：大遗址是指列入国家大遗址保护项目库，反映中国古代历史各个发展阶段涉及政治、宗教、军事、科技、工业、农业、建筑、交通、水利等方面历史文化信息，具有规模宏大、价值重大、影响深远的大型聚落、城址、宫室、陵寝、墓葬等遗址、遗址群。为针对性地指导利用方式，导则还根据大遗址的区位情况，进一步划分为城镇型、城郊型、乡村型、荒野型大遗址。本书中的“城市大遗址地区”是基于以上“大遗址”定义的内核，聚焦于城镇型大遗址类别，具体指围绕大遗址保护利用统筹推进的城市保护改造地区，包含大遗址保护区及与之相关联的周边统筹推进旧城改造的空间区域。

第六节

国内外相关研究综述

一、遗址地区空间生产相关研究

针对遗址地区空间生产相关研究文献的梳理，本书基于Web of Science 核心合集和中国知网文献数据库（CNKI）的关键词检索，同时借助CiteSpace等科学计量统计工具进行文献聚类可视化分析。并在此基础上，通过叠加Elsevier ScienceDirect数据库关键词的检索结果和图书馆馆藏文献查阅结果等，采用内容分析法，对所检索文献进行梳理总结。考虑到检索主题词对研究领域文献的关联覆盖程度，本研究外文文献检索主题限定词为“Cultural Heritage”“Ruins”“Site”，时间跨度为1996～2019年，检索结果为2113条；增加限定词“Production of Space”后，检索结果为78条；本书中文检索主题限定词为“空间生产”，时间跨度为1996～2019年，检索结果为852条；增加限定词“遗址”，检索结果为条53条。

（一）国外研究综述

国外有关遗址空间生产的研究始于20世纪末，并从2005年开始发文量迅速增加（图1.13）。近10年研究文献的学科分布领域主要有生态环境科学、建筑学、地理学、社会学、城市研究、社会问题、哲学等（图1.14）；研究文献涉及核心词有环境、保护、管理制度、遗产旅游、城市规划、文化创意、平等、公正、城市、社区、原住居民、公众参与、地方发展、空间分析等。通过对检索文献内容分析，国外遗址空间生产的相关研究总体上可以划分为遗址保护与城市发展关系研究、遗址保护对地方社会建构研究、遗址开发对经济发展作用研究、遗址保护利用的制度建设研究、遗址保护利用的效用评估研究。

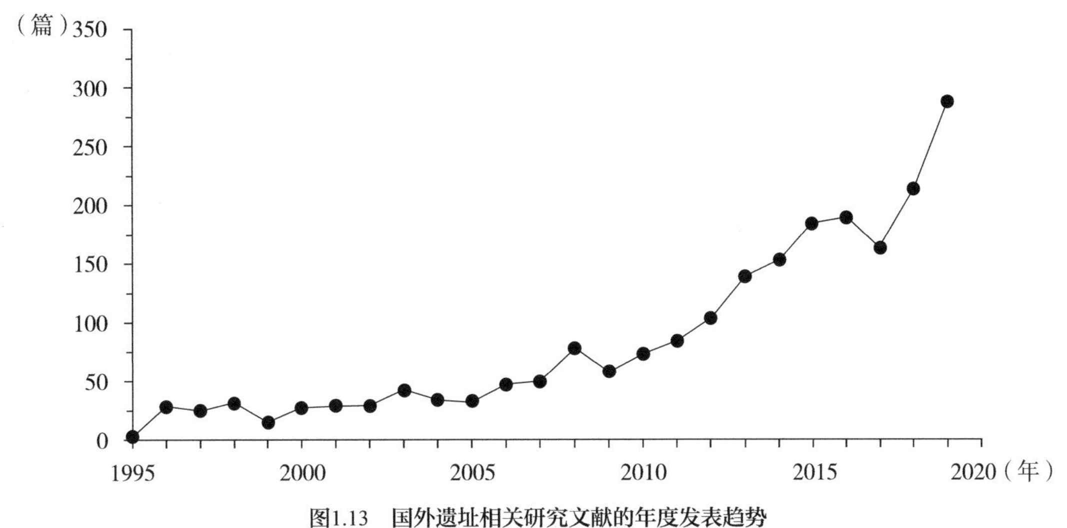

图1.13　国外遗址相关研究文献的年度发表趋势

（图片来源：根据Web of Science和Elsevier ScienceDirect数据库检索数据整理绘制）

图1.14　国外遗址空间生产相关研究的学科分布情况

（图片来源：根据Web of Science和Elsevier ScienceDirect数据库检索数据整理绘制）

（1）遗址保护与城市发展关系研究

遗址保护与城市发展相互影响关系在世界各国的城市发展中广泛存在，如何协调遗址保护与城市发展之间的关系也已成为国外学者研究和关注的重点之一[29-34]。Sim Loo Lee（1996）以新加坡为例，通过对城市内部遗址保护区的调查研究，发现遗址保护利用能够恢复周边街区商业活力，促进所在地社区再生[35]；J. Kozlowski，N. Vass—Bowen（1997）和Amit—CohenI.（2005），认为遗产保护应与城镇空间发展结合起来，避免遗产保护区孤立地发生[36, 37]。随着城市的快速发展，许多遗址被包裹到城市内部，遗址保护工作不得不面对动态的城市异质性环境系统。在此背景下，John Pendlebury（2009）等以3个在英国城市环境下成功申请世界文化遗产的案例为对象，探讨了以真实性为中心的传统保护理念如何落地转化为城市空间多样性和动态性环境下保护措施的难题[38]。Shuhana Shamsuddin（2012）等基于真实性原则，对George镇的城市历史景观要素（图1.15）进行了识别研究，揭示了景观要素对世界遗产地历史风貌特征塑造的重要性[39]。Maria Moldoveanu（2014）等认为"与文化相关的遗产资源、创意产业、旅游服务等，不仅是城市生活的重要内容，也是旧城复兴的战略抓手和城市可持续发展的重要维度。"[40]格拉茨将现代城市发展与遗产保护平等对待，通过在历史地区推进文化复兴、植入现代建筑、发展创意产业等举措，使其成为处理城市发展与遗产保护之间关系的典范，被UNESCO称为"设计和遗产之城"（Biljana Arandelovic，2015）[41]。David Throsby（2016）基于遗产经济学原理探讨了发展中国家遗产保护面临的城市扩张威胁问题[42]。巴塞罗那大都市区拥有大量的历史遗址，通过将遗址保护利用与战略空间预留、生态环境建设相结合，不仅有效保护各类历史文化遗址和优化城市生态环境质

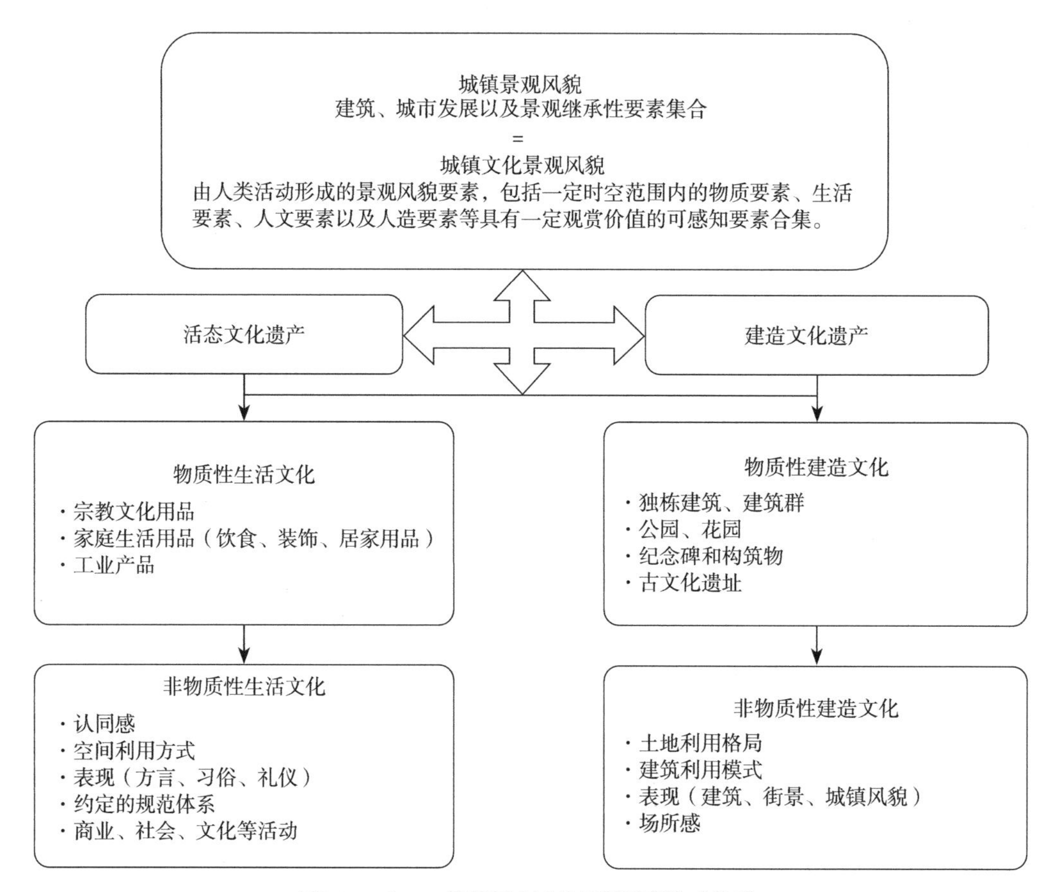

图1.15　George镇的历史城市景观要素构成体系

（图片来源：根据SHAMSUDDIN S, SULAIMANU A B, AMAT R C. Urban Landscape Factors That Influenced the Character of George Town, Penang Unesco World Heritage Site整理绘制）

量，而且还为遗址地区的再生提供更多可能（Magda Màrìa等，2017）[43]。费城、匹兹堡等大城市通过对旧仓库、工业建筑等遗址的再利用，促使原本衰落地区再生，并避免了城市中心区、郊区的千篇一律的空间发展模式（Alison E. Feeney，2017）[44]。此外，Gwendolyn Kristy（2018）基于GIS技术、K. Kiruthiga（2019）采用序数回归模型、Noam Levin（2019）基于遥感和大数据技术等对不同地区文化遗产潜在危险、预警进行了探索[45-47]。

（2）遗址保护对地方社会建构研究

对地方社会建构主要体现为遗址保护利用过程中如何维护遗址资源的公共性和遗址地区原住居民的利益，公平、合理地考虑政府、社区、企业、旅游者以及相关人员的利益诉求，使其凝聚为遗址保护利用的积极社会因素，如：社会凝聚力提升、社会关系解构和建构、公众参与、非政府组织合作等[48-55]。Luciana Lazzeretti（2012）和Kim Baker（2013）认为文化遗产的社会功能在于强调分享价值的能力，并成为对抗过度娱乐化社会和标示地方身份的重要工具，是民主和福祉的源泉（Scott，2008）[56, 57]。Giuseppe Attanasi（2013）等发现围绕文化遗产展开的节日、活动、事件等方面的投资能建构参与者之间、参与者与活动发生之间牢固的社会联系[58]。Raja Norashekin Raja Othman（2013）等提出了马六甲老城区历史文化遗产构成要素的相互依赖性框架（图1.16），认为“有形的遗产资源与无形的社区认同相互依存度很高，文化遗产资源给后代居民带来了归属感和历史感，特殊类型的活动，特别是涉及与文化遗产有关的人物、事件、地方等，能激发社区的关注和认同”[59]。意大利文化遗产为集体或公共所有，

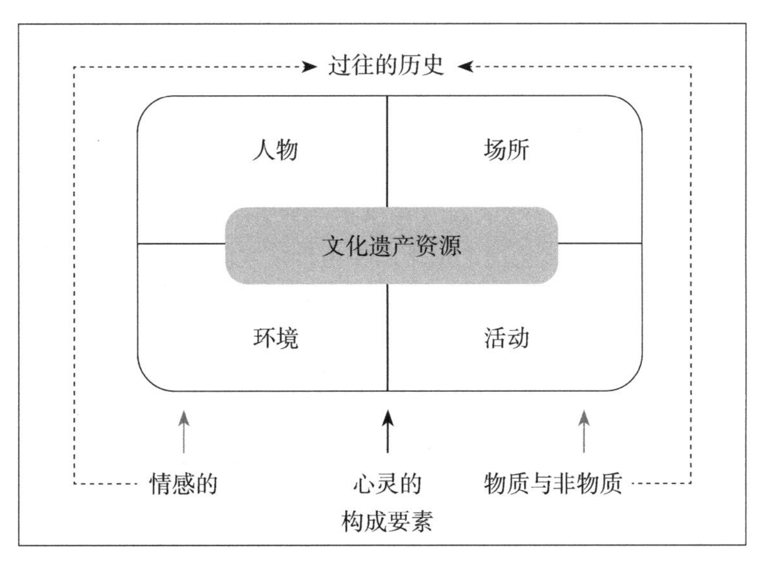

图1.16　Raja Norashekin Raja Othman等建立的遗产要素相互依赖性框架
（图片来源：根据Raja Norashekin Raja Othman，Amran Hamzah. Interdependency of Cultural Heritage Assets in the Old Quarter，Melaka Heritage City整理绘制）

但由于数量巨大，很难保证这些遗产得到妥善和全面的保护，基于此，政府积极致力于改善公私伙伴关系拓展社会捐赠，以促进文化遗产的妥善保护[60]。Andrew Power（2016）、Karen Smyth（2016）、David E.Beel（2017）等学者的研究结果显示，社区共同参与遗址保护有利于社区集体福利整体提高，这包括个人充实、社会学习、与人分享的满足感以及较少的社会担忧等[61，62]。城市历史文化遗址周边区域的更新拆迁活动往往会导致遗址所在地社会网络和地方特色的破坏，而围绕遗址开展的保护工作则对此具有修复作用，能够增强社区的位置感和认同感（Kyle M. Woosnam等，2018）[63]。Bie Plevoets和Julia Sowi ń ska—Heima（2018）就社区参与推动遗产地更新改造的乡土性建设和再利用的适应性进行了研究探索[64]。

（3）遗址开发对经济发展作用研究

Teo and Yeoh（1997）、Antonio Paolo Russo（2002）、David Pinder（2003）等学者认为："越来越多的旅游者被吸引到遗产地，而这更多的是基于他们对目的地的期望，但这对于遗产真实性内在的关注却越来越弱"[65-67]；Xavier Greffe（2004）以法国为例就遗产是资产还是债务问题展开了讨论，研究表明："遗产可作为创造就业、发展经济的杠杆，遗产价值经济化过程需要市场的参与，但要控制非文化的市场要求"[68]。文化遗产保护、利用与信息、空间、材料、生物等新技术的结合不仅有利于遗产保护与利用和新技术创新，而且还拓展了新技术行业的经济增长点[69-72]。Einar Bowitz和Karin Ibenholt（2009）以挪威的Røros地区为例，计算出该地区文化遗产保护对地方就业和收入的贡献为7%[73]。Giorgio Tavano Blessi（2012）等着眼于文化资源、文化活动的投资与城市再生过程之间的关系[74]。Fernando G. Alberti和Jessica D. Giusti以意大利Motor Valley遗产区为例，探讨了文化遗产保护和旅游业协同集群化发展与地方竞争力提升之间的关系，并通过抽象框架解释了文化遗产和旅游发展如何在良性互动下提升地区竞争力（图1.17）[75]。Martina Kalamarova和Zoltán Bujdosó（2015）认为文化遗产作为一种文化资本，城市政府支持文化遗产经济和非经济方面的行动，将有利于当地的发展[76，77]。Markus Fritsch（2016）以世界文化遗产地产生的区位效应为研究对象，基于实证数据和经济推理的分位数回归模型分析得出：围绕世界文化遗产呈现出住房价格空间关联的异质性特征[78]。Guido Ferilli（2017）等认为以文化遗产保护为重点，通过公共行政驱动的反周期政策，成功解决了20世纪90年代瑞典哈兰地区经济的重大结构性危机问题，被称为"哈兰模式"[79]。Vladislavas Kutut（2017）认为城市中文化遗址影响远远超越了特定对象的边界，并架构了文化遗址区房地产评估的特殊性框架[80]。José L. Groizard和María Santana—Gallego（2018）以阿拉伯地区的世界文化遗产为对象，分析发现被UNESCO列为"危险"的遗址的消失将导致相应地区旅游业整体至少损失12%[81]。Rosaria Rita Canale（2019）等基于动态面板数据的实证分析，研究了意大利各省世界文化遗产对国外游客入境的影响[82]。Eunkyung Park（2019）等研究发现遗产的"真实性"对游客旅游意向具有重要影响[83]。

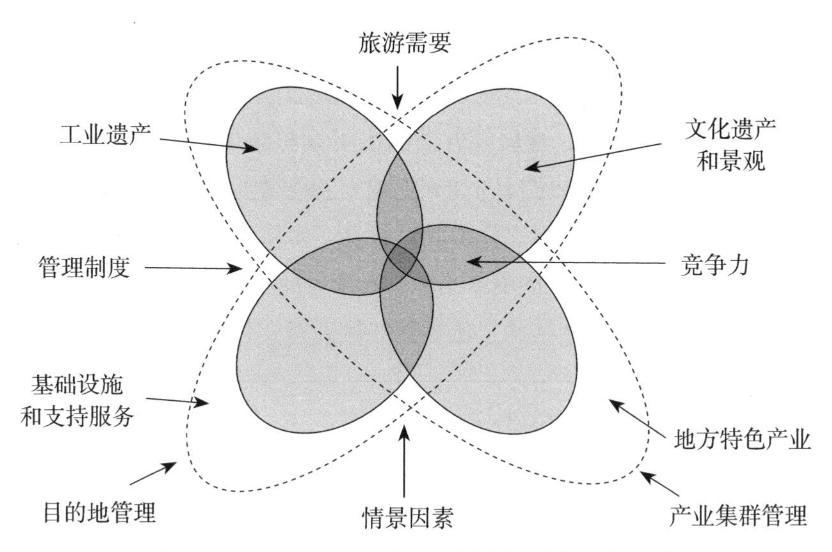

图1.17　Motor Valley遗产区产业发展与竞争力提升框架

（图片来源：根据Fernando G. Alberti，Jessica D. Giusti. Cultural heritage，tourism and regional competitiveness: The Motor Valley cluster整理绘制）

（4）遗址保护利用的制度建设研究

Teo Peggy（1997）等认为文化遗产的管理和运营不同于一般商业的管理和运营，不能以旅游收入作为遗产运营的评判标准[84, 85]。Wayne Gumley（2004）针对商业企业对中国自然文化遗产市场化运作过程中出现的问题，探讨了几种可供选择的管理运作模式，如公共所有权管理模式（国家公园管理局）、资源措施（社区教育计划）、基于市场的经济工具（包括私用费、税收、捐赠、补贴以及创建可交易的许可证市场等）等，并强调对于濒危自然和文化遗产的保护，单纯的价值机制作用有限[86]。Peter Forsyth（2006）、Ulrico Sanna（2008）、Khalid S.Al—Hagla（2010）等认为任何遗址保护和开发项目的战略性干预管理，将不得不面对各种因素（文化、历史、社会、景观、气候、材料、生物、物理、化学等）的复杂性影响及可预知和不可预知的复杂变化[87-89]。Ahn和Kun—Hyuck（2011）通过分析巴黎历史文化景观保护规划的演变，发现法国历史文化景观的保护原则制定和内容选择会更多依赖于当地的意见[90]。Michael Edema Leary（2013）基于空间生产理论对曼彻斯特中央发展公司在文化、绿地、遗产等公共空间的生产中所起的作用进行了批判性研究，发现中央发展公司在过去十年间通过经费资助成功实现了空间资源的政治化分配[91]。Rama Al Rabady（2014）等在非集中化治理背景下，探讨了在城市遗产治理中将权力下放在经济层面上对治理的“政治文化”影响[92]。Jessica Owley（2015）的研究认为美国遗产保护地役权存在三方面问题：第一，政府将文化遗产保护让位于私人组织，使得在重要决策或约定中公共性大幅缩水，并很有可能使得一些非政府公益组织退出行动；第二，私人永久性限制很难平衡代际之间的权力和责任；第三，保护地役权范围很可能涉及不在发展威胁内的遗址，造成公共补贴金损失；第四，地役权保护使得遗产资源商品化，可能会削弱文化遗产的社会责任[93]。Roy Ballantyne（2016）和Khaled Abdul—Aziz Osman（2018）分别以坎特伯雷大教堂世界遗产区和埃及遗产保护管理体系为对象，从战略、规划、管理等方面给出了调整建议[94, 95]。Ezio Micelli和Paola Pellegrini（2018）通过对家庭、机构、企业的居住、办公选址的分析，发现意大利北部城市的围绕遗址形成的历史中心逐渐丧失了其对社会、经济的吸引力，成熟、繁重的管理体制似乎已不再适应[96]。Miguel Jesús（2019）等认为世界文化遗产区的管理制度和相关规划不仅要洞察游览人群的社会结构，还要熟知他们对文化遗产的动机、兴趣、期望和感知等[97]。

（5）遗产保护利用的效用评估研究

Massimiliano Mazzanti（2002）、Ana Bedate（2004）、E. C. M. Ruijgrok（2006）等学者从多维度和多层次分析评估测算了遗址实用价值[98-100]。Eric de Noronha Vaz（2012）、Dalia A.Elsorady（2012）、Oppioa（2015）等从物质、社会、经济等方面探讨了遗产保护区对社区改善、社区发展、社区振兴的指标性认识和遗产事务的决策管理问题[101-103]。Rima Dewi Supriharjo（2016）等基于遗产的文化和经济价值逻辑创立了遗产区快速评估方法[104]（图1.18）。Josephine Caust（2017）等通过对亚洲发展中国家世界遗产保护利用情况的评估，认为世界遗产更多地被看作是一种营销手段，而不仅仅是一种保护手段；不受控制地游览参观遗产和文化习俗会产生巨大负面影响，且这种影响不可逆转；长远的保护利用行动不应该把重点放在最大限度地提高短期经济回报或最强大群体的利益上[105]。Eva Parga Dans和Pablo Alonso González（2018）应用投入产出法评估了阿尔塔米拉洞窟遗址（世界文化遗产）对西班牙自治社区坎塔布里亚地区经济的直接和间接影响[106]。André Soares Lopes等（2019）认为当前对城市内部历史遗迹周边环境的影响评估多依赖于二维空间模式，缺乏三维（或呈现为感性三维陈述）视觉渗透的信息，并基于此利用共时性原理和光线跟踪技术开发了历史遗迹周边环境要素评估的计算工具（图1.19）[107]。Kastytis Rudokas（2019）等为评估遗产的社会经济效益创建了能在不同尺度的环境下用于成本效益分析的数学模型[108]。

（二）国内研究综述

国内有关空间生产研究的学科主要有城市经济学、城乡规划、社会、地理、哲学等（图1.20），研究文献的主要期刊来源有人文地理、城市发展研究、经济地理、现代城市研究、国际城市规划、城市规划等（图1.21）。运用CiteSpace软件以“K”作为标签词，对检索文献进行“LLR”聚类运算分析可知：国内与“空间生产”相关的研究主要集中在思想体系、空间正义、马克思主义、城市空间、空间异化、社会空间、城市治理、空间资本化、文化空间、空间消费、历史地区、城市化等聚类方面（图1.22）；最早明确

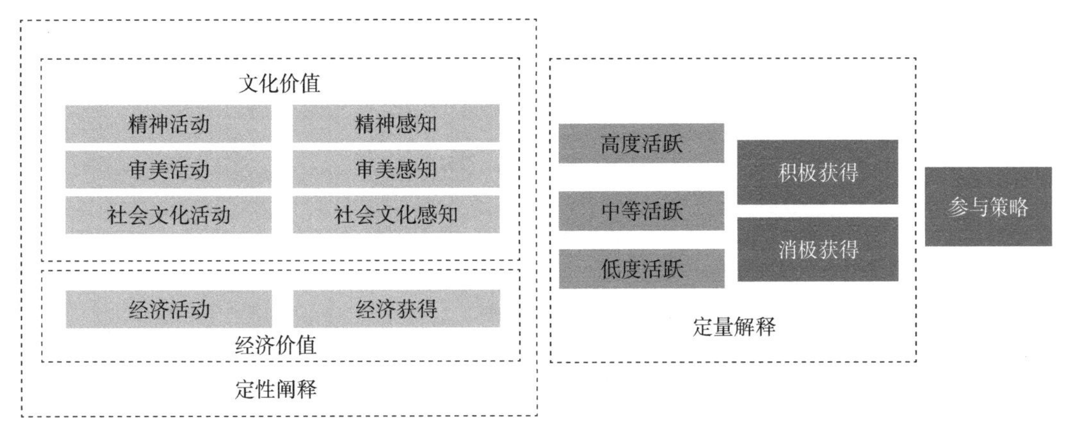

图1.18　基于文化和经济逻辑的遗产区价值评估框架

（图片来源：根据DEWI S R，PRADINIE K，SANTOSO E B，et al. The Rapid Assessment for Heritage Area Method（RAFHAM）for Kemasan Heritage Area整理绘制）

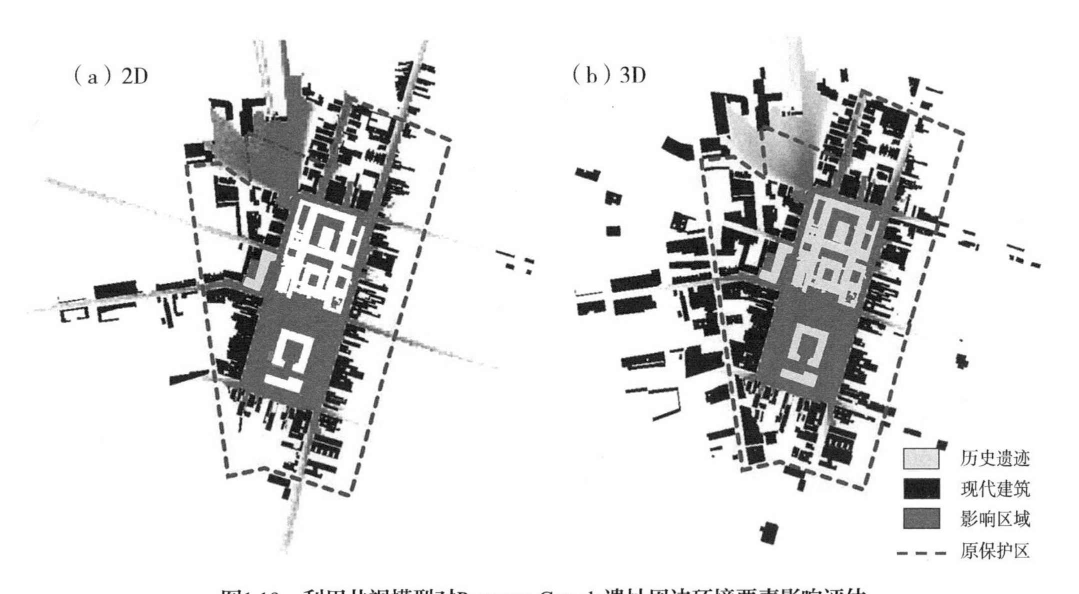

图1.19　利用共视模型对Pequeno Grande遗址周边环境要素影响评估

（图片来源：根据LOPES A S，MACEDO D V，BRITO A Y S，et al. Assessment of urban cultural-heritage protection zones using a co-visibility-analysis tool整理绘制）

将空间生产理论与遗产保护领域相结合的研究文献是“城市历史风貌区空间生产机制研究（闵思卿，2007）”，此后陆续出现了以空间生产视角下文化遗产开发模式、文化遗产旅游地空间生产与认同、大遗址空间再生产、文化遗产空间生产机制、遗址公园空间生产过程、大遗址周边地区社会空间演变等为主题的研究文献。

与“遗址地空间生产”相关的研究文献大部分出现在2010年之后，但相关性较强的文献数量相对较少，研究水平也参差不齐。基于本书的研究主题，结合研究文献的代表性、启发性以及对学科的推动作用，将国内与遗址区空间生产研究相关的文献大致归纳

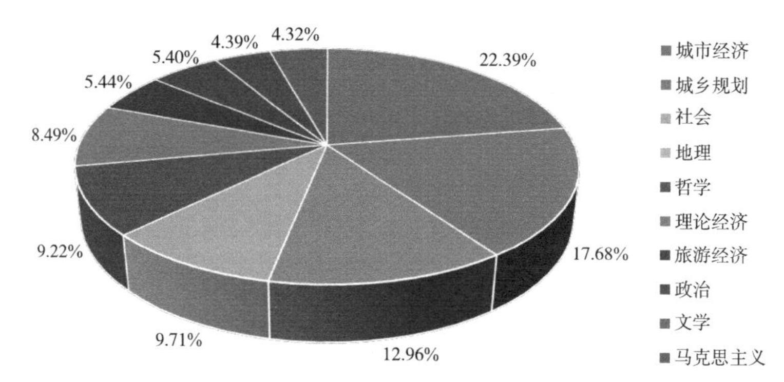

图1.20　空间生产研究主要学科领域构成

（图片来源：根据知网检索数据整理绘制）

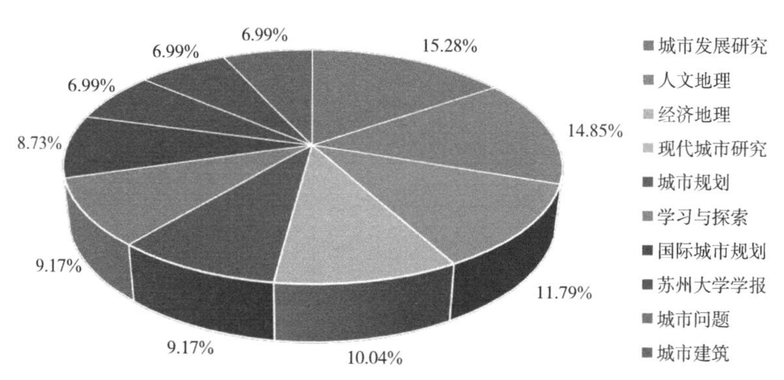

图1.21　相关研究文献来源排名前十期刊源

（图片来源：根据知网检索数据整理绘制）

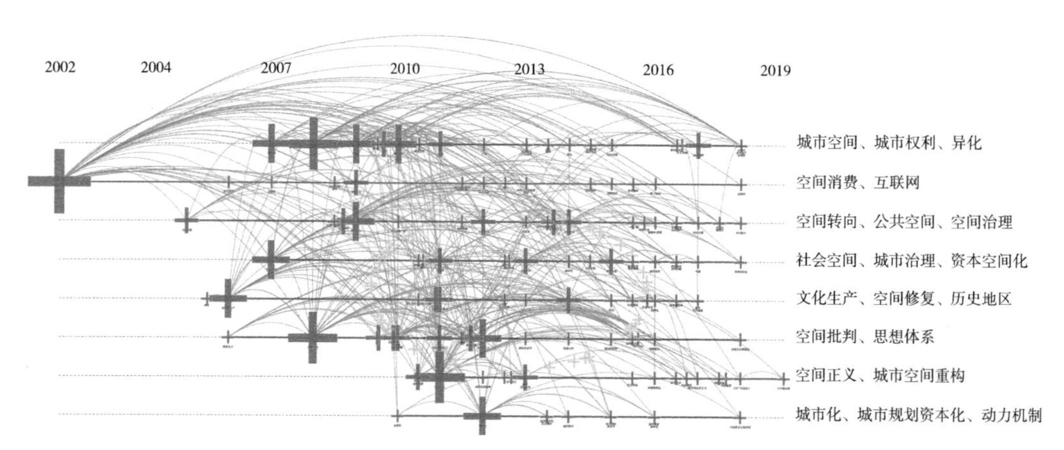

图1.22　国内空间生产相关研究文献的关键词聚类分析

（图片来源：根据知网检索数据整理绘制，时间跨度为1996～2019年，检索条目为852条）

为以下几个方面❶。

（1）关于遗址地区空间生产模式研究：有关遗址区空间生产模式的研究主要集中在模式类型划分、适宜模式比选、模式创新变异以及模式实现形式等几个主题方向，研究主题清晰、呈现内容明确。

权东计（2007）、朱海霞（2007）、张梅花（2012）、付晓东（2014）等结合实践案例对我国大遗址保护与利用模式以及模式选择模型进行了研究探索（表1.4）[109-111]。马建昌（2015）综合应用公共治理理论、增长极理论、中心—外围理论等多学科研究成果，对中国城市大遗址的理想运营模式进行了分析[112]。苏原（2016）认为城市总体规划对遗址保护利用具有较好的引领作用[113]。针对汉长安城遗址保护与利用中存在的问题，刘卫红（2017）提出借鉴田园城市理论，形成“以田园乡村景观为本底、产业集聚、多业共生”的汉长安城遗址保护与开发新模式——“田园文化城市”模式[114]。张敏（2018）基于公益性和旅游开发的角度对湖南省大遗址的空间生产模式进行了分析[115]。侯婧怡（2018）认为许多城市规划区内中小型遗址已经失去了其原有功能，仅作为特定历史时期象征和文化符号存在，对此需要通过街头公园、小型博物馆、街巷广场等模式将其整合利用，使其产生相应的社会和经济效益，不再成为城市发展“累赘”[116]。

国内外遗址区开发模式类型及特点 表1.4

模式类型	特点	表现形式	代表案例
核心外延式	保护为主，可适当延伸开发	遗址公园或史迹公园、遗址博物馆、遗址展示区等	德国明斯特城带花公园、意大利费拉拉城墙护城河遗址环城公园、日本史迹公园、北京元大都城墙遗址公园等
环境结合式	充分挖掘遗址所在地的自然、人文优势	遗产廊道式、森林公园、陵墓类旅游景区等	美国国家公园、中国帝王陵寝类景区
文化演绎式	以节庆文化为主题，突出地方文化特色，将节庆活动延伸为节庆产业	民俗节日和民俗技艺、民俗文化艺术活动等	长达一个月的日本京都祇园祭、法国的亚维依艺术节、中国有龙虎山道教文化旅游节、曲阜国际孔子文化节等
产业关联式	一般遗址保护区内面积比较大，遗址区内居民多	结合遗址保护开展复古农庄、都市农业、市民休闲农业等	中国良渚大遗址保护区、汉长安城大遗址保护区
文化园区式	依托重要历史遗迹，通过环境提升、风貌整治后发展现代产业	现代城市历史文化展示与文化观光旅游新区	美国纽约的“苏荷”模式、中国福州的“三坊七巷”、西安的“曲江模式”

（表格来源：根据付晓东，徐涵露．文化遗产的深度开发——以安阳殷墟世界遗产开发为例整理绘制）

❶ 考虑到相关近似研究主题文献的深度以及对本研究主题的启发和借鉴意义，在文献梳理过程中穿插选取了部分以古城、历史街区、工业遗产为主题的相关研究文献。

（2）关于遗址地区空间生产机制研究：该方面的研究主要集中在大遗址区的管理发展机制。

余洁（2012）从微观管理体制出发，认为我国大遗址区管理发展机制主要有文物管理所、遗址博物馆、过渡性管理机构、特区管委会四种形式[117]。张立新（2015）等以汉长安城为例，对大遗址的人地脆弱性机制进行了分析[118]。于冰（2016）认为当前大遗址保护事权与支出责任存在严重的结构失衡，急需建立清晰的国有遗址产权管理维护体系[119]。裴成荣（2017）从管理、规划、政策三个层面对大遗址保护与都市圈空间协调发展的机制进行了研究，认为在管理层面应加强文物保护部门的职能范围、设立大遗址保护特区；在规划层面要确立城市空间的文化战略导向、注重大遗址区的空间再生；在政策层面要完善相关的财税制度、明确大遗址土地使用权属[120]。白海峰和余洁（2018）等针对西咸新区开发建设与传统文物管理体制不相协调的制度困境，提出要借鉴国家公园体制，创建包含"多规合一"、部门协调、资金保障、公众参与4个方面的"西咸新区大遗址群国家公园协调创新机制"[121]。

（3）关于遗址地区异质空间生产研究：异质空间是指在遗址保护利用过程中，除用于遗址本体保护之外，生产的其他类型功能空间，如消费空间、旅游空间、创意空间等有别于遗址保护的功能空间。

李鹏（2014）等基于行动者网络理论（ANT）对广州开平碉楼与村落世界遗产空间生产过程进行了研究，即通过选取世界遗产委员会、国家各级政府、碉楼业主等9类行动者和行动者的问题和兴趣转译过程，建立起行动者网络与空间生产的联系，认为行动者转译问题呈现是空间再生产的起点，利益赋予、征召与动员则阐述了空间再生产过程机理，异议部分则指涉了新的空间再生产[122]。许婵（2016）针对丹阳南朝陵墓群大遗址区生活空间的再生产，提出要赋予遗址适宜的城市职能，将遗产保护与爱国主义教育、石刻文化创意、陵墓观光相结合[123]。熊恩锐（2017）基于"利益—资本—权力"三位一体的空间生产分析框架，对南京大行宫地区文化空间生产的过程、机制以及存在问题进行了审视、批判[124]。廖卫华（2017）、尹彤（2018）认为城市遗产旅游景观不仅是一个空间生产的实践过程，同时也是各利益相关者群体博弈的结果，并导致社会、经济、政治及文化空间的生产[125, 126]。刘彬和陈忠暖（2019）认为新消费空间的生产是权力和资本共同作用的结果，具有文化表皮化和排他性特征[127]。郭文（2019）通过田野调查和访谈发现：以政府为主导的社区改造与资本全面介入是惠山旅游古镇空间生产的主要动因，资本与异质文化对新空间的跟进致使惠山古镇旅游空间产生了绅士化现象，并难以响应地方文化[128]。

（4）关于遗址地区关联产业生成研究：针对遗址保护利用相关产业的生成研究，主要集中在旅游观光产业和文化产业集群两个方面，其中关于遗址区文化产业集群有比较多的研究文献来源于西北大学。

樊海强（2005）等认为围绕大遗址的文化消费具有广阔的市场空间，可通过开发人文景观、文化产品等带动当地的经济发展[129]。朴松爱和樊友猛（2012）从文化空间视角提出了曲阜大遗址文化片区核心圈层、辐射圈层文化产品体系的营建路径[130]。张建忠和孙根年（2012）认为遗产旅游经营必须把更多的注意力放在增强旅游景观和项目的可感知性、可理解性和可参与性上，促进资源"活化""可视"[131]。刘红卫（2013）认为大遗址区域产业生成过程中资源要素是基础，发展文化旅游产业是关键，外部经济、规模经济、政策引导、市场调节是驱动力和保障[132]。吴亚娟（2015）依据钻石理论模型，从资源条件、市场需求、企业支撑、政府引导、发展机遇5个方面对大遗址地区产业集群化发展的可行性进行了评价[133]。仲丹丹（2016）认为文化产业选择工业遗产作为空间载体主要基于工业遗产所在地段的区位优势、建筑密度优势、产业氛围优势，以及遗产建筑的使用成本、形态特征、文化价值等方面因素[134]。朱海霞和权东计（2017）按照文化产业体系圈层结构，建构了大遗址地区文化产业行业体系结构[135]。

（5）关于遗址地区风貌环境生产研究：遗址地区风貌环境生产研究主要指遗址保护利用对遗址地区的景观、风貌、形态等塑造影响研究。

张京祥和邓化媛（2009）通过运用空间生产理论，对一段时间以来比较风靡的近现代风貌消费空间进行了评价分析，认为其本质上是一种营利性的空间生产行为，扮演着强行推动历史地区绅士化的角色[9]。杨宇振（2012）认为大工业遗址（类似重钢）必须考虑结合工业文化公园作为一种开放空间和再塑集体记忆的场所，而不是基于权力和资本的空间商品再生产[136]。陈燕燕和高微微（2013）认为大遗址地区的空间特色主要通过开放空间、建筑形态、公共绿地、标志物等要素来表征[137]。张平（2014）综合运用城市密度分区法、层次分析法等建构了大遗址地区开发强度分区控制模型[138]。赵敏（2015）认为：权力与资本形成的合力，导致丽江古城的旅游效应挤出，继而推动着古城及周边地区的文化景观生产[139]。王晓敏（2016）提出了文化遗产保护与聚落生活共融的遗址保护利用模式，强调"遗产为人服务"的社会价值，空间环境不能割裂遗址与人、历史与现代的联系[140]。吕琳和黄嘉颖（2017）提出了对比包围、廊道隔离、咬合过渡和开敞过渡4种大遗址周边环境营建模式[141]。黄磊（2018）基于"空间生产—形态演化"分析框架对历史工业地区空间形态演化的成因、过程、模式、特征等进行了分析研究[142]。魏立华等通过对成都市旧城CBD东华门遗址地区的空间生产现象进行分析，发现权力、资本主导下的遗址空间生产在"东华门遗址—东华门遗址公园—CBD中央公园"的"地方建构"话语下转变为资本盈利的商品化过程[143]。

（6）关于遗址地区社会空间生产研究：关于历史地区及周边社会空间生产研究的文献主要集中在社会空间重构过程、呈现特征、作用等，研究成果较少。

钟晓华（2012）以上海田坊子街区更新为对象，探讨了行动者实践与社会空间重构之间的关系[144]。杨俊宴和史宜（2015）提出了微社区的历史地区更新方式，以此来保持城市历史地区发展的连续性和风貌的多样性[145]。赵选贤（2015）对丽江古城发展旅游业前后的社会空间变化进行了研究，发现旅游空间生产前，古城的社会网络呈现为变化统一的社会空间特征，而之后则表现为弱关联、平行化的特征[146]。边兰春和石炀（2017）基于社会—空间视角，对北京老城整体环境、不同历史街区以及居住院落内部等不同空间层次和尺度在社会空间问题上表现出的不同特征与难点展开了研究分析[147]。田雪娟（2017）借助空间理论，对南锣鼓巷历史街区在近十年更新实践中的社会空间生产进行了分析[148]。吴冲（2019）等以空间生产三元辩证为框架，分析了大遗址保护利用对周边社会空间变迁的影响，认为在空间资本化驱使下，物质空间变化以及由此而引发的空间功能演替，使得遗址区及周边的社会关系不断发生嬗变[149]。

（7）关于空间生产的正义性研究：有关空间生产的正义性研究主要围绕如何建构公正、公平的公众参与机制来展开的，同时也有对遗址地区空间生产非正义的审视、批判研究。

沈海虹（2006）从推行公共政策所关注的“效率”“公平”“激励”三个标准出发，就城市遗产保护利用过程中的权属建构、私权保障、激励机制三方面展开了研究探讨[150]。刘敏（2012）从法制机制、回应机制、教育机制三个方面对遗产保护中如何搭建公正、公平的公共参与机制进行了研究探索[151]。张心（2016）认为：“与政府视角主要关注宏观层面的调控和整体的保护利益不同，公众视角则更看重城市遗产保护过程中公共诉求的表达和享受保护成果的权利”[152]。王辉（2017）以扬州城遗址蜀冈区域为例，从参与主体、参与内容、参与过程、参与方法四个层面探索建构了公众参与遗址保护的机制模式[153]。赵洁（2017）从空间生产的视角审视了广州南华西历史街区空间变迁，认为在此过程中居民对空间生产的抵抗，表面上看是为了争夺空间使用和占有权，实质上是对空间资本化过程中不正义空间生产的一种反抗[154]。王庆歌（2017）在遵循“空间转向—空间生产—空间正义—城市权利—多元行动”的逻辑基础上，建构了空间正义的分析视角，并对济南芙蓉街进行了分析研究[155]。梅佳欢（2018）从公平性、包容性、差异性三个层面对南京老门东历史地区空间生产过程中的不正义现象进行批判研究[156]。何健翔（2019）强调“以‘空间潮汐’的空隙以及浪潮所遗漏和遗弃的遗址空间对抗千篇一律的空间生产是新一轮城市更新的挑战，也是城市空间生产的公共性和地方性重建的关键”[157]。

二、大明宫遗址地区的相关研究

有关大明宫遗址区的研究文献主要来源于考古、城乡规划、历史、城市经济、建筑学等领域，研究涉及考古发掘、现状调查、保护与展示、遗址公园建设、周边地区更新改造、相关文化产品开发等主题，其中与本书研究主题相关的成果主要有以下几个方面：

（一）遗址公园建设的相关探究

王军（2009）在大明宫遗址现状分析研究的基础上，提出“连片保护、分期发展”的遗址公园建设模式[158]。张锦秋（2010）鉴于唐大明宫丹凤门遗址卓越的历史地位和重要的现实区位，认为丹凤门遗址博物馆工程的实施对大明宫遗址公园的建设具有重大的标志意义，同时也对西安市完善大明宫—火车站—大雁塔这一城市景观轴线具有积极意义[159]。张关心（2011）从项目规划、二次考古发掘、遗址保护展示、运营与管理四个方面对考古遗址公园的创建工作进行了总结性研究[160]。刘克成（2012）等将唐大明宫遗址公园建设总体目标定位为：国家大遗址保护展示示范园区和增进中华民族共同精神家园建设[161]。侯卫东（2012）等对大明宫含元殿、麟德殿的保护展览设计进行了研究，提出了恢复结构、土基包裹、半地下展览等综合性保护展示措施[162]。刘宗刚和刘波（2012）通过从宏观的保护模式、中观的边界显现与形象、微观保护展示方式三个层面分析，揭示了唐大明宫遗址公园在城市文脉延续、城市特色彰显等方面的意义[163]。余定（2014）等认为遗址公园建设基本实现了对唐大明宫历史空间的重现，满足了遗址保护与展示[164]。李骥和翟斌庆（2016）以大明宫为例，对大遗址“公园化”过程中的原真性问题展开了探讨，强调大遗址公园建设的过程中不应过于求新求异，要避免背离遗址公园所应该遵从的原真性和真实性原则[165]。宋莹（2017）通过引入“情境”理论提出了国家考古遗址公园情境营造的五要素，即情、境、情感符号的建构、情境的统一和情境的表达[166]。

（二）基于遗址的开发利用研究

刘军民、赵荣、周萍（2005）认为遗址的保护利用有助于区域经济和社会的发展[167]。单霁翔（2009）认为大遗址不仅具有考古学上的重大意义，更是一种独特的文化资源[168]。张嘉铭（2011）认为遗址环境中运用生产景观既能满足市民对休闲、生态、教育、考古遗迹形象展示的功能需求，而且还具备一般绿地所不具备的生产性功能[169]。张中华和段瀚（2014）基于Amos平台，对大明宫遗址公园空间环境营造的地方性特征与游客地方感之间的关系路径及运行机理进行了分析研究[170]。苏卉、孙晶磊（2016）对唐大明宫遗址的保护与适应性开发进行了探讨[171]。田敬杨（2018）运用管理学中的“运营”与“绩效”概念，评价了大明宫遗址公园的运营模式与产业绩效的合理性[172]。王帅（2018）从文化、社会、经济、环境四个方面提出了大明宫遗址保护利用增强策略[173]。叶茵宁（Yinning Ye）（2019）针对大明宫国家遗址公园文化旅游品牌建设中存在的问题，从听觉、视觉、心理等方面给出了具体建构策略[174]。

（三）周边地区的更新整治研究

金田明子（2009）以大明宫遗址地区的整体保护更新为对象，提出“城市文化公园”+“大景观小社区”的保护更新模式[175]。金鑫、陈洋（2011）等认为随着大明宫遗址公园的强力带动，紧邻其的大华纱厂区域将成为西安的文化新区，并提出了以工业博物馆为主体的综合改造利用方案[176]。曹恺宁（2011）从城市有机更新的角度，提出要依托大明宫遗址区旅游产业的发展，调整大明宫遗址地区城市功能结构，完善区域市政基础设施和公共服务设施，促进大明宫整个地区的再生[177]。孙伊辰（2013）从宏观层面提出了遗址周边环境保护提升的对策[178]。涂冬梅（2012）通过对历次城市总体规划中大明宫遗址地区各类用地规划情况和第三轮总规实施后用地开发实施情况的比较分析，探讨了导致大明宫遗址地区土地利用无序的原因[179]。马建昌和张颖（2015）认为大明宫遗址的管理运营在整体规划、市场运作、多元参与等方面具有创新性和示范性，但在经营的可持续性、与周边区域开发的平衡关系、税收分成等方面有待进一步优化调整[180]。毕景龙（2015）等认为大明宫周边地区的城市建设与遗址本体历史特征协调性较差[181]。王新文、张沛（2017）从空间生产角度对大明宫遗址地区的更新实践进行了分析总结，认为遗址区在更新过程中不仅是物质环境的代谢，同时也影响和调整了遗址及周边地区的产业结构和社会结构[182]。刘盼盼（2017）等认为遗址公园周边区域存在刚性连接，形成视觉上的保护孤岛，且在宏大叙事下人性化、精细化设计不足[183]。

三、国内外相关研究文献的解析

通过对国内外研究文献的详细梳理、解析，相关研究总体呈现出以下几方面的特点：

（一）国外重社会建构和效用评估，而国内重模式探讨和现象批判

国外研究比较多关注了遗址地区空间生产对地方社会建构影响和对带动地区发展、促进空间多样性、功能价值溢出、决策管理效率等方面作用分析和效用评估；而国内则更多聚焦于对遗址地区适宜空间生产模式的探讨和对非正义空间生产现象的批判分析以及与之相关联的物质空间、文化空间、社会空间、居民生活等方面变化的比较分析。

（二）作为一个综合性功能单元，遗址地区的研究需要多学科参与

遗址地区作为一个综合性的功能单元，其空间生产是一个多维度的空间现象，对应的相关研究也需要多学科参与和多学科交叉融贯的研究方法。因此，在当前研究成果中

既有社会学关注的社会关系、社区生活、社会排斥等主题研究，也有产业经济学关注产业集群、经济效益、旅游发展等主题研究，更有城乡规划学关注的空间模式、环境风貌、公众参与等主题研究。

（三）部分主题的研究呈现出数据化、模型化、技术化的趋势特征

近年来，随着技术化研究工具的丰富、可收集数据类型的多样化以及收集渠道的多元化，对遗址的价值溢出、环境影响、效用评估等主题的研究呈现出了数据化、模型化、技术化的特点和趋势。数据化、模型化、技术化研究极大地弥补了以往研究中数据支撑不足、多主观判断、少数理分析的问题。

（四）公平与正义是国内外遗址地区空间生产研究共同关注的话题

公平与正义是国内外遗址地区空间生产关联研究共同关注的话题，且在多数情况下“潜藏”为研究的底层逻辑。国外对遗址地区空间生产公平、正义的研究关注体现在遗产资源的公共性维护、利益相关者诉求表达、社会空间建构和社会资本增减、社区依恋和地方感营建、志愿者和非政府组织参与等；国内多聚焦于由遗址保护利用所引发的过度开发、社会矛盾、资本盈利、绅士化、空间隔离等非正义现象和公平、公正的参与机制、路径等。

（五）围绕遗址地区空间生产的相关研究多基于“一元”认识展开

无论是国内还是国外，对遗址地区空间生产的研究多基于空间的表征、空间实践、表征的空间中的“一元”展开，如：对遗址地区空间生产动力机制、制度体系建设的研究属于空间的表征范畴；对于物质空间评价、环境风貌塑造的研究属于空间实践范畴；对于遗址地区社会关系、社会生活变化的研究属于表征的空间范畴。较少有学者“完整”地运用空间生产理论去进行整体建构和整体分析。

（六）有关大明宫遗址地区的研究多为规划、设计等项目方案探讨

围绕大明宫遗址地区的研究多为规划、设计、工程等项目技术方案的合理性、可行性探讨，如：遗址公园建设模式、考古遗址公园创建方案、景观工程技术方案、有机更新方案等，也有少数学者对遗址地区的空间生产现象及其效用进行了分析总结，但多为定性的文本性描述，研究内容、成果中少有系统化、深层次的理论思考和数理分析。

第七节

研究对象与数据准备

一、研究对象

本书选取大明宫遗址地区为案例对象，范围南起陇海铁路线北侧，北至红庙坡路、北二环路、环园中路（永城路），西起星火路、未央路、太华路，东至东二环及其延伸线，研究区总面积23.2平方公里（图1.23）。2007年，该区域内以大明宫遗址保护利用和改善区内居民生活条件为因，在西安市政府的统一部署下，由曲江管委会负责统筹推进这一地区的保护改造工作。该空间区域位于西安市建成区范围内，具有大遗址保护利用和周边地区改造联动的特征，与前文界定的城市大遗址地区概念较为吻合，且具有清

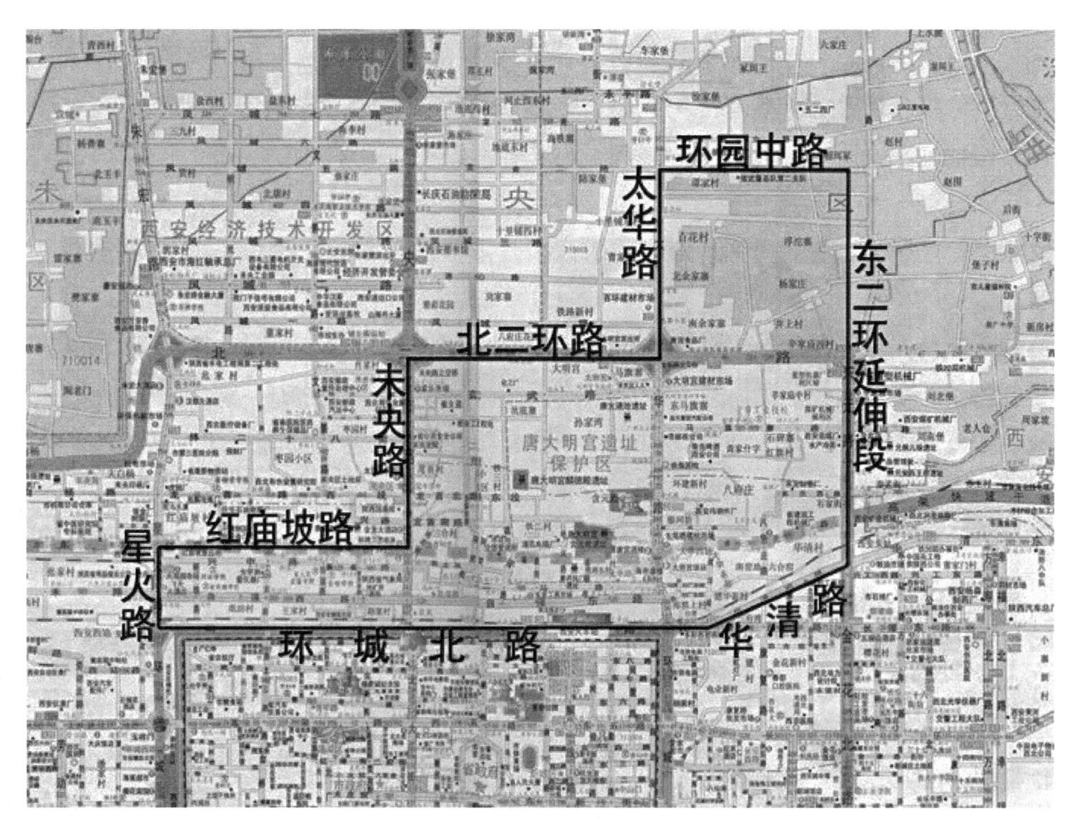

图1.23　大明宫遗址地区的空间研究范围图

（图片来源：根据《大明宫地区保护与改造总体规划（2007年—2020年）》整理绘制）

晰管理边界和空间边界，容易获得较好的一致性研究数据。同时，经过十多年发展，该区域规划政策目标时限期已过，范围内物质空间、社会生活、经济产业等变化也比较明显，具备了获取研究所需数据的时间条件。考虑到研究时间跨度和保护改造工作统筹推进的时间节点，本研究选取2007年、2013年、2019年作为研究分析的比较时点。

二、数据准备

本书的数据调查准备工作分为两个方面：

（1）基于数据类型，包括文献数据、定量数据、定性数据的调查准备。文献研究梳理准备：根据初步研究构想，基于中国知网文献数据库（CNKI）、百度学术、万方数据库、Web of Science核心合集以及Elsevier ScienceDirect五大数据库资源，通过关键词、关键主题的检索、解析和网络书店、档案馆、图书馆等渠道购买、借阅等，对国内相关研究文献梳理进行分析总结和评价，包括对空间正义、空间生产理论的系统认知和理论适应性分析，对遗址地区空间生产、大明宫遗址地区的相关文献梳理分析、解析评价，对遗址保护利用的国际组织文件、国内方针政策、国内外案例经验的研究总结，以此做好关键参考文献贮备，并进一步聚焦析出研究的关键问题、关键环节以及研究的纲领性思路和框架；定量数据调查：根据研究构想、拟解决关键问题、研究思路等，通过查阅西安市未央区、新城区、莲湖区相应年份的统计公报、统计年鉴以及政府部门的相关工作报告、工作文件和有关研究对象的各类规划等获得社会、经济、用地、交通、环境等方面数据，通过高德地图、谷歌地区、58二手房、安居客等途径获得功能、产业、空间、房价等方面数据，通过网格化实地调研和街道、社区走访、规划矢量图等获得研究区范围内的用地、人口、设施等方面数据；定性数据调查：通过问卷调查、对象访谈、统计分析等方式方法获得微观个体丰富生动的定性数据。以上获取数据内容、数据资料来源、数据处理方法、加工处理结果等，详细可参见具体研究章节。

（2）基于案例对象，除了对本书的案例对象——大明宫遗址地区进行多次实地踏勘、现场观察、问卷调查、深度访谈外，还专门对国内同类型案例进行了实地踏勘、考察。具体包括：2010年9月，笔者当时在灞桥区规划局实习，恰逢大明宫国家遗址公园筹备10月1日国庆开园，园内的各项建设工作进入到了最后的冲刺收尾阶段，本人受实习单位委托对遗址公园的主要建设情况进行了现场考察调研；2015年5月，当时硕士毕业后在文物系统工作，正逢单位为期60天在西安培训考察，期间再次实地踏勘调研了大明宫遗址公园及周边地区；2016年5月，工作需要在北京为期40多天的文物保护专业技术培训期间，实地踏勘调研了圆明园遗址公园的保护利用情况；2017年11月、2018年3月、2018年4月、2018年7月连续对大明宫遗址公园及其周边地区进行了详细实地踏勘、问卷调查、深度访谈等工作；2018年12月，对广州历史城区核心区南越国遗址（紧邻北京路商圈）、南越国宫署遗址、南越王墓、南越国木构水闸遗址及保护利用情况进行了调研；2019年7月，对杭州市余杭区瓶窑镇街、良渚镇的良渚遗址进行了调研；2019年9月，对成都市青羊区的金沙遗址地区的保护发展情况进行了调研；2019年9月，对隋唐洛阳城遗址公园及周边地区进行了实地调研；2019年10月、12月以及2020年1月、5月，先后多次对大明宫遗址地区进行了跟踪调研。基于以上连续多次实地调研获取丰富的一手案例资料和数据，为本书研究撰写工作奠定了基础。

第二章 相关理论基础研究

第一节

空间正义范式的生成脉络

一、理论渊源：空间研究中的正义生成

（一）空间认识路线的变革

人们对于空间的认识经历了一个漫长过程，空间究竟是什么，是一个很难回答的问题。亚里士多德曾经指出，“空间被认为很重要但又很难理解”[184]。但空间作为一个基本的理论范畴，任何学科都“牵涉”其中，而且不同的学科又将空间问题聚焦在不同的理论维度。随着人类认识的不断发展，人们对空间，以及空间与物质、空间与人、空间与社会的关系的认识和探讨，经历了从自然主义，到主观主义，再到社会空间三次认识路线的变革（图2.1）。自然主义认识路线下的空间被限定为纯粹的自然物，即空间是纯粹的自然范畴，独立于人之外而存在，人在空间面前无能为力，否认了空间与人、空间与社会的内在联系，没有人类实践活动对空间的改造，如古希腊时期的虚空观、亚里士多德的“处所空间”观、牛顿的“绝对空间”观等；主观主义认识路线下的空间观，从人的主观能动性出发，看到了人类活动对空间的积极影响，但片面地夸大了人的主观能动性，把空间看作人的思想产物（如黑格尔的绝对精神空间），抹杀了空间存在的客观实在性，没有认识到人对空间的认识是一项社会实践活动；社会空间认识路线下的空

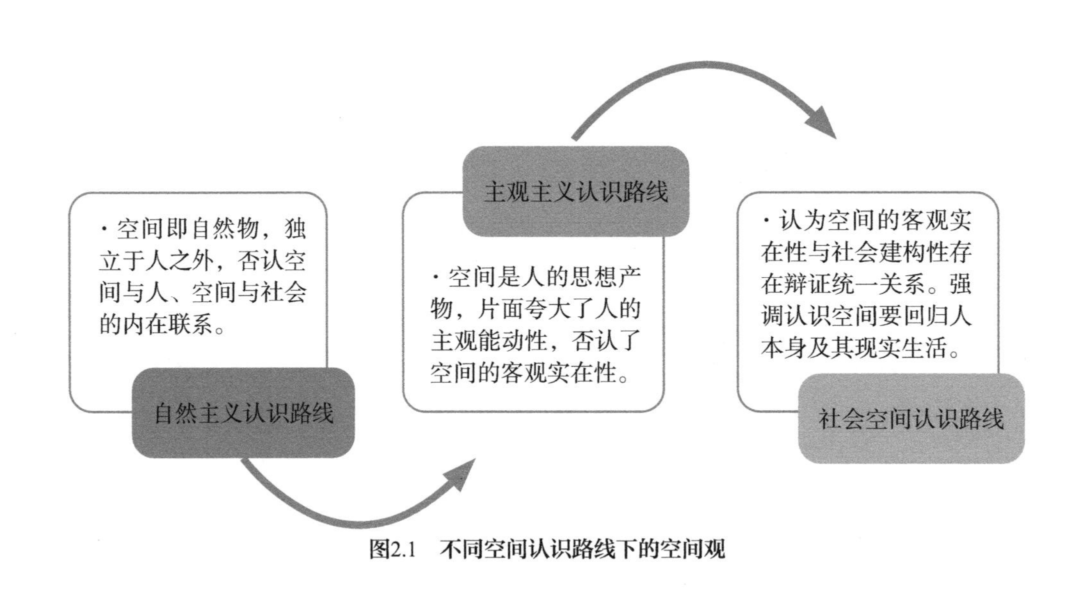

图2.1　不同空间认识路线下的空间观

间，是充分吸收了自然主义和主观主义认识路线的成果，认为空间的客观实在性与空间的社会建构性存在辩证统一关系，即人类的本质力量不断嵌入空间，改造空间利用形式，创造出了适宜于人类生存与发展的空间，空间被对象化，并处于不断生成之中。社会空间认识路线下的空间观将空间和人的主体活动联系起来，强调认识空间要回归人本身及其现实生活，对空间本质的把握就要转变为对人的日常生活世界的把握，对人类社会的把握。空间认识路线的变革反映了对认识空间问题思维方式的转换，社会空间认识路线下的空间观使具有社会属性的"空间正义"研究范式的确立成为可能，为探讨由社会建构、赋予、创造的空间组织形式、结构、功能、意义等提供了全新的视角。

（二）社会研究空间化转向

长期以来，在西方的学术界和现实生活中，将空间作为时间的附属品，从学界的黑格尔、博格森、海德格尔等人的哲学思辨到以GDP论"英雄"、发展决定一切的现实世界，都将空间视为死寂的、固定的、非辩证的、不流动的[185]。近几十年随着社会理论研究"空间转向"的出现，有关空间的研究才开始逐渐丰富、活跃起来。亨利·列斐伏尔最先改变了"空间是空洞和静止的"观念，他认为空间具有"物理、精神、社会"三重属性[186]，它不仅被社会关系支持，也生产社会关系和被社会关系所生产[187]。将社会科学进行空间化研究的另一个代表人物米歇尔·福柯，他认为"空间是任何公共生活形式的基础，是权利运作的基础，并将空间性放入空间、知识、权利的相互关系"[188]。刘易斯·芒福德（Lewis Mumford）从城市社会学的角度出发，认为"城市是社会活动的剧场"，其作用表现在"精心设计的舞台会突出演出的效果和演员们的表演，喜剧也将承载更为重大的意义"[189, 190]。社会研究专家、"新城市社会学"的创始人曼纽尔·卡斯特（Manuel Castells）认为："空间不是社会的反映，而是社会的表现。换言之，空间不是社会的拷贝，空间就是社会"[191]。与此同时，伴随着后现代思想的兴起，极大地促进了空间思想在社会理论中的思考和发展，并就空间在构建日常生活过程中具有重要意义达成共识[187]。大卫·哈维（David Harvey）从批判的视角切入，对"不均衡地理发展、时空压缩、空间修复"等现象进行了理论分析和阐释[192]。与大卫·哈维的切入点不同，安东尼·吉登斯（Anthony Giddens）从时空分离与时空延展的维度来把握当今的时空关系特征[193]。弗雷德里克·詹姆逊（Fredric Jameson）认为"后现代主义是关于空间的，现代主义是关于时间的"[194]，即"空间范畴和空间化逻辑主导着后现代社会，如同时间主导着现代主义世界一样"[195]。后现代地理学代表人物爱德华·索亚（Edward W. Soja）强调了空间的独立性和建构性，扭转了以往我们只是强调社会对空间的作用，忽视空间对社会的建构作用[196]。

这场始于20世纪中期的"空间转向"思潮，在社会、地理学科之间形成跨学科讨论。到20世纪80年代，逐渐成为研究后现代和全球化影响下社会、地理现象的重要理论工具。并从20世纪90年代起，“空间转向”的理论思潮彻底穿越了社会与地理两大学科的讨论范围，开始扩散到都市研究、城市规划、文化、建筑、艺术等学科领域。这种多学科的研究和探讨共同促成了一百多年来有关空间研究的学术转向，将空间性与历史性、社会性置于同样重要的研究地位。当然“空间转向”的思潮仍在进行中，尽管空间要素在许多学科领域的“渗透”仍存在着不少争论和批评，但仍然有许多概念的思考正在被空间化，如：空间排斥、空间正义、空间隔离等公共话题[19]。可以说，“空间正义”正是这次社会理论“空间转向”的产物和一部分，是空间的正义维度[197]。

二、发展历程：从城市权利到空间正义

从最早个体行为产生的“自食其果、善有善报”的朴素自然正义观❶，到古希腊时期参与式民主的城邦正义❷，再到基于现代法律基础建构的静态式分配正义❸，人类社会对于“正义”的追求从未改变，但从严格学术理论意义上对空间重要性的认识以及空间和正义之间关系的研究却始于20世纪60年代[198-200]。从20世纪60年代起，学术界有关空间正义的探讨经历了城市权利、领地正义、空间正义三个相互交织的发展研究阶段[201]。

（一）城市权利（Rights to the City）

针对巴黎市中心房价日益高涨，普通居民无法承担，城市中心日益绅士化现象，列斐伏尔于1967年（马克思《资本论》百年纪念之际）出版了《进入城市的权力》（*Le Droit a la Ville/The Right to the City*）一书。围绕“城市为谁而建?”提出“城市的权利”是建立在城市居住者身份上的。它不仅是居民进入城市空间的权利，更重要的是进入城市空

---

❶ 基于同情、仁慈、慷慨等所具有的限定效果，当个体人面对自己或他人遭受幸或不幸时所表达的行为，如评价一个人因错误而带来的不幸时，人们常说“一人做事一人当”；相反，引起好的结果时，人们常会说“他的奖赏理所当然”等。这一类基于个体价值观来寻求和维护社会某方面正常秩序的意识或觉悟被称为自然正义。

❷ 古希腊城邦正义是受限制的，人口多数的奴隶、几乎所有妇女和一些不符合公民资格的人都被排除在正义权利之外，即对城邦中有资格人的正义。爱德华·索亚认为古希腊这种正义体现了最早的空间正义思想。

❸ 约翰·罗尔斯（John Bordley Rawls）认为社会基本机构主要就是用来分配公民的基本权利和义务、划分由社会合作产生的利益和负担的主要制度，其著作《正义论》主要是为社会基本结构的设计确立一个合理的标准和原则，即正义原则。这种“分配式正义”是建立在法律基础上的普遍应用，以避免来自不同阶级、性别、种族、居住场所和其他在既定社会秩序内产生差异和偏见。分配正义主要集中于当下时刻和条件，忽略了空间和历史的维度。

间生产过程，使得城市及其空间的变革和重塑能够反映城市居民的意见和要求[202, 197]。列斐伏尔的城市权利源于城市空间中日常生活和工作的一系列实践，对日常生活的抗争，要建立一个新的城市结构和空间关系来寻求正义、民主和公民权利的平等。列斐伏尔认为城市权利像是一种哭诉和一种要求（A Cry and A Demand），是对被剥夺权利的哭诉，是对未来城市空间发展的一种要求，要通过对城市权利的争取来取得城市正义，这种正义的目标包括了群众和城市居住者对城市空间的建设、中心的使用等一系列城市空间的知情权、享用权、参与权[203, 204]。城市权利貌似是一个模糊的概念，实则不然，城市权利意即可支付住房、可达的服务、可靠的交通、体面的教育；既可以忠于你的社区、你的街道和建筑，也可以超越社区所在；为城市而生活，对城市福祉发言，没有被孤立于城市事务之外，对城市具有强烈的归属感。

（二）领地正义（Territorial Justice）

"领地正义"最早是由威尔士人布莱迪·戴维斯（Bleddyn Davies）于1968年出版的《社会需要与地方服务的资源》中首次提出。布莱迪·戴维斯用领地正义作为地方、区域规划者的规范目标和政府行为的结果追求，要求不同区域的公共服务配置和相关投资既要反映该区域的人口规模，又要满足现实的社会需要[205]。大卫·哈维对布莱迪·戴维斯的"领地正义"进行了创造性发展。他以资本逻辑为起点分析资本主义社会里的空间不平等，认为"空间的本质是社会性，这种社会性附着在特定的物理景观之上，空间模式与道德秩序环环相扣，我们所经历的'地理—物理空间'实质上都是某种社会关系的物质载体"[17]。哈维运用马克思主义辩证法将空间视为一个处于不断生成和变化的过程，在此过程中创造着各种空间形态，对空间价值的审视正是要聚焦于这些"过程"，这些过程可能是生态、经济、政治、道德的一种或多种的叠加。因此，空间正义建构的主要任务就是聚焦于这些过程，厘清和把握这些过程推进的主导性逻辑；空间正义的原则规范也相应地对这些过程进行关注、完善和矫正，即建构一个基于"过程"的空间正义。这个"过程空间正义"必须要结合4个重要的范畴限定：差异（Difference）、边界（Boundary）、规模（Scale）、情境性（Situatedness）（表2.1）[206]。

过程空间正义的4个范畴 　　表2.1

范畴	限定释义
差异（Difference）	①现实空间的生产过程是一个无差别的同质化和无序生产差异的辩证统一过程。一方面，空间的社会性使空间生产无一例外地嵌入到它所在的社会过程中，接受了一种我们视之为"惯常"的时空框架和既定的社会关系样态；另一方面，空间生产的现实过程往往伴随着多重空间秩序的变迁。②空间正义就是不断生产差异的过程，这种差异不仅体现为地理的不平衡发展，更关涉地理差异背后的社会和文化异质性，空间正义就是要"公正的地理差异的公正生产"[207]

续表

范畴	限定释义
边界（Boundary）	①边界彰显了不同社会过程的异质性，界定了特定空间正义话语的“能指”和“所指”。②边界所建构的空间“内”与“外”，反映了空间正义可能代表完全不同的社会意义和行动方案。③现实的空间生产不断催生各种空间边界，它们之间相互交叉并处于不断转换之中。④“边界”问题需要把握“边界”转换过程的主导逻辑，探寻一种能使多种边界实现恰当平衡的“空间模式”
规模（Scale）	①空间正义聚合为一种社会共识的必要条件是它的空间辐射力，即空间生产的“空间规模”。②“规模”内化和外化于空间生产的现实过程，不同的规模往往传达着不同的正义理念。③空间正义必须将规模的探讨作为一个重要的价值参量，要探寻正义在一定规模上得到定义的方式，要在不同的政治权力结构所建构的空间规模之间寻找联系
情境性（Situatedness）	①“情境性”是特定时空背景下的社会行动，现实空间生产的特定阶段、环节和状态。②“情境性”的有序组合，一个特定“情境”又往往聚合和体现着多个空间生产过程。③“正义应被视为一系列致力于解决冲突权利要求的原则，这些冲突以多种方式发生”[17]。④“正义”本身意味着公正地对待不同的情境，探寻空间生产中不同情境中的适用性。⑤“社会正义”是一系列建立在处于不断变迁之中的时空序列基础上的“情境知识或理念”，本身体现的是一种“差异地理学”[207]

（表格来源：根据李春敏．大卫·哈维的空间正义思想；大卫·哈维．正义、自然和差异地理学；爱德华·W．苏贾．寻求空间正义；刘如菲．后现代地理学视角下的城市空间重构：洛杉矶学派的理论与实践；魏强．空间正义与城市革命——大卫·哈维城市空间正义思想研究整理制作）

（三）空间正义（Space Justice）

“空间正义”一词最早在约翰·欧劳福林（John Olaughlin）关于美国黑人选民种族和空间歧视的博士论文中被提出[208]。10年后南非地理学家戈登·H.皮里（Gordon H. Pirie）在其公开发表的《论空间正义》（*On Spatial Justice*，1983）中对“空间正义”概念化的可能性进行了分析，他认为“如果空间是社会的产物，并生产了社会关系，其本身就有可能是不公正的，这样就可以形成一种新的‘空间正义’概念”[209]。受迈克·戴维斯（Mike Davis）的《水晶之城》以及当时地理学家和规划师的影响，建筑评论家和地理学家史蒂文·福莱斯特（Steven Flusty）于1990年在《建设偏执狂》中针对洛杉矶城市环境建构情况，用“空间正义”探讨分析了洛杉矶城区社会、经济、环境的重构问题，并引起了强烈的反响。对此，爱德华·W.索亚给予了高度评价，认为“该文是关于空间正义理论和实际研究新路向的标志”。

进入21世纪，空间正义概念被开始广泛使用，越来越多的学者参与到相关的讨论中，其中美国学者穆斯塔菲·迪克奇（Mustafa Dikec）在《正义与空间想象》中将空间正义的论述超越了领地正义再分配模式，将空间化看作导致不正义的主要结构因素，提出了被广泛提及的空间正义辩证法——正义的空间性和空间性的正义❶[210]。以爱德

❶ 穆斯塔菲·迪克奇（Mustafa Dikec）认为：非正义的空间性（Spatiality of Injustice）是指各种形式的不正义可以从空间的视角进行观察、分析和辨别；空间性的非正义（Injustice of Spatiality）是指空间的生产不仅体现了各种形式的不正义，实际上也生产和再生产了不正义。

华·W. 索亚为代表的洛杉矶学派在哈维等学者的基础上指出：西方高度城市化情况下不能再以机械、简单工业—农业模式审视空间的差异，每类空间都有其自身的特质和文化属性等，如硅谷、贫民窟等。在他们看来空间上的不公是人为的，文化的劣势比制度上的歧视更难消除。《后现代地理学——重申批判社会理论中的空间》《第三空间——去往洛杉矶和其他真实与想象地方的旅程》《后现代大都市——城市和地区的批判研究》被称为索亚空间研究的三部曲，由此建构起了“空间、社会、历史”三位一体的城市问题研究的擎天大厦[211]。特别是2010年索亚在其出版发行的《寻求空间的正义》一书更是奏响了空间正义理论与实践研究的新乐章。在此，他表达了对城市化进程中资本霸权的控诉以及对城市边缘人、未来人、无产者空间权利的捍卫，并由此展开了空间隔离、空间资源分配不公等城市问题的相关研究[211]。当前，城市发展在新技术、全球化的时代背景下已发生和正在发生着重大重构，洛杉矶学派基于“空间与社会辩证统一”的后现代空间观，对当代城市景观与城市实践活动进行后现代视野审视，并在此过程中已成为空间正义理论化和走向现实世界与政治实践的中心[212]。

三、问题指向：城市空间生产非正义性

城市空间是由社会实践活动所构造的，其生产活动呈现着特定社会的特定意识形态和价值准则。因此，在其生产过程中难免会伴随产生正义和非正义问题。正如穆斯塔菲·迪克奇（Mustafa Dikec）在论证空间正义问题时所强调的“我相信正义的空间维度之敏感性，尤其是在空间动态非正义行径被大量暴露的社会里，城市看上去为这种前景提供了丰沃的土壤”[213]。从20世纪70年代开始，城市空间成为资本扩大再生产的新载体，空间的再生产成为资本增值、谋利的重要方式，特别是在信息技术的助推下，这种模式得到了进一步的巩固和加强[24]。以资本逻辑为导向的城市空间生产在造就城市迅猛发展和更新的同时，也生产和再生产了诸多非正义问题：[214]

第一，在生产领域，城市空间成为资本攫取高额利润的新载体。一方面，以市场为主体的城市发展模式，空间生产受资本力量支配，创造了同质化的城市功能空间，对城市独特的历史文化和稳定的社会网络造成了“创造性破坏”。正如雅各布斯所说：只知道规划建设城市的外表，或想象如何赋予它一个有序的令人赏心悦目的外部形象，而不知道它现在本身具有的功能，这样的做法是无效的[215]。哈维认为：资本导向下的城市化进程，必定是不平等和不公正的，因为资本本身代表自己的形象创造了空间环境和使用价值，其目的是在对过去的摧毁中创造出新面貌来实现资本积累[216]。另一方面，资本进行空间生产的逻辑是追求剩余价值的最大化，表现在空间上的挤压和剥夺。在这种情况下，大规模的空间经济活动，演变为市场利益集团的空间谋利过程。资本逐利极端性表现为城市更新中忽略空间使用人群的感受，使得原本的群体合作变为对抗，城市公

共空间受到很大程度的挤压，社会负面效应逐渐增多[2]。

第二，在分配领域，城市发展与更新本质是空间资源的再分配。通过空间秩序和关系的重组实现空间资源的分配和交换，进而使得社会财富迅速集中到少数人手中[217]。哈维指出："时空间关系的革命，不仅常常破坏围绕先前时空体系建立起来的生活方式和社会实践，而且创造性地破坏嵌入在景观中的广泛的物质财富"[207]。在这一过程中，低收入的弱势群体、城市边缘人不是被转移到远郊，就是把自己封闭在高墙后抑或在郊区的私托帮（Privato—pias）和城市的"门控社区"内[218]；而少数掌握资本和权利的阶层占据着城市核心区域，占据着绝大多数的社会财富，享受着超现代化的物质条件，从而加剧了社会分化。因此，城市空间的正常运转，从住房、劳工、土地市场到零售商、开发商、银行家和规划师（者）的战略，在对实际收入进行再分配时，往往有利于富人和政治上很有实力的人。换言之，正常的城市运作，使富者更富、穷人相对更穷[211]。哈维认为："只有从公共和私人投资的位置或空间格局中获得积极的（对社会有益）需求或收益，一个地区或区域的（空间）资源分配才可以更加公正"[207]。

第三，在消费领域，城市空间日益呈现出等级化与堡垒化。资本导向下的城市空间生产过程，使得城市公共空间受到不断蚕食和挤压，公共设施趋向于商品化和私有化，公共物品消费被人为或市场化隔离，呈现出等级化、堡垒化趋势。消费显现出来的社会关系被铭刻在空间中，消费空间的类型时刻标示着不同社会阶层的地位和身份。对此约翰·伦尼·肖特（John Rennie Short）指出："社会分隔体现在空间和地点上，城市将不同类型的人分离开来，将同一类型的人放在一起"[219]。这主要表现在：城市中每一类空间组织模式，都能够清晰显露出你是谁，你的工作、家庭背景乃至你所追求的目标，你混得怎么样和你住哪儿等被紧紧地联系起来[220]。实际上不同的社区空间，背后是不同身份等级，空间区隔实质上就是对这些社会等级的体现。一方面，空间区隔隔离和区分着生活在不同层级的人们，建构着不同的社会阶层，同时保持和维护着这种区隔；另一方面，空间区隔赋予了不同空间层级非常不同的权力与利益，加剧了社会阶层的固化。正如哈维所说：社区对于富人而言，常常意味着确保和提升已经获得的特权[221]。总之，资本导向下的空间生产不断造就着等级化、封闭化的城市社区，建构着不同层级的社会身份和关系，加剧了生活、消费领域的空间非正义性问题。

实际上，空间正义作为一种批判视角和非正义问题的空间洞察力，在所有空间范围内都可以进行观察、分析和应用，对诸如社会排斥、空间隔离、公共空间、社区问题、城市更新、遗产保护等城市发展过程中种种空间问题都具有强有力的观察力和批判力。

四、研究范式：空间正义研究理论限度

空间正义是在批判西方城市空间非正义问题中形成和发展起来的，目前只有列斐伏

尔、哈维和索亚等少数学者将空间正义作为纯粹的理论形态来研究，大部分学者将空间正义作为一种研究视域或方法，其体系化的理论范式仍处于期想和探索中。因此，为了避免研究过程中理论泛化，有必要在研究起始明晰空间正义研究范式的基本论域、价值基点、理论限度，继而以实现全书研究的空间正义范式自觉。

（一）基本论域

空间正义不是一场宏大的理论叙事，与传统的空间哲学与正义理论相比，无疑更具有某种现实感。这种现实感不是康德式的先天场域或巴什拉式的诗性场所。相反，它们是历史的和现实的，有着清晰的论域边界。

首先，空间正义脱胎于西方20世纪60年代的城市危机，其一出场便揭露和批判资本、权力者的空间谋利过程，进而倡导革命性的空间改革，具有强烈的现实批判属性，与马克思主义形成强烈呼应[222]。从列斐伏尔的《城市权》到哈维《社会正义和城市》，再到索亚《寻求空间正义》等，这些学者们的个人立场和学术作品，都带有鲜明的马克思主义烙印，被后续的研究者们称为新马克思主义者（Neo—Marxist）[223]。受传统马克思主义致力于批判资本主义制度和社会的非正义性影响，新马克思主义者将空间纳入资本扩大再生产的过程，系统地审视空间和正义之间的联系，在空间批判的背后建立了空间正义研究的历史批判语境，以对抗资本城市化背后非正义空间蔓延现象。

其次，空间正义有着清晰具体的地理空间内核，譬如列斐伏尔、哈维和索亚等学者对空间正义的研究，都有一个特定的地理空间指向：巴黎的建筑和街道、巴尔的摩的社区与工厂、洛杉矶的贫民区与生产车间等。对此，索亚曾经指出，“都市地理语境与社会过程和空间形式相互关系的语境中为不公平累积的加重创造了一个肥沃的土壤”。因此，以地理空间为切入点，分析当代城市空间生产和社会空间的相互建构逐渐成为空间正义研究的重要理论范畴。自古以来空间资源占有的多寡、空间权利和利益获得的大小等非正义的问题一直存在，但受限于地理空间内核的长期缺位，空间正义没能从社会正义的范畴中独立出来。所以，从20世纪60年代开始，伴随着社会研究的空间化转向，空间正义开始根植于当代都市语境，并逐渐在城市空间演化的过程中生成了正义的研究范畴。

最后，进入到现代社会以来，特别是随着福特主义—凯恩斯主义的坍塌，西方特别是美国在都市空间重构的过程中出现了空间分化、空间区隔、环境恶化等问题，而这些问题在一定程度上界定了空间正义研究的基本论域与界限[224]。为此，在研究起始需要划定空间正义的问题域。罗尔斯曾指出，“社会正义主要问题是社会的基本结构，是一种合作体系中的主要制度安排”。就此角度出发，空间正义主要问题域应是空间的基本结构与组织形式，是空间生产过程中空间资源的占有与分配、空间权力运作的制约与规范、空间权利配置的合法性与合理性等问题。可见，空间正义主要调整与规范空间生产过程中人与人、人与社会之间的空间关系，包括空间的权力与权利、空间财富分配等[225]。

（二）理论限度

长期以来，空间正义从属于社会正义，直到社会研究的空间化转向之后，空间正义才逐渐地作为一种独立的范式形态呈现出来。那么，空间正义与社会正义的关系如何？其理论界限在哪里？哈维、索亚、任平、任政等学者都对上述问题作了相应的回应，但基于研究逻辑推导和理论自觉，在此仍有必要对上述问题作一个简要而清晰的回应。结合哈维等国内外学者们的研究成果，对以上问题可在此从两方面予以明晰：

第一，空间正义虽然脱胎于社会研究，从社会正义范式中独立、生长起来，但其并非是简单地否定和抛弃，而是深化和延展。空间正义是社会正义特殊的理论对象、视域和所指，是社会正义在空间上的投射，代表了一种特殊的视角和阐释。对此，索亚明确指出，“我并不想把空间正义附属于更为熟悉的社会正义概念，只是想把社会生活各方面潜在有力但尚属模糊的空间性更清晰地拿出来，在这空间化的社会性和历史性里打开更有效的方法”[19，224]。具体而言，社会阶层的状况、地位的差别、财富的分配方式，表现为空间资源与产品占有的多少，空间权力与权利获得的大小等，由此产生的社会剥削与压迫程度呈现为空间的等级与隔离[226]。可见，从空间正义角度把握社会问题的根源，更有助于认清社会非正义问题的本质。

第二，空间资源是重要的社会资源，人们对空间资源占有的多寡、空间权力的大小以及空间地位的高低等直接加剧了社会发展中非正义问题的生产，空间资源的占有与分配成为社会正义的重要命题。哈维在其空间实践的“网格”理论中提出了“可达性和距离性”“空间占有”“空间支配”三个维度。其中“空间占有”主要说明空间被个人、阶级或其他社会团体占据的情况；“空间支配”则反映了个人或团体如何支配空间的组织，如何进行空间生产，以及如何通过占用空间的方式行使最大程度地对他人或团体的控制[227]。从社会现实来看，当前资本和权力主导下的城市空间，伴随着空间生产过程中的非正义性加剧，社会不平等主要表现为空间资源占有的多寡和优良，社会问题很大程度上表现为空间正义问题。因此，空间正义通过解决空间生产过程中的矛盾和不合理现象，有助于社会公平的实现，进而在一定程度上推动社会正义的实现。

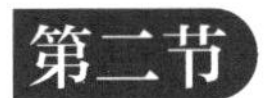

空间生产理论的系统认知

一、对于空间的社会本性追问

空间是我们认识和把握物质运动和社会发展的重要方式，在我们的日常生活和思维模式中具有与时间同样重要的地位和意义。正如美国学者罗伯特·戴维·萨克（Robert David Sack）所言："对于所有的思维模式来说，空间是一个必不可少的思维框架，从物理学到美学、从神话巫术到普通的日常生活，空间连同时间一起共同把一个基本的构成系统（Ordering System）楔入人类思想的方方面面"[228]。从空间概念的发展历程来看，大致经历了从形而上学的绝对空间到涉及政治、经济等领域的社会空间（表2.2）。进入20世纪70年代后，越来越多的研究开始从社会的角度和视域来理解空间、界定空间。从列斐伏尔的社会空间到福柯的权利空间，再从大卫·哈维的社会建构空间到爱德华·索亚的"第三空间"，尽管空间概念的表述各有侧重，但都把空间视作一个包含各种社会关系、社会权利、社会矛盾和冲突的领域，对空间的社会本性展开了追问和探讨。

对空间理解的变迁　　表2.2

	欧几里得	牛顿、笛卡尔	康德	福柯	列斐伏尔
空间定义	严格的几何概念	绝对空间	作为一种容器的空间	知识、权力都是空间	空间的三元辩证
空间特征	各方向同质并无限	没有绝对静止的	空间的先验性	全景监狱	空间就是社会，社会亦是空间
研究方式	空间几何学	通过运动来进行度量	—	通过权力治理术	社会、空间统一

（表格来源：胡毅，张京祥. 中国城市住区更新的解读与重构——走向空间正义的空间生产）

（一）列斐伏尔的社会空间

亨利·列斐伏尔在坚持马克思主义立场的公开性基础上，对传统马克思主义只注重宏观的社会政治经济变革，而忽视了日常生活的微观变革，进行了批判和修正。他认为"资本主义的再生产主要不是物的再生产，也不是量的扩大再生产，更不是同质的社会体系的再生产，而是社会关系的扩大再生产过程"[230]。列斐伏尔关于空间思想的贡献在于：从空间与社会的视角，探讨了空间与社会、生产、政治的关系，批判和追问了资本主义空间矛盾及其克服空间矛盾的途径等一系列有关空间的重大理论问题和实践问题[227]。列斐伏尔的空间社会性包含4个基本原则：第一，传统的物质空间正在逐渐消失；第二，每一个阶段的社会都会生产出新的社会空间，这种空间反映了当时的生产关系和再生产关系；第三，研究的“对象”从空间中的事物生产转向实际的空间生产；第四，一种生产方式转向另一种生产方式的过程中，必然会产生新的空间[24]。

（二）福柯的知识、权力空间

在福柯看来，空间里蕴含着无穷的社会意义，最突出的体现是在建筑空间与权利的关系上，诸如监狱、工厂、学校甚至整个城市空间都渗透着权力，是权力赖以存在的场所。福柯认为空间、知识、权力是三位一体的，空间是权力、知识转化实践的关键，而权力实践被有意识地运用到塑造空间的规划中，才能发挥控制和规训的功能[231]。福柯以18世纪为分界点（之前是帝制的政治体制），考察了建筑空间蕴含的权力运作形式，包括纪念性建筑的可视性和诸如公共广场这样的仪典场所等都被某些势力集团或阶层仔细地算计和规划。他认为“18世纪后建筑空间权力运作的典型体制是‘生物—权力’模式”，这也是现代建筑空间的权力运作模式。福柯认为现代权力在空间运作的生动体现就是在学校、工厂、监狱等空间中对纪律的实施。因此，纪律是权力在空间中实施运作的依赖路径之一。通过时间的标准化以及对空间的细致安排和设计，纪律在空间之中将人们的个体组织起来，不停地监视和规训着每一个个体，以达到生产和改造的目的。

（三）哈维的社会关系空间

哈维将马克思主义理论中资本对空间的影响融入到了对当代城市空间建构的过程中，并由此创建了“资本三级循环回路”（图2.2）[232，233]。在他看来“每个社会形态都建构客观的空间和时间概念，以符合物质与社会再生产的需求和目的”。资本主义条件下的城市空间建构是在资本逻辑导向下进行的，是为资本的积累、循环和利润服务的。资本与空间具有双向互动辩证关系，一方面，资本在塑造、影响和改变城市空间，正是在资本逐利性、增值性的驱策下，城市基础设施、住房、公共空间、私人空间不断地进行更新和改造，而城市空间的更新和改造体现了以资本为主导和决定性地位的社会关系；另一方面，资本主义城市空间本身也在生产和再生产有利于资本积累和资本增值的社会关系，换言之，资本主义城市空间在不断强化和固化有利于资本而不利于劳动者的社会关系。[227]

（四）索亚的空间性建构观

索亚认为：“社会进程在塑造空间性的同时，空间性同样在塑造着社会进程。简言

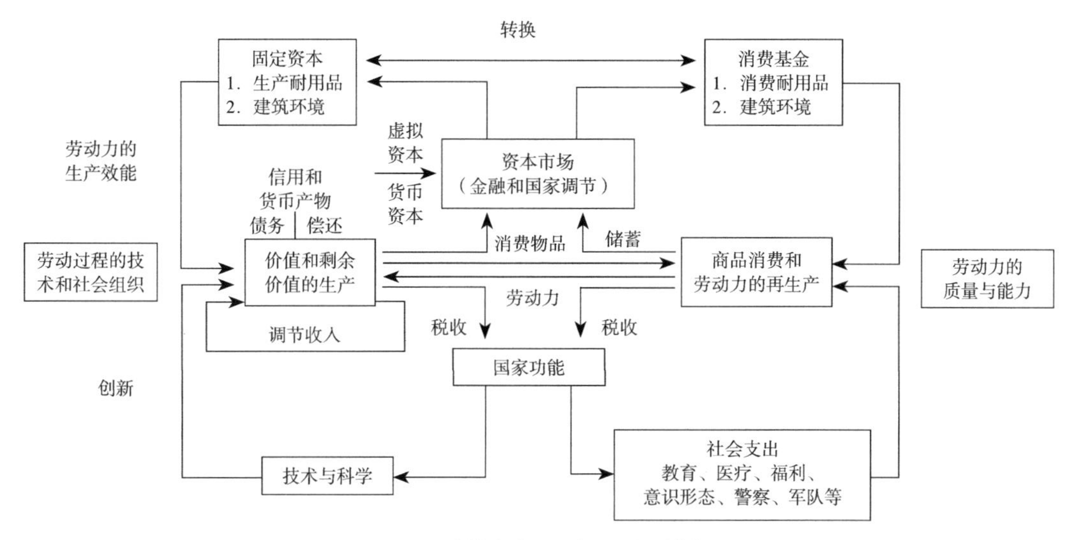

图2.2 哈维资本三级循环关系结构

（图片来源：根据DAVID H. The Urbanization of Capital；逯百慧，王红扬，冯建喜. 哈维"资本三级循环"理论视角下的大都市近郊区乡村转型——以南京市江宁区为例重新整理绘制）

之，空间性、社会性及历史性共同成为人类社会的基本因素，并无天生优劣之分。"地理（空间）不再是人类话剧的精致背景或无动于衷的物理舞台，而是充满了可以影响事件和经历的物质与想象力量。传统知识总是过多地强调社会进程如何影响空间形式，而非空间性是对社会进程的影响，比如从人际互动的及时性，到阶级关系与社会阶层再到社会化发展的长远模式，空间对人类生活的渗透影响无处不在。但这并不是说空间化进程比社会化进程重要，或过于简单化认为是空间决定论，而是如同空间与时间的关系一样，社会性与空间性彼此推动、互为因果从而辩证地融合在一起。索亚从后现代的文化理论对空间进行批判，矛盾、混沌、各种事物不停交替的"第三空间"，成为其破除空间和社会分离、物质和心理分离的重要"推手"[221，234]。

二、空间生产理论的核心架构

列斐伏尔在批判传统关于空间的二元对立认识论的基础上，提出了消解传统二元对立的"社会空间"，并在此基础上建立了"物质—精神—社会"的空间三元辩证法（图2.3）。他认为："我们所关注的领域首先是物质—自然，即宇宙；其次是精神领域，包括逻辑与形式的抽象；最后则是社会的领域（Lefebvre，1991）。"列斐伏尔把"空间三元辩证法"的三个维度认识论分别概括为感知的（Perceived）、构想的（Conceived）和生活的（Lived），物质空间是被感知的，精神空间是被构想的，社会空间是生活的。[235] 在此基础上，列斐伏尔借助马克思的社会化生产范式，将空间生产理论建构在"感知的（Perceived Space）/空间实践（Spatial Practice）、构想的（Conceived

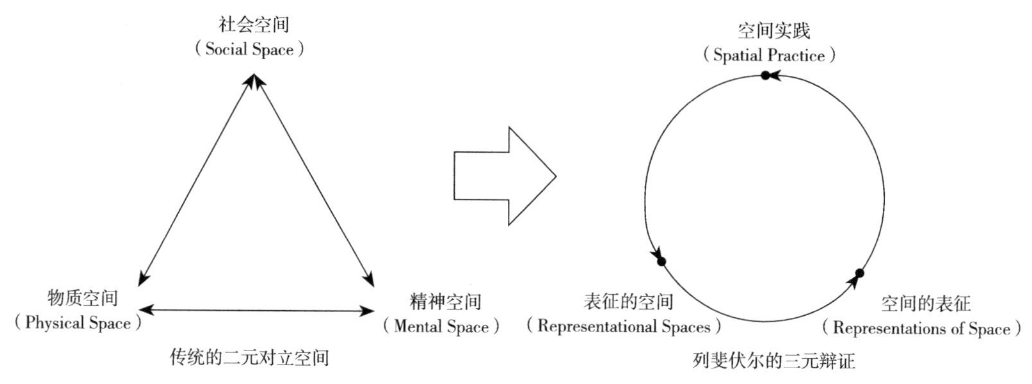

图2.3 列斐伏尔的"空间本体论"转型

（图片来源：根据石崧，宁越敏．人文地理学"空间"内涵的演进重新绘制）

Space）/空间的表征（Representations of Space）、生活的（Lived Space）/表征的空间（Representational Spaces）"三元一体分析框架上。[236]

（一）空间表征

空间表征与生产关系和生产关系所影响下的制度以及知识、符号、代码等密切关联。它指代特定被"概念化的空间，是科学家、规划者、城市规划专家、技术专家和社会工程师的空间"，是任何社会中占主导、统治地位的空间。这种被社会精英、技术权贵构想或设计出来作为"真实的空间"方案来研究的空间，趋向于文字、代码、术语系统。从某种意义来看，空间的表征一方面体现了人类空间实践先前经验和科学技术的理性；另一方面也反映了主导意识形态所书写和言说的世界，由此支配空间知识的生产。

（二）空间实践

空间实践是指那些发生在空间中的并穿越空间的、自然的与物质的流动、传输以及相互作用等方式，以保证生产与社会再生产的需要[237]。空间实践，作为社会空间性物质形态的制造过程，表现为人类活动、行为与经验的一种物化过程和结果[238]。从某种意义上，空间实践表现为现实生活中可感知的物质空间的生产，体现了人们对空间资源的利用、控制、创造。在此过程中，城市结构、城市形态、用地模式、商业区、保护区、街道、建筑等真切实感的物质环境得以呈现。

（三）表征空间

表征的空间属于生活经历的层面，包含着复杂的象征意义，与现实的日常生活所

"隐秘"的一面相联系，既真实又充满想象。基于这一认识框架，表征的空间一方面是居住者和使用者的空间，一个被支配和消极体验的空间，是外围、边缘化甚至被统治的空间；另一方面又与艺术和想象相联系，来自"非正规"路径的超验和感性，存在于精神和物理中。在列斐伏尔看来，"表征的空间既与其他两类空间相区别；同时又叠合物理空间象征性的使用对象，这种使用包含了复杂的符号体系，有时经过编码，有时则没有。"

列斐伏尔的"三元一体"空间分析框架中，空间实践更多地表现为物质性，作为空间表征的物质基础、作用载体和表征空间的认识来源、表述对象；代表着权力、资本的空间表征主导/统治着空间实践，驾驭或影响着表征的空间；表征的空间作为被压抑和支配的部分，从思想根源上影响着空间的表征，从社会底层意识形态或其他路径表述着空间实践[237]。这种两两对立的关系是列斐伏尔对空间问题分析的核心，表现为主导与被支配、物质本质与象征符号、物质空间与社会空间、自上而下与自下而上、主导意识形态与底层意识自觉等之间的二元冲突与矛盾。

三、哈维、索亚等学者再建构

（一）哈维对空间三元辩证的再定义

哈维在列斐伏尔"空间三元辩证理论"基础上提出了"时间—空间"修复理论，他以经验、感知和想象来代替列斐伏尔的感知、构想和生活[239]。他利用物质空间实践的4个方面（科技性与距离、空间的占用与使用、空间的支配与控制、空间的生产）来与空间三元进行交错，形成12个复杂的分析构架[229]。但是哈维在后续的研究中对上述"时间—空间"网格作了进一步的修正，提出要用绝对空间、相对空间和关系空间来界定，他通过对经验、概念化和生活的三种理解，更为接近了列斐伏尔设定的空间"三元性"分析框架[240]，并以此通过六种空间交错形成新空间网格（表2.3）。哈维认为，网格中的各类空间不存在阶层性，也不存在彼此孤立盒子，它们之间的相互建构、相互作用的理论张力有助于空间中的社会关系，特别是资本对城市的空间塑造和决定作用[229]。

哈维的"时间—空间"网格 表2.3

	空间的实践 经验的空间	空间的表征 概念化空间	表征的空间 生活的空间
绝对空间	物质组成的真实边界与障碍	行政地图、区位、欧式几何学等	由物质空间所致的安全感或监禁感，拥有、指挥和支配空间的权力感
相对空间	资本、信息等组成流动空间，并加速对地理距离的削减作用	情景、运动、移动能力、时空压缩的隐喻	上课迟到的焦虑，交通堵塞的挫折，时空压缩、速度的紧张和快感

续表

	空间的实践 经验的空间	空间的表征 概念化空间	表征的空间 生活的空间
关系空间	社会关系、流动的场域、气味和感觉等	超现实主义的，存在主义的，力量与权力内化的隐喻，如本雅明的空间	幻想、欲望、梦想、幻象、心理状态

（表格来源：胡毅，张京祥. 中国城市住区更新的解读与重构——走向空间正义的空间生产）

（二）索亚对空间二元化对立的破除

索亚在承接了列斐伏尔“空间三元辩证理论”的基础上，结合福柯的异形地志学，进一步演化提出了“第三空间理论”（图2.4）。索亚认为，第一空间（物质性空间—空间的实践）和第二空间（构想的精神空间—空间的表征）一直处于非此即彼二元认识论模式中。特别是在社会、历史等领域，第二空间已经完全压制了第一空间，如形而上的园林城市、宜居城市、旅游城市等，这些具有意识形态导向的空间表征，忽略了对城市的许多地方真真切切的实地考察和体验，体现了统治性社会关系的霸权性[241]。为此，索亚提出了第三空间的概念，强调要破除支配与被支配、抽象与具体、视觉和身体、物质与想象的二元论模式，强调真实与想象兼具的第三空间成为“社会斗争的空间”[229，242]。第三空间将第一空间和第二空间包含于内，同时又不是简单地相加，它发端于传统物质和精神二元论，但在范式、实质和意义上又超越了这些[243]。第三空间是一种新的空间模式，表现出了极强的开放性[244]，它所描述的不是一种具体的空间，而是一种思维方式和意识形态，是多元文化并存下对于个人身份、都市空间的建构[229]。

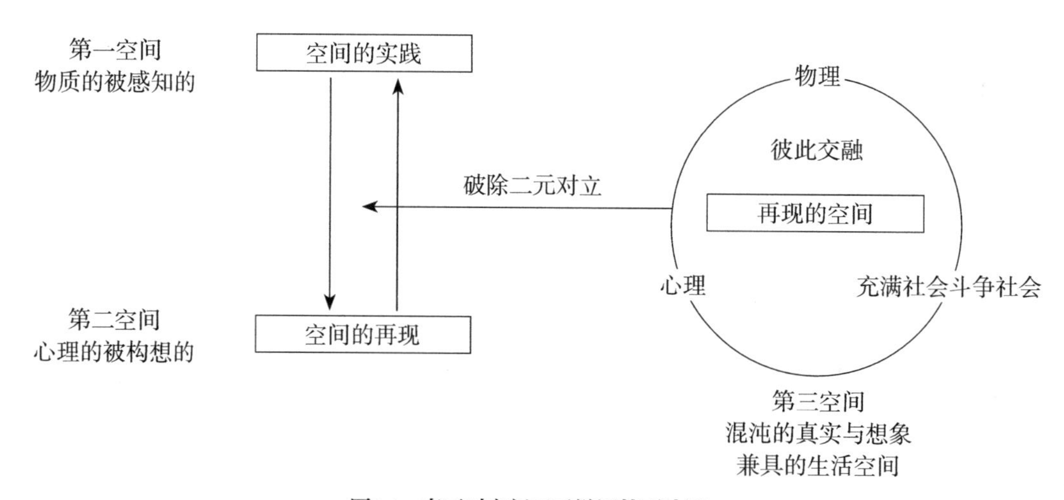

图2.4 索亚对空间三元辩证的再认识
（图片来源：胡毅，张京祥. 中国城市住区更新的解读与重构——走向空间正义的空间生产）

（三）国外其他学者的理论与实证研究

（1）理论研究

米歇尔·福柯致力于考察权力和知识的空间化趋势，从大量的实体空间，诸如监狱、学校、工厂、医院等，发掘隐藏在这些空间背后的权力关系，并进一步解释这些权力运作机制对个人和社会的重大影响[245]。皮埃尔·布尔迪厄（Pierre Bourdieu）认为空间里充满了各种社会关系，这些关系空间是实际或潜在的资源集合——社会资本，由信任、关系网络和规范等要素构成[246]，这对城市空间中各类冲突和矛盾具有较强的解释力[2]。安东尼·吉登斯（Anthony Giddens）在马克思、韦伯和涂尔干的相关社会理论基础上，建构了社会结构与社会行为的二者交互理论，讨论社会、时间、空间以及现代性全球化之间的关系[247]。深受列斐伏尔影响的曼纽尔·卡斯特尔（Manuel Castells）提出集体消费的概念，认为城市化使城市劳动者的个人消费已日益变成以国家为中介的社会化集体消费，而决定城市发展和空间演化的主要原因是资本主义制度，劳动力和资本以及工人和资本家之间的斗争使得城市空间成为劳动力再生产的空间，那些照顾资本利益的城市计划和政策并不一定符合广大城市居民和贫困阶层的利益[248，249]。马克·戈特德纳（M. Gottdiener）在列斐伏尔、卡斯特尔以及哈维的研究基础上提出了城市研究的“社会空间视角”，批评了传统城市社会学过分重视技术作为变迁主体的推动力，认为城市空间镶嵌在一个复杂的政治、经济与文化网中[250]。格雷戈里（Gregory）和迈克·迪尔（Mike Dier）则对列斐伏尔空间生产“三元”一体概念进行了进一步引申和演绎，迈克·迪尔甚至将亨利·列斐伏尔视为一个“潜在的后现代主义者”，而这反映了空间的生产理论的前瞻性和连续性[251]。

（2）实证研究

国外学术界对城市空间生产的实证研究主要基于对象的过程、机制及表现形式等。Olds K. 以泛太平洋地区新兴城市为例，探讨了全球化、一体化背景下的城市空间生产进程[252]；基于空间生产理论，Yiftachel O. 探讨了以色列“复合城市”吕大市的机制成因，认为这种超乎寻常又自然而然的复合城市是城市种族主义空间生产的结果[253]；Gunder M. 运用空间生产理论探讨了“如何建立协调发展的乌托邦城市”[254]；Renia E. 基于对19世纪末20世纪初洛杉矶市人行道空间的生产过程和机制的认知，探讨了人行道空间配置过程中政府和居民的义务和责任[255]；以伦敦、纽约以及多伦多的城市化过程为对象，Dennis R. 从历史地理学视角揭示了现代大都市空间的生产和表现形式[256]；从空间生产的视角出发，Dorfler T. 分析了欧洲著名滨水区发展和新城规划项目与城市空间风格复杂多样性的冲突问题[257]；以英国伯明翰市为例，Hubbard P. 探讨了红灯区空间生产背后的影响因素[258]；Leary M. 以曼彻斯特市利物浦路火车站的空间再生产为例，探讨了社会公共空间的利益冲突和空间再生产进程[259]；Kazi A. 运用空间生产理论分析解构了孟加拉国达卡市的日常生活空间组织形式[260]；Mitchell K. 以空间生产理论为工具，通过多年的跟踪调查，发现越来越多私人机构参与到城市空间生产的组织、管理甚至控制过程中[261]等。

四、空间生产理论的中国应用

我国学界对空间生产理论的引介和应用始于20世纪90年代，主要集中在哲学、社会学、地理学、建筑学、城乡规划等多个学科领域，研究内容以理论引介、内涵界定、实证应用、系统评述等为主，并呈现出多学科交叉性研究的发展态势。基于万方、知网数据库截止到2019年的数据，以空间生产或空间的生产为关键词进行文献检索和梳理，不难发现我国有关空间生产理论的研究应用情况主要呈现出以下几方面特征：

第一，从时间维度来看，汪原在《新建筑》杂志上较早（2002）地对列斐伏尔的空间生产理论进行了介绍，并将其应用到了博士毕业论文《迈向过程与差异性——多维视野下的城市空间研究》中；而后刘怀玉（2003）的《西方学界关于列斐伏尔思想研究现状综述》拉开了理论引介的“序幕”，同年包亚明（2003）主编的《现代性与空间的生产》更是在经典理论普及方面起到了很好的作用；以2006年为节点，随着《国外理论动态》杂志组织专栏（汪民安、黄晓武、赵文，2006）对空间生产理论的系统介绍，掀起了空间生产理论中国化的研究热潮；从2007年开始，相关研究文献量呈现出快速增长的趋势（图2.5），特别是庄友刚、张京祥、孙权胜三位学者的累计发文数均在10篇以上，这说明学者们已经开始广泛地接纳和应用空间生产理论工具。

第二，从研究领域、内容来看，主要集中在社会、地理、哲学、城乡规划等学科领域，尤以城乡规划最为突出，发表相关文献300余篇，其次是社会、地理、哲学发文量均在100篇以上。其中，哲学领域主要围绕空间生产元理论的理论条件、伦理价值、批判逻辑、建构路径等重点内容展开，如庄友刚与陈忠、车玉玲、高峰几位学者关于空间生产与资本逻辑的讨论[262]，刘怀玉立足于列斐伏尔《空间的生产》一书形成和解读若

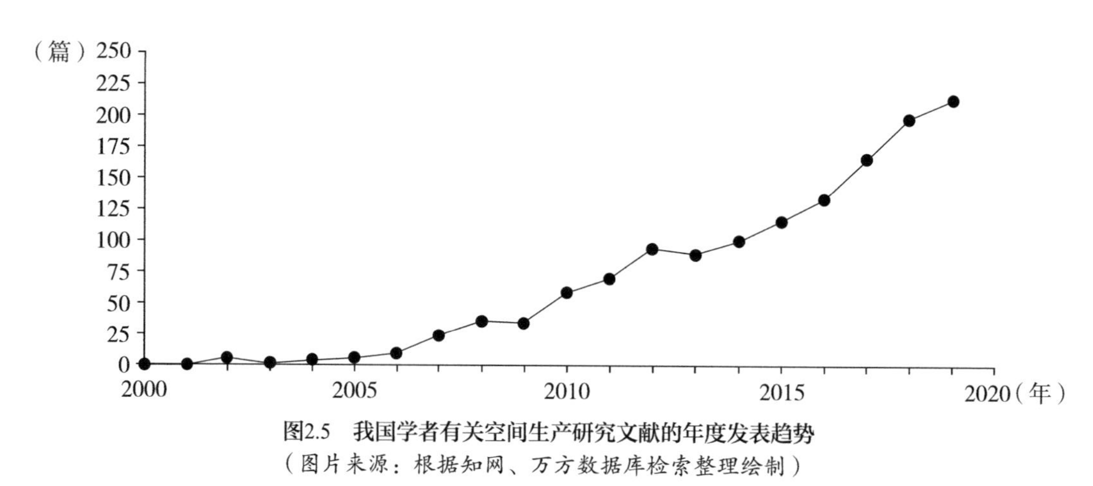

图2.5　我国学者有关空间生产研究文献的年度发表趋势

（图片来源：根据知网、万方数据库检索整理绘制）

干问题的探讨[263]，孙全胜对空间生产伦理条件、诉求、建构路径的探讨[264]，李春敏从社会空间的角度探析了列斐伏尔的空间生产理论[265]等；在社会学领域，陈忠对涂层式、形式主义城市化的空间生产行为进行了批判[266]，孔翔等对开发区周边新建社区内卷化现象进行了考察研究[267]，王卫城等对城市改造、征地拆迁为主的正规城市化过程中空间生产对社会分层的影响进行了分析[268]，王志刚对当代中国空间生产的矛盾进行分析的同时建构了中国本土化的空间正义[269]，刘天宝等就中国城市单位大院空间及其社会关系的生产与再生产展开了讨论[270]，陆小成基于空间生产理论对新型城镇化的空间生产与治理机制进行了研究[271]等；地理学领域的研究主要涉及空间生产理论中国化、转型期中国城镇化、各类功能空间生产等重点内容，如叶超等就空间生产理论研究发展及其对中国城市研究的启示作了探讨[272]，刘云刚等对广州远景路韩国人聚居区的空间生产现象进行了调查研究[273]，蔡运龙等围绕马克思主义地理学中国化从不同层面探讨了如何将马克思主义地理学与规划相结合[274]，马学广等对我国转型期城市空间生产的特点、运作机制和生产模式进行了比较研究[275]，杨永春分析了转型期混合制度下新单位、乡村、市场化三类空间生产的依赖路径、布局特征等[276]，黄剑锋等基于空间生产视角探讨了旅游空间研究范式转型[277]等；城乡规划学领域主要集中在各种具体功能空间实证研究和空间区隔、分异等现象的分析，如张京祥等基于空间生产视角对城中村（南京江东村）物质空间与社会变迁进行了实证研究[278]，张敏等基于空间生产理论剖析了城市传统商业地区大型购物中心的生产过程、特征与机制[279]，童明从空间生产视角审视了传统城市设计概念化、标题化现象[280]，殷洁等研究了国家级新区的空间生产并发现在微观尺度上具有多尺度行政区跨界联合的特征[281]，李秀秀等从空间生产视角解析了重大事件对城市空间转型与国际话语建构的作用[282]等。

第三，从研究对象看，哲学、社会学领域研究多以元理论引介、理论的本土化、社会空间治理、城市发展价值取向为研究重心；而地理学、城乡规划学领域的研究则多以城乡接合部、城市中心区、文化旅游地、居住空间、历史文化区等具体城市功能区的空间生产现象、机制等为主。上述4门学科对空间生产相关研究文献贡献比约为75.7%，其中城乡规划学领域文献贡献比最大，约为44.4%；4门学科间已经形成了“理论阐释—现象解析—实证应用”互学互鉴、互为支撑的交叉型研究态势；而以空间正义为导向的批判性研究是近年来城市空间生产研究的热点问题，如从2015年始，将空间生产与空间正义同时作为研究关键词的文献量每年保持在15篇左右。

总体来看，对于将空间生产理论系统地应用于中国城市空间问题研究仍存在许多难点和关键点需要突破，如对于空间生产价值导向问题仍没有形成清晰的判断原则或评价标准；对于空间生产的实证解析大部分还局限于传统历史和文本分析方法，而采用空间多维数据和社会动态观察分析较少；研究成果中虽对中国本土化语境的理论和范式建构较多，但大部分仍侧重于单一学科，共识性、综合性成果较少等。

第三节

遗址保护相关理论与经验

一、重要国际组织文件

（一）两部《雅典宪章》

20世纪30年代初在雅典先后产生了两部具有国际影响力的宪章，即由国际博物馆局（International Museums Office）召开的“第一届历史古迹建筑师及技师国际会议”通过的《关于历史纪念物修复的雅典宪章》和国际现代建筑协会（C.I.A.M.）第四次会议通过的关于城市规划纲领性文件《雅典宪章》。这两部宪章在各自的领域内均为开创性的纲领性文件，对于20世纪的城市建筑遗产保护观念和实践产生了深远影响[283]。前者是在欧洲历史遗产保护运动推动下形成的，主要涉及古迹、古遗址的保护策略、保护技术与方法以及对视觉、美学、大气环境、生活环境的关注；后者针对“有历史价值的建筑和地区”的城市规划建设工作要“尊重各个历史时期的风格与周围环境，妥善保存有历史价值的古建筑”等（表2.4）。

两部宪章中有关遗产保护内容及意义比较　　表2.4

名称	产生背景	涉及遗产保护的有关内容	历史意义
1931年1月《关于历史纪念物修复的雅典宪章》	基于当时欧洲近百年的遗产保护运动，特别是进入20世纪伴随着现代建造技术和建成环境与历史环境巨大反差以及第一次世界大战后关于历史古迹、城镇、街区的修复和重建工作引起了诸多讨论	①通过建立一种持续的维护体系来确保古迹的永续保存；当衰败和破坏使得修复不可避免时，应尊重遗迹的历史和艺术特征。②历史古迹所有权应予以维持，但使用要尊重历史和艺术特征。③要尊重历史建筑的结构、特征以及外部空间环境，对于美丽的族群和远景要予以保护。④在艺术和历史纪念物周围不搞对公众宣传的设施，不竖阻挡视线的电线杆，不建有噪声的工厂。⑤废墟应予以谨慎保护，并在可能的时候复原其原有部分，在此过程中使用的新材料必须予以识别	宪章倡导了遗产保护的国际合作和国家立法，认识到了保护遗产周边环境的重要性，对现代材料和技术应用的观点以及修缮的可识别性原则对此后《威尼斯宪章》中相关内容制定产生了直接影响

续表

名称	产生背景	涉及遗产保护的有关内容	历史意义
1933年7月《雅典宪章》	19世纪下半叶到20世纪初，随着工业生产的急骤发展，新建筑材料和建筑技术飞速进步，欧洲现代建筑运动开始蓬勃兴起。一些建筑师开始质疑古典建筑形式“永恒性”，并在此过程中以勒·柯布西耶为代表的新建筑运动倡导者逐渐获得欧洲建筑界最高话语权	①当建筑能反映一种历史文化，且保护确实符合公众利益时，要对该建筑进行相应的保护。②调整城市交通结构确保城市交通不受历史保护影响。③调整历史保护区原有的城市中心区功能。④对于古建筑附近的贫民窟可做有计划的清除以改善附近住宅区的生活环境。⑤针对“有历史价值的建筑和地区”强调要“尊重各个历史时期的风格与周围环境，妥善保存有历史价值的古建筑，并要注意代表某一时期建筑物可能引起的普遍兴趣和教育功能”	认识到了遗产保护与城市、社区、居民之间的关系。如：提出通过交通调整、功能置换等措施将历史地区隔离出来，强调历史古迹周边社区改造以及保护不影响所在地居民生活质量等

（表格来源：根据《关于历史纪念物修复的雅典宪章》《雅典宪章》以及毛锋，孟宪民，等. 大遗址保护理论与实践整理绘制）

（二）国际建筑师协会颁布的《马丘比丘宪章》

《雅典宪章》颁布数年后，鉴于世界城市化快速发展趋势与城市规划过程中出现的新情况和城市复杂性日益凸显，1977年12月国际建筑师协会（UIA）在秘鲁马丘比丘山的古文化遗址上集会，与会的规划师、建筑师、政府官员等以《雅典宪章》为出发点，总结了近半个世纪以来城市规划思想、理论、方法的变化，展望了城市规划的未来发展方向，并以此形成了城市规划新共识——《马丘比丘宪章》。新宪章指出，“城市的个性和特性取决于城市的体型结构和社会特征，一切能说明这些特征的历史遗址和古迹均要保护和继承下来；对历史遗址和古建筑的保护、修复要同城市发展建设过程相结合起来，以保证这些遗产资源具有文化意义和生命力；人与人的相互作用与交往是城市存在的基本依据，要鼓励公众参与到遗产保护中来”。

（三）联合国教科文组织两部重要文件

考虑到世界文化和自然遗产的突出价值以及正在面临的破坏威胁和保护所需要的经济、科学、技术等方面的条件，1972年联合国教科文组织（UNESCO）在巴黎通过了《保护世界文化和自然遗产公约》（以下简称《公约》），旨在鉴定具有突出的全球性价值的自然遗产和文化遗产，将其列入《世界遗产名录》，并相应设立了“世界遗产委员会”和“世界遗产基金”，以促进所有国家和人民对于这些重要遗产保护的有效合作。《公约》将原真性和完整性作为文化和自然遗产保护的核心理念，并在1977年《实施世界遗产公约操作指南》中提出了原真性检验和完整性条件。

1985年12月我国正式成为缔约国，1987年我国首批6项遗产被列入《世界遗产名录》。截止到2019年7月，我国已有55项世界文化和自然遗产列入《世界遗产名录》，其中世界文化遗产37项、世界文化与自然双重遗产4项、世界自然遗产14项。

1976年联合国教科文组织在内罗毕通过了《关于历史地区的保护及其当代作用的建议》(以下简称《建议》)。《建议》认为："历史地区是人类日常环境的组成部分，它们代表着其过去形成的生动见证；整个世界在扩展或现代化的借口之下，拆毁和不适当的重建工程正给历史遗产带来严重的损害；各成员国当务之急是采取全面而有力的政策，把保护和复原历史地区及其周围环境作为国家、地区或地方规划的组成部分，并制定一套有关建筑遗产及其与城市规划相互联系的有效而灵活的法律"。

(四)国际文化财产保护与修复中心颁布的《威尼斯宪章》

1964年5月在联合国教科文组织倡导下成立的"国际文化财产保护与修复中心"(ICOMOS前身)在威尼斯召开了第二届历史古迹建筑师及技师国际会议，会议针对历史文物建筑的重要价值和作用通过了保护文物建筑及历史地段的国际原则——《保护文物建筑及历史地段的国际宪章》，又称《威尼斯宪章》。《威尼斯宪章》强调，"文物建筑及历史地段是人类的共同遗产，务必使它传之永久；为社会公用之目的使用古迹要永远有利于古迹的保护；古迹的保护包含着对一定规模环境的保护，古迹不能与其所见证的历史和其所产生的环境分开；修复应以原始材料和确凿文献为依据，必要的修复添加时要保持整体的和谐，但同时必须区别于原作，使修复不能歪曲其艺术和历史见证"。《雅典宪章》和《威尼斯宪章》共同确立了文化遗产保护观念和行动的基本科学规范，并成为国际古迹遗址理事会(ICOMOS)成立的奠基文献[13]。

(五)国际古迹遗址理事会正式成立后颁布的其他文件

国际古迹遗址理事会(ICOMOS)于1965年在波兰华沙成立，是世界遗产委员会的专业咨询机构，也是古遗址保护和修复领域唯一的国际非政府组织，在审定世界各国提名的世界文化遗产申报名单方面起着重要作用。成员由建筑师、规划师、工程师、考古学家、历史学家、艺术学者等专业技术人员构成，旨在通过跨学科的学术和技术交流共同来完善古镇、古建筑、古遗址、古文化景观等文化遗产的保护标准和技术体系。在世界各国遗产保护事业的发展中，伴随着一些新技术、新理念、新情况的不断出现，理事会及其分支机构适时颁布了一系列有关历史园林、历史城市、木结构建筑、文化遗产旅游等国际宪章，总体上形成了比较完整的遗产保护理论体系(图2.6)。

从《威尼斯宪章》到《华盛顿宪章》，再到《德里宣言》，不难发现国际古迹遗址理事会的遗产保护理念，经历了文物建筑、历史城区、遗产环境、平等正义4个范式体

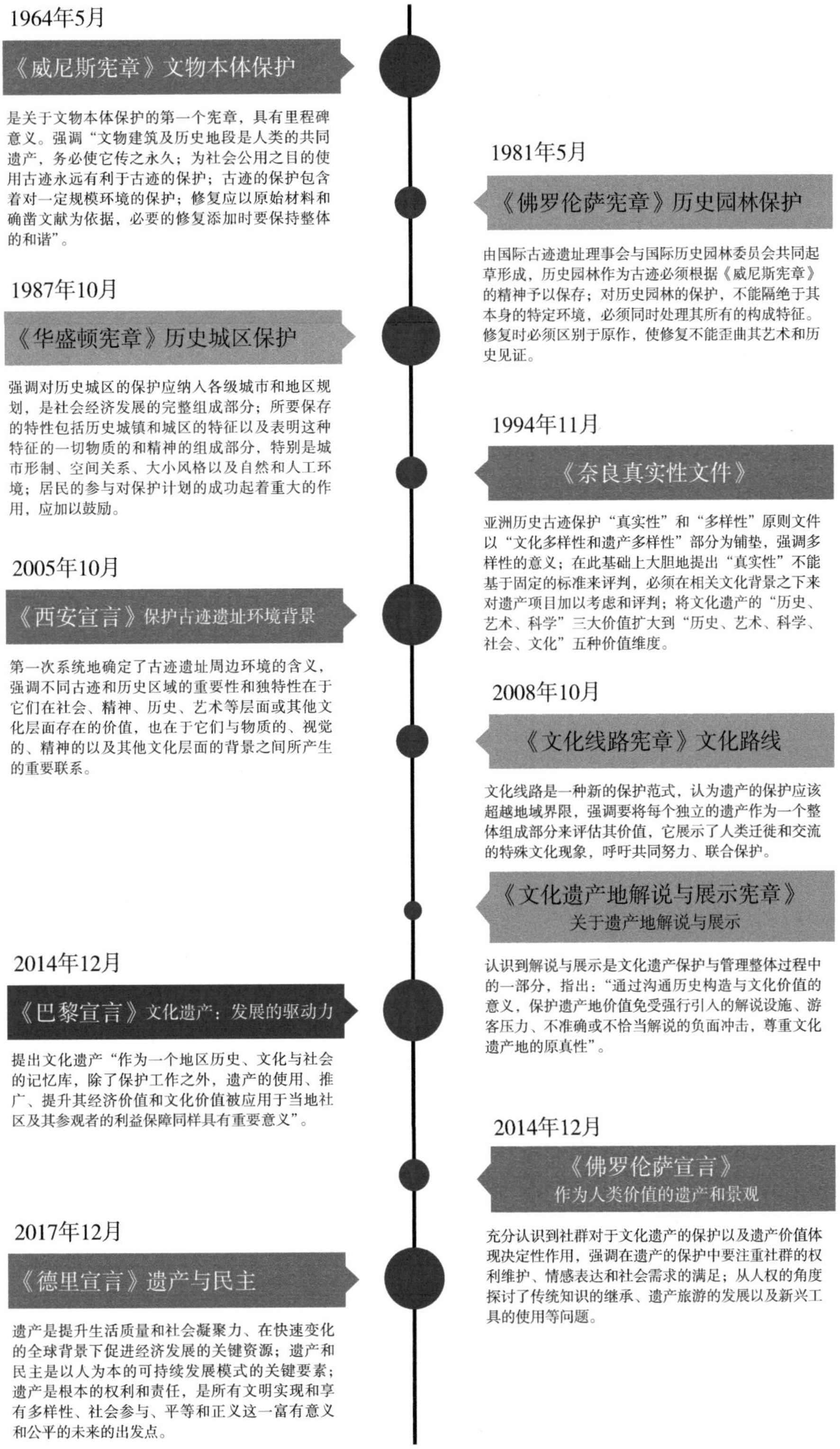

1964年5月

《威尼斯宪章》文物本体保护

是关于文物本体保护的第一个宪章，具有里程碑意义。强调“文物建筑及历史地段是人类的共同遗产，务必使它传之永久；为社会公用之目的使用古迹永远有利于古迹的保护；古迹的保护包含着对一定规模环境的保护；修复应以原始材料和确凿文献为依据，必要的修复添加时要保持整体的和谐”。

1981年5月

《佛罗伦萨宪章》历史园林保护

由国际古迹遗址理事会与国际历史园林委员会共同起草形成，历史园林作为古迹必须根据《威尼斯宪章》的精神予以保存；对历史园林的保护，不能隔绝于其本身的特定环境，必须同时处理其所有的构成特征。修复时必须区别于原作，使修复不能歪曲其艺术和历史见证。

1987年10月

《华盛顿宪章》历史城区保护

强调对历史城区的保护应纳入各级城市和地区规划，是社会经济发展的完整组成部分；所要保存的特性包括历史城镇和城区的特征以及表明这种特征的一切物质的和精神的组成部分，特别是城市形制、空间关系、大小风格以及自然和人工环境；居民的参与对保护计划的成功起着重大的作用，应加以鼓励。

1994年11月

《奈良真实性文件》

亚洲历史古迹保护“真实性”和“多样性”原则文件以“文化多样性和遗产多样性”部分为铺垫，强调多样性的意义；在此基础上大胆地提出“真实性”不能基于固定的标准来评判，必须在相关文化背景之下来对遗产项目加以考虑和评判；将文化遗产的“历史、艺术、科学”三大价值扩大到“历史、艺术、科学、社会、文化”五种价值维度。

2005年10月

《西安宣言》保护古迹遗址环境背景

第一次系统地确定了古迹遗址周边环境的含义，强调不同古迹和历史区域的重要性和独特性在于它们在社会、精神、历史、艺术等层面或其他文化层面存在的价值，也在于它们与物质的、视觉的、精神的以及其他文化层面的背景之间所产生的重要联系。

2008年10月

《文化线路宪章》文化路线

文化线路是一种新的保护范式，认为遗产的保护应该超越地域界限，强调要将每个独立的遗产作为一个整体组成部分来评估其价值，它展示了人类迁徙和交流的特殊文化现象，呼吁共同努力、联合保护。

《文化遗产地解说与展示宪章》
关于遗产地解说与展示

认识到解说与展示是文化遗产保护与管理整体过程中的一部分，指出：“通过沟通历史构造与文化价值的意义，保护遗产地价值免受强行引入的解说设施、游客压力、不准确或不恰当解说的负面冲击，尊重文化遗产地的原真性”。

2014年12月

《巴黎宣言》文化遗产：发展的驱动力

提出文化遗产“作为一个地区历史、文化与社会的记忆库，除了保护工作之外，遗产的使用、推广、提升其经济价值和文化价值被应用于当地社区及其参观者的利益保障同样具有重要意义”。

2014年12月

《佛罗伦萨宣言》
作为人类价值的遗产和景观

充分认识到社群对于文化遗产的保护以及遗产价值体现决定性作用，强调在遗产的保护中要注重社群的权利维护、情感表达和社会需求的满足；从人权的角度探讨了传统知识的继承、遗产旅游的发展以及新兴工具的使用等问题。

2017年12月

《德里宣言》遗产与民主

遗产是提升生活质量和社会凝聚力、在快速变化的全球背景下促进经济发展的关键资源；遗产和民主是以人为本的可持续发展模式的关键要素；遗产是根本的权利和责任，是所有文明实现和享有多样性、社会参与、平等和正义这一富有意义和公平的未来的出发点。

图2.6 ICOMOS的重要文件体系
（图片来源：根据图中各宪章内容整理绘制）

系的演进，每一次演进都是针对遗产保护利用工作中出现的新情况和新形势而做出的新理解和应对。特别是《德里宣言》的形成，体现了国际古迹遗址理事会对“遗产服务于人”的价值新认识，对“遗产和民主是以人为本的可持续发展模式的关键要素”理念的信奉。面对纷繁复杂的国际形势、多变的经济发展前景以及前所未有的人口迁徙和全球气候变化的影响，考虑到相互尊重、多样性、多元性、融合、和平共处的必要性以及遗产是提升生活质量和社会凝聚力、在快速变化的全球背景下促进经济发展的关键资源的认识，《德里宣言》的颁布无疑具有重要的里程碑意义。

二、国外实践经验启示

（一）国外典型经验梳理

1．意大利

意大利历史悠久，遗址资源丰富多样，在遗址保护利用方面积累了许多宝贵经验。特别是20世纪以来，意大利政府高度重视文化遗产的保护和开发，在保护理念、法律体制、管理体系、资金保障、开发利用等方面形成了一套完整的管理操作执行体系。

第一，保护理念方面，秉承全民参与严格科学修复的理念。一方面，通过课堂知识教育、公众参与保护、主题活动宣传等措施动员全社会的力量共同关注文化遗产的保护，无论是政府还是公民都认同历史文化遗产的稀缺性、不可再生性以及不可替代性，认为遗产是国家和民族的共同财富，保护文物、爱惜文物是公民义不容辞的责任和义务[285]。另一方面，严格遵循遗址保护的真实性和完整性原则。对于遗址的保护要尽可能保留其最原始的真实风貌，避免一切不科学、没依据、大规模的保护修复和重建工作[120]，如对于庞贝遗址的保护，尽可能地不做复原性修复，而是保存其毁坏时的原状；要求遗址本体与周边环境作为统一整体进行保护，为此划定专门“历史中心区”或开辟城市新区，如1939年意大利政府为保护罗马古城的完整性，在南部开辟选址建立了罗马新城以承接转移出来的现代城市职能。

第二，法律制度方面，具有完善的法律和制度体系。早在18世纪意大利便设置了文物保护总监，负责罗马城及周边地区的文物保护工作。1820年巴尔托罗梅奥·巴卡（Bartolomeo Baka）颁布了第一部关于“保护古物和挖掘工作”的法令[286]。1909年意大利的第364号法令明确提出了对“建筑、艺术和其他历史遗址进行保护”。1948年，将文化遗产保护明确写入了宪法，明文规定保护文化遗产和促进文化发展的国家责任[287]。此后，陆续颁布了《文化和自然遗产法》、《城市规划法》（1967）中的古城保护的条款、《艺术及历史文化遗产保护法》、《联合法》（1990）、《文化与景观遗产法典》（2004）等，建立起了一套完整的文化遗产保护法律制度和规范，不仅体系完备、规定严格，而且详尽可行[285]。

第三，在管理体系方面，1975年正式组建了国家文化遗产与文化活动部（Ministero peri Beniele Attività Culturali），负责全国的文化遗产保护工作，如鉴定文化遗产的“价值”，制定相关修复、使用的政策和技术体系等；在地方设立文化遗产部的派出机构，如佛罗伦萨历史遗产局、庞贝历史文化遗产局以及米兰、都林博物馆管理局等，负责遗产的日常保养和使用[288]。至此形成了从中央到地方的垂直精细化管理体制，国家掌握遗产的所有权、开发权和监督保护权，地方或私人资本管理机构掌握使用权（表2.5）。

意大利文化遗产保护机构的组织建制与职能 表2.5

归属	机构		主要职能
中央政府	国家文化遗产与文化活动部	历史艺术人类学遗产局、建筑与景观遗产局、考古遗产局、现代建筑艺术局、档案管理局、图书遗产与文化协会管理局等	对出土文物、艺术品、古建筑、古图书以及自然景观等文化遗产的保护、维修及产业运营的宏观规划、监督与管理
		文化遗产宪兵部队	保护文物和文化遗址的安全；就文物保护提供专业建议；打击文物犯罪等
		文化遗产监督署	监管地方政府对中央文化遗产保护政策的落实
		社会咨询机构	由考古学家、历史学家、建筑师和档案管理员等高级技术人员组成，对文化遗产在社会、经济方面呈现的文化价值进行判定，制定从国家到地方的统一保护政策
地方政府	文化部门		对当地文化遗产的登录、保护以及向社会团体提供各项保护及运营经费
	咨询机构		解决政府机关的非专业化问题，为文化遗产保护提供专业技术咨询服务
社团组织	我们的意大利、意大利古宅协会、意大利古环境协会等		参与评定纪念物、景观、古城区等遗产的文化价值鉴定、规划及管理，举行联席会议讨论施工许可证发放问题，同时写出社会团体组织意见书并呈报申请者所在地政府及文化遗产部，提供有关部门参考；引入市场机制，对文化遗产实施保护性经营

（表格来源：尹小玲，宋劲松，罗勇等. 意大利历史文化遗产保护体系研究）

第四，在资金保障方面，形成了公共预算、税收调节、企业赞助等多渠道筹措模式。意大利中央政府每年预算20亿欧元作为遗产保护的专项经费开支，并基本保持10%的年增长率[289]；从1996年开始通过法律的形式，规定将彩票收入的8‰作为文化遗产保护的专项经费支出。但这并不能满足众多的遗产保护经费支出，资金缺口较大。为此，2000年颁布《资助文化遗产优惠法》，规定企业投入文化资源产业的资金一律不计入企业应纳税款的收入基数。同时，通过建立“文化遗产和可持续旅游交易所”，吸引国内外企业投资赞助；建立遗产“领养人”制度，鼓励基金公司、企业、个人出资使用并修缮古建筑。此外，还积极争取国际社会组织，如联合国教科文组织、欧共体等援助资金，以此加强国际合作，争取更多的社会组织援助资金。

第五，在开发利用方面，保护、传承历史文化遗产的同时兼顾文化遗址的社会效益和经济价值的发挥，使得丰富多样的文化遗址成为助推意大利经济发展的重要资源。通过开发遗产资源的艺术创作、影视创作、会议展览、博物馆等文化属性，将遗产保护利用与国家文化事业的发展结合起来。在推动历史文化遗址科普观光旅游的同时，积极围绕遗址延伸开展研学旅游、保健旅游、环保骑行、古迹居住体验等，甚至将足球联赛、时尚购物、特色美食与文化遗址相结合，形成了独具特色、创意无限的旅游产业体系，这也使得意大利成为最负盛名的遗产旅游胜地之一，实现了遗产保护与发展经济的双赢模式[285]。

2．法国

法国历史悠久，拥有丰富的文化遗产和众多的名胜古迹。截至2019年，法国世界遗产共有45项（包括自然遗产5项、文化遗产39项、文化和自然混合遗产1项），在数量上居世界第五位。作为一个拥有丰富历史文化遗产的国家，法国将历史文化遗产看作国家公共财富，对遗产的破坏认定为对公共利益的侵害。为此，法国政府通过法律、行政、经济、舆论等多种手段使得宝贵的文化遗产不仅没有因经济建设而受到破坏，反而成为促进经济发展的重要手段，实现遗产保护和经济建设的协调发展[290]。

第一，在保护理念方面，在坚持遗产保护“真实性”的基础上，致力居民生活环境的改善和遗产的经济、社会价值的充分发挥。强调遗产的真实性不仅包括遗址本体的真实性和遗址环境的真实性，还包括遗址所承载的历史文化信息的真实性，把“原始真实”扩展为蕴含丰富历史信息的“现状真实”[290]。而与此同时，在坚持真实性原则的基础上，为了进一步激发遗产的活力，弘扬法国传统文化，发挥经济价值，在保护利用的过程中又巧妙结合现代功能进行再创造。如巴黎奥赛博物馆就是在保持原保护建筑（闲置近50年的小火车站）的整体框架、结构、空间不变的情况下，进行功能的再造和价值的转换❶，如今已与卢浮宫、蓬皮杜艺术中心并列称为巴黎三大艺术博物馆。再比如贝聿铭对卢浮宫的改造，通过加建的3个玻璃“金字塔”一方面组织了地下的展厅，使观众的参观路线更为合理；另一方面广场上创造了古今对话的艺术观赏价值。

第二，法律体系方面，作为遗产大国，法国向来都非常重视文化遗产的立法保护工作，对文化遗产的保护立法始终走在世界的前列。据不完全统计，法国有关文化遗产的立法100多部，为法国文化遗产保护和管理奠定了扎实的法律基础[291]。1840年法国颁布了第一部文化遗产保护法——梅里美《历史性建筑法案》，这也是世界上最早的一部

❶ 改造工程由意大利女设计师奥朗蒂主持设计，精心分割了这个长138m，宽40m，高32m的空旷大厅，馆顶使用了3.5万m^2的玻璃天棚。大门开在西侧，由西到东是一个长100m，高32m的大厅，大厅两侧是一间间独立的展室，两侧展室各有三层，主要陈列绘画作品。

关于文化遗产保护的法律。此后又陆续颁布了《纪念物保护法》(1887)、《历史古迹法》(1913)、《景观保护法》(1930)，其中后两部法律基本上奠定了现行法律所遵循的基本规则。此后1962年颁布的《马尔罗法》及在此基础上制定出来的《城市规划法》(1973)，共同构成了法国文化遗产保护工作中最重要的法律防线。进入21世纪，一方面对既有的法律进行修改和完善，另一方面将以往的立法进行整合使之更加系统化。如2004年颁布的《遗产法典》由7个部分构成，对“遗产”的概念、种类、范围、保护方式、保护程序、法律责任作出了明确的规定，标志着法国遗产保护法律体系的系统化、体系化的形成[292]。

第三，在保护体系方面，主要由历史建筑，景观地，历史建筑的周边地区，保护区，以及建筑、城市和风景遗产保护区5个部分构成。历史建筑体系是由1913年《历史建筑保护法》所确立，该法规定根据历史建筑的历史、艺术价值分为“列级的历史建筑”和“列入补充名单的历史建筑”两类。前者要求从历史和艺术的角度实行比较严格的登录和保护程序，后者则较为普遍且执行的保护要求相对简单。景观地体系产生于1930年5月颁布的《景观地保护法》，最初只是针对瀑布、泉水、岩石等自然景物，后来逐渐扩展到人工创造的田园、城市等方面，也划分为列级、列入两种保护类别。1943年对《历史建筑保护法》进行了修改和增补，将列级和列入两类历史建筑周边500m半径内的范围划为历史建筑的周边地区，以管控历史建筑周边的建设活动。针对战后重建和旧城更新中城市风貌保护问题，1962年法国政府颁布了《马尔罗法》(即《历史街区保护法》)。《马尔罗法》明确规定，“对于划定的保护区内既要保持古老的城市中心区空间和建筑特征，又要改善其居民的生活和工作环境”。1983年《地方分权法》正式通过，强调了国家遗产保护的职责，并提出“建筑、城市和风景遗产保护区(ZPPAUP)”，进而以更加科学合理的范围来替代原来的500m半径区，并将历史文化遗产的概念扩展到了更为普遍的意义上，如特色小镇、工业区等具有遗产价值的任何地区(表2.6)。[291，293]

法国遗产保护体系构成及作用 表2.6

类别	对象	负责部门	作用
历史建筑	具有历史、艺术价值的建筑遗产	国家文化部“历史建筑委员会”	将历史建筑作为公共利益进行保护；奠定了当代法国遗产保护实践的基础
景观地	自然景观地和遗产地的保护	国家“景观地高级委员会”	对可能引起景观地的性状及其完整性改变的项目，进行严格的控制
历史建筑的周边地区	历史建筑半径500m区域	国家文化部“历史建筑周边地区委员会”	调控范围内的建设活动，以保证历史建筑周边地区的环境协调
保护区	具有遗产价值的老城区	国家文化部“保护区委员会”	协调建筑遗产保护与城市发展之间的关系

续表

类别	对象	负责部门	作用
建筑、城市和风景遗产保护区（ZPPAUP）	应用范围几乎涉及任何具有遗产价值类型的城市或自然地区；替代500m半径区，与列入类景观地重合时可替代，不与列级景观地和保护区重叠	市长和市议会具有研究和制定ZPPAUP的决定权；ZPPAUP的审批由大区区长在民意调查后宣布通过	调整历史建筑周边环境的概念；加强对城市和乡村历史文化遗产的保护；赋予市镇在对其历史文化遗产的管理和开发利用的过程中积极的作用和责任

（表格来源：根据袁润培．法国文化遗产保护及启示；邵甬，阮仪三．关于历史文化遗产保护的法制建设　法国历史文化遗产保护制度发展的启示整理绘制）

第四，在公共参与方面，非常重视民间力量的调动，积极鼓励和支持社会公众和民间组织参与文化遗产的保护。如法国几乎每个城市都有文化遗产保护的义务宣传员，他们自发组织遗产展览、成立非营利性保护组织、协助学校开展文化遗产保护教育等，为遗产保护营造了良好的社会氛围。这些宣传员中有工人、学者、投资者、社区居民等，来自社会的不同阶层，代表多方利益群体，能够有效化解遗产保护与利用过程中的社会矛盾和冲突。尽管文化部在重大决策中具有拍板定案的权利，但在具体落实过程中则是由文化艺术遗产委员会、历史纪念物基金会、考古调查委员会等非政府组织牵头与民间组织共同合作完成。这些组织，如全国各地的文化遗产保护协会，成员由专业人员、行业学者、文物爱好者等构成，具有一定的专业知识水平，同时又熟知地方风土人情和遗产保护情况，在前期的规划和后期的实施中发挥着重要作用。此外，法国还专门建立了“国家建筑师和规划师”制度，通过文化部严格培训并考核通过，具有很高的权威性。这些建筑师和规划师在遗产保护工作中负责监督历史建筑和文化遗产的维修工作，在被保护地区审查建设活动，并为建筑设计和城市规划提出恰当建议。[290]

3．日本

日本在保护历史文化遗产方面积累了丰富的经验，特别是对遗址、街区、建筑类遗产的保存、利用、开发等方面积累了较为成功的经验。

第一，遗产保护与利用的制度体系。日本遗产保护的制度体系是基于《文化财产保护法》形成的分类管理制度体系，即通过1958年、1968年、1975年、1996年、2004年的渐次修订，形成了以有形文化财产、无形文化财产、民俗文化财产、纪念物、文化景观、传统建筑物群、文化财产保存技术、地下文物8大分类为基础的文化财产登录指定制度、重要文化财产制度、建造物群保存地区制度、文化财产保存技术制度（图2.7）[294]。这种系统、完整的分类管理体制，在文化遗产保护与利用的管理工作中具有指导明确、使用方便、便于操作的优点。如“纪念物”中被认为重要的，可通过国家指定为“历史史迹”“名胜”“天然纪念物”，它们中间特别重要的还可以进一步指定为“特殊历史史

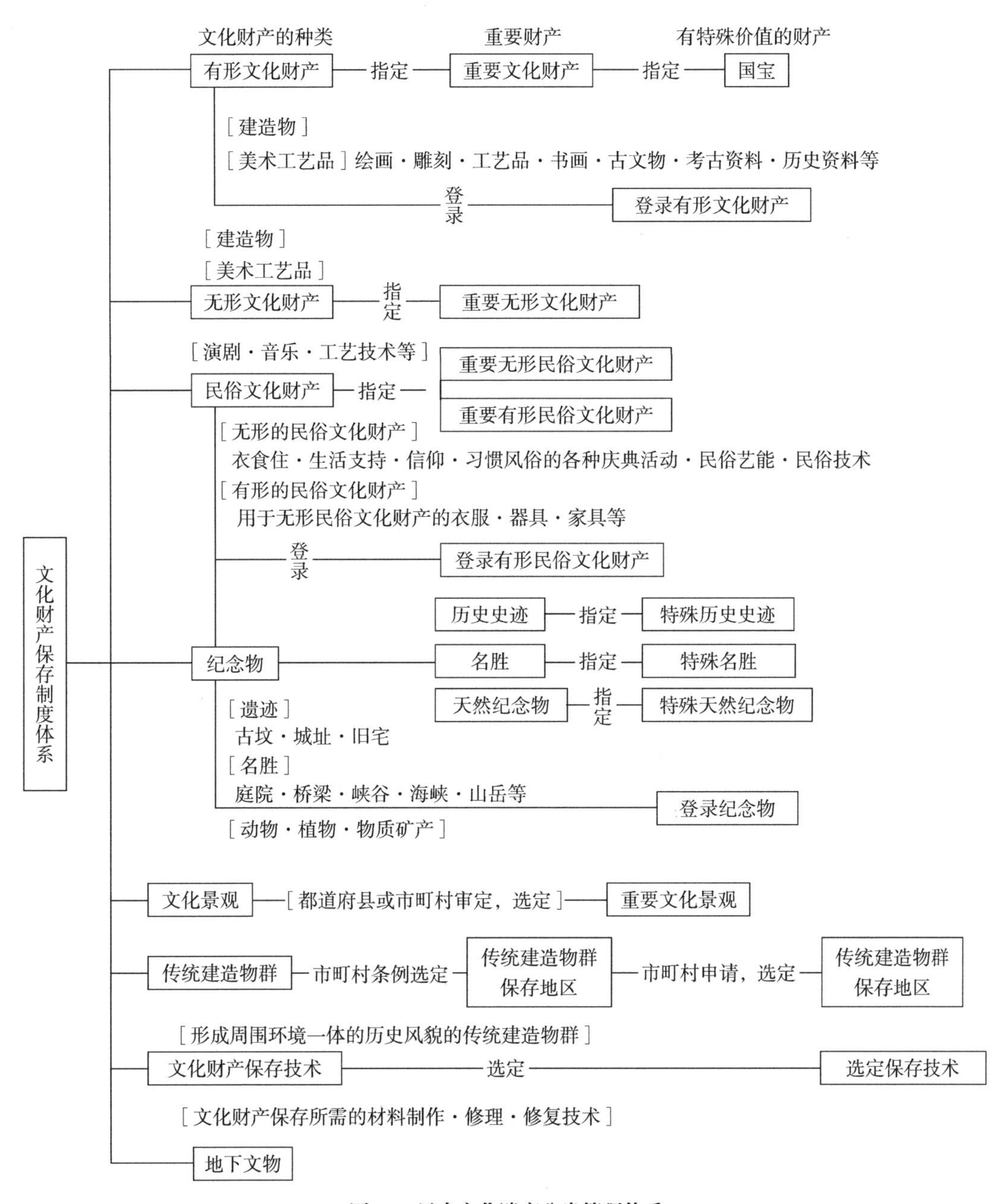

图2.7　日本文化遗产分类管理体系

（图片来源：佐藤礼华，过伟敏. 日本城市建筑遗产的保护与利用）

迹”“特殊名胜”“特殊天然纪念物”。除此之外对于那些需要特别予以保存活用的，还可以通过文化财产的登录制度成为“登录纪念物”[295]。

第二，遗产保护与利用的主体构成。从国家政府、地方政府到居民个人、社会企业，再到非营利组织（NPO），在遗产的保护与利用中都扮演着十分重要的角色。国家和地方政府负责制定文化财产保护方针政策，并组织设置纵向的文化财产行政机构作为政府机构的边缘团体（如京都城市景观—街区创建中心），以柔和、积极的姿态开展各项文化财产的保护与开发工作[294]。在日本的遗址保存、古都保存的运动中，居民们自发成立民间组织，参与保存计划制定、保存资金筹集、义演宣传、向政府提出意见和建议等，搭建沟通政府和居民的桥梁，促进了文化财产保存与再开发。企业通过捐赠资金、参与再开发等，在遗址、街区等文化财产的保存中发挥很重要的作用。如在伊势市的伊势神宫门前的Oharai町的修建过程中，大量的企业捐赠使得“Okake横丁”等再现了旧时街景。非营利组织（NPO）在历史遗产的保护、再生、活用中起到了沟通政府与民间的媒介作用，如提供专业知识和技术信息、参与有关历史科普教育、组织民间支援网络、参与地区保护设计等。

第三，遗产保护与利用的规划应对。在城市规划中更重视“面”的遗产保存和不同性质遗产区规划方法应对。1919年的《城市规划法》中对“美观地区”“风致地区”等作了明确的规划方法规定。如属于“风致地区”的镰仓市规定建筑高度不能超过8m。1966年出台的《关于古都历史风土保存的特别措施法》对古都的保存和利用提出具体规划方法要求。20世纪70年代后期，各地不仅把文化遗产保存和活化作为目标，也更加重视遗产保护中景观的形成。由此，从1982年开始，各地相继出台了《景观形成条例》。近几年，一些城市把历史景观整备与居民生活质量相结合，对于遗址、历史街区周边的道路、墙垣、树木、小公园等都予以统一考虑和整备。同时，许多城市不仅重视保存街区或建筑物的历史特征，且常常会利用道路、山川、运河、遗迹等建构城市骨架，塑造城市风格，这种将人文、历史、自然融于一体的城市风格给人印象深刻。实际上，对历史遗产保护与利用的城市规划手法探讨，随着经济和社会的发展变化、行政制度的改变、国民意识的进步等，带来了许多变革。[294，296，297]

第四，遗址保护与利用的主要方式。日本对于遗址的保护与利用较多地采用遗址公园模式。从20世纪70年代开始，日本政府投入大量资金进行遗址公园建设，许多遗址在考古发掘后便将其建成各具特色的遗址公园。如吉野里、板付、丸山和太宰府等遗址，其中尤以平城宫和平安京遗址最为典型。没有被现代城市叠压的平城宫遗址通过回填保护、复原展示、环境控制等措施，本体得以安全保存，区域周边环境中鲜有高楼，合理的地上标识让人充满想象；而被现代城市叠压的平安京遗址通过城市更新和遗址保存计划，采用边更新和边复原的模式，很好地协调了遗址保护和城市的发展矛盾。在日本遗址公园建设中都把遗址作为保护与利用的重点以尽情地展示遗址所蕴含的历史、科学、艺术等价值和人类与自然环境的融合关系，而对出土文物的展示考虑相对较少，陈列室规模小、位置偏。同时，为了增强公园游览的观赏性，在建设中进行了许多遗迹的复原，但均未刻意做旧，避免以假乱真。此外，在细部的处理上讲究刻意的创新、环境的烘托、多种方式的共存，使得遗址公园从组织形式、展示形式、设施细节等方面均无雷同之感，各具特色。[135]

4．美国

美国境内的文化遗产数量不多，但其依托“国家公园”模式保护自然及历史文化遗产的成功经验却对世界其他国家遗产保护事业产生巨大影响[298]。美国作为世界上国家公园体系的创建者和最佳实践者，其国家公园类型有20多种，413个成员。其中，国家历史公园、国家战场公园、国家军事公园、国家纪念地等依托历史文化遗产而设立的成员有282个，它们共同构成了美国国家层面的历史文化遗产保护利用体系[299, 300]。我国大遗址保护利用整体性和综合性特征与美国旨在保护利用其发展历程中具有重要意义文化遗址的国家历史公园相类似，二者均是以保护利用国家各个发展阶段中重要的建筑、工程、聚落等遗址为主要对象。因此，对美国国家历史公园管理体制、功能属性等方面的梳理和解读，无疑对本书的研究具有重要启示意义。

第一，关于管理体制与社会参与。经过近百年的发展，美国逐渐建立了以国家公园管理局为主体，联邦、州、地方政府配合，社会民间力量积极参与管理机制（图2.8）。国家历史公园的批准建设与管理运营，首先，要由国家公园管理局（国家、地区、基层三级）提出倡议，或由其他部门、机构向国家公园管理局提出建议；然后根据实地调查

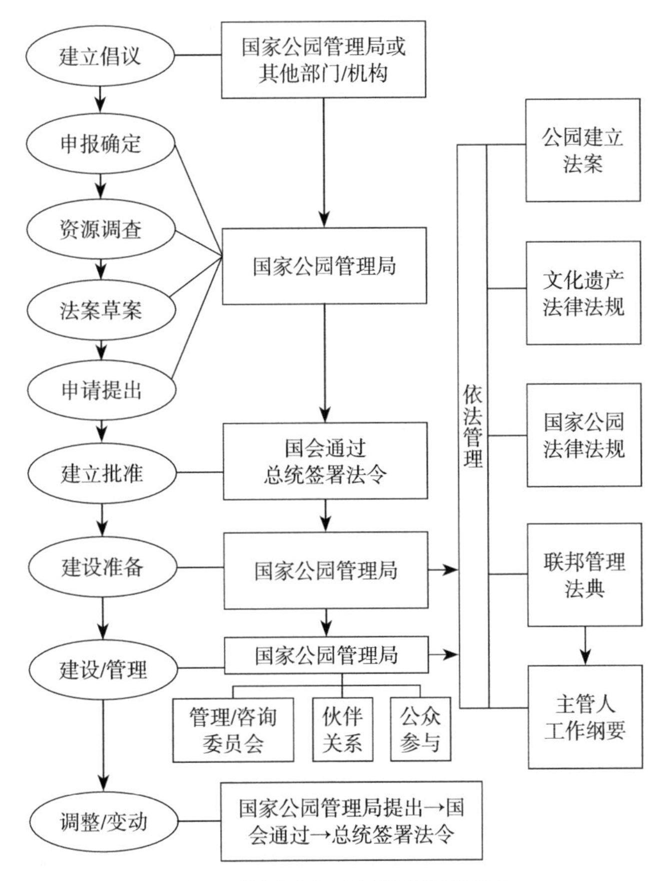

图2.8　美国国家历史公园管理机制

（图片来源：王京传. 美国国家历史公园建设及对中国的启示）

评估确定是否建立，确定申请后形成研究报告提交国会审议，国会审议表决后，获得通过者由总统签署法令确定建立；最后，国家公园管理局依据通过的法案与相关地方政府部门、私营机构、个人、民间组织等就土地、建筑、资产、建设等问题签订协议。由于公园内资源权属问题，国家历史公园的建设与管理非常重视旅游局、行业协会、私营企业、专业学者、教育部门、议员代表等伙伴关系培养，以吸纳、促进相关利益主体的广泛参与，进而更有效地保护历史文化遗产。除了直接建立伙伴关系之外，社会公众可以通过捐赠、志愿者、获得特许经营权等途径参与国家历史公园的建设和管理。依法管理是国家历史公园筹建和运营的核心准则，从公园的筹建、规划到具体项目实施，再到投入使用后运营管理等，都必须依据国会通过的法案、《历史遗址与古迹法》《国家公园系统组织法》《国家历史保护依托基金法》《国家历史遗产保护法》《主管人工作纲要》等以及各联邦州政府制定的相关法令和政策。[301-308]

第二，国家历史公园的功能体系。“发现历史”是美国国家历史公园的核心使命，其目的是通过对重要历史文化遗产的保护利用使人们能够深入了解和积极探索美国历史。基于此，美国国家历史公园已经形成了以历史文化遗产保护为核心，以研究、教育、展示、观光、游憩等功能为衍生的综合性功能体系（图2.9）[300]。通过移民搬迁、原状保存、灾害防御等措施，实现对历史文化遗产及其周边环境的整体性保护，是国家历史公园筹建的首要目标。在此基础上，通过象征性搭建、原址上重建、公园博物馆、

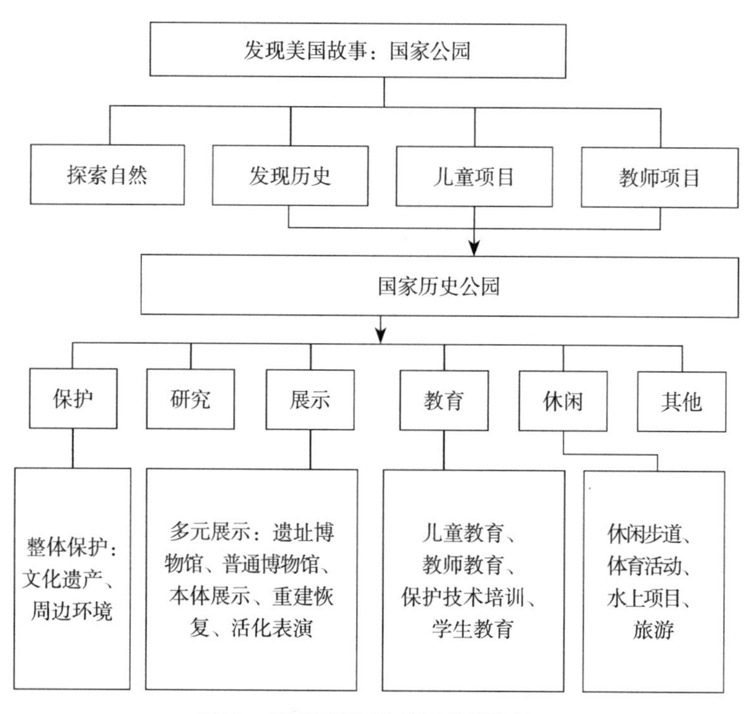

图2.9　美国国家历史公园功能体系

（图片来源：王京传. 美国国家历史公园建设及对中国的启示）

仿真模拟等方式向游人讲述消失的历史事件、人物、场景等文化符号[309]。1935年，美国国会通过的《历史遗址法》明确规定国家公园管理局具有向公众开展有关历史遗址教育项目的义务，这些教育项目包括举办免费儿童教育活动、家庭亲子探索活动、开展现场学校教学活动、承担考古和保护技术培训、针对职业教师培训等[310]。围绕美国国家历史公园的研究工作主要是由游客服务中心、公园博物馆或图书馆来承担的，研究内容主要聚焦在历史信息挖掘、保护技术创新、遗址考古研究等。面向公众的休闲游憩和生态服务是国家公园的基本功能，许多国家在建设初期就开辟了骑行、慢跑、野餐等休闲功能空间和项目[311]。此外，近几年在旅游观光方面也开始被越来越多的国家历史公园所关注，如Blackstone 河流域国家历史公园成立法案的主持制定者 Sen.Jack Reed强调："该公园获批将对罗德岛（R hodeisland）旅游业和休闲业产生重要影响"[312]。

第三，自然环境与历史遗产保护相并重。将历史文化遗产保护与自然生态环境保护相结合是美国历史文化遗产保护中一个显著特点。即从历史文化遗产保护伊始就树立起建设供人休闲、游览的生态廊道、生态公园的理念。如将遗址保护与绿色廊道相结合，既在区域内保护了不同时期形成的线性遗址，也使区域内的生态环境得到修复和保护[135]。黄石国家公园既有茂密森林、奔腾河流、喷吐火山，也有见证美国最早土族居民的生活聚落——印第安人的聚落遗址[313]。为纪念南北战争中的关键之战——1863年葛底斯堡战役，重建的葛底斯堡国家战争历史公园，将战场遗址保护与青草萋萋环境保护相结合，公园绵延达10多km，既保护了著名的军事遗址，也保护了优美的田园生态环境[313]。

（二）国外实践经验启示

通过对遗址保护利用的相关国际文件解析和国外实践经验梳理，不难发现目前在国外遗址保护利用领域有以下几方面值得我们借鉴和思考：

1．真实性和完整性是遗址保护利用的最根本准则

尽管不同国家的文化背景差异巨大，遗产保护的发展历程也各不相同，但以《威尼斯宪章》《奈良真实性文件》《保护世界文化和自然遗产公约》等国际文件为基础形成的"真实性、完整性"原则，时至今日仍然是欧美等发达国家文化遗产保护事业开展的根本准绳。从意大利庞贝遗址保护的不复原、不重建的"发掘真实"，到法国蕴含丰富历史信息的"现状真实"，再到日本基于不同文化背景下的"多样性真实"，以及美国《圣安东尼奥宣言》扩充的"真实性证据"等，均将"真实性、完整性"作为本国遗产保护首要工作原则，并通过法律规范、政策文件、国家工程等方式予以贯彻和引导。

2．综合保护和适度利用是遗址保护利用新方向

遗址作为一个国家历史文明的见证，附着一段历史时期内这个国家的文化、社会、技

术、科学、艺术等多种信息，对其保护利用是一项跨学科、多部门的复杂性工作，具有非常高的工作质量和效率要求。一方面，重要国际文件对遗址保护的关注重点逐渐从遗址本体扩大到遗址及其周边环境，乃至遗址保护的平等正义等范畴，涉及面广、综合性强，需要多部门、多学科共同协作和广大公众的积极参与；另一方面，各个国家基于对遗址保护利用综合功能和综合价值的深度认识，在不影响遗址安全的情况下均会从文化、历史、教育、观光等方面予以适度综合地开发利用，摒弃了就保护谈保护的“尴尬”模式。

3．责权体系清晰是保护利用工作顺利推进的保障

从国外遗址保护利用的管理机制来看，无论是意大利、法国还是美国、日本，在遗址保护利用过程中都需要中央和地方的协同管理以及社会公众的参与支持，但各主体的权利边界又会因不同国家的社会基础、经济条件而异（图2.10）。因此，各国会结合自身社会经济环境，通过相关的法律、法规来清晰划分中央和地方权属和义务以及社会公众的参与方法和途径。当前我国大遗址保护和管理主要是自上而下的垂直管理，但到地方层面又会基于不同的诉求和空间权益，存在城建、管委会、博物馆、文旅广局、景区等多头管理，进而在具体的工作中产生责权不清、利益纷争，容易造成工作推诿、推进缓慢等问题。

4．中央、地方、社会多渠道筹措的资金保障体系

由于保护历史文化遗产需要大量的资金投入，各国政府在中央预算的基础上，仍需要大量的社会资金支持。如意大利通过企业税收调节、建立遗产领养人制度、国际组织援助等方式来弥补保护经费的缺口。相较意大利，美国政府的保护资金投入较少，而这主要源于基金会、社会投资、税收调节、个人捐赠等发挥的重要作用。日本以国家和地方政府提供的补助金、贷款和公共事业费为主，辅以社会团体、慈善机构及个人的捐助。我国大遗址保护经费支出主要依靠中央财政，而且大部分大遗址所在地经济发展相对落后，地方政府无力配套相应的保护资金。部分位于城市中心区的大遗址，地方政府通过用地政策奖励，引入社会资本，但可持续性较差。目前我国基金会、企业资金、国际援助、个人捐赠等社会资金对遗产保护的赞助较少。

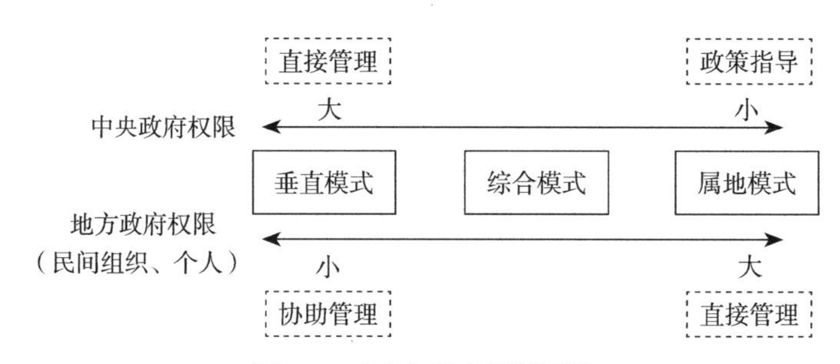

图2.10　中央与地方管理权限

（图片来源：余洁. 遗产保护区的非均衡发展与区域政策研究——以西安大遗址群的制度创新为例）

5．保护利用是以历史文化价值的重现为终极目标

在国际上，文化价值越来越成为历史文化遗产的保护中心，成为推动遗产保护事业发展的关键动力。从《威尼斯宪章》中首次提出遗产“文化价值”，到保护立项的价值评估，再到保护利用的价值再现，不难发现保护是一个价值驱动过程，而文化价值的重现是整个过程的核心[284]。国外在遗址保护利用过程中经常会组织大量公众参与，进而在此过程中实现社会、文化价值的认同，激发社会公众的国家自豪感。如美国国家历史公园是以“发现美国故事”为目标，通过调研论证、媒体宣传、公众参与以及遗址区开展教学、举办赛事等方式宣传美国文化和讲好美国历史。在遗产保护利用的过程中，许多国家都将传承和发扬历史文化作为首要目标，如为防止美国强势文化入侵，作为欧洲老牌文化大国，法国极度重视文化遗产的保护，鼓励文化的创新和世界积极推广法国文化。

三、我国相关方针政策

20世纪末，随着我国城市发展建设步伐的加快，如何处理好遗址保护与城市建设的关系成为大遗址保护利用工作中首要面临的问题。在1992年的全国文物工作会议上，针对文物保护与利用的关系问题，时任中共中央政治局常委李瑞环代表党中央讲话，明确提出“强调保护文物是我们应尽的历史责任”，“强调保护为主，把抢救放在首位，也是文物事业当前所面临的问题所要求的。”“强调保护为主，强调把抢救放在首位，并不是否定文物的合理利用”，“实践证明，合理、适度、科学地利用，不仅不会妨碍保护而且有利于保护”。❶这次会议回答了“为什么保护、咋样保护、保护与利用的关系”问题，确立了新时期“保护为主、抢救第一”的文物工作方针[284]。1995年时任国务委员李铁映在西安召开全国文物工作会议，并针对市场经济条件下如何协调经济发展与文物保护的关系，进一步提出“有效保护、合理利用、加强管理”的原则。1997年，国务院发布《关于加强和改善文物工作的通知》，要求将“文物保护纳入当地经济和社会发展计划，纳入城乡建设规划，纳入财政预算，纳入体制改革，纳入各级领导责任制”。此后，“五纳入”被写入新修订的《中华人民共和国文物保护法》的条文中，上升为法律层面。1998年李岚清副总理在给全国文物局长会议的信中进一步明确“保护为主、抢救第一”和“有效保护、合理利用、加强管理”是整个社会主义建设初级阶段的文物工作方针，要坚定不移地予以贯彻执行[135]。

进入21世纪，随着工业化、信息化、城市化的深入发展，我国大遗址保护利用事业所面临的问题更加复杂。因此，准确把握文物保护的发展趋势，拓展文物事业的发展思

---

❶ 根据李瑞环．在全国文物工作会议上的讲话［J］．中国博物馆，1992（2）整理。

路是关系新世纪文物事业发展的全局问题。基于此，2002年新修订颁布的《中华人民共和国文物保护法》总则中将“保护为主、抢救第一，合理利用、加强管理”的文物工作方针正式上升为国家法律规定，这对于我国大遗址保护利用事业大发展具有里程碑意义。其后，国务院发布的《中华人民共和国文物保护法实施条例》和国家文物局推荐的《中国文物古迹保护准则》更为我国大遗址保护利用工作蓬勃开展奠定了基础。2004年国家文物局发布的《全国重点文物保护单位保护规划编制审批办法》《全国重点文物保护单位保护规划编制要求》成为我国大遗址保护利用管理工作的重要技术手段。2005年财政部和国家文物局联合印发了《大遗址保护专项经费管理办法》的通知，标志大遗址保护利用专项工作的正式启动。2006年出台的《“十一五”期间大遗址保护总体规划》要求“五年内初步完成大遗址保护管理体系建设，逐步完成100处大遗址保护规划纲要和保护规划的编制，继续推动实施中央主导和引导的大遗址保护示范工程”。2008年，全国博物馆免费开放工作全面启动，大遗址保护重点工程、申请世界遗产、工业遗产认定等全面铺开。2010年，伴随着第一批考古遗址公园的批复，标志着大遗址保护利用事业正式进入了持续快速发展阶段。

党的十八大以来，国家高度重视文化遗产事业的发展，并作出相关工作指示。2013年12月30日，习近平总书记在主持中共中央政治局第十二次集体学习时提出，“要系统梳理传统文化资源，让收藏在禁宫里的文物、陈列在广阔大地上的遗产、书写在古籍里的文字都活起来”。2014年2月习近平总书记在北京考察工作时强调，“北京是世界著名古都，丰富的历史文化遗产是一张金名片，传承保护好这份宝贵的历史文化遗产是首都的职责，要本着对历史负责、对人民负责的精神，传承历史文脉，处理好城市改造开发和历史文化遗产保护利用的关系，切实做到在保护中发展、在发展中保护。”2016年4月，习近平总书记对文物工作作出重要指示：“各级党委和政府要增强对历史文物的敬畏之心，树立保护文物也是政绩的科学理念，统筹好文物保护与经济社会发展，全面贯彻‘保护为主、抢救第一、合理利用、加强管理’的工作方针”[314]。2017年6月，习近平总书记对建设大运河文化带作出重要指示：“大运河是祖先留给我们的宝贵遗产，是流动的文化，要统筹保护好、传承好、利用好”。2018年7月，习近平总书记主持召开中央全面深化改革委员会第三次会议，审议通过了《关于加强文物保护利用改革的若干意见》，这份文件对文物工作的改革创新具有划时代的意义（刘玉珠，2018）。以习近平同志为核心的党中央关于文化遗产的重要论述对于新时期正确处理经济发展与大遗址保护之间的关系以及推进大遗址合理适度利用等具有指导意义。

四、国内典型案例经验

（一）国内大遗址保护利用典型案例分析

综合考虑，国内大遗址的本体保存现状、文化价值等级、区位分布情况、保护与利用模式以及保护区及周边的社会经济和发展建设情况等对本书研究的启示意义，在此选取良渚大遗址、圆明园遗址、南越国遗址、金沙大遗址进行分析借鉴。

1．良渚大遗址

（1）遗址概况

良渚遗址发现于1936年，位于杭州市余杭区瓶窑、良渚两个镇（街办）境内，面积约42km^2，年代约为公元前3300～前2000年，属于新石器晚期的文化遗址群，为中华五千年文明“多元一体”的发展特征提供了最完整、最重要的考古学物证[315]。遗址区以城址为核心，墓地（含祭坛）分等级分布于城址东北约5km的瑶山以及城址内的反山、姜家山、文家山、卞家山等台地，城址北面2km至西面11km范围内则分布着外围水利系统，城址内外分布着大量各种类型的同期遗存，与城址形成了清晰可辨的“城郊分野”的空间形态。城址是良渚古城遗址的核心，北、西、南三面被天目山余脉围合，位居三山之中。长命港、钟家港等古河道逶迤穿过这片城址，与城址内外星罗棋布、纵横交错的河流湖泊，共同形成了山环水抱的选址特征，并将城址划分出若干不同的功能区块。1961年被公布为浙江省文物保护单位；1996年被公布为国家文物保护单位；2001年成立杭州良渚遗址管理区管理委员会；2006～2010年良渚古城宫殿区—内城—外城的三重结构得到确认；2010年被列为首批国家考古遗址公园；2015年，浙江省文物考古研究所发现和确认古城外围大型水利系统；2019年7月，被正式列入世界文化遗产名录。

（2）实践模式

历经80余年的实践探索，良渚遗址的保护利用工作经历了从局部发掘、被动保护模式，向整体保护、合理利用模式的转变。中华人民共和国成立前后受限于当时特殊的社会历史条件，良渚遗址的保护利用工作基本处于停滞状态。1959年，随着中国科学院考古研究所所长夏鼐在《长江流域考古问题》中正式提出“良渚文化”命名，有关良渚遗址保护利用工作也正式开启。1959～2000年，遗址的保护基本是伴随着考古发掘工作的推进而展开的被动保护模式，即以各级文物主管部门为主导，地方政府配合行动的保护模式，其间也鲜有对遗址利用的主动性思考。1985年前，由于学界对良渚文化的认识主要集中在上海、江苏两地，浙江余杭境内虽有发现，但其特殊性和重要性并未被认识，其间也因农田水利建设、堤塘维修等对高出地面的遗址造成了破坏，保护工作推进迟滞、缓慢。从1986年开始，随着反山、瑶山、汇观山、莫角山等重要遗址的发掘，学界对良渚遗址在良渚文化中的核心地位的认可，良渚遗址开始步入良渚遗址群和良渚大遗址保护阶段。1987年，第一个专门负责保护的管理机构——良渚文化遗址管理所正式成立。1994年良渚文化博物馆正式开馆，展示性利用工作开启。1995年浙江省人民政府公布了《良渚遗址群保护规划》，划定了33.8km^{2}的保护区，保护利用工作正式进入了规划管理的轨道。1997年，浙江省政府配合莫角山遗址保护，投入24亿元对104国道进行南移，有效消除了交通流对遗址保护的影响。从2000年开始，伴随着余杭"跳出遗址求发展"战略性决策的提出和杭州良渚遗址管理区、良渚遗址管理委员会（副厅级）成立，保护利用工作正式迈入主动保护、合理利用的新阶段。2009年，"大遗址保护良渚论坛"会议上形成了《关于建设考古遗址公园的良渚共识》，据此杭州市政府开始探索以"遗址公园"模式推进申遗保护和利用工作。2013年《良渚遗址保护总体规划（2008—2025）》获批实施；同年，余杭区投入20亿元历时两年的遗址区农居、企业外迁工程正式启动。2016年杭州市政府将位于遗址区的大观山果园、儿童福利院旧址全部划归余杭区管理，为良渚古城系统性保护利用创造了条件。至此，以政府为主导、土地出让反哺遗址保护的机制正式形成，并在此过程中很好地调动了原住居民及利益相关者的积极性。

（3）经验启示

良渚遗址保护利用模式比较好地协调了遗产保护与社会发展的关系，形成了国家文物局和社会大众普遍认可的"良渚经验"：第一，持续性的考古研究为保护工作奠定了基础。从早期零星的遗址发掘，到都邑城址发现和确认，再到外围水利系统等，正是扎实有序的考古研究工作推进为遗址分级、分类、整体保护奠定了基础。第二，"文物特区"模式为保护利用工作提供了有力的制度保障。通过建立副厅级保护利用管理单位，统筹242km^{2}遗址管理区内遗产保护和经济发展工作，特别是内部清晰的组织结构、责权清晰的工作机制、垂直完善的保护网络等为统筹区域资源、发动群众参与、整体推进保护提供强有力的保障。第三，地方政府持续的资金投入解决了遗址保护利用的关键性问题。遗产保护需要大量、持续性的资金投入，而且效果不明显、回报速度慢。在良渚遗址保护利用过程中浙江省、杭州市、余杭区三级政府先后累计投入资金40多亿元，并将遗址管理区范围内财政收入的20%留存用作遗址保护专项经费，将远离良渚遗址保护区、靠近杭州主城区约26km^{2}范围内土地出让毛收入的10%用于反哺遗址保护。此外，省财政、市财政每年分别预算500万～800万元不等专项经费。

尽管如此，良渚遗址在保护利用中仍暴露出了一些问题：第一，展示性利用的可视性差、吸引力弱，现状运用的展示手段难以完整、有效地传递遗址所承载的丰富历史信息和文化内涵，同时遗产展示过程中对公众参与形式和途径考虑少，不能形成良性互动效应；第二，遗址公园内村庄、企业的生活、生产设施的布局、形态、样式等与遗址区自然和历史景观形成较大反差，且市政、公共设施配套与现实需求存在较大出入；第三，科学合理的有效利用不够，没有充分发挥出遗址文化、经济价值。如何找准世界文化遗产的利用边界，增加相关文化产品供给，提升文化自信；如何将遗址保护与地方经济发展相结合，成为地方经济发展的增长极等，仍是未解决的难题；最后，随着现代治理型社会的到来，公众参与社会事务的积极性将越来越高[316]。因此，合理搭建政府与社会的沟通平台，引导和组织公众参与良渚遗址的保护利用工作将成为新的难点。

2．圆明园遗址

（1）遗址概况

圆明园遗址约350公顷，位于北京市海淀区，遗址地区人文荟萃、经济发达，已是成熟的城市建成区。圆明园始建于清康熙四十六年（1707年），历时150余年，由圆明园、长春园、绮春园三园组成。圆明园，以其宏大的地域规模、杰出的营造技艺、精美的建筑景群、丰富的文化收藏和博大精深的民族文化内涵而享誉于世，被誉为“一切造园艺术的典范”和“万园之园”。不幸的是，1860年遭英法联军野蛮劫掠并被付之一炬，后又历经多次劫掠，一代名园就此而毁。中华人民共和国成立后，党和国家对于保护和管理运营好圆明园这一中华民族珍贵的文化遗产，进行了艰辛的探索和不懈的努力[317]。特别是在2000年之后，通过正式确立“整体保护，科学整修，合理利用”的原则，为此后的保护利用工作指明了方向。现在遗址区内工厂、仓库、民居等已全部迁出，收回了三园全部土地使用权，并对围墙、山系、水系等遗址要素进行了保护性恢复，基本真实、完整地保存了被毁时的遗存状态。

（2）实践模式

1976年之前，圆明园基本上没有明确的保护管理单位，其间的保护实践破坏了遗址原生状态。1976年，伴随着圆明园管理处（正科级）的挂牌，遗址保护利用工作逐渐走上了正轨，关于如何科学地保护利用圆明园遗址也逐渐引起了学者、管理单位以及社会公众的广泛关注。1986年，北京市政府成立圆明园遗址公园建设委员会，由市政府主要领导牵头专门负责遗址公园建设中的重大事项。从1987年开始，陆续修整和恢复福海景区水面及绮春园，并委托清华大学建筑学院团队对西洋楼景区进行了保护性修缮。1999年又成立了圆明园遗址保护整治工作小组和保护规划专家指导委员会，重点负责遗址区民居和企业搬迁工作[318]。2000年《圆明园遗址公园规划》正式发布，清晰地阐述了圆明园遗址价值所在，及其作为遗址公园保护利用的基本原则。此后，遗址管理处又陆续成立产业发展处、信息处等部门，基本上形成以圆明园管理处（1984年升格为区属正局级单位）为责任主体，国家大遗址保护专项经费和北京市政府财政拨款支持、门票经营收入为补充的管理运行机制。

（3）经验启示

圆明园遗址的保护利用模式相对较为保守，在价值挖掘、机构设置、开发利用、运营管理等方面存在较大差距。第一，作为代表最高建筑和造园艺术水平的万园之园，遗址展示利用中对其艺术、生态、文化等信息的反映太少，与之相匹配的文化产品开发层次太低，无法让人感受到它的伟大以及由此而产生的痛心[319]；第二，圆明园遗址价值极高，但其配备的管理机构级别较低，由此造成了实际保护、运营过程中动员社会资源的能力不够，相关工作开展站位不高，关键问题被搁置等；第三，遗址开发利用比较传统、保守，目前遗址区仍然是围墙门票式开发利用，没有从片区、城市甚至更好的角度去再现遗址的历史文化价值，进而带动遗址区周边的发展；第四，遗址区内部充斥着普通公园的管理思维，各种与遗址主题不搭的建设或活动经常可见，有违遗址保护原真性原则[320]。

3．南越国遗址

（1）遗址概况

南越国遗址位于广州历史城区核心区，紧邻北京路商圈，由南越国宫署遗址、南越王墓、南越国木构水闸遗址等全国重点文物保护单位组成，是广州市历史文化名城的精华所在[321]。南越国宫署遗址是西汉南越国和五代南汉国王宫及秦统一岭南以来历代郡、县、州、府官署所在地，是秦汉时期广州作为岭南地区政治、经济、文化中心的历史见证地。遗址区总面积约15万m^2，已发掘出南越国和南汉国的宫殿、宫苑等遗迹，以及秦、汉、晋、南朝、唐、宋、元、明、清和民国等历史朝代的文化遗存。南越国宫苑主要由大型的石沟水池和曲流石渠组成，石渠蜿蜒曲折、高低起伏，当中筑有急转弯处、弯月形水池等结构，是目前发现最早、保存较为完好的中国宫苑实例。南越国宫署遗址在发掘过程中先后两次被评为全国十大考古发现之一，并于1996年公布为全国文物保护单位，2012年被列入《中国世界文化遗产预备名录》。南越王墓于1983年6月在广东省办公厅推平象岗山顶开挖宿舍楼地基时被发现，墓室坐南朝北，按前朝后寝的格局建造，面积约100m^2，分为前后两部分，前部三室，后部四室，出土珍贵文物1000多件。南越王墓未被盗扰，墓主人在《史记》《汉书》中均有记载，是目前岭南地区发现规模最大、墓主人身份最高、随葬物最为丰富的汉代彩绘石室墓。其发现为研究秦汉年间岭南地区的历史提供了丰富的实物资料。南越国木构水闸遗址位于西湖路与惠福东路之间，距离南越国宫署遗址西南处约300m。水闸遗址距今地表深约4m，自北向南，闸口宽5m，南北长20.1m，向珠江呈“八”字形敞开，是当时南越国重要的防洪、防潮及排水设施。南越国木构水闸遗址是我国目前考古发现年代最早、规模最大、保存最好的木构水闸遗址。它的出土对了解广州城区防洪设施以及当时城址布局、结构以及南城墙的位置坐标等提供了重要线索。

（2）实践模式

南越国遗址位于广州市旧城，遗址发现时周围已是楼房林立、寸土寸金的城市核心区。基于此，广州市政府采用了协商、发掘、保护、整治、利用逐步推进的模式，即在旧城更新过程中通过与直接利益相关方的协商、谈判，首先对遗址进行抢救性发掘和保护，然后通过发布保护条例、编制保护规划等措施逐步整治保护区内外的环境，最后结合旧城环境改造、公共设施建设等对遗址加以合理利用。如对南越国宫署遗址的发掘保护始于考古工作者从建筑工地清泥土中发现的青釉器残片。基于此，文物部门立即与建设单位进行交涉，达成局部停工、抢救性发掘的协议。随着“曲流石渠”的发现，鉴于遗址重大历史意义，中央、省政府予以高度关注，广州市政府决定斥巨资将已批出土地收回实施原址保护，并将遗址保护、展示及周边环境整治方案整体纳入广州市城市总体规划。此后，为了进一步研究南越国宫署格局和遗址文化内涵，改变遗址保护的被动局面，广州市政府出资3亿元将儿童公园整体搬迁，用于遗址的保护利用。

（3）经验启示

南越国遗址特殊的空间位置和城市发展阶段，使其保护利用呈现出三方面独特经验：第一，在南越国宫署遗址发掘伊始，鉴于遗址区城市建设压力和复杂的社会经济背景，文物保护部门采取边挖掘、边展示方式，为后续的保护利用工作赢得了良好的社会基础；第二，依托墓葬遗址建设南越王墓博物馆，实施对遗址原址保护和整体保护，相较于此前的满城汉墓、马王堆汉墓更好地实现了遗址保护的原真性和完整性；第三，因“址”制宜，针对遗址出土时不同情况，采用不同的保护利用方式，如对木构水闸遗址结合商业大厦采用地下展示的形式，对宫署遗址、南越王墓采用博物馆的形式，对于其他零散分布的遗存就近结合景观、步道、标识等手段进行展示。总体而言，南越国遗址的保护利用更多的是发挥其教育功能、传承历史文化价值、提升广州市历史文化内涵，其所衍生的经济价值则较弱[322]。由于遗址位于城市中心地带，很难有充足的展示利用空间，因此在遗址保护利用过程中留下了许多遗憾，比如：遗址完全叠压在现代城市下，很难实现完整的发掘和保护；大部分遗址都是在不同时期的项目建设中被发现，保护工作比较被动，保护利用方案不得不做出让步和妥协；目前遗址的利用主要是针对遗址本体和出土文物，其衍生文化、教育等功能需要进一步挖掘释放。

4．金沙大遗址

（1）基本概况

金沙遗址位于成都市青羊区金沙村和黄忠村，是商晚期至西周时期古蜀国的都城遗址之一，与先前发现的史前古城址群、三星堆遗址、船棺墓葬共同构成了成都平原古蜀文明演进的4个不同阶段。遗址分布范围约5km^2，已发现的重要遗存有大型宫殿基址、大型祭祀场所、生活居址、墓葬区等。出土各类珍贵文物5000余件，是迄今世界范围内出土象牙、金器、玉器最密集、最丰富的遗址之一[323]。金沙遗址的发现不但极大地丰富了古蜀文化的内容，而且为中华文明的起源问题研究提供了重要实物资料。2001年金沙遗址被评为年度“十大考古发现”；2005年金沙遗址出土的太阳神鸟金箔图案被选定为“中国文化遗产”的标志；2006年被公布为第六批国家重点文物保护单位，并与三星堆遗址、船棺遗址一起列入申请世界文化遗产预备清单；2007年投资近4亿元、占地30万m^{2}的金沙遗址博物馆正式开馆，是集考古研究、教育展示、休闲健身于一体的半开放式博物馆。2010年被国家文物局公布为第一批考古遗址公园；2012年金沙遗址博物馆正式通过国家一级博物馆评审。

（2）实践模式

金沙遗址地处成都市中心城区二环、三环之间的城市集中发展建设区，被发现后成都市文物考古研究所迅速派员驻场，成都市政府则责令暂停了遗址区及其周边所有建设项目，以中房集团“蜀风花园”为代表的20多个地产开发项目因此不得不停工。自此，以城市发展、地产开发、居民回迁、遗址保护等为表现的政府、开发商、居民、文保部门的多方博弈就此展开，如何协调城市发展建设工作与科学合理地保护金沙遗址之间的矛盾成为金沙遗址保护利用的关键难点。对此，成都市通过政府主导、多方协调的模式，全面推进了遗址保护利用工作。即：文物部门通过研究、保护、宣传等坚守遗址保护的底线，实现历史文化遗产的传承；成都市政府通过出地、出资形式提供遗址核心区保护用地、筹建遗址博物馆以及城市公园；开发商通过用地置换继续进行地产开发，并获得更多的增值收益；居民也在遗址保护中获得更多的房价增值收益、更好的住区环境和更完善的设施配套。

（3）经验启示

围绕金沙遗址展开的保护利用工作，使得所在片区的经济发展迅速腾飞，成为成都市文化、艺术中心和成都市最宜居、高档生活片区。一方面，依托金沙遗址本体，通过遗址公园、金沙剧场、主题酒店、原始风情街的建设形成集展示、表演、体验、餐饮等业态于一体的文化旅游休闲商业区[323]；另一方面，通过深挖金沙遗址承载的历史文化信息，开发了《金沙》音乐剧、《梦回金沙》4D电影、《金沙物语》诗集、《古蜀颂·太阳祭》油画、金沙太阳节等文创类产品，成为提升居民家园感和城市对外营销的重要抓手。金沙遗址保护利用的成功经验在于将文物保护延伸到了城市文化资源的开发，即地方政府将被动地承担文物保护经费支出，变为主动运用市场手段将遗址保护与片区产业发展、城市建设、文化再生相结合，在此过程中既解决了遗址保护经费问题，也发展了地方经济，提升城市文化底蕴。但也留下了许多遗憾与不足，这主要体现在：第一，迫于城市开发建设的压力，金沙遗址只保护了主要的祭祀区，宫殿区、生活区、墓葬区等在考古发掘取走资料后便被建为现代住宅，与世界文化遗产保护的完整性原则不相符[324]；第二，地方政府只是通过土地出让收益划拨解决了遗址保护场馆、保护设施等一次性建设经费，对于长期高额的运营维护、设备更新等费用的支出只能依靠门票收入，这显然存在巨大资金缺口；第三，通过“沾金带沙”“穿衣戴帽”等过度商业化营销使得金沙片区集聚了大量的高端商贸和商务服务，遗址地区呈现绅士化趋势，如2015年天津大学杨敬一通过对金沙片区310个房地产项目抽样调查发现，金沙遗址公园建设对周边房价具有明显的提升作用，呈现出明显的距离越近、房价越贵的特征[325]。根据四川大成房地产调查发现，金沙片区常住居民大部分为政府、高校等工作人员以及私营企业主、企业中高层等，截至2017年集聚了近50万消费群体[326]。

（二）我国大遗址保护利用的新趋势特征

相较国外“依附”于国际遗产保护框架下开展的遗址保护利用研究与实践，我国作为大遗址概念的首创之地，其保护利用理念是基于我国遗址资源的特殊状况而提出的，在一定程度上有其专属的发展特点和演变趋势（单霁翔，2009）。结合前文方针政策梳理和案例经验总结，当前我国大遗址保护利用呈现出如下几方面的趋势特征：

1．大遗址保护利用是一个文化、生态、经济等功能综合实现的过程

孟宪明（2001）、陆建松（2005）、赵荣（2010）、毛峰（2015）、刘卫红（2019）等学者均提出要将大遗址保护利用与当地文化、经济、生态等有机结合，强调在有效保护遗址的前提下统筹考虑大遗址的文化、经济、生态等功能。实际上，近年来在我国大遗址保护利用实践中，或多或少都体现了上述理念，如良渚大遗址保护与地方生态修复相结合、金沙大遗址保护与地方经济发展相结合、汉长安城遗址保护与生态建设相结合等。

2．通过大遗址的保护利用来实现治理能力的提升和治理体系的建设

相较国外，我国大遗址有着更为复杂的社会经济背景，特别是位于城市中心区的大遗址，常常与城中村、旧城区、工业厂区等交错叠压，对其保护利用不仅需要大量的资金和技术投入，还需要高水平的社会治理能力。因此，对于如何建构公平公正的对话机制、引导公众有序参与等社会治理内容成为我国大遗址保护利用中必须要面临的重要课题。

3．空间信息技术的运用有力地助推了大遗址保护利用的深度和广度

依托地理信息技术、空间定位技术、移动通信技术、虚拟现实技术等能够有效地克服大遗址空间尺度和远程协作的问题，在遗址数据采集、云端存储、三维实现、关联分析、展示宣传、产品开发等方面具有广阔应用前景，能够有效助推大遗址保护利用研究向深度和广度探索。

4．从遗址的真实性保护、展示到文化产品的开发、文化产业的发展

近年来，无论学界还是各地政府，均将大遗址产业化发展作为重点关注的内容，提出以遗址保护、真实性展示与文化传播、文化传承为核心层，以遗址文化衍生产品开发与相关配套产业发展为外围层，通过政府、市场、企业的互动合作，推动大遗址地区文化产业集群化发展[135]。

5．大遗址片区、大遗址特区式的保护与利用管理模式正在逐步形成

基于遗址分布密集程度以及遗址保护多部门协作需要，我国大遗址保护利用管理体系正走向片区模式或特区模式。如以金沙遗址、三星堆遗址为中心，涵盖史前城址群等35处大遗址，作为长江上游古蜀文明的代表，成都市统一制定颁布了《大遗址保护成都片区保护规划纲要》，据此来统一管理和协调片区内大遗址管理工作。国家文物局原局长单霁翔曾提出设立西安、洛阳国家大遗址保护特区的观点，其实早在良渚遗址保护利用之初就出现了副厅级“文物特区”模式，这种模式级别高、责权清晰，能够高效地统筹和协调保护利用事务。

第四节

本章小结

本章为本书研究工作的理论基础，通过明晰空间正义的范式边界、空间生产理论的核心架构和对国内外大遗址保护利用理念、方针、政策、经验的梳理、解析、总结，为本书下一步研究工作的开展奠定了以下几方面的理论认识：

（1）空间正义常常作为批判性研究的视角和非正义问题分析的理论工具，对于城市大遗址地区的种种空间问题有着独特的观察力和解释力。

（2）从列斐伏尔的社会空间，到福柯的知识、权力空间，再到哈维的社会关系空间等，空间已不再是单纯的物理意义，更多的是空间里所蕴含的无穷社会意义；空间生产理论针对空间的公平性问题建构而成，由空间的表征、空间实践、表征的空间“三元”构成，是研究、批判权力空间、资本空间的重要理论工具，其倡导空间回归日常生活属性的价值观，为当前我国城市空间问题的治理提供了思路和方向；将空间生产理论系统地应用于城市大遗址地区的问题研究，仍存在许多难点和关键点需要突破；当前基于空间生产理论的研究主要集中于历史性和文本性分析，空间建模分析、多维数据量化以及社会动态观察的研究较少。

（3）发展至今，国际古迹遗址理事会关于遗产保护利用理念，经历了文物建筑、历史城区、遗产环境、平等正义4个范式体系的演进，每一次演进都是针对遗产保护利用工作中出现的新情况、新形势而做出的相应理解和应对调整。正确处理好城市发展与遗址保护利用之间的关系，做到在保护中发展、发展中保护，仍是新时期大遗址保护利用的关键点。

（4）随着遗址保护理念的演进和社会公众更高的物质、精神生活追求，城镇型遗址俨然已成为一座城市、一个地区传承文化、发展经济、彰显特色、丰富生活等战略性资源，对其保护利用不仅要考虑真实性和完整性原则，还要着眼于社会参与、平等和正义这一富有意义和公平的未来的出发点。

第三章

城市大遗址地区空间生产效能研究的正义性框架

第一节

城市大遗址地区正义的价值基点

一、本质特征的正义性认知

城市大遗址地区作为城市空间的重要构成，其范围内的空间生产行为同样会涉及空间资源占有、空间产品分配、空间权力规范、弱势群体利益维护等正义性议题。与此同时，大遗址的历史文化价值和资源不可再生性决定了大遗址的保护与传承是城市大遗址地区一切发展建设工作的正义之要，即对于大遗址的科学保护和合理利用要始终作为这一地区空间生产的首要原则。综合城市大遗址地区的属性特征，其正义性主要体现在以下三个方面。

（一）历史文化方面的正义性

大遗址通常是一定历史时期的文化、科技、艺术代表，是政治中心，抑或重大历史事件和重要历史时期的标志，是一个国家、民族、地区、行业兴衰最重要的历史见证，是中华民族起源、发展和演变的重要过程的结晶，是中华民族文明史极为重要的组成部分。在所有人类和国家遗产当中，即使与其他以空间地理分布为主要特征的伟大建筑群、历史地区和城市、重要自然遗产地相比较，大遗址这种文物埋藏和历史信息极为丰富的，实证人与社会、与自然关系的发展演变的遗产地区，仍然是万分重要的。它既是特别重要的世界与国家范围的具有唯一性、不可替代的重要遗产，又是部分甚至大部分未知的、还不够深入了解的人类财富和资源。[284]对大遗址的保护利用表面看是对物质遗存的保护和再利用，其本质是保存大遗址所承载的历史文化信息和传承其蕴含的文化价值、科学价值、艺术价值。

因此，完整地保存和传承大遗址的历史文化信息是第一位的、主导的、不可估量的、价值未被穷尽的，任何单纯以商品价值来判断大遗址的价值、以资本利益和权力利益来衡量大遗址的利益、以市场逻辑来主导大遗址保护利用方向和方式，都将与大遗址保护的内在本质要求相悖，并最终会破坏大遗址所承载的真实历史文化信息，引发一系列非正义问题。总而言之，大遗址的根本价值、保护利用的首要正义性原则在于它历史文化信息所蕴含的历史、艺术、科学价值，而不是直接的物质财富创造。

（二）物质空间方面的正义性

首先，城市大遗址的建筑材料多以土、木为主，由于材料的物理属性，使得大遗址特别容易受到水、风、植物等自然因素的侵蚀破坏，并在日常的保护、保养中也极易开裂、崩塌。这决定了对于大遗址本体的保护与利用应遵循“最小干预”的正义性原则，要尽可能减少对遗址本体的扰动和对传统景观的改变。

其次，位于城市发展建设区内的大遗址，其所在空间区域通常都具有极高的土地开发价值，由此导致了遗址保护区会经常性受到商业开发、市政配套、绿化种植、工程开挖等发展建设因素的侵扰、威胁。对此，遗址地区的空间管理要立足未来，处理好近期与远期之间的关系，不能因短期或个人利益而挤压和蚕食遗址的保护空间，损害遗址利用的长远利益。

最后，城市大遗址地区通常为自然与人工“共建”的复合型空间。一方面是断断续续、相对分散的多个历史时期叠加的文化遗存和杂草丛生的自然环境；另一方面是与遗存空间交错、相互建构的城中村、棚户区、老旧小区等。对此，空间生产要充分考虑和平衡各方面的现实需要，任何粗暴的对待或简单的考量，都难免会有失偏颇。

（三）社会经济方面的正义性

1. 社会方面

美国人类学家克莱德·克拉克洪（Clyde Kluckhohon）认为：“一个社会若想从它曾经的历史文化中完全解脱出来，是根本不可想象的，离开传统文化的求变、求新，必然会招致悲剧”[327]。城市大遗址地区作为城市中特殊的日常生活空间，凝聚着市民群体的城市记忆和文化情感。尽管经过时间洗礼和繁华冲蚀，城市大遗址地区仍然是城市市民最愿意提起的空间场所，具有特殊的象征意义。而这在大拆大建、千城一面的背景下，将显得尤为珍贵。

城市大遗址地区的空间生产往往伴随有拆迁安置、公共设施配套、环境整治、基础设施建设等行为，这不仅有利于改善遗址的保存环境，还可以改善遗址地区居民生活条件。此外，在此过程中通过组织良好、有序的公共参与，还可以建构起更丰富的社会网络关系等。如此，这些具有优化遗址保护利用环境、培育社会资本生长的沃土、营造积极社会氛围、提升社会人文素养等正义之效。与此同时，城市大遗址地区复杂多元的利益主体和趋利化的社会关系，在没有公平、正义的机制引导和规范约束的情况下将潜在可能成为非正义问题产生的“温床”。

2. 经济方面

以遗址观光、休闲、教育为先导的产业开发，一方面能够促进遗址地区的文化、会展、创意、餐饮、娱乐等行业的发展，继而带动遗址地区的产业升级转换、提升经济发展的韧性；另一方面，世界、国家级遗址资源的产业化利用，能够极大地提升遗址所在城市的软实力和知名度，而这在某种程度上能够增加城市的就业和投资机会，吸引更多人才和资金流入，提升社会整体的福利水平[13]。

将大遗址进行产业化开发，已经成为我国许多城市经济转型、可持续发展的重要抓手。在此过程中，一方面，通过遗址的产业化发展可以催生出新的遗址保护方式，扩大遗址保护的社会影响力，激发人们热爱大遗址、保护大遗址的热情，使得越来越多居民主动参与到大遗址的保护事业中；另一方面，遗址的深度产业化发展，能够赋予大遗址新的生命、活力，有利于大遗址传承和城市文脉延续。

二、正义性评判的价值基点

价值基点是空间正义展开的逻辑起点，也是本书研究、立论的基础，那么它的评判标准和依据是什么？通过前文文献梳理不难发现，空间正义并不是一个恒定值，很难用一个统一的量化标准去衡量空间生产是否正义。对此，大部分学者对空间正义价值标准的诠释主要集中在公正、公平、差异等原则上；与此同时，也不能忽略当前权力和资本在空间资源支配权和分配权上的先天优势，而只关注社会弱势群体的空间利益来谈正义[156]。综合以上这些情况和学者们的研究成果，本书研究的空间正义价值基点包括以下4个方面：

（一）平等：确保空间生产权利的平等

平等是空间正义的首要价值诉求，它不仅体现在人的机会、自由、制度等方面，也深刻反映在空间资源、空间产品的分配和使用层面上，没有空间的平等就不可能实现人的平等。就此而论，城市大遗址地区的空间生产平等就是要强调遗址地区的居民乃至城市居民等利益主体无论身份、性别、宗教、社会背景、经济地位或者其他状况，都有参与大遗址保护利用及遗址地区更新改造的权利，使得大遗址地区的发展建设能够反映全体利益相关者的意见和要求。另外，空间正义的平等不仅要求遗址地区的空间生产不能剥削相对弱势一方的空间权利，也要关注后代人同样“享有”遗址的空间权利。

（二）差异：尊重群体和文化的差异性

差异即意味着活力，如果差异在社会中没有得到应有的尊重，那么这个社会将背离自然和社会的发展规律，陷入一片死寂。正义的差异不是不要公平，恰恰需要有多层次的公平设计。[328]这就要求在遗址地区空间生产的规范和制度设计中要坚持保障基本利益和权利的公平，如基本的空间生存权、发展权等；同时又要尊重个体的能力差异，多劳多得体现效率的公平。差异性不仅体现在经济意义上的分配差异，还引申为地方性和多样性。当前城市大遗址地区资本的空间化极易抹去源自自然、历史、文化、个体的差异，进而瓦解地域和文化的地方性和多样性，生产出了缺乏归属感、家园感、认同感的同质化空间。

（三）包容：建构开放包容的空间体系

空间正义的开放性就是要破除空间体系中体制、市场、文化等建构的排斥性壁垒。由于保护改造后的城市大遗址地区或部分空间区域通常具有生态优良、文化浓郁、交通便捷、设施完善等优势，因此在保护利用过程中极易被商业化和私有化，变相沦为富人、特权阶层的专属空间，如邻近遗址公园的高档小区、保护区内的私人会所、新商业中心的绅士化等。其实正如福柯所言，资本和权力往往是借助城市中的空间和建筑布局来发挥作用的。空间正义的开放性就是要通过建构开放的公共事务决策体系，来加强遗址地区居民以及社会公众等群体对遗址地区空间事务的决策参与，进而对抗和调控空间区隔等非正义现象。空间正义的开放性还体现在对移民的包容，这种包容不仅要体现物质空间上合理安排，更要在社会空间层面进行深度接纳和融合。

（四）发展：坚持以人为中心的发展观

毫无疑问，一切的物质建设活动都应该服务于人的发展，即城市的发展建设要坚持以人为中心，而不是以物为中心的剩余价值生产。因此，城市大遗址地区空间生产必须遵循以人为中心的发展观，通过发展为遗址地区的每个成员个体提供其发展必要的物质条件和社会条件。为此遗址地区的空间生产要做到：第一，维护每一个成员个体的根本利益，为每一位利益相关者发挥其内在能力创造必要的物质条件和社会条件；第二，塑造公共文化和城市居民品质，培育合作精神和社会信任，而这有利于促进发展；第三，让每一位利益相关者都能分享到遗址地区发展的成果，并不断提高成果分享的公平性。[329]

第二节

主体合力建构下的生产运作机制

一、生产主体构成及其价值偏好

空间生产主体是影响空间生产行动的关键性因素，其构成类型及其价值偏好对空间生产运作机制起着基础性的建构作用。城市大遗址地区空间生产的主体是指与城市大遗址保护利用相关的利益个人和利益组织，它们在特定的社会背景和制度规范约束下，通过价值诉求的交织、摩擦、博弈等形式共同建构了城市大遗址地区空间生产的内容和目标。在此，依据新马克思主义的空间分析理论，将城市大遗址地区空间生产的参与主体划分为政府、市场、社会三种类型，并在此基础上予以系统性的认知，同时对其推动空间生产运作的价值诉求展开分析和讨论。

（一）政府类

根据《中华人民共和国文物保护法》第一章第二条规定：具有历史、艺术、科学价值的古文化遗址受国家保护。第八条规定：国务院文物行政部门主管全国文物保护工作；地方各级人民政府负责本行政区域内的文物保护工作；县级以上地方人民政府承担文物保护工作的部门对本行政区域内的文物保护实施监督管理；县级以上人民政府有关行政部门在各自的职责范围内，负责有关的文物保护工作。第九条规定：各级人民政府应当重视文物保护，正确处理经济建设、社会发展与文物保护的关系，确保文物安全；基本建设、旅游发展必须遵守文物保护工作的方针，其活动不得对文物造成损害。[1]国家文物局与大遗址保护利用相关工作职责：协调和指导文物保护工作，履行文物行政执法督察职责，依法组织查处文物违法的重大案件，协同有关部门查处文物犯罪的重大案件；负责世界文化遗产保护和管理的监督工作，组织审核世界文化遗产申报，协同住房和城乡建设等部门审核世界文化和自然双重遗产申报；负责管理和指导全国考古工作，组织、协调重大文物保护和考古项目的实施，承担确定全国重点文物保护单位的有关工作。

不难发现，我国政府在大遗址的考古勘察、规划编制、资金筹措、维护修缮、开发利用、破坏执法等重大关键问题、事项上扮演着发起者、执行者、监督者的角色。具体

[1] 根据《中华人民共和国文物保护法》相关条文整理。

而言，政府类的主体又可细分为中央政府和地方政府，其中以国家文物局与住房和城乡建设部为代表的中央政府，担负着统筹经费、技术指导、项目审核、执法管理等职责，其价值诉求更多的是强调大遗址的文化服务功能、社会教育功能，旨在传承历史文化、服务人民大众，并在此前提下助力地方经济发展、改善遗址地区居民生活水平等。相较于中央，我国地方政府在大遗址的保护利用中有时会出现与中央政策不完全一致的情况，一方面，依据国家法律和中央政府赋予的权力和职责，对所辖大遗址制定专门的保护管理条例，发起和推进大遗址保护利用的相关项目，并协助中央主管部门落实本辖区的保护执法、领导和监督下级部门的具体推进和落实情况；另一方面，一些项目对政绩效应和经济收益的关注较高，以致出现违背大遗址保护的法律、法规以及原则和标准的现象。

我们需要正视地方政府在大遗址保护利用中所呈现出的复杂、矛盾性特征，这些特征的背后往往体现着地方政府的真实性目标诉求和空间生产偏好，并最终影响着大遗址地区空间生产的发展方向（为谁而生产?）。结合良渚、金沙、南越宫署、隋唐洛阳城等大遗址的保护利用实践，在此基于不同的政府主体类型，对其价值取向、空间偏好等进行归类分析（表3.1）。

政府类主体的价值取向与空间偏好 表3.1

<table>
<tr><th>主体类别</th><th>身份类型</th><th>主要职能</th><th>目标诉求</th><th>核心价值取向</th><th>空间偏好</th></tr>
<tr><td rowspan="3">中央政府</td><td rowspan="3">管理者</td><td rowspan="3">政策供给、经费划拨、技术指导、监督管理等</td><td>社会目标○</td><td rowspan="3">遗址保护、文化传承、社会凝聚力等</td><td rowspan="3">本体修复加固、安全防护工程、遗址公园和博物馆、划定保护管理区</td></tr>
<tr><td>政绩目标○</td></tr>
<tr><td>经济目标●</td></tr>
<tr><td rowspan="9">地方政府</td><td rowspan="3">管理者</td><td rowspan="9">政策供给、资金筹措、合作开发、公共服务供给、监督执法、营销宣传等</td><td>社会目标◎</td><td rowspan="3">执行落实、遗址保护、环境改善</td><td rowspan="3">划定保护管理区、制定开发利用政策、文化设施建设、基础设施配套</td></tr>
<tr><td>政绩目标○</td></tr>
<tr><td>经济目标◎</td></tr>
<tr><td rowspan="3">竞争者</td><td>社会目标◎</td><td rowspan="3">形象获得、社会口碑</td><td rowspan="3">文化设施建设、风貌历史符号化、拆迁安置区建设、基础设施配套</td></tr>
<tr><td>政绩目标○</td></tr>
<tr><td>经济目标◎</td></tr>
<tr><td rowspan="3">经营者</td><td>社会目标●</td><td rowspan="3">土地升值、产业升级</td><td rowspan="3">旅游项目开发、开发用地整治、地产项目开发、培育文创产业</td></tr>
<tr><td>政绩目标◎</td></tr>
<tr><td>经济目标○</td></tr>
</table>

（注：社会目标包括文化传承、社会教育、社会认同、社会凝聚力等社会公共和公益性目标；政绩目标主要是指管理者的政绩诉求；经济目标包括产业开拓、增加财政以及个人获益等。其中，○代表“强烈”、●代表“无”、◎介于两者之间）

（二）市场类

引入市场机制，是当前我国大遗址保护利用实践中的普遍做法。一方面，市场机制的引入能有效拓宽大遗址保护利用的融资渠道，解决政府划拨经费不足的问题；另一方面，市场的专业化、现代化管理能有效提升大遗址保护利用的管理水平，激活政府单一管理的困局。市场是以盈利为目标，以企业为代表的市场组织将大遗址保护利用作为一种市场经济行为，其价值基本取向是成本最小化和利润最大化。当前，我国参与大遗址保护利用的市场化主体主要两种类型：一类是由政府组织筹建的国有独资企业，如西安曲江文化产业投资集团、成都城建投资管理集团有限公司、洛阳历史文化保护利用发展集团有限公司等，这类市场主体通常通过挖掘大遗址的经济价值、文化价值、生态价值等，利用政府掌握的管理资源、土地资源等搭建大遗址的保护利用投资开发平台吸引各种市场力量参与到大遗址保护及其周边地区的开发建设当中，抑或自己直接进行配套建设和项目开发。另一类是私营企业，如各类地产开发公司、文化旅游公司、商业运营公司等，这一类市场主体强调短周期的经济效益回报率，倾向于集中式、可复制性项目。

市场类主体主导推进，显著提升了大遗址保护利用效率，是当前我国城市型大遗址保护利用的典型做法。但在面对经济效益最大化与遗址保护真实性问题时，市场类主体往往难以实现“保”与“用”的平衡，难以统筹经济效益与社会效益。表现为：第一类，政府独立筹建的国有企业，作为政府行为的代言人和调控政策的执行人，其组建的根本目标是通过市场化筹集更多的大遗址保护利用经费，传承遗址所承载的历史文化和提供更优质的公共文化产品。但毕竟作为市场主体，能否盈利、拓展地方财政收入是其存在的关键目的。因此，在具体的保护利用事务中，国有企业往往也会偏离社会公共目标，特别是这类企业与政府关系紧密，使得它们在资源调动、产业整合等方面具有强势的话语权；加之复杂的生产组织关系、技术性的壁垒，以及对该类主体管理政策的缺位和社会性监督力量薄弱等原因，难以对其行为进行及时规范。第二类，私营企业作为纯营利性组织，投资回报是它们的唯一目标，尽管有时候会受制于政策法规约束、企业领导人素质、社会责任担当等方面因素影响，在追求商业利润的时候会兼顾社会公共目标，但其根本动机仍然是获取大遗址资源开发的商业价值。

可见，以经济效益为导向的市场类主体，其参与大遗址保护利用的根本目标是通过大遗址地区的空间生产，最大化地攫取大遗址地区所蕴含的经济利益，而它们对于大遗址所承载的历史文化信息和社会服务功能的关注，更多的是服务于经济价值的最大化释放。这些基本的价值偏好决定了市场类主体在大遗址地区空间生产过程中会刻意或过度迎合消费的“口味”（市场调节具有滞后性和盲目性），倡导标新立异的建设观念和生活方式，映射在大遗址地区的开发利用中表现为符号化、同质化、规模化、商业化的空间生产取向（表3.2）。

市场类主体的价值取向与空间偏好　　表3.2

主体类别	身份类型	主要职能	目标诉求	核心价值取向	空间偏好
国有企业	执行者	执行政府的社会公共、公益类任务	社会目标◎	执行落实、保护遗产、社会公益、筹集保护经费	文化设施建设、经营性场馆建设、基础设施配套、环境整治
			政绩目标◎		
			经济目标◎		
	经营者	搭建平台、产业化开发、商业化供给公共服务	社会目标●	增加财政来源、占有资源增值	旅游项目开发、开发用地整治、地产项目开发
			政绩目标●		
			经济目标○		
私营企业	经营者	承接项目开发、商业化供给公共服务	社会目标●	获得经济收益	高密度地产开发、商业综合体开发；创造符号化场景
			政绩目标●		
			经济目标○		

（注：社会目标包括文化传承、社会教育、社会认同、社会凝聚力等社会公共和公益性目标；政绩目标主要是指管理者的政绩诉求；经济目标包括产业开拓、增加财政以及个人获益等。其中，○代表“强烈”、●代表“无”、◎介于两者之间）

（三）社会类

社会类主体是推进城市大遗址地区空间生产的微观力量，他们有别于政府、市场自上而下的宏大叙事，对于大遗址地区空间生产的介入更多的是非日常性和被动式的，但他们又是大遗址保护利用的直接或间接利益相关人，无论是保护区划、搬迁安置，还是商业化开发、景区化管理等都会涉及这类主体的空间权益。从参与城市大遗址地区空间生产的方式出发，社会类主体主要有三种类型：第一类是大遗址地区的长住居民，包括原住居民、出租户、个体商户等，他们是大遗址地区空间生产的直接利益相关人（主要是原住居民）。在空间生产过程中，这类主体首要关注的是空间权益变化所引起的个人财富、生存状态、社会地位的变化，而后才是遗址保护利用的公共属性。为了获取更多的物质性实惠，这一类群体通过正式和非正式途径介入到空间生产中，如拆迁安置听证会、未经批准“种房”、集会上访等行为活动。第二类是遗址所在城市的长住居民，他们是遗址的长期拥有者和使用者，但不是大遗址地区生产的直接利益相关者，他们出于对城市历史文化的地方依恋和对其社会经济价值的认同，通过听证、舆论、举报等形式参与到遗址地区的空间生产中。第三类为非营利性组织、新闻媒体和专业人士，他们独立于地方政府部门，以服务于社会公众、维护公共利益为目标，具有组织性、专业性、非政府性等特征，业务素质强，社会影响力大。非营利性组织通过业务指导、咨询服务等形式参与其中；新闻媒体通过监督报道、舆论引导的方式参与；专业人士通过专家会、公开发文等方式参与。

从参与空间生产的目标诉求来看，第一类主体的日常生活和财产拥有将直接被遗址地区的空间生产所影响。在此过程中，纵然他们是城市大遗址区历史演化的见证者、参与者、受益人，但由于生存环境的限制，在空间过程中不可避免地会更关注安置小区建设、空间权益补偿、搬迁后的收入来源等个人的物质性利益，轻视或忽略了遗址保护利用的社会公共利益（而这往往也是他们的长远利益）。第二类主体由于非直接利益关系和长期生活形成的文化依恋，使得他们对大遗址历史文化价值的关注远远超过经济价值的实现，参与遗址保护的行为更为纯粹。他们希望通过空间生产能够更加便利地接近遗址和享受遗址所带来的历史厚重感；他们能从遗址保护中获得更多的文化自豪和家园归属，并寄予希望遗址地区的空间生产能带来更多、更好的就业机会和城市宜居、活力、竞争力的提升。第三类主体，作为一种独立于经济和权益纠葛之外的专业、公益性力量，他们更多地专注于遗址真实历史文化信息的保护和传承、空间生产过程中弱势群体权益保障以及遗址地区拆迁安置所引发的社会性正负效应等（表3.3）。

社会类主体的价值取向与空间偏好 表3.3

主体类别	身份类型	主要职能	目标诉求	核心价值取向	空间偏好
遗址区长住居民	个体直接利益参与者	维护个人物质利益、监督政府和市场行为	社会目标◎ 政绩目标● 经济目标○	获取物质收益、公正空间权益	安置房屋的大小、位置、配套、环境等
所在城市的长住居民	个体间接利益参与者	监督政府和市场行为、营造积极社会舆论	社会目标○ 政绩目标● 经济目标◎	遗址保护、文化传承、公正空间权益、提升城市竞争力和宜居度	可接近的遗址空间、浓郁的历史文化空间、具有家园感的城市肌理
非营利性组织、新闻媒体和专业人士	社会公共利益维护者	专业技术咨询和指导、监督政府和市场行为、营造积极社会舆论	社会目标○ 政绩目标● 经济目标●	遗址保护、文化传承、公正空间权益	本体保护修复加固、公共性文化和公园设施、良好遗址保护环境、符合人和历史需要的空间设施

（注：社会目标包括文化传承、社会教育、社会认同、社会凝聚力等社会公共和公益性目标；政绩目标主要是指管理者的政绩诉求；经济目标包括产业开拓、增加财政以及个人获益等。其中，○代表“强烈”、●代表“无”、◎介于两者之间）

二、多方交互作用下的驱动机制

各类主体对于城市大遗址地区空间生产的驱动，依据其作用来源和作用方式可以归纳为：政府行政（行政力）驱动、资本运作（市场力）驱动、社会诉求（社会力）驱动三种类型。其中，政府通过行政的方式作用于城市大遗址地区的空间生产；资本依托市场运作供求调节的方式作用于城市大遗址地区的空间生产；社会依托自组织或他组织通过诉求表达的方式作用于城市大遗址地区的空间生产。三种驱动力代表着三类主体背后的价值诉求，在现实场景中交互作用于城市大遗址地区的空间生产。

（一）政府行政驱动

政府行政是驱动城市大遗址地区空间生产自上而下的动力。政府通过制定相应的法律、政策、条例，设置对应的管理部门、组织部门、执行部门，发起并推动空间生产。具体为：中央政府负责制定大遗址保护利用国家层面的法律、政策、方针，规定地方政府在大遗址保护利用中的权力边界和行政职责；地方政府对接和执行国家层面赋予的权力和职责，并结合地方的社会经济条件和发展诉求制定所管辖大遗址的保护利用管理条例、筹建大遗址专管部门、编制保护利用规划、筹措保护利用经费、制定大遗址地区更新计划、推进保护利用项目落地等。在此过程中，通过上述空间生产活动重构了大遗址地区的空间权属，对城市大遗址地区的空间权益实现了再分配（图3.1）。

从各地城市大遗址地区的保护改造实践来看，政府在城市大遗址地区空间生产行动中普遍起着主导性推动作用。通常地方政府会在国家层面的法律、政策、条例基础上，结合自身发展诉求和城市总体布局等，优先制定大遗址地区物质空间权益的再分配政策（通常表现为遗址地区的更新改造计划），随后再通过遗址保护利用措施的完善和遗址地区的公共设施、基础设施、园林景观等基础和环境内容的配套建设，形成对市场类主体和社会类主体的拉力；伴随着各种开发利用项目的启动、推进，政府通过政策制定、程序把控等手段对资本和社会行为进行引导和规范，使得生产结果更加趋近于既定目标。地方政府的既定目标通常更加强调地方发展经济、增加财政来源、增加就业岗位、

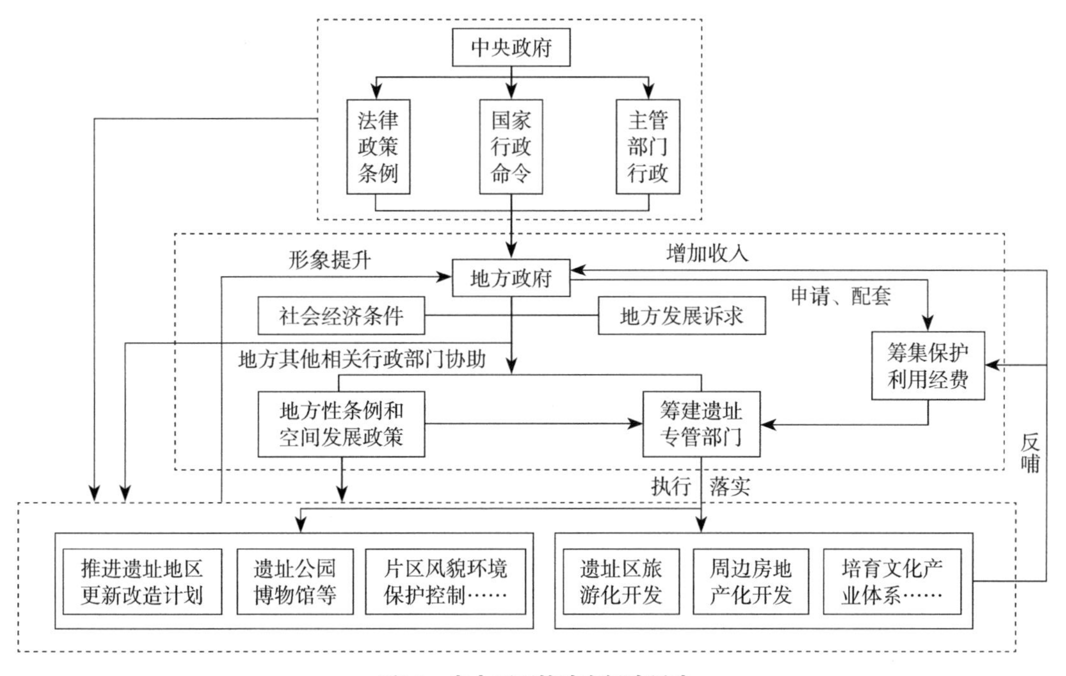

图3.1　自上而下的政府行政驱动

改善居民生活水平、打造城市文化品牌等内容，转译到大遗址地区的空间生产行动上，地方政府更加愿意推动大规模拆迁安置、空间权益再分配、历史空间风貌塑造、文化创意产业培育等。

（二）资本运作驱动

资本凭借其高效的市场运作能力，通过供求调节推动城市大遗址地区空间生产行动（图3.2）。作用于城市大遗址地区空间生产的资本来源主要有国际性的文化遗产保护基金、中央下设的专项保护资金、地方政府保护和开发配套资金、地产等开发企业资金、非政府公益组织和个人捐赠。其中国际性的文化遗产保护基金（如世界文化遗产保护基金）、非政府公益组织和个人捐赠资金主要用于大遗址的本体保护、陈列展览设施配套、日常维护管理等方面，资金数额较少、支持范围也比较窄，对整个遗址地区的空间生产影响较小。中央政府配套的文物保护专项资金主要用于大遗址保护规划编制，本体维修保护，安防、消防等保护性设施建设，本体范围内的保存环境治理，陈列展示，

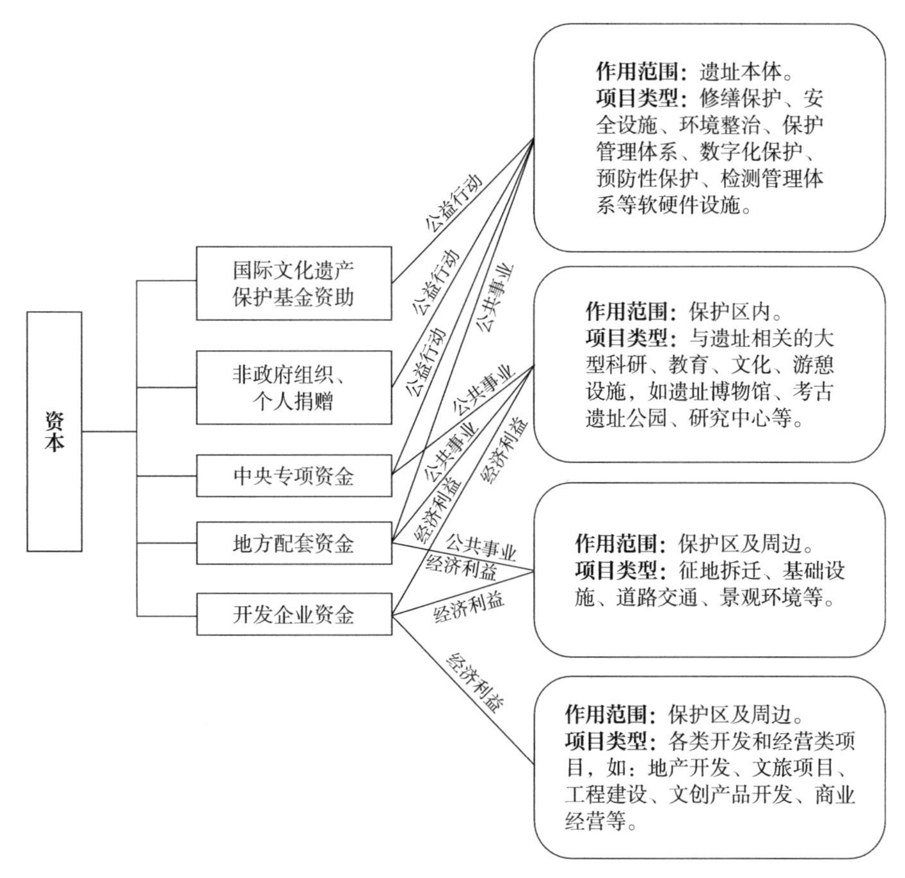

图3.2　资本的市场化运作驱动

数字化保护，预防性保护，保护管理体系建设和世界文化遗产监测管理体系建设等软硬件设施上[1]，总体补助较为稳定，但支持范围和金额也相对有限，对城市大遗址地区空间生产的影响仅限于大遗址保护区内；此外，中央对与大遗址相关的大型科研、教育、文化、游憩设施等（如遗址博物馆、考古遗址公园等）也有另外的奖励补助，补助对象特定，比例也相对较低。地方政府配套资金以大遗址保护利用和周边地区开发为导向，涉及大范围的征地拆迁、基础设施建设、遗址公园建设、博物馆建设、景观环境建设、旅游项目开发等，经费支出数额巨大，因此地方政府通常会进行多渠道的融资，如银行信贷、土地拍卖收益划拨、商旅项目自营等。地方政府的资本多用于推动城市大遗址地区的基本建设和公共建设，为大遗址地区的商业化开发奠定基础。各类开发企业资本以旅游项目、地产开发、商业运营为导向，将经济效益作为资本参与城市大遗址地区空间生产的直接目的。在开发企业资本的运作中，国有企业在一定程度上是地方政府的代言人，一方面作为营利性企业其资金重点参与大遗址地区的商业性开发，如开发用地收储、景区化建设及运营、商业服务设施建设、文创产品开发等；另一方面在博物馆建设、文献整理出版、景观环境整治、道路建设、设施配套等方面也表现出较高的热情。私营企业资本重点对地产开发、工程建设、服务业经营等营利性强的生产活动表现出强烈的热情。各类开发企业是城市大遗址保护利用及其周边地区更新改造的主要资金来源，企业资本主导和控制着城市大遗址地区空间生产的市场化运作过程。大遗址作为城市独特的历史文化资源是企业资本获得有别于其他项目额外利润的依赖，由于地方政府财力所限和政绩诉求，在相关政策制定中不得不倾向于支持企业资本的市场运作和运营活动。

（三）社会诉求驱动

社会诉求是驱动城市大遗址地区空间生产自下而上的力量，对于削减政府权力、资本市场力在空间生产中所引发的负外部性具有积极作用。社会诉求对城市大遗址地区空间生产的驱动主要来自于以下几个方面（图3.3）：

1. 为改变长期低生活水准和争取个体空间发展权益的行为驱动

尽管城市大遗址位于城市中心城区，但一直以来受限于保护大遗址的空间管理政策，大遗址地区居民的经济收入水平、生活条件以及所在片区的公共和基础设施往往滞后于城市其他区域；同时由于空间权属复杂、部门管理交叉、开发技术难度大等原因，使得这一空间区域成为城市发展的痛点。因此，城市大遗址地区的居民对城市大遗址地区的更新改造有着内在根本的冲动，是这一行动的积极拥护者和参与者。在此过程中，

---

[1] 详见《国家文物保护专项资金管理办法》第六条。

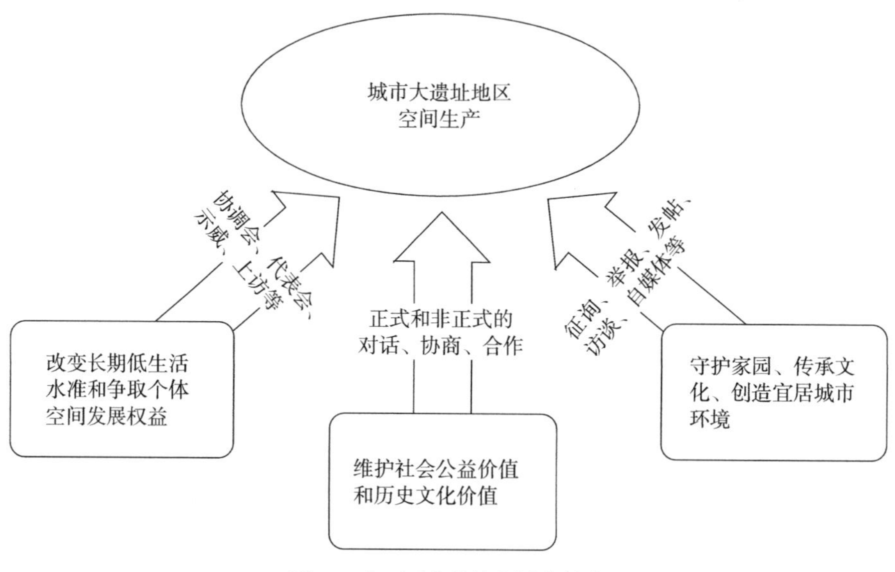

图3.3　自下而上的社会诉求驱动

这一类诉求通常会通过拆迁安置协调会、村民委员代表大会乃至示威或上访等行为方式去释放和表达，继而在维护个体空间权益的同时，推动着大遗址地区空间生产往更有利于自己的方向“行进”。

2．出于守护家园、传承文化、创造宜居城市环境的行为驱动

城市居民是城市特色和文化的创造者，他们生于斯长于斯，对于城市中的历史文化遗产他们有着家园式的情感，那些伴随他们成长的古迹、遗址是他们的文化骄傲，因此他们希望更好、更长期地体验这种文物古迹所带来的历史滋养。城市的大部分居民与大遗址地区的空间再生产没有直接性的利益关系，但对于保护大遗址、传承历史、创造更多公共文化空间和历史游览空间等，他们有着超越其他主体的责任感和参与热情。对此，常常通过方案征询、匿名举报、论坛发帖、访谈调查、自媒体等正式或非正式行为方式去影响和推动城市大遗址地区的空间生产。

3．基于维护社会公益价值和历史文化价值的社会组织行为驱动

以维护城市大遗址地区空间生产的公益价值、历史文化价值为目标，作为一种致力于公益、公共的专业力量，这些非政府组织、保护技术援助组织、公共媒体组织、行业专家组织等，它们远离大遗址地区空间生产的权力与经济利益中心，具有区别于政府和市场的社会动员力，常常通过协商、对话、合作、调查、报道的形式参与到本体保护、拆迁安置、舆论引导、环境整治等生产活动中。这种具有互惠、合作的行为模式能够有效降低大遗址地区空间再生产的社会运行成本，创造出更多的网络关系和文化认同。

三、合力建构下的空间生产模式

城市大遗址地区空间生产主体的价值偏好是建构城市大遗址地区空间生产模式的基础；不同主体之间的价值交叉或分离现象，体现了不同主体对空间生产内容的不同选择。依据各类主体价值偏好的内在关联性，不难发现各类主体参与城市大遗址地区空间生产的价值诉求主要集中在社会、经济、文化3个方面，其中在社会维度方面包含了对空间权益分配的公平性、居民生活条件与社会保障、社会信任和凝聚力状况3个方面；经济维度方面主要包含了空间资源增值、文化旅游产业发展、各类主体物质收益、片区总体发展活力4个方面；文化维度方面主要包含了大遗址保护利用状况、遗址的文化服务功能、对城市品牌和形象的建设3个方面。

基于实现上述10大价值目标诉求，行政力、市场力、社会力在三方交互作用驱动机制的影响下，最终形成驱动城市大遗址地区空间生产的合力，并在不同的场景下以不同的路径和方式建构了城市大遗址地区的空间生产模式（图3.4）。即基于城市大遗址地区潜在的文化价值、经济价值、社会价值，行政力依托其所具有的行政资源，结合地方的社会经济条件和总体发展诉求，通过制定政策、征询意见、权益让渡等形式与资本力、

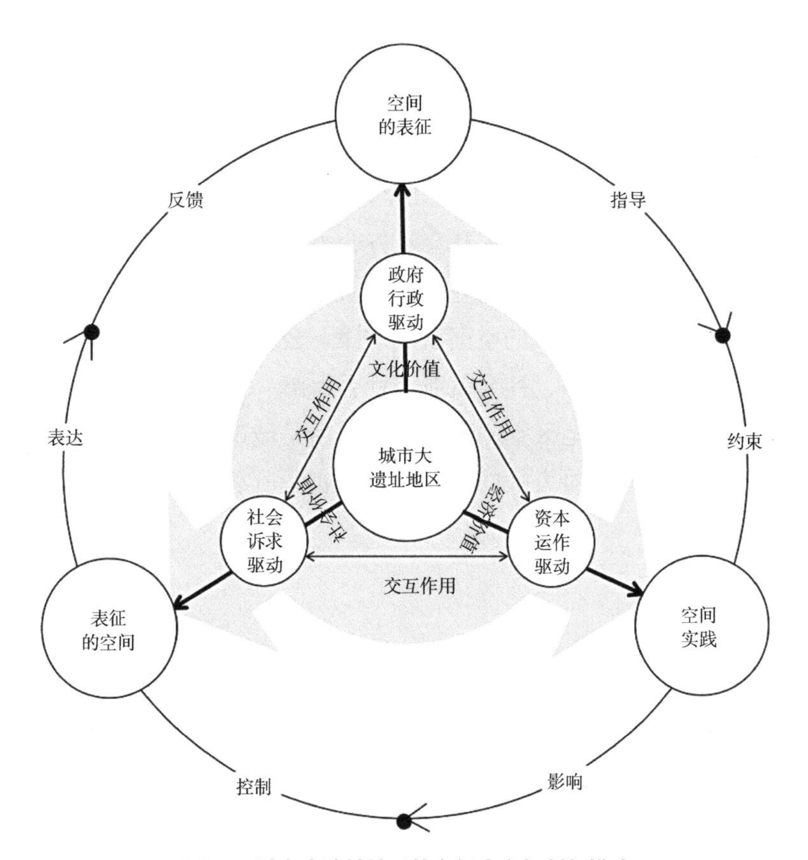

图3.4　城市大遗址地区的空间生产机制与模式

社会力相结合共同建构了城市大遗址地区的空间的表征。空间的表征亦称为构想的空间或概念化的空间，是社会精英，如政府官员、考古专家、历史学家、规划专家、社会学家、建筑师、工程师等所构想的大遗址地区保护及开发利用图景，在现实中这些图景常常“幻化”为保护利用规划、开发行动计划、拆迁安置计划、空间管理政策等图文或符号式的空间形式。空间的表征是城市大遗址地区进行空间实践展开的依据，直接或间接影响着城市大遗址地区空间实践和表征的空间。

在空间的表征影响下，市场力凭借资本巨大的商业开发运营能力开始全面介入城市大遗址地区的空间实践，并以经济和公共利益为纽带与行政力、社会力共同对城市大遗址地区的物质空间进行控制、改造和创新。在此过程中，具有历史符号化倾向的建筑形态、街道空间、城市风貌开始呈现，各类公共设施、文化设施、基础设施逐步完善，文化艺术情趣化的园林景观、小品也逐渐增多。上述这些物质性内容都经过“精心”的组织和安排，并在空间上呈现出新的运行和流通秩序。空间实践本质上是行政力、市场力、社会力相互作用下，将参与主体的目标诉求在空间的物质层面进行表达或被表达，体现的是大遗址地区保护改造背后的社会关系、秩序。空间实践一方面作为空间的表征的作用对象和表征的空间的认识来源，另一方面也会基于主体价值诉求的实现程度反作用于空间的表征和控制、影响着表征的空间。

表征的空间是以空间的表征和空间实践为基础，是建构在微观层次上的社会生活空间。城市大遗址地区表征的空间由城市大遗址区居民、城市居民、外地游客等居住和使用者的亲历和感受所组成。这些亲历和感受也是城市意象、记忆、体验的内容构成，有时会经过哲学家、作家或者艺术家的编码，呈现为空间性的话语，出现在文章、音频、著作、绘画等介质中。政府、资本、社会三方合力通过空间的表征和空间实践作用于表征的空间，并支配或统治着表征的空间。城市大遗址地区表征的空间与城市大遗址区保护利用规划以及大遗址地区的空间管理政策、公共文化设施共享程度、历史文脉传承保护、居民居住生活条件、社会就业与社会保障、保护改造后的片区发展活力等内容密切关联。城市大遗址地区空间的表征言说的是城市大遗址地区的社会个体和个体之间的交互关联情况，是对表征的空间和空间实践所承载的真实日常生活的表达和再现。

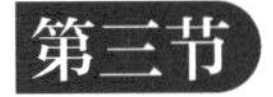

空间正义导向下的效能分析框架

一、空间正义—空间生产关联逻辑

视角或视域是判断、分析、评价和衡量一个事物运行状况或所处状态的场景条件和前提假设，许多科学问题的研究都是在不同的视角选择和场景条件下展开的。基于空间正义视域对城市大遗址地区空间生产效能的研究，就是要站在空间正义的价值基点，去分析、判断、评价城市大遗址地区空间生产的运作机制和作用影响。由此，探索空间正义与空间生产之间的内在关联和作用逻辑，将成为开展空间正义视域下城市大遗址地区空间生产效能研究的必要前提。

综合前文的分析研究：第一，空间正义与空间生产的相关研究大部分根植于现代都市语境，以城市中街道、住区、公园、商业区等特定的空间区域为研究对象。第二，空间正义关注的是空间权力运作和空间资源配置的过程和结果的正义性，本质上是解决空间权力运作和空间资源配置的合规性和合理性问题。第三，空间生产是由空间的表征、空间实践、表征的空间所构成的“三元一体”的空间分析框架，其中空间的表征是空间权力对空间资源配置的构想和计划，表现为各类规划方案和空间管理政策等；空间实践是空间权力对空间资源配置的既成事实，表现为土地利用、功能结构、街道尺度、风貌环境、建筑形态等内容；表征的空间是原住居民、城市居民、游客、商贩等微观层次的空间使用者的日常生活和感知的空间，表现为社会结构、网络关系、生活体验等，是对空间权力运作和空间资源配置的社会再现。由此可见，空间正义与空间生产均是以空间权力运作和空间资源配置为研究切入点，空间权力和空间资源是两者关联的逻辑起点。对于既定的研究对象，空间正义更多的是作为一种价值基点或价值标准，去观察、分析、评价空间权力运作情况和空间资源配置情况；而空间生产则更多是通过观察、分析、评价空间的表征、空间实践、表征的空间的建构过程和内容去批判空间权力运作和空间资源配置的情况。

空间生产效能强调的是在一定的目标选择下和价值基点站位的基础上，空间生产所具备实现这种目标或价值诉求的能力和程度，本质上是基于一定的目标或价值维度对空间权力运作和空间资源配置过程和结果的观察、分析、评价。这种观察、分析、评价，在空间的表征方面，就是去评价分析各类空间规划方案、空间管理等政策内容的制定是否遵循了既定目标或价值基点的原则性要求；在空间实践方面，就是分析评价空间环境、空间功能、公共设施等物质内容的变化是否达到了既定目标、价值立场的要求；在表征的空间方面，就是分析评价个体生活、关系网络、群体感知等生活内容的呈现是否契合既定目标或价值基点的社会期许。实际上，这些目标、要求、期许是空间生产效能研究中的价值标尺或价值标准，有时候是定性分析评价的依据，有时候是定量分析比对的标准。在当前城市空间转型和消费主义兴盛的时代背景下，空间正义所关注的空间权力运作和空间资源配置的合规性、合理性问题和所强调的平等、差异、开放、发展的价值基点为城市空间问题的相关研究提供了很好的逻辑起点。与此同时，空间正义天然地建立于对空间权力主导逻辑的批判上，强调维护城市空间的社会公共和公益价值，对于空间生产中规范和约束空间权力、调控和优化生产模式、维护和保障城市空间的公共和公益价值有着积极的意义。

根据以上对空间正义与空间生产的内在关联和作用逻辑的分析，空间正义视域下城市大遗址地区空间生产效能的研究要以空间权力运作和空间资源配置为切入点，围绕城市大遗址地区空间的表征、空间实践、表征的空间的生成过程和结果，基于空间正义的价值基点和空间生产要素体系，去分析、判断、评价这些“空间”的叙述和表达，进而揭示城市大遗址地区空间生产的权力运作本质和资源配置的目的、结果，探讨空间的增效策略，继而为调控优化城市大遗址地区的空间生产提供依据和支撑（图3.5）。

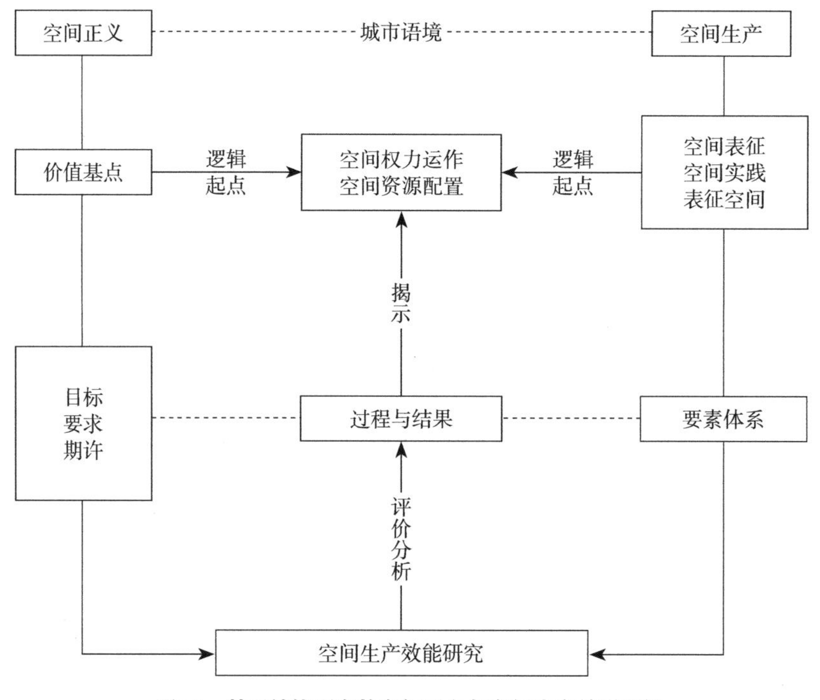

图3.5　基于效能研究的空间正义与空间生产关联逻辑

二、大遗址地区空间生产效能体系

效能作为城市大遗址地区空间生产的直接需要，是丈量城市大遗址地区空间生产意义的根本准绳。建构一套科学的、可操作的效能分析评价研究体系，是研究城市大遗址地区空间生产效能的核心内容和关键技术。根据前文分析，城市大遗址地区空间生产效能是围绕城市大遗址地区空间的表征、空间实践、表征的空间而形成的，即依托于空间生产理论中的“三元”存在，表达于“三元”要素的形成过程以及结果中。基于这样的认识基础，本书架构了城市大遗址地区空间生产效能研究的3级构成体系（表3.4）：

城市大遗址地区空间生产效能构成体系　　表3.4

结构体系	表达转译		构成要素
空间表征效能体系	精神要素	政府官员、考古专家、遗产专家、规划专家、建筑师、工程师等所构想的概念化空间，是社会精英分子对城市大遗址地区的“理解和创造”	保护利用政策
			规划设计蓝图
空间实践效能体系	物质要素	空间实践作为可感知的物理空间，是城市大遗址地区空间再生产的物质性结果，表现为用地布局、空间结构、道路交通、环境风貌等内容，以及这些物质性设施所承载各类功能	物质环境
			主体功能
表征空间效能体系	生活要素	表征的空间本质上是微观个体日常生活的体验和感受	生活内容
			生活空间

（一）空间表征精神效能要素体系

城市大遗址地区空间的表征作为政府官员、考古专家、遗产专家、规划专家、建筑师、工程师等所构想的概念化空间，它主要代表了上述社会精英分子对城市大遗址地区的“理解和创造”。这些“理解和创造”通过一定的政治程序和政治选择，凝结成为城市大遗址地区空间生产的“未来空间”方案，即表现为相关管理条例、项目规划设计、政策落实推进措施等一系列文字、术语形式的精神性要素。结合我国现行城市规划管理制度、遗产保护利用制度以及国内大遗址保护利用的地方实践经验，本书将城市大遗址地区空间表征的效能要素具体落位在保护利用管理政策和各类规划设计蓝图两个方面。在我国上述两大层面的要素多由自上而下的政府行政力主导推动形成，并从具体功能作用来看，保护利用管理政策更多是对遗址历史文化资源和遗址周边国土空间资源保护与开发的管控、调控；而各类规划设计蓝图则更多的是政府管理等精英阶层主导下对城市大遗址地区空间发展的总体构想、资源配置细化和项目开发的落实引导。可见，保护利用管理政策和各类规划设计蓝图两者共同体现为行政力主导下的城市大遗址地区的发展愿景、追求目标、落实措施等内容，其本质也是城市公共管理、公共政策的一部分，对应的效能研究亦可归属于城市公共政策效能研究的范畴（表3.5）。

城市大遗址地区空间表征的精神效能要素体系　　表3.5

构成要素	呈现内容
保护利用管理政策	国家层面的相关法律、法规，国际性遗产保护文件、地方性大遗址保护管理条例和大遗址保护管理办法等
各类规划设计蓝图	城市总体规划、遗址保护规划、核心区城市设计、遗址博物馆设计、遗址公园设计、特色商业街设计、住宅安置小区设计、街道空间设计、景观环境设计等

1．保护利用管理政策

国内外学者对于公共政策内涵均做过不同界定，其中詹姆斯·安德森认为“公共政策是政府一个有目的的活动过程”；拉斯韦尔和卡普兰认为“政策是一种具有目标、价值与策略的大型计划”；张金马认为“政策是用以规范、引导有关机构团体和个人行动的准则和指南”；宁骚认为“公共政策是公共权力机关经由政治过程所选择和制定的为解决公共问题、达成公共目标、以实现公共利益的方案”；梁鹤年认为“政策是去实现某些目的的一系列决定和行动”等[330]。综合国内外学者关于“公共政策”内涵的界定，本书研究中所提及的保护利用管理政策是指为实现城市大遗址保护利用过程中公共和公益目标，而选择和制定的一系列管理决定和计划安排。

影响我国城市大遗址保护利用的法律规范主要有《中华人民共和国文物保护法》《中华人民共和国城乡规划法》《中华人民共和国土地管理法》《中国文物古迹保护准则》等；影响我国城市大遗址保护利用的国际性文件主要有《威尼斯宪章》《奈良真实性文件》《西安宣言》等；此外还有地方性的遗址保护专属管理条例、管理办法等。由于法律、规范等属于强制性、普遍性的遗产保护管理规定，国际性遗产保护文件是遗产保护利用的普适性准则、方法，两者是大遗址保护利用管理条例、管理办法制定形成的直接依据。同时，遗址保护利用管理条例、管理办法往往是针对具体个案遗址保护利用管理制定而成的专属政策文件，其在严格传导国家层面法律和规范和国际性文件中有关规定的情况下，结合地方实际情况和发展需要，会有目的地增加相关开发利用性内容，尽管这些内容没有呈现出从目标、到手段、到结果的完整政策过程，但能充分反映出城市大遗址地区保护改造的管理导向。根据以上政策内涵的界定和我国遗址保护利用管理政策构成情况，本书研究将保护利用管理政策要素框定在地方行政力主导下的管理办法和管理条例上。

2．各类规划设计蓝图

相对于保护利用管理的管控和调控性安排，规划设计蓝图则主要聚焦于城市大遗址地区保护与发展的空间构想。这些构想以功能区划、职能定位、用地布局、风貌特色等内容为抓手，从城市、分区、核心地段、重点建筑等层面对城市大遗址地区的未来美好图景做出系统性安排。由于这些安排紧密关联着大遗址地区的社会、经济、文化目标诉求和复杂的实现状况，为了能够统筹解决现实困境、最大限度地实现目标诉求以及科学、有效地预见大遗址地区的未来，政府或者相关开发企业通常会进行国际或者全国层面的规划设计咨询。这些规划设计均会基于大遗址的文化IP，有的根据甲方经济技术任务要求和工程性技术条件，对遗址地区进行功能定位、确立目标、构想布局；有的则是从艺术原则和人的知觉心理出发，塑造大遗址地区未来三维空间和可视环境；还有的立足于城市空间的环境特色分析，对建筑物之间的城市公共空间进行研究和设计，关注主要建筑物之间的关系对空间环境风貌产生的影响。

总而言之，这些规划设计蓝图结合地段功能、文化属性等要素，试图尽可能“精准”地确定城市大遗址地区的功能、风貌、建筑、景观、设施等物质性内容，并因此产生了一系列不同层次体系、不同功能类别、不同空间模式、不同建造风格等规划设计文本，进而建构和丰富着城市大遗址地区的空间表征。在我国城市大遗址地区的规划设计蓝图要素通常由遗址所在城市的总体规划、所在片区规划、遗址保护规划、遗址公园规划、遗址博物馆设计、特色商业街设计、住宅安置小区设计、街道空间设计、商业建筑设计、景观环境设计以及遗址周边地区的重要地段、重要节点、重大项目的相关设计成果等组成。

（二）空间实践物质效能要素体系

空间实践作为可感知的物理空间，是城市大遗址地区空间生产的物质性结果。对于城市中物质性内容的分析研究，富利（Foley L. D.）在其早期创立空间结构概念的时候，就提出将城市物质性内容划分为两个方面：一是静态的物质空间形式，二是物质空间中动态变化的功能。韦伯（Webber M. M.）在富利（Foley L. D.）基础上，将城市物质性内容进一步细分为静态活动空间要素和动态活动功能要素。美国建筑理论家哈米德·雪瓦尼（Hamid Shirvani）将城市物理空间解读为土地使用、建筑形体与体量、交通与停车、开放空间、支撑活动等。

可见，对于空间实践的研究离不开对城市物理空间的细分，即通常先将这些物质性内容划分为物质环境和环境中的功能。物质环境表现为用地布局、空间结构、道路交通、环境风貌、配套设施等内容；物质环境中的功能则表现为受物质环境影响形成的居住、出行、商业、文化、休闲等功能。基于此，本书将城市大遗址地区空间生产的物质性结果框定在物质环境和主体功能两个维度，并在此基础上建构空间实践效能分析的要素体系（表3.6）。

城市大遗址地区空间实践的物质效能要素体系 表3.6

构成要素	呈现内容
物质环境	空间结构、用地布局、道路交通、环境风貌、配套设施等方面构成、组织模式和生成变化情况
主体功能	零售、批发、餐饮、住宿、娱乐、教育、金融、卫生、房地产等功能类别

1．物质环境

早在一个多世纪前，城市形态学便效仿生物学中的形态问题，即模仿生物学中的结构、尺寸、形状和各成分之间的关系，来分析研究城市的物质环境内容，且发展至今已形成多种分析范式和分析方法（熊国平，2006）。在建筑与城乡规划领域，艾森曼（D. Eisenman）、范·艾克（A. V. Eyck）、赫茨伯格（H. Hertzbourger）等人，通过运用结构主义、信息论的符号学方法建构了城市形态和组织法则学说；罗杰·图兰西克（Roger Trancik）依托对现代城市的观察和历史实例分析，归纳总结出了图底理论、连接理论、场所理论三种研究城市物质空间的城市设计理论；此外还有舒尔茨（C. Norberg-Schulz）的场所精神、凯文·林奇（Kevin Lynch）的城市意向、卡夫卡（K. Koffka）的行为环境等。在地理与社会学领域，斯卢特（O. Schluter）提出城市物质形态是由土地、聚落、交通线和地表上的建筑要素构成；康泽恩（M. R. G. Conzen）以土地使用、建筑结构、地块模式和城市街道为主要分析要素；韦伯（W. W. Webber）从空间、活动、人口分布、土地利用要素出发，基于社会学视角建立了城市物质空间组织模式。上述四个学科领域对城市物质环境研究的关注点，也因研究角度和尺度而异。建筑与城乡规划学更多地关注物质环境的空间组织方式以及构成要素之间的相互连接关系，并将建筑物、广场、道路作为理解城市的首要要素，同时建筑的高度、材料、色彩等也是物质环境分析的重要指标（王伟强，2006）；地理与社会学更多的是把重点放在大、中空间规划尺度的度量上以及土地利用与行为、活动的关系。本书的研究对象是城市建成区范围内大遗址地区，属于城市中特殊的文化地理空间和物质环境的中等尺度问题，在此将其要义聚焦于狭义的物质环境，具体限定在：空间重构、用地布局、道路交通、环境风貌、配套设施等方面，以便对这些内容产生变化的效率、效益问题展开研究。

2．主体功能

功能是一定时空范围内物质环境所建构的居住、商业、休闲、工作、交通等类型的经济、社会、文化活动内容，它会随着物理环境的改变而发生相应的变化，如：建筑类型、交通出行、景观环境等方面的变化，会导致功能类型的增减、功能空间分布的改变以及功能强度的变化。早期的城市物质空间中的功能较为单一，阿尔多·罗西认为早期城市空间功能主要是为反映统治阶级意志的“纪念性”功能。而到了工业社会，工业化、机器化的物质空间环境使得城市功能演变为居住、工作、游憩和交通四大方面（1933年《雅典宪章》中提出）。发展至今，随着移动互联技术和消费主义的兴盛，城市物质环境进一步复合化和碎片化，而其中的功能也更为复杂和复合。

对于功能的分析研究，通常国内外学者运用研究范围内的人口、企业、出行、位置等静态和动态的数据来呈现现实空间区域的功能特征，如：埃里克森（Ericksen）运用人口、土地、就业数据探讨了工业城市中的住宅、商业、工业三种功能区的布局变化情况；杨俊宴等运用业态POI等探讨了城市街道的可步行性特征；王德等用手机信令数据分析3个不同等级商业中心消费者的空间分布和集聚性；龙瀛等用公交车的刷卡数据识别和分析典型社区和办公区的空间范围。可见功能受物质环境所影响，其背后的静态和动态数据揭示的是现实日常生活中社会、经济、文化活动的空间分布特征，反映的是物质环境中社会、经济、文化效率、效益的变化及可能存在的问题。本书聚焦于城市大遗址地区，其空间范围内通常有居住、文化、教育、商业、交通、旅游等方面功能，为深刻分析和探索这些功能背后社会、经济、文化本质，还可结合可获数据通用类型以及《国民经济行业分类》（GB/T 4754—2017）等，将这些功能要素进一步细分：零售、批发、餐饮、住宿、娱乐、教育、金融、卫生、房地产等功能类别。

（三）表征空间生活效能要素体系

表征空间属于微观使用者日常生活经历的范畴，它以空间表征和空间实践为认知基础，由行动者个体和相关联个体共同建构而成，是对日常生活的深层次理解和表述[24]。表征的空间本质上是微观个体日常生活的体验和感受，虽然有时候会与艺术家、哲学家、作家的艺术和想象相联系，转译为精神活动（区别于日常生活的高级活动）的产物，但这些仍然来源于微观个体的日常生活。可见对于表征的空间的生活效能的分析，本质是对微观个体日常生活的体验和感受的分析。微观个体对日常生活的体验和感受实际上源于两个方面：第一，个体对日常生活内容的感知、体验；第二，个体对日常生活空间的感知、体验。这两个方面的形成依托于个体接受日常生活传递的各种信息，反馈大脑经过加工合成后形成心理上的认知体验和感受，表达为：认同或不认同、舒适或不舒适、愉悦或不愉悦、逃避或面对等感觉或行为。

一直以来，普通人的日常生活被哲学家们视为平庸和无聊的，如尼采（Nietzsche）的“超人哲学”、海德格尔（Heidegger）的存在主义、阿尔杜塞（Althusser）的结构主义等，直到列斐伏尔在《日常生活批判》一书中对日常生活批判理论范式进行探讨后，学者们对微观个体日常生活的研究才逐渐兴盛起来[331]。对于日常生活的研究，学者们通常会通过观察分析生活内容和生活空间改变后微观个体的日常生活状况，来关联研究与日常生活密切相关社会分异、空间分异、个体实践、规划设计等方面存在的问题。如：简·雅各布斯通过识别、观察街道、公园、老旧建筑、贫民窟等生活空间中的生活内容，探讨了城市物质空间要素的功能作用；日常都市主义研究者通过对特色街道、特色建筑空间中日常生活内容调查，提倡通过都市环境再熟悉化延续老旧街区中的日常生活方式；杨·盖尔基于高品质公共空间创造，提出了公共空间中公共生活质量评价方法（PSPLS调查法）；王笛聚焦于成都茶馆、街巷等生活空间，对城市公共空间和居民日常生活之间的关系进行了观察和分析；孙九霞（2014）基于日常生活内容的批判，研究了旅游空间的再生产；周详（2018）等从社区空间融合视角对上海里弄街区的日常生活毗邻隔离问题进行了研究；此外还有张杰、王刚、王勇等学者也基于此做了相关的研究探索。

可见对于日常生活的分析研究始终离不开生活内容和生活空间，两者是日常生活问题相关研究的“着力点”。对城市大遗址地区表征空间生活效能的分析研究，同样需要立足于研究地区内日常生活内容和日常生活空间，即：通过观察、调研、访谈、了解保护改造后不同生活内容、不同生活空间影响下的微观个体日常生活状况，来探讨分析各微观个体对大遗址地区空间生产的真情实感，进而揭示保护改造后表征空间效能的客观状况。综合国内外学者们有关“日常生活”的研究经验，将城市大遗址地区表征空间的效能分析要素体系建构在生活内容和生活空间两个层面（表3.7）：

城市大遗址地区表征空间的生活效能要素体系 表3.7

构成要素	呈现内容
生活内容	生活水平、出行方式、就业条件、邻里归属、邻里关系、生活体验、生活感受等
生活空间	村民住宅、职工集体宿舍、安置小区、餐馆、饭店、民宿、宾馆、一般商品房小区、别墅区、洋房住区、遗址公园、博物馆、艺术馆、演艺场所、综合性商场、写字办公楼、游园广场、日用品商店、理发店、菜市场、便利店等

1．生活内容

日常生活根植于现实的物质空间中，包括生活水平、生活环境、生活方式、社会关系、就业条件、邻里归属等。物质环境的再生产，必定会重塑和改变着物质环境里人们日常生活水平、生活方式、社会关系等。城市大遗址地区的前身往往是城中村、棚户区、老旧小区、农业生产区等发展边缘区，区内的个体生活一般都处于低水平均衡状态，生活状态比较悠闲、松散，生活方式以传统农村生活方式为主，社会关系以亲缘、地缘、业缘关系为主，生活收入主要依靠小产权房出租、农业生产、外出打工等为主，就业环境主要依赖于熟人网络的介绍推介。经过大规模的保护改造行动后，新的阶层群体迁入、新的生产关系确立以及传统生产资料消失等，会极大地影响和改变着原先的日常生活内容，如：体验、文化、休闲、健康等活动的增多，就业岗位对学历、技能要求的提高，原住居民邻里归属感的变化等。表征的空间生活效能正是聚焦这些要素变化之后，不同群体或个体生活体验和感受情况。

2．生活空间

日常生活空间是人们日常活动发生时占据的各类空间，如：住区、单位、商场、公园、餐厅、宾馆、广场等都是日常生活空间。日常生活空间为各种类型的日常生活提供了活动开展空间条件，两者密切相关、互为影响。基于不同的研究对象和研究目的，国内外的学者们根据不同分类依据将日常生活空间进一步划分成不同的类型（表3.8）。城市大遗址地区内的日常生活空间主要有：村民住宅、职工集体宿舍、拆迁安置小区、餐饮饭店、民宿宾馆、一般商品房小区、别墅洋房住区、遗址公园、博物馆、艺术馆、演艺场所、综合性商场、写字办公楼、游园广场、日用品商店、理发店、菜市场、便利店等，在此结合本书研究目的，同时借鉴王兴中等学者的分类研究成果，将城市大遗址地区的日常生活空间依据主要空间功能和主要服务对象划分为：居住空间、消费空间、休闲空间、旅游空间4种类型：

部分学者有关日常生活空间的类型划分　　表3.8

学者	依据	类型	出处
柴彦威	空间功能	物质空间、经济空间、社会空间	《城市空间》
张天新	功能与位置	中心场所（庆典商业中心、政治中心）、日常场所（生活起居空间）	《丽江古城的日常生活空间结构解析》
李程骅	城市日常生活类型	居住空间、单位空间、消费空间、交往休闲空间	《商业新业态——城市消费大变革》
王兴中	城市日常活动类型 微观区位理论	家庭生活空间、邻里交往空间、城市社区空间、城市社会空间	《中国城市生活空间结构研究》

（表格来源：周凯琦. 居住型历史街区日常生活空间分异研究）

（1）居住空间

居住空间表现为各种类别、等级的住区。通常城市大遗址地区的居住空间主要有：单位大院、集体宿舍、城中村（村民自建房）、安置小区、一般商品房小区、别墅区、洋房住区等。

（2）消费空间

消费空间表现为面向居民提供售卖用品、活动、服务的各种空间。城市大遗址地区消费空间主要为：便利店、水果店、理发店、美容店、生活超市、社区菜市场、大型商场等。

（3）休闲空间

城市大遗址地区的休闲空间主要表现为社区公园、活动中心、游园广场、遗址公园（非收费部分）等供居民日常休闲散步、运动、游憩等类型各休闲活动的空间。

（4）旅游空间

旅游空间主要为游客提供旅游咨询、游览服务、旅游商品的空间。城市大遗址地区的旅游空间主要有游客服务中心、遗址博物馆、遗址公园（收费部分）、演艺中心、旅馆、民宿、特产店等。

第四节

效能分析方法、模型及技术步骤

一、空间表征效能分析方法及技术步骤

（一）S—CAD评估分析法的基本技术原理

通过前文建构的空间表征效能要素体系可知，城市大遗址地区空间的表征主要表现为城市大遗址地区的相关法律、管理条例、各类规划等公共政策范畴的内容，对这些内容展开效能分析研究，本质上是对公共政策效应、效率、效益的研究，即属于公共政策评估研究的范畴。美国学者埃贡·G. 古贝和伊冯娜·S. 林肯将公共政策评估研究划分为四个发展阶段，即：19世纪末至第二次世界大战前，关注公共政策效率与目标实现程度的效果评估阶段，方法重在测量；第二次世界大战至20世纪70年代初，关注公共政策结果的价值和实用性分析阶段，方法重在定性比对描述；20世纪70年代至80年代中期，关注政策体现的社会公正和公平问题阶段，方法依赖于专业人士的调查、判断；20世纪80年代后期至今，关注不同利益主体的多元诉求和综合政策的效率与公正问题阶段，方法重在互动和回应[333]。有关公共政策评估的研究还一直存在理性派与渐进派之争，其中以杜威（John Dewey）、西蒙（Herbert Simon）等人为代表的理性派认为，研究者要完全熟识政策环境（形势），评估分析方法要有衡量和取舍的准则，同时还要具备选择出最佳方案的能力；而渐进派代表林德布洛姆（Charles Lindblom）则认为受限于人类认知能力和资源的有限性，研究者不可能做到完全理性地去处理复杂的社会问题，并倡导只要大家“认同”政策本身就足够了，不需要考虑人们的价值和目标是否一致，因为政策本来就是对过往政策的延续，只需要渐进修正以适应不断变动的环境即可。对于理性派的争议主要认为理性分析事先确定的目标、成本、收益以及分析者的价值观、和专业包袱等本身就是争论的焦点，同时全面的知识和彻底分析非人力所能及，导致理性分析不能做到完全理性，最后实现有限度的理性，因此最后没有取舍、选择政策的逻辑基础。渐进派建立在“政策本身大致已经令人满意和没有变化”的价值环境中，但现实中“认同”可能因为“无知”或社会价值的变化而同意一些对大家有害的政策，在民主、公平的心态里，这种“认同”可能危害性更大。[334]

“议论纷纷”的公共政策研究，并未给出一套共同言语和统一理论，没有形成“什么是好政策”的判断方法和定义标准。基于此，加拿大皇后大学城市与区域规划学院梁鹤

年教授，通过总结吸收理性派、渐进派以及其他相关研究经验，于20世纪80年代前后逐步创建形成了S—CAD政策分析法（Subjectivity—Consistency，Adequacy，Dependency）。该法认为，在政策的制定形成过程中，参与者各自的信息认知、价值诉求、目标期望是不同的，政策评估要接受和尊重这一“主观现实”；不能把参与主体之间的利益博弈作为影响政策的不确定性因素，要以主导观点的理念引入科学理性的方法，去提升政策的效应、效率；同时还要把相关观点的理念和政治智慧引入，去提升政策实践的认可度和可行性，即政策效益（梁鹤年，2009）。S—CAD分析法遵循“价值观—目标—手段—预期结果—价值观”的逻辑分析链条，坚持政策内部的逻辑性和政策评估的系统性，具有明显的理性特征；但同时又不同于传统的理性方法，强调衡量政策取舍的准则以及最佳方案的选择能力，它承认参与者主观性的客观存在。S—CAD吸收了“渐进派”方法中的“认同”理念，同时又通过“理性”派的框架帮助评估研究人员去识别“可能认同”的领域。但并不把“认同”作为政策好坏评判的标准，它强调在追求认同中清楚辨识政策的成本和收益。S—CAD将渐进派的政治与理性派的技术先分开后重合，进而平衡各方利益主体的主观价值诉求，并提升了政策的素质（理性和道德）。S—CAD本质上是一种元方法，可以集合政治智慧和专业知识，政治家和专家在一套共识言语（目的、手段、结果；效应、效率、效益）下作互补的交流：既可以给政治家一个简单而系统的评估轮廓，又可以给专家一个科学分析的评估框架。这种方法既融合了专业知识和复杂数理方法，但又没有必要且昂贵费时的技术投入，其优势在于评估者不受拥有全面的知识才可分析的影响，并且分析得精湛与否也不受信息量的支配。[335]

（二）S—CAD用于空间表征效能分析的可行性

首先，就方法原理而言。梁鹤年教授将规划理论分为实质和程序两大类，前者是有关具体的功能，如土地、交通、园林、住房等；后者是有关哲理与机制，如组织、程序、道德、价值等。S—CAD分析法属于程序理论范畴，其分析原理是建立在政策过程和价值/政策关系上。政策过程是寻找和建立参与者的价值与实质决定或行动之间的满意关系（政策与价值的吻合）的过程，表现为处理拥有不同价值观和不同选择权的参与者之间的相互影响、互相牵动的正规或非正规程序的过程。价值/政策的本质是主观的，但它代表了谁的主观、什么时刻的主观、什么事项的主观。即：每个参与者各有其不同的价值和观点，价值/政策关系因人而异（参与者特征）；同一个参与者所持有的价值/政策关系会因时与势而改变（时刻特征）；不同的事项，不同的参与者会关注不同的价值，会用不同尺度去衡量价值的轻重、先后（事项特征）。在我国，虽然在宏观管理层面有着较为统一的社会价值认知，但由于利益主体众多、参与者价值多元，加之横向配合、执行部门之间的职能交叉重叠，使得城市大遗址地区的公共政策的形成（规划、条例、设计的编制与制定），表现出不同参与者在不同形势背景下，对不同事项会采取不同行动或决定，即：在条例、规划、设计的编制与制定过程（政策过程）中，也存在价值/政策的主观性特征，也需要对这些主观性特征背后的价值诉求、实质决定等进行分析和回应。

其次，就应用范围而言。S—CAD法从某个选定的观点出发，就评估政策的价值前提、目标、手段与结果之间的因果逻辑关系进行效应分析；就政策要素各环节之间资源供求的上下限进行效率分析；就相关者观点的角度对政策实施影响进行效益分析。S—CAD法注重政策的可行性和政策结果影响的评估分析，适用于规划政策的事前、事中、事后的任何环节，能够提高个别参与者对决策和行动的价值和后果的理解，提升获得预期结果的机会。同时也能提高政策实施过程中解决分歧的效率，合理地分析预测政策实施过程公共资源的投入和各个环节的法律、公众的支持程度。城市大遗址地区空间的表征，作为保护、开发、管理城市大遗址地区空间资源的政策工具，其效能研究就是要关注其效应、效率、效益问题，进而辨识这些政策是否有效地考虑各类参与者的价值诉求，政策措施是否支撑政策目标，预期结果是否能反映政策目标，公共资源投入是否充分和必要，过程是否能减少摩擦提升社会效率。与此同时，城市大遗址地区空间的表征通常是以地方政府为主导建构而成的，更多地代表了社会精英们的主导价值观点。因此，有必要基于其他利益者的观点去审视和验证他们的追求在政策中的体现状况，以及追求是否有效和能否成功等问题，而这正属于S—CAD分析法的研究范畴。

最后，就实践操作而言。S—CAD分析法虽然集合了政治智慧和专业知识，但其使用常识性的语言，非常适合不具有专门知识的评估者去分析评价复杂的政策内容，是一种常识性的政策评估分析框架。在其具体操作过程中，不论是政府官员，抑或是专家学者等使用者都不需要掌握复杂的方法和专业技术，评估者可以在一套共识言语（目的、手段、结果；效应、效率、效益）下，获得粗略的政策全貌，从而进行有意义的交流。S—CAD分析法不必使用昂贵的技术，也不需要全面的信息才能分析，可融合深奥的概念和复杂的方法，在使用的过程中总是可以从手头的信息着手，找到一些对情况有用的理解。不论是逻辑一致性分析、还是经济重要性分析以及实施依赖性分析等，S—CAD分析法都是对常识系统的调动和应用，而这能保障分析研究者始终处于一个连贯一致的分析框架中，保持不偏离和不脱离预设的评估轨道。S—CAD分析的逻辑框架（图3.6）

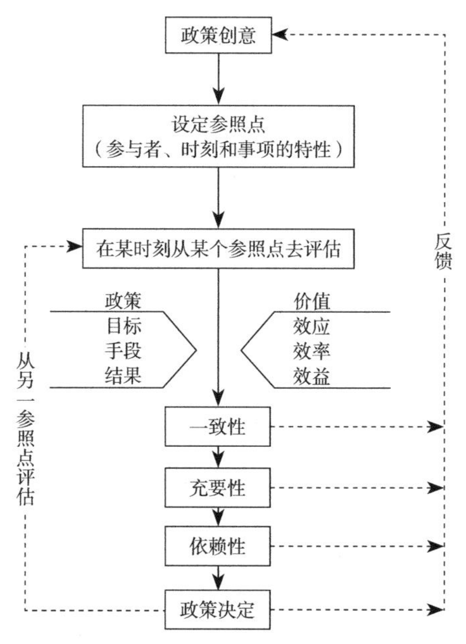

图3.6 S—CAD政策评估框架
（图片来源：徐灿清. 梧州市工业水污染防治政策评估研究）

不但不会因信息的质量或假设的正误而改变，而且有助于系统地去追踪信息和假设的变更如何影响评估的结论。[336]

综上分析，无论是方法创建原理，还是方法适用范围，以及使用的操作性，将S—CAD分析法应用于城市大遗址地区空间表征效能的分析是切实可行的。但在评估分析实践中，要注意参与者价值观点、规划落实措施、数理方法改进等方面的细微差别。

（三）基于S—CAD法评估分析的关键技术步骤

根据S—CAD分析法的特点，本书在链条评价环节引入列联分析的Cramer′s *V*系数和显著性值P以检验链条环节的相关和独立状况，进而提升评价分析结果的客观性。基于S—CAD分析法的逻辑框架，对城市大遗址地区空间表征精神效能的评估分析主要有以下4个技术步骤：

第一步，确立评估立场。确立评估立场是开展评估分析的前提，也是识别和固定主导观点的过程。主导观点通常是主要参与者的观点和结合相关参与者的合理观点形成。

第二步，识别评估要素。包括前提要素、目标要素、手段要素以及预期结果要素。基于前文确定的城市大遗址地区空间表征效能要素体系，通过文本分析、辨识、探讨等方式，识别能够体现城市大遗址地区规划政策主导观点的价值前提；根据规划政策体系的目标情况，提炼评估分析的目标要素；手段要素通常会以图文形式的措施、策略出现；预期结果一般表现为措施、策略实施后参与主体预期希望达到的状态、效果。

第三步，架构评估的要素关系链，对关联环节进行分析评价。

邀请若干相关专家，通过解释、说明、讨论等方式对识别要素进行逻辑关联分析。在此基础上，对存在逻辑关联的要素架构形成分析评估的要素关系链。基于要素关系链，采用德尔菲法对关系链中的要素环节进行评分。其中一致性（效应）评价依据表3.9；充要性（效率）评价依据表3.10；依赖性（效益）评价依据表3.11。

一致性评价标准　　表3.9

一致性描述	分数区间	一致性描述	分数区间
绝对一致	9或10分	稍微一致	3或4分
非常一致	7或8分	一点一致	1或2分
相当一致	5或6分	毫不一致	0分

（注：专家对两两关联要素环节的一致性水平进行评分，每个环节得分为所有专家对该环节评分的平均值，并取整数部分作为最终一致性得分）

充要性评价标准　　表3.10

充要性描述	分数区间	充要性描述	分数区间
绝对必要/充分	9或10分	比较必要/充分	3或4分
非常必要/充分	7或8分	稍微必要/充分	1或2分
相当必要/充分	5或6分	可有可无情况	0分

（注：专家对两两关联要素环节的充要性水平进行评分，每个环节得分为所有专家对该环节评分的平均值，并取整数部分作为最终一致性得分）

依赖性评价标准　　表3.11

依赖性描述	分数区间	依赖性描述	分数区间
绝对支持/合作	9或10分	绝对反对/抗拒	–9或–10分
非常支持/合作	7或8分	非常反对/抗拒	–7或–8分
相当支持/合作	5或6分	相当反对/抗拒	–5或–6分
稍微支持/合作	3或4分	稍微反对/抗拒	–3或–4分
一点支持/合作	1或2分	一点反对/抗拒	–1或–2分
毫不支持/合作	0分	—	—

（注：专家对各相关者对政策支持度（认可度）与配合度打出–10 到 10 的整数分，取评分均值的整数）

第四步，对要素环节和分析链条的一致性、充要性、依赖性依次展开分析评价。其中，一致性分析也称为效应分析，即通过分析价值能否有效反映在目标上、目标能否通过手段有效实现、手段能否导致期待的结果，进而来检验规划政策追求对参与主体期望的反映情况。充要性分析是检验规划政策在追求价值前提实现过程中，广义经济（人力、时间、物资、政治等资源）要素投入的效率问题，即通过必要性分析检视规划政策所投入要素的必要和相关程度，避免不必要的要素投入造成浪费，或者过少要素投入导致失败，造成更大的资源浪费；充分性检验规划政策所投入要素的充分程度，避免必要的要素投入不充分或过剩造成经济意义的浪费。充要性实际上是划定政策资源在广义经济意义上投入的上下限，避免规划政策造成资源浪费。依赖性分析是检验关键群体、组织对规划政策的支持、反对情况和合作、抗拒程度，继而评价其他参与者对规划政策的认可、配合情况，避免偏离利益相关者期望和诉求。

（1）一致性分析评价

依托要素环节评分，对链条一致性进行评价。计算前提—目标、前提—目标—手段、前提—目标—手段—结果链条的一致性得分，其中前提—目标链条得分等于前提与不同关联目标环节评分的平均值；前提—目标—手段链条的一致性得分依据公式（3—1）进行计算；前提—目标—手段—结果链条的一致性得分依据公式（3—2）进行计算。

$$PS_n - S_b = \sqrt[2]{\left(\sum_{i=1}^{a}(PS_n - G_i)\times(G_i - S_b)\right)/a} \quad （3—1）$$

上式中n为前提数、a为目标数、b为手段数，PS_n-G_i为某个前提到目标的环节得分，G_i-S_b为某个目标到手段的环节得分。

$$PS_n-R_m=\sqrt[3]{\left(\sum_{i=1,j=1}^{a,b}(PS_n-G_i)\times(G_i-S_j)\times(S_j-R_m)\right)/a\times b} \qquad (3—2)$$

上式中n为前提数、a为目标数、b为手段数、m为预期结果数；PS_n-G_i表示某一前提到不同目标的环节评分，G_i-S_j代表不同目标到不同手段的环节评分，S_j-R_m代表不同手段到某一预期结果的环节评分。

通过一致性得分运算，对每个链条的总体一致性及相关性情况进行分析评价。即：依据得分情况，评价分析每个链条的一致性情况；对链条得分矩阵进行列联分析，计算矩阵的Cramer' s V（简称系数V）和显著性P；其中Cramer' s V用来分析检验两个变量（环节）之间总体关联状况，显著性P用来分析检验变量（环节）之间是否彼此独立（表3.12）。

链条总体相关性分析检验依据 表3.12

系数名称	检验内容	数值范围		判断结果
显著性P	链条环节独立状况	0.05	<0.05	不是相互独立
			≥ 0.05	彼此相互独立
Cramer' s V	链条环节相关状况	0.8 ~ 1.0		极强相关
		0.6 ~ 0.8		较强相关
		0.4 ~ 0.6		中等相关
		0.2 ~ 0.4		较弱相关
		0.0 ~ 0.2		极弱或无相关

根据以上计算结果分析前提（PS）与其他要素（G，S，R）的一致性相关程度，检验价值前提能否有效地反映在其他要素上（G，S，R）。

（2）充要性分析评价

与一致性分析评价一样，充要性分析仍然采用德尔菲法，专家按照预设的评价标准（表3.10）对前提、目标、手段、结果之间的关联环节进行充要性打分评价和结果分析。而后按照一致性链条的评分计算方法，计算前提—目标、前提—目标—手段、前提—目标—手段—结果链条的充要性得分；结合链条的得分情况和得分矩阵的V系数、显著性P值，对前提—目标、前提—目标—手段、前提—目标—手段—结果链条的效率情况进行量化评价。

（3）依赖性分析评价

依赖性分析包括认可度和配合度两个方面。首先，从识别的主导观点出发，采用德尔菲法对照表3.13的预设标准，由专家对前提/立场的重要性进行打分排序，并鉴别出规划政策的关键前提/立场；其次，从关键前提/立场出发，结合之前一致性和充要性评价分析结果，鉴别最能够解释、落实关键前提/立场的关键目标、关键手段以及关键预期结果，并以此架构形成关键链条；第三，分析关键链条中关键要素所依赖的关键群体和组织（即：相关利益者，也称相关主体）；最后，专家按照预设的评分标准（表3.13），从这些群体和组织的利益观点（相关观点）出发，分析评价他们对关键链条环节的支持、反对情况和合作、抗拒程度，并就结果评价分析规划政策的认可度和配合度状况。

前提重要性评分标准 表3.13

重要性描述	得分	重要性描述	得分
绝对重要	9或10分	比较重要	3或4分
非常重要	7或8分	稍微重要	1或2分
相当重要	5或6分	一点也不重要	0分

二、空间实践效能分析思路与模型构建

（一）分析研究思路

由第三章第三节建构的空间实践物质效能体系的要素内容可知：城市大遗址地区空间实践效能分析应围绕大遗址地区的物质空间环境来展开。而对于城市物质空间环境的分析研究，学者们通常会基于各自的研究目的和视角，通过架构不同层次分析框架来实现。吴一州（2010）等人通过架构经济、效益、效率、公平的分析框架对城市土地利用效能进行了分析评价。张京祥（2012）等基于空间生产视角分析评价了南京市典型保障性住区的社会空间绩效。刘雨平（2013）从积极和消极两方面建构了城市空间演化效应评价的分析框架。余瑞林（2013）认为城市空间的本质是土地利用实体，城市空间生产绩效应包括空间效率、空间效益、空间公平。赵敏（2015）基于空间扩张、用地功能、建筑景观三方面内容架构了丽江古城文化景观生产效应分析框架。韩勇（2016）从生产空间效益、生活质量评价、生态空间价值三个方面评价分析了武汉洪山区的物质空间生产效应。竺剡瑶（2018）等从量化分析角度探讨了遗址保护所引发的城市物质空间效率问题。张冬晖（2018）从开敞、边缘、扩散三个层面架构了校—城边界影响区的效能分析框架。凌琳、戴慎志（2019）等从公平性、可达性、安全性、合理性四个方面建构了扬州老城区避难疏散空间效能评价的分析框架。

不难发现，学者们对于城市物质空间环境评价分析的研究，在关键词限定方面多聚焦于“效益”“公平”“效率”等词汇；在研究尺度层面，既有以宏观层面城市空间演化为对象的大尺度，也有以特殊住区、疏散空间、建筑景观等为对象的中小尺度；而在分析评价逻辑方面，既有以绩效等词内涵构成的分析框架，也有以对象包含要素的分类分析框架。综合参考学者们的研究成果，结合本书的分析研究视角，将城市大遗址地区的

空间实践效能定格在空间效率和空间公平两个维度，其中空间效率是对物质环境的效度、效益的分析评价，强调投入产出，强调物质环境在社会、经济、文化、环境方面的作用效率；空间公平是对物质空间资源和物质产品配给结果的公平性评价，强调物质环境的改变对社会、经济、文化、环境方面的作用公平。

1．空间效率

经济学对效率的研究源于资源的有限性和人类的无限诉求，强调在一定的经济技术条件下资源利用的有效性。效率强调资源消耗与获得成果之间的比较，当成果的价值超过了消耗资源的代价，其效率为正；反之，则为负。占用消耗同样资源获得的劳动成果越多，效率就越高；反之，就越低。效率也经常出现在社会、经济、生态等领域，用于比较各种资源配置对社会、经济、生态等方面的作用效果。

随着经济、管理、社会等学科领域的研究深入，越来越多的学者将效率逐渐引入到城市空间领域，用以量化分析土地利用、道路交通、景观环境、风貌特色、配套设施等对社会、经济、环境等方面的作用效果。如：Ron Vreeker（2000）对城市空间形态、王兴平（2003）对城市开发区、宋伟轩（2006）对滨水地区、Aaron Marcus（2013）对建筑外部空间的效率研究。依托学者们的研究成果，本环节以城市大遗址地区的物质空间为对象，重点关注遗址地区保护改造中物质空间要素投入对文化、经济、社会、环境方面的作用效果问题。

2．空间公平

空间公平与空间资源、空间产品的分配公平性密切关联，强调城市发展建设过程中在追求空间效率的基础上，要尊重区内每一居民的基本空间权利平等、照顾不同群体的利益诉求、创造平等的基本保障和公共服务、提供均等自由的发展机会等。如何使有限的空间资源更好地服务于每一位城市居民，提高他们的生活质量和幸福感，是空间公平研究的意义所在。

因此，城市大遗址地区的物质空间环境的空间公平关注的是各种物质空间资源和空间产品的配置、供给结果是否公平合理、是否有益系统最优等，即：物质空间资源的配置是否存在空间剥夺、空间分异，空间设施供给是否满足了公共需求、维护了公共利益，保护改造中的利益相关者能否公平地享受遗址保护利用所带来的发展红利等，以上这些深刻地影响和建构着城市大遗址地区的空间生产目的和保护改造意义。

综上，对于城市大遗址地区空间实践物质效能的评价分析，应从空间效率和空间公平两个维度出发，通过甄选物质空间在文化、经济、社会、环境及物质空间本身五个方面作用响应指标，建构城市大遗址地区空间实践效能的分析评价体系，然后再通过构建相应效能分析评估模型，对空间实践的效率、公平以及效率与公平的耦合协调情况展开系统性评价分析（图3.7）。

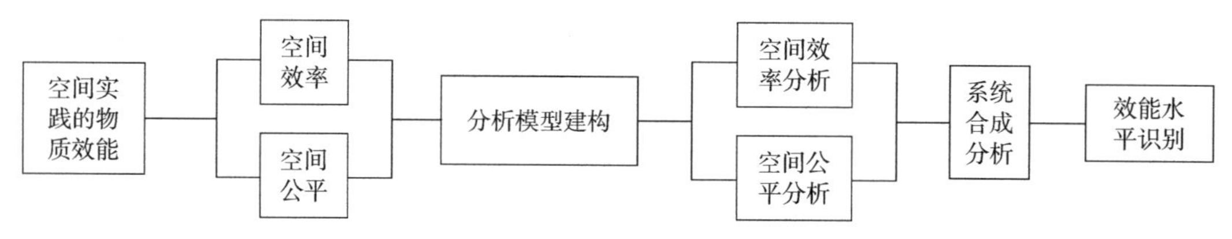

图3.7　空间实践的物质效能评价分析思路

（二）评价指标体系建构

依据评价分析思路，将城市大遗址地区的物质效能评价指标体系划分为空间效率和空间公平两个子系统。子系统里，根据遗址地区物质表征及其功能作用，在经济、社会、文化、环境、空间五方面甄选出若干具有可比性、导向性、可操作性的指标。在指标甄选过程中，为提升评价分析的客观性和准确性采用频度统计法、理论分析法以及类似于多元统计分析中因子分析确定主因子的方法来选取或设计指标（图3.8）。具体建构步骤如下：

第一，收集和阅读有关大遗址保护、空间形态、公共设施、空间绩效等关键词的研究文献以及能体现空间公平与效率的国家规范、地方标准等资料，基于可比性、客观性、可操作性等原则，建构形成基础性指标体系。

第二，对相关研究文献进行频度统计和关键影响要素进行理论分析，优化基础性指标体系，得到新的指标体系$X1$，$X2$，$X3$，$X4$，$X5$……Xn。

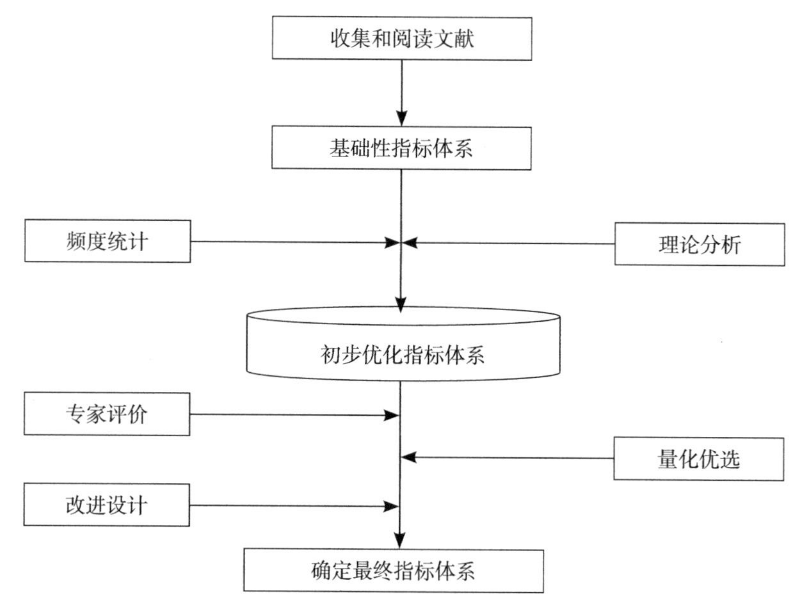

图3.8　指标体系构建流程

（图片来源：张沛，车志晖，吴森．生态导向下城市空间优化实证研究——以西安中心城市为例）

第三，针对每一项指标Xn的重要性，征询城乡规划等领域专家意见。即：对新指标体系中的任意指标D_i（i=1，2，3，…，n），都会对应得到专家j（j=1，2，3，…，m）给定的权重a_{ij}，由此形成指标的评价量化矩阵A=（a_{ij}）$n \times m$，n为指标数、m为专家数。

第四，由小到大排列量化矩阵的每一行元素并取其中位数记为：B_i（i=1，2，3，…，n），由此我们得到综合向量：B=（$b1$，$b2$，$b3$，……bn）。

第五，将向量B中的元素按照由大到小的顺序进行排列，记为：$\vec{B}$=（$\bar{b}_1$，$\bar{b}_2$，$\bar{b}_3$……$\bar{b}$）T，然后根据多元统计分析中的累积贡献率，确定最终指标体系中的最优指标数K（K满足：$\sum_{i=1}^{p} \bar{b}_i / \sum_{i=1}^{n} \bar{b}_i \geqslant M$，$K \approx \min(p)$，$M$为事先确定的百分数，$M$取值越大，所选取的指标也越多），对部分指标进行优化设计后确定最终指标体系$\vec{B}$ =（$\bar{b}_1$，$\bar{b}_2$，$\bar{b}_3$……$\bar{b}_k$）T。

（三）评估模型建构

1．指标值标准化模型

由于指标基于不同内容和不同数量级形成，各指标之间不可避免地存在量纲、量级、正负效应不一致的问题，而且还有部分指标（适度性指标）会随着系统的发展其效应的正负性也会随之发生改变，这显然无法直接将这些指标进行比较分析，鉴于此，参考欧雄（2007）等学者的研究成果，本书引入以下三段函数对本书的原始指标数据进行无量纲标准化处理：

$$U_{A(ui)} = \begin{cases} \dfrac{X_i - b_i}{a_i - b_i}, & \text{当指标具有正功效时；} \\ \dfrac{a_i - X_i}{a_i - b_i}, & \text{当指标具有负功效时；} \\ \dfrac{X_0 - |X_i - X_0|}{X_0}, & \text{指标功效为适度时：当} X_i \leqslant X_0 \text{时，指标为正功效；当} X_i > X_0 \text{时，指标为负功效。} \end{cases}$$

函数中$U_{A(ui)}$为指标ui对系统的功效，A为该系统的稳定区域，X_i为序参量实际值，X_0序参量合理值，a_i为序参量上限数值，b_i为序参量下限数值，i为序参量编号[338]。

当序参量对效能贡献具有正向功效时，即序参量对应的指标值越大越好时，例如：公共设施配套完善度、特色风貌有效控制比、产业类POI增长率等指标，公式中第一段函数适用于此指标；当序参量对效能具有负向功效时，即序参量对应的指标值越小越好时，如：商业设施重叠率、遗址保护利用财政资金占比、房价增长率与GDP增长率比值等指标，公式中第二段函数适用于此指标；当序参量对效能的贡献为适度时，即序参量对应指标值过大或过小时都会引起物质效能的正负向变化，如：建筑密度、遗址公园可游览面积增长率、安置住区选址的中心性等指标，公式中第三段函数适用于此指标[339]。

2．系统权重计算模型

权重是对指标在系统中重要性程度的体现，将直接影响后续评价结果的合理性程度。常用计算评价指标的权重方法比较多，有变异系数法、层次分析法、专家调查法、环比评分法、信息熵权法等，鉴于各种方法的优缺点，本书将层次分析与熵权法相结合来计算确定指标的权重。其中层次分析法是一种定性与定量相结合的方法，面向多目标系统分析和决策，具有系统、简洁、实用的优点，但易受主观判断人员专业程度影响。熵权法最初源于信息领域，现已在工程技术、社会经济等领域得到广泛应用，是一种比较客观的权重计算方法，但熵权法没有考虑系统内部因素之间的联系。因此将层次分析法（AHP）与熵权法结合使用可以在一定程度上弥补两种方法各自的不足。

层次分析法（AHP）的基本原理是通过对指标的层次划分建立指标赋权体系，然后依据T.L.Saaty的相对重要性等级表构造指标重要性判断矩阵，而后对判断矩阵进行一致性检验，符合一致性要求矩阵的最大特征根对应的特征向量即为指标权重。

熵权法的基本原理是根据评价指标的变异性大小来确定权重，即：利用信息熵来计算各指标的熵权，再通过熵权对权重进行修正，进而获得较为客观的指标权重。具体步骤为：

第一，将历年的物质效能作为待评对象n与前文甄选的评价指标m共同组成原始数据矩阵$D=\left(d_{ij}\right)_{m\times n}$，通过指标标准化模型处理后得到矩阵：

$$R=\left(r_{ij}\right)_{m\times n}$$

式中r_{ij}为第j个评价对象在第i指标上的标准值；

第二，计算指标i的信息熵H_i：

$$H_i=-k\sum\nolimits_{j=1}^{n}P_{ij}\,ln\,P_{ij},\ \mathrm{i}=1,\ 2,\ 3,\ \cdots m$$

式中$P_{ij}=r_{ij}/\sum\nolimits_{j=1}^{n}r_{ij}$，$k=1/ln(n)$，当$P_{ij}=0$时，令$P_{ij}\,ln\,P_{ij}=0$；

第三，计算各指标权重W_i：

$$W_i=\frac{1-H_i}{m-\sum\nolimits_{i=1}^{m}H_i}$$

其中$0\leqslant W_i\leqslant 1$，$\sum\nolimits_{i=1}^{m}W_i=1$。

3．评价结果合成模型

采用功效累加法对城市大遗址地区空间实践物质效能总系统、空间效率子系统、空间公平子系统的效能评价成果进行合成计算，计算模型如下：

$$E=\sum\nolimits_{i=1}^{n}U_{\mathrm{A}(u_i)}\times W_i$$

其中，E为效能水平，$U_{\mathrm{A}(u_i)}$为指标对系统的功效，W_i为指标对系统各层级权重。为了便于对比分析效能状况，将物质效能水平模糊划定为五个等级，即：V=｛非常低，较低，一般，较高，非常高｝，每个等级对应的效能标准域值见表3.14。

物质效能评价标准　表3.14

评分等级	$0<V\leqslant 0.2$	$0.2<V\leqslant 0.4$	$0.4<V\leqslant 0.6$	$0.6<V\leqslant 0.8$	$0.8<V\leqslant 1.0$
效能水平	非常低	较低	一般	较高	非常高

4．效能耦合协调模型

效率与公平作为物质效能构成的两大系统，是城市发展建设过程中经常涉及的问题。表现在：一方面为了实现经济利益的最大化，需要尽可能提升物质空间资源配置和物质空间产品供给的效率问题；另一方面为了维护社会公平、保障公共权益，又需要注重物质空间资源配置、物质空间产品供给的公平问题。如何能科学合理地平衡两者之间的关系，便成了寻找效能系统“最佳状态”的问题。尽管在不同的发展阶段，城市物质空间资源配置和空间产品的供给有时以效率为主，有时以公平为主，乃至强调将效率与公平并重，但这本质上反映了不同时期内城市物质效能系统的效率与公平的耦合协调状况。

实际上在城市发展建设过程中，物质空间效能的效率与公平之间存在U形曲线关系（图3.9）。在城市发展建设初期由于整体社会低效，物质空间资源配置和空间产品供给往往先以提升效率为主，公平则受到一定程度的抑制和消解，难以与效率处于同等重要的位置。此时若一味地强调空间资源配置和空间产品生产向公平倾斜，城市发展建设将处于低效运行状态，结果将不利于社会整体福利水平的提高。当城市发展到一定水平阶段后，公平的重要性开始凸显，若此时物质资源配置和空间产品生产仍然以效率为中心，将不利于社会总体经济效率的提升，而想要获得更高水平的效率就必须去改善发展建设中的公平问题，效率与公平之间呈现出双赢趋势。

可见物质效能系统中效率与公平子系统之间存在耦合协调问题。对此德国物理学家赫尔曼·哈肯（Hermann Haken，1971）最早通过其创立的协同学进行了解释和证明。他认为系统相变过程通过内部自组织来实现，系统走向何种有序和结构取决于系统在临界区域时内部变量的协同作用；系统走向有序的机理不在于系统现状的平衡或不平衡，也不在于系统距离平衡态有多远，关键在于系统内部各子系统的协调作用[339]。基于协同学原理形成的协调度模型，正是对物质系统内部的耦合协同作用的度量，它是由一个或一组函数构成数学模型[340]。基于这样的认识，本书构建

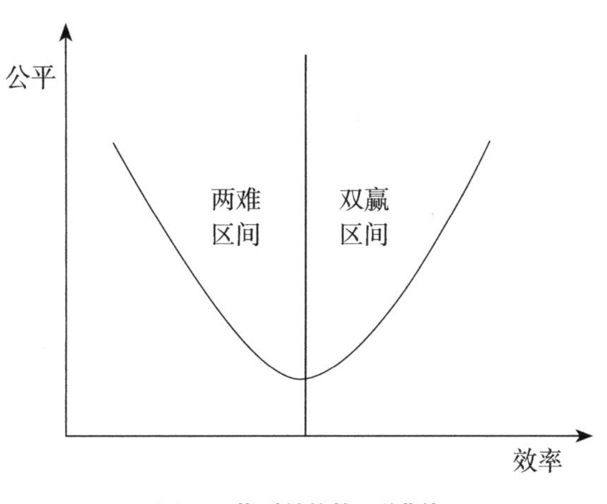

图3.9　物质效能的U形曲线

了物质效能系统耦合协调度函数模型，用于进一步分析考量城市大遗址地区空间实践物质效能系统内部的耦合协同状况。

$$C = \sqrt[n]{E_1 \times E_2 \times \cdots \times E_n} = \sqrt[n]{\prod_{i=1}^{n} E_i}$$

上式中n为子系统数（本书n=2），E_1为空间效率、E_2为空间公平；C为物质效能系统的协调度，其值介于0～1之间，C值大小反映了物质效能系统耦合协调状况变化。即：C值越大，物质效能系统的耦合协调性越好，物质空间环境的总体发展状态也越优；反之则越差。为了便于比较和定性化描述，将C值转化到0～10之间，并划分成5个等级，各等级对应的阈值和耦合协调情况见表3.15。

物质效能协调度评价标准　　表3.15

评分等级	$0<C\leqslant 2$	$2<C\leqslant 4$	$4<C\leqslant 6$	$6<C\leqslant 8$	$8<C\leqslant 10$
协调	极不协调	稍微协调	一般协调	良好协调	高度协调

（表格来源：作者自绘）

三、表征空间效能分析思路与方法体系

（一）研究分析思路

根据第三章第三节的研究分析可知，城市大遗址地区表征空间的效能研究主要聚焦于微观个体的日常生活体验和感受。现实生活中这种体验和感受主要来源于城市大遗址地区保护改造结果对微观使用者需求的满足状况。因此，表征空间的效能分析可以从调查分析微观使用者对保护改造后的大遗址地区的日常生活满意状况来切入。通过调查评价“新的”物质环境条件下他们对日常生活内容、日常生活空间的体验、感受情况，来反映呈现微观使用者对保护改造结果的认可满意状况及存在问题。根据第三章第二节中城市大遗址地区空间生产的主体构成类型，以及保护改造后微观使用者类型的变化情况，城市大遗址地区的主要微观使用者有拆迁安置居民、未搬迁的原住居民、新迁入此地的居民、来此工作就业外来租客、本地城市居民以及外地游客等。鉴于以上各类使用者对本研究过程、结果影响的重要程度和对遗址地区物质环境功能需要的共同性以及各类主体之间日常活动内容的相似性等，将这些主体类型进一步聚焦为：外地游客、本地居民、安置居民三类群体。

根据前文对遗址地区空间生产研究文献的梳理和空间生产主体价值偏好的分析：外地游客对城市大遗址地区的日常生活体验和感受，主要源于他们对保护改造后遗址地区的历史文化呈现和游览服务体验的认可情况。因此，可以通过选定相应的旅游活动发生空间，围绕上述两方面内容就适当关联因素展开调查访谈，而后依托访谈调查结果来分

析评价外地游客对城市大遗址地区的保护改造认可状况及存在问题等。同理，本地居民对城市大遗址地区的日常生活体验和感受，主要源于他们对保护改造后遗址地区的整体环境形象、经济活力水平、文化延续传承方面的认可状况；安置居民对城市大遗址地区的日常生活体验和感受，主要源于他们对保护改造后的居住条件、就业条件、社会关系、参与治理、设施配套方面的认可状况。同样对以上两类使用群体围绕各自关心的内容适当关联因素展开访谈调查，而后依托访谈调查结果来分析评价这两类群体对城市大遗址地区的保护改造认可满意状况及存在问题等（图3.10）。

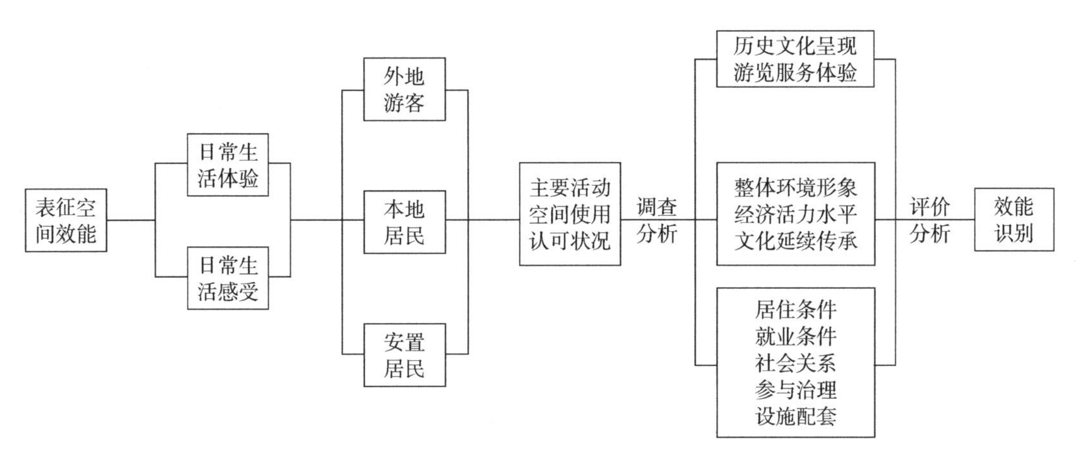

图3.10　表征空间效能分析的技术思路

（二）主要技术方法

评价分析微观个体的空间使用体验和空间使用感受，可参考借鉴社会调查、社会规划中的相关研究方法；同时，结合城市大遗址地区保护改造后使用者的关注问题，本环节主要运用了深度访谈、问卷调查、文献研究、数据分析等方法。

1．深度访谈

深度访谈被称为无结构访谈或自由访谈，是一种无结构的、直接的访问调查形式。在深度访谈过程中，常常预设一定的访谈主题或访谈范围，由访谈人员与被访者就设定的主题或范围进行比较自由的交流谈话。深度访谈作为一种定性的分析研究方法，比较适合城乡规划领域的实地调查研究，通过访谈获得生动丰富的主观性资料，研究者可以洞察、归纳相关结论。

根据前文城市大遗址地区表征效能分析设定的主要观察对象，本环节评价分析的访谈对象主要从外地游客、本地居民、安置居民三类主体中随机选取，通过访谈了解他们对各自关注空间的用后体验和感受，如：通过随机访谈外地游客，了解他们对遗址公园的总体游览印象、历史文化展陈情况、游览服务满意度等。在具体访谈中要实地参与到访谈对象的现实生活，针对不同访谈对象所代表的研究群体对象，针对性拟定不同访谈的主体或范围，并根据谈话场景因势利导把握好进程、方向。

2．问卷调查

问卷调查是问卷设计者通过设计一系列与研究目标相关的问题，来收集目标群体对这些问题的认知或看法，是社会调查中常用来向被调查者征询意见、收集信息的方式。问卷调查的优点在于调查活动简洁易行且在其他因素干扰下仍可以比较准确测定被调查人员的观点，同时调查结果也便于统计学上的量化分析。根据问卷调查方式的不同，又分为纸质问卷调查和网络问卷调查，其中纸质问卷调查的问卷发放和结果整理均比较费时、费力，但调查对象比较精准，而网络问卷调查恰恰相反。

问卷调查也经常被城乡规划学者应用于城市更新效果评价研究当中，如用于城中村、棚户区、历史地区更新改造前后居民生活条件变化的调查、公共设施供给状况的调查、就业环境变化的调查等。城市大遗址地区表征空间的生活效能的问卷调查，重在调查收集外地游客对旅游空间消费服务的满意状况、本地居民对大遗址地区更新改造的认可状况以及安置居民对新的物质生活环境的适应状况和满意程度等。

3．文献研究

文献研究是指收集、整理、分析有关研究目标的各种类型文献。相较于其他方法，文献研究方便、自由、安全，并超越了时间、空间上的限制，可以在前人、他人的工作基础上进行调查分析，获取研究所需信息。表征空间生活分析中的文献研究主要体现在三个方面：第一，通过收集整理有关大遗址保护、城市更新评价、城市社会生活调查等方面的文献资料，拟定评价分析总体思路、主要考评对象，以及需要实地调研获取的内容等；第二，通过对政府官网、过往媒体报道、规划成果等文献资料的查阅，了解大遗址地区保护改造的政策方针、更新模式、安置方式等基础信息；第三，结合实地调查、深度访谈的信息反馈，进一步丰富、充实本环节研究所需的文献资料，进一步校核评价分析需要补充的问题，使得整个调查研究工作更加精准。

4．实地观察

实地观察法，是观察者深入到研究对象的现实生活中，在一个有着严格限定意义的时间和空间范围内，通过眼睛观察、录音拍照、现场测量等方式，了解记录观察区域人们的日常生活，进而呈现不同时间、空间范围内不同群体的普遍性诉求、问题等。实地观察非常注重空间和时间的限定，因为一定的社会现象，总是在一定时间、空间发生。

将第三章第三节第二部分表征空间效能要素体系中的空间限定和群体分类作为实地调研观察的基础，然后再通过选定不同时间点来对这些空间、群体的日常生活现象进行实地观察和体验，具体包括居住状况、街道尺度、配套设施、环境条件、购物消费、邻里交往等内容。

5．数据分析

数据分析是指将访谈、问卷、文献、观察收集来的原始数据进行适当的数据统计分析。统计分析的目的是把隐藏在一大批杂乱无章数据中的信息进行归类和提炼，从而找出所研究对象的内在规律[341]。在统计学领域，有学者将数据统计分析划分为描述性统计分析、探索性数据分析以及验证性统计分析三类，其中描述性统计分析更多在于呈现数据中的现象、问题，探索性数据分析更多侧重于挖掘数据中的新特征，而验证性数据分析侧重于对已有假设的证实或证伪[342]。

数据分析是城市保护更新后评价研究常用的方法，且大部分时候侧重于描述性统计分析和探索性数据分析。在具体的分析方法选择上，常常采用结果统计描述、对比分析、平均值、标准差、置信度、协方差、相关性分析、回归分析、层次分析等方法；而分析工具也较多选择SPSS、Excel、Origin等数理分析软件。数据分析对于本环节研究工作开展尤为重要，特别是对于最后定量、定性刻画表征空间效能情况极为关键。

方法本身没有对错，且每一种方法都各有自己的优缺点，在具体问题分析应用过程中要根据实际情况和方法针对性，可选择多种方法互相结合、交叉使用。根据表征空间效能问题的研究特点，在此环节本书主要用到了统计描述、对比分析、平均值、标准差、层次分析等方法。

（三）关键分析步骤

综合上述研究思路和研究方法，城市大遗址地区表征空间生活效能的分析评价主要包括以下5个技术步骤：

1．确定调查评价要素体系

第一，结合各类主体日常生活的主要关切，通过文献研究和归纳总结的形式初步建立影响城市大遗址地区表征空间效能的基础要素体系（表3.16），包括：依次从历史文化呈现和游览服务体验两个方面建立影响外地游客生活效能的调查评价要素体系；从整体环境形象、文化延续传承、经济活力水平三方面建立影响本地居民生活效能的调查评价要素体系，从居住条件、就业条件、社会关系、参与治理、设施配套五方面建立影响安置居民生活效能的调查评价要素体系。

第二，在问卷调查工作开展前，首先要结合具体研究对象，通过要素重要性预调查，就表3.16中影响要素的重要性进行排序；然后根据排序结果结合专家判断、会议讨论等方式综合确定出表征空间效能分析评价的最终影响要素体系。

第三，根据调查对象和调查情景，将上述要素体系进行口语化调整修改，做到易读、易理解，且意思呈现尽量完整、准确。

影响城市大遗址地区表征空间生活效能的基础要素体系　　表3.16

主体类型	表征内容	影响要素
外地游客	历史文化呈现	游览区内建筑风貌的适宜性；景观环境（雕塑、小品、景观建筑、绿植、标识等）的文化意象；园林水系真实性；展示的丰富性和层次性；遗址本体展示方式；整体历史文化氛围；遗址的历史呈现；出土文物展示；考古过程展示；遗址周边风貌协调性；遗址保护利用模式
	游览服务体验	到达交通便捷程度；游览线路组织；小品、标识、雕塑美观度；园林景观绿化环境；卫生、休憩、交通等设施配置；导览服务体验；居住服务体验情况；就餐服务体验、购物服务体验；遗址公园（博物馆）门票价格
本地居民	整体环境形象	整体风貌；建筑风格；街巷尺度；绿化铺装、环境卫生；街道绿化；临街界面；街道设施；绿地广场；交通标识；游览标识；雕塑小品
	文化延续传承	遗址保护展示的真实性；居民对遗址保护利用工作关注情况；遗址地区的历史文化氛围；居民对遗址保护利用事务参与度；遗址给居民带来自豪感；非政府组织参与情况；遗址周边地区的风貌控制
	经济活力水平	商业繁荣程度；文化旅游业发展情况；就业机会；工资收入；配套设施情况；生活便利程度；日常出行便捷程度；服务消费体验
安置居民	居住条件	住房面积；小区位置；住房户型；房屋质量；房屋朝向；楼间距；层高；小区环境
	就业条件	就业机会；就业成本；就业培训；职业地位；工作稳定性
	社会关系	社会网络；邻里关系；交往深度；交往规模；社区认同；社区归属感
	设施配套	文化教育设施；医疗卫生设施；康体娱乐设施；交通出行设施；生活服务设施
	治理参与	参与渠道通畅；参与决策范围全面；意见征询公开透明；决策程序公正透明；社区自治管理；公益组织服务；安置补偿符合预期

（表格来源：根据陈强（2006）、于今（2011）、李志刚（2011）、张京祥（2015）、夏永久（2013）、李彦伯（2016）、易志勇（2018）等学者研究成果整理绘制）

2. 选定抽样调查地点

在问卷调查和访谈工作开展前，先要根据不同的调查、访谈对象和对象的日常活动规律，选定调查、访谈时间和地点。综合城市大遗址地区的主要空间构成类型，三类群体活动的主要发生地一般为：

（1）外地游客的主要活动地

外地游客主要以参观游览遗址公园、遗址博物馆和观看相关演艺为目的，其活动主要发生在旅游空间，如：遗址博物馆、遗址公园、演艺中心、民俗博物馆、小吃店、特产店、宾馆。

（2）本地居民的主要活动地

本地居民日常活动频率较高地点有：居住空间中的集体宿舍、商品住宅等；消费空间中的理发店、美容店、生活超市、就餐饭馆、社区菜市场、商业综合体等；休闲空间中的社区公园、演艺活动中心、游园广场、遗址公园、电影院等。

（3）安置居民的主要活动地

安置居民使用频率较高的空间有：居住空间中的安置小区；消费空间中的便利店、

水果店、理发店、美容店、生活超市、社区菜市场等；休闲空间中的活动中心、游园广场、遗址公园、电影院等。

在个案研究中，结合实际情况从上述主要活动发生地中根据不同访谈对象选定问卷发放和访谈调查的具体地点；同时时间安排也要注意不同调查对象在不同地点活动的时间规律，提前做好调查计划。

3．问卷调查与深度访谈

（1）问卷调查

问卷调查的目的是从广泛的样本信息中获取城市大遗址地区保护改造后微观个体对日常生活的满意度状况。调查问卷包括基本情况调查和日常生活满意度调查两部分。基本情况调查主要用来调查了解样本个体的基本信息和被调查者对研究内容基本情况认知；日常生活满意度调查主要用来调查了解不同使用者的真实需求和认同情况，以及保护改造的存在问题和成因机制。满意度调查问题设置依托于表征效能影响要素体系，问题编排要注重内容的完整性以及与分析方法的匹配性。对于满意度问题的作答，根据不同调查内容，依次设定为“非常好/非常同意”“比较好/同意”“一般”“较差/不同意”“非常差/非常不同意”5种作答情景。

（2）访谈调查

在问卷调查的基础上，为了更加深入地剖析问题背后成因，针对每类群体再随机选取一定数量样本进行深度访谈。深度访谈常用以揭示对某一问题的潜在动机、态度、情感。通过一对一深入细致的交谈，能够获得丰富生动的问题描述资料，进而为现象分析、问题分析提供一手素材。访谈议题同样要围绕表征空间效能影响要素进行设计，访谈过程中要注意因势利导，见机行事，调动受访者的主动性和创造性。访谈对象要注意样本的全面性和代表性，尽可能地做到受访对象结构相对全面。

4．样本特征统计与访谈资料整理

对调查问卷收集的基本情况资料进行整理，从年龄、性别、职业等角度描述调查群体的统计学样本特征；对深度访谈获取的资料进行梳理和编码，剔除偏离度大的访谈内容，通过规范化编写和关键词概括让访谈内容与研究目标之间的联系更加清晰。

5．要素量化赋分与问卷信度校验

（1）量化赋分

李克特量表是一种评分加总式量表，常用来衡量评价一个陈述的正面或负面回答。李克特量表常将受访者对某一问题回答划分为5个等级，即每一问题的作答有“非常同意”“同意”“不一定”“不同意”“非常不同意”5种答案情景，对应每一种答案依次赋予5、4、3、2、1分。依据李克特量表给问卷调查项的5种作答情景（“非常好/非常同意”“比较好/同意”“一般”“较差/不同意”“非常差/非常不同意”）进行量化赋分。量化赋分后运用SPSS软件计算赋分量表的平均值、标准差。平均值和标准差能准确反映抽样样本主观评语的集中趋势，可以直接或间接地作为调查要素、变化趋势、总体水平评价的依据[343]。表征效能调查评价属于心理感知品质类调查，该类调查的标准差越小意味着平均值越能反映调查群体的同质性选择。

（2）信度校验

信度校验也叫可靠性分析，一般认为问卷数据或评价体系的信度水平越高，则问卷数据或评价体系的可靠性也越高。对于李克特量表类的问卷调查，一般都采用Cronbach′s alpha系数（简称α系数）来对调查问卷数据进行信度检验。Cronbach′s alpha系数的技术原理是评价调查量表中各题得分间一致性情况，这种方法非常适合用于态度、意见、意愿式的量表信度分析。通常认为α系数值在0.8以上，问卷有着比较高的可靠性，α系数值在0.6以上属于可以接受范围，若α系数值在0.6以下，问卷则需要考虑重新编写、重新调查。

6．评价分析

第一，依托问卷收集的基本认知资料，从不同角度描述分析不同群体对于研究对象的基本认知情况。第二，根据预调查要素重要性排序情况，运用层次分析法计算各调查要素和各表征内容的权重。第三，结合李克特量表赋分特点和调查要素的得分情况，建构表征效能分析量化评价语集。第四，基于权重、平均值以及评价语集架构表征效能评价模型。

（1）评价语集

依据李克特量表赋分特点，将表征空间生活效能的分析评价等级划分为5级，即：$V=$ {非常不满意，较不满意，一般满意，较为满意，非常满意}，与之对应的评分等级见表3.17。

评价量化语集表　　表3.17

分数区间	评价语集
$V_{分}\leq1.5$	非常不满意
$1.5<V_{分}\leq2.5$	较不满意
$2.5<V_{分}\leq3.5$	一般满意
$3.5<V_{分}\leq4.5$	较为满意
$4.5\leq V_{分}$	非常满意

（2）评价模型

基于调查要素权重和量化赋分的平均值，建构表征空间的生活效能满意度模型：

$$E=\sum_{i=1}^{n}W_iA_i$$

上式中E为满意度值，E值越大代表受访群体对调查内容越满意，与之相应调查内容的生活效能水平也越高；n为待合成调查要素个数；W_i为调查要素的权重值；A_i为调查要素平均值。

第五，基于评价语集和评价模型，对调查要素、表征内容、系统总体的满意度水平进行评价，进而实现对城市大遗址地区表征空间生活效能水平的系统性识别和判断；同时结合样本访谈资料，就影响城市大遗址地区表征空间生活效能的关键要素展开探讨。

第五节

本章小结

基于第二章的理论支撑，本章旨在构建空间正义视域下城市大遗址地区空间生产效能研究的方法体系。首先，从城市大遗址地区的本质特征出发，确立了平等、差异、包容、开放的正义性价值基点。其次，通过分析我国大遗址地区的空间管理政策、法规、制度等，同时结合先前归纳总结的案例经验，从政府、市场、社会三方面分析了城市大遗址地区空间生产主体的一般性构成，并对各类主体的主要职能、目标诉求、价值取向、空间偏好等进行了辨析。第三，依据不同类型主体的作用来源和作用方式，从政府行政、资本运作、社会诉求三方面解析了城市大遗址地区的空间生产机制，总结了多主体交互作用影响下的空间生产模式。第四，基于空间正义的价值基点和空间生产的关切问题，提炼了空间正义与空间生产的内在关联逻辑，构建了结构体系、表达转译、构成要素3级效能研究分析体系：空间表征效能体系——保护利用政策和规划设计蓝图；空间实践效能体系——物质环境和主体功能；表征空间效能体系——生活内容和生活空间。最后，针对各效能子系统的属性特点，基于S—CAD法、列联分析“V”系数和显著性P值等建构了空间表征效能一致性（效应）、充要性（效率）、依赖性（效益）分析的方法体系和技术步骤；基于空间效率和空间公平2个层次建构了空间实践效能的评价分析体系，并运用德尔菲法、层次分析法、熵权法、标准化函数、耦合协调函数等构建了评价分析体系的指标值标准化模型、系统权重计算模型、评价成果合成模型、效能系统耦合协调模型；基于日常生活体验和日常生活感受2个层次、3类主体、10个方面建构了表征空间生活效能调查研究体系，并对调查研究用到的深度访谈、问卷调查、文献研究、数据分析等方法和技术步骤进行了明晰。

总体而言，本章作为本书研究工作开展的关键性理论创新章节，通过特征认知、体系架构、方法建构、模型构建、步骤明晰等理论性架构，为空间正义视域下城市大遗址地区空间生产效能的研究分析提供了系统、全面、详细的理论框架和方法体系。

第四章

大明宫遗址地区空间表征的精神效能分析

第一节

空间表征的主要构成

一、建构背景

（一）遗址地区的历史概要

唐大明宫始建于贞观八年（公元634年），废弃于昭宗天祐元年（公元904年），前后历经270余年。大明宫位于唐长安城北禁苑中的龙首原，前后有十三位皇帝（唐王朝共计在位21位皇帝）定居于此，并将其作为接见外事、处理内政的朝寝之地，是唐王的政治中枢和内政外交中心。大明宫作为唐三大宫（太极宫、大明宫、兴庆宫）中规模最大、最壮丽的皇家宫殿群，不仅见证了唐王朝的兴衰更迭，而且还对此后中国历代王朝及整个东亚地区的宫殿建筑均产生了重要影响。随着唐朝后期的朝乱及连年战争，大明宫开始遭到破坏并逐渐废弃，演变为人烟稀少的荒野和农田。一直持续到民国时期，期间大明宫遗迹及其周边地区仅有少量自然村落、人烟稀少，并成为普通百姓和文人墨客的踏青游玩、凭吊怀古的游乐和纪念之地。

民国初年，大明宫遗址地区归属于西安第八区管辖，范围内主要有以农业生产为主的自然村落，邻近西安市区。1934年随着遗址南侧陇海铁路线的正式通车（火车站正对丹凤门遗址），便利的交通条件为大明宫遗址地区的工业发展和人口集聚提供了条件，并因此吸引了大量的城市外来人口来此聚居安家。1937年黄河花园口决堤，大量的河南灾民开始迁居此地，并筑棚而居。直到1949年中华人民共和国成立前，随着大量外来人口的迁入和区内工业的发展，大明宫遗址的南部、东南部及周边地区分布着大量的店铺、工厂、棚屋、土房，并成为西安市最大的棚户和城中村连片集中区——“道北地区”。

1957年，大明宫遗址地区正式纳入西安市中心城区的发展管控框架内，并规定在遗址保护范围内禁止规划建设大型的发展建设项目。此后，在历次城市规划修编及相关规划政策的制定中均秉持了这一原则。受限于大明宫遗址区的严格保护政策和遗址周边地区的社会经济条件，大明宫遗址地区的发展建设长期滞后于西安市中心城区的其他区域，与市区其他地方的快速城市化、现代化形成了鲜明对比。区内治安混乱、基础设施滞后、临时搭建严重、居住条件极差等，成为2007年前后大明宫遗址地区的真实写照。在当时，许多西安本地居民对大明宫遗址的了解甚至远不及对大明宫建材市场的了解，大部分西安老百姓对大明宫认知来自于口头言传、管理文字等。与此同时，对于大遗址地区的原住居民而言，大明宫遗址保护也并未给他们带来生活水平和居住环境的改善，反而在他们眼中成为发展滞后的重要原因之一（表4.1）。

2007年以前有关大明宫遗址地区的重要历史事件　　表4.1

阶段	时间	事件
建设使用期	634年	贞观八年，太宗为太上皇李渊营造夏宫，初名“永安宫”，次年一月，改称“大明宫”
	662年	高宗龙朔二年，大明宫基本建成，并改名蓬莱宫，高宗从太极宫迁此朝寝
	705年	中宗神龙元年复名“大明宫”
	713年	玄宗开元元年增修大明宫
	817～818年	宪宗元和十二年、十三年二次增修大明宫宫殿，“新造蓬莱池周廊四百间”，浚“龙首池”，起“承晖殿”
毁坏荒芜期	880年	僖宗明广元年，黄巢农民起义军攻入长安，入住大明宫并建立“大齐”政权
	886年	僖宗光启二年，因战乱遭到毁灭性破坏，殿宇无一幸存
	898年	昭宗光化元年，韩建修建后宫部分
	904年	昭宗天祐元年，朱温逼迫昭宗迁都洛阳，大明宫被弃用荒芜，直至民国初年
人口迁入期	1934年	遗址区南部的陇海铁路通车，人口开始逐渐迁入
	1935年	黄河花园口决堤，大量河南移民迁入，棚户区开始形成
	1951年	遗址区南部区域修建铁路工人新村，开通自强路
发掘保护期	1957年	第一次考古挖掘发掘、勘探了“西内苑”含光殿的部分遗址
	1959～1960年	未被民房占压部分遗址勘探完毕
	1961年	入选第一批国家级文物保护单位，麟德殿和玄武门遗址保护性征地，分别征地5.08亩和7亩
	1980年至今	多次进行考古发掘
	20世纪80年代中期	自强路一带成为车辆配件、五金交电一条街，周边农贸市场、日用百货等开始出现
	1985年	含元殿遗址保护性征地64.236亩，麟德殿遗址开始整修
	1992年	太华路沿线逐步形成西北规模最大的建材集散市场；同时公布大明宫遗址保护范围
	2007年	大明宫遗址地区综合改造项目和大明宫遗址公园建设项目正式启动

（表格来源：根据刘克成、肖莉、周冰、王西京等学者有关大明宫遗址的研究成果整理绘制）

（二）2007年以前的空间表征

中华人民共和国成立前，有关大明宫遗址地区空间的表征（具有现代科学意义上的城市规划方案）最早可以追溯到民国时期的三种西京规划方案，即：1934年学者季平的《西京市区分划问题刍议》、1941年以西京筹备委员会名义发布的《西京市分区计划说明》以及西京市政建设委员会拟定的《西京都市计划大纲》。季平在《西京市区分划问题刍议》中，将新城规划在旧城区之西北，这种模式有利于为保护旧城丰厚的历史文化遗存提供更多的空间资源；《西京市分区计划说明》将大明宫遗址所在区域划为文化古迹区，提出“妥为保存，以留古迹，并栽种树木，加以整理，以增厚游览兴趣”；《西京都市计划大纲》提出将童家巷的丹凤门、含元殿辟建为第二公园。[344]

上述三种规划方案，作为西安市最早具有现代意义的城市规划方案对当时的大明宫遗址地区的发展建设产生了一定的影响，特别是提倡“新旧分治、重视古都风貌、划定文化古迹区”等措施具有一定的前瞻性和科学性。但由于全国政治形势变化，西京陪都计划的取消，三种规划方案均未能完整付诸实施。而与此同时，由于铁路带来的交通便利，使得大明宫遗址地区在很短的时间内迅速发展起来，各种企业厂房开始新建，大量外来人口在此集聚。

中华人民共和国成立后，西安作为中央政府的直辖市于1952年开始着手编制西安市第一轮总体规划，即：《西安市城市总体规划（1953年—1972年）》。在本次总体规划编制中考虑到汉长城遗址、大明宫遗址、陇海铁路线等方面的发展限制因素，将西安中心城区的空间拓展方向确定为东、南、西三个方向，而铁路线以北区域基于原有的产业基础和上述两大遗址的分布状况，定位为遗址保护、工业、仓储、职工居住、发展备用等功能。其中，围绕大明宫遗址区，规划考虑到遗址保护、生产企业、居住区分布等现状因素，将大明宫遗址区规划为园林绿地供市民休闲游憩之用，而将遗址外围地区作为城市地方性工业发展区，并明确在太华路以东地区发展建材产业（图4.1）。

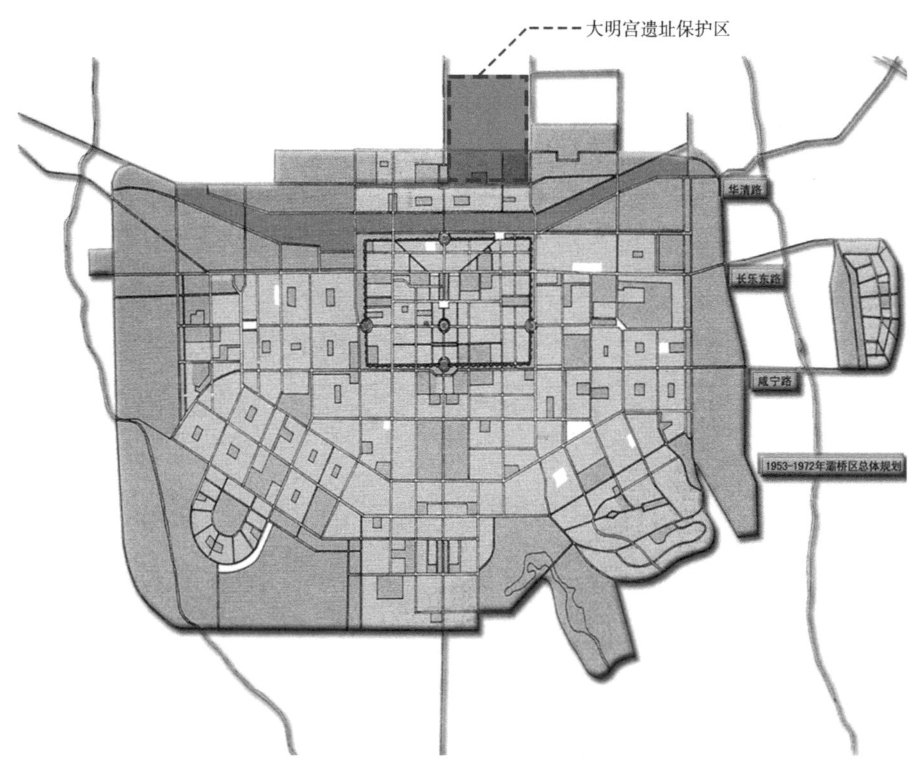

图4.1　大明宫遗址在1953版总规中位置示意
（图片来源：《西安於我》）

这一轮总体规划其实一直影响着大明宫遗址地区的产业发展，直到2007年，建筑装饰、五金建材、物流仓储等建材类产业仍然是这一地区的主导产业。而这也导致了各类建材企业、仓储企业等将大明宫遗址包裹其中，居民、企业随意乱搭乱建的现象严重，村民建房、单位大院、工业厂房等挤压、侵入大明宫遗址保护区问题突出，遗址保护与城市发展矛盾重重。

20世纪80年代，对外开放成为我国发展基本国策，为了适应新的社会经济发展形势和调整转变西安发展思路，于1981年西安市开始着手编制第二轮城市总体规划——《西安市城市总体规划（1980年—2000年）》。在这一轮城市总体规划中，将文物保护上升到了新的高度，不但明确了对明城墙以内传统风貌的严格保护，还提出了对中心城区范围内及周边“周、秦、汉、唐”重大文化遗址、历史遗迹等进行恢复和保护，将与保护不协调的职能进行拆除或外迁。针对大明宫遗址，规划划定了保护控制范围，并提出要修整、恢复大明宫遗址内的太液池等湖面水系，同时还提出要加强遗址区内的绿化工作，通过绿化保护遗址并增加城市公共绿地面积（图4.2）。

这一轮总体规划对大明宫遗址地区的遗址保护和周边用地开发提出了新的要求和定位。但由于在规划实施期间，城市发展重心主要集中在东南、西南两个方向，同时受限于西安市的整体社会经济水平不高，大明宫遗址地区的发展建设与城区其他区域相比差距越来越大；遗址区内乱搭乱建、配套设施落后、工业厂房、居民住房占压遗址的现象并未得到明显改变。

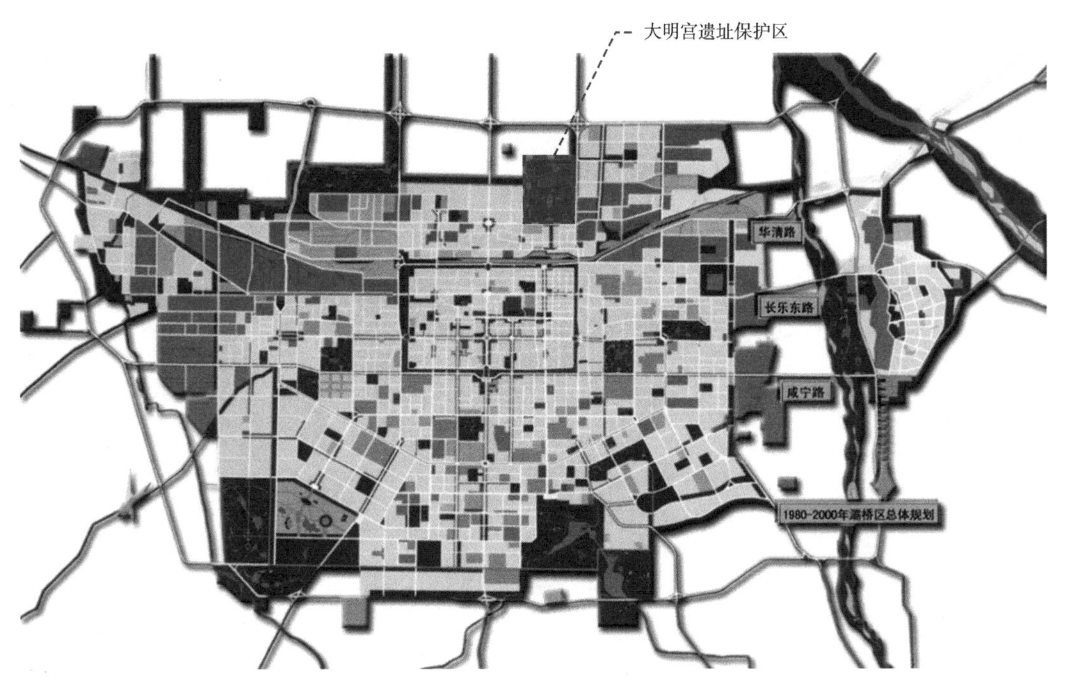

图4.2　大明宫遗址在1980版总规中位置示意
（图片来源：《西安於我》）

20世纪90年代初，利好于西部大开发政策和国家对西安的重视，1992年西安市政府开始着手编制第三轮总体规划——《西安市城市总体规划（1995年—2010年）》。这一轮总体规划继承了唐长安城棋盘式路网和轴线对称的布局特点，提出要彰显唐长安城的宏大叙事、妥善保护“周、秦、汉、唐”重大遗址等目标。规划还确立了“保护为主、抢救第一”的文物保护方针，在此基础上可考虑结合大遗址的历史文化价值，适当发展与之相协调的产业类型。针对大明宫遗址地区，规划提出要加强遗址本体范围内及周边地区的环境整治，通过协调遗址环境影响区及周边地区的城市风貌、建立大明宫遗址博物苑等措施，与中心城区范围的其他唐代遗址共同构成反映唐长安城历史风貌的要素系统（图4.3）。

这一轮总体规划在关注大明宫遗址保护的同时，也开始关注大明宫遗址地区的社会经济、城市风貌等问题。但由于在“中心集团、外围组团”理念的影响下，城市发展精力主要集中在向外扩张上。对于大明宫遗址地区范围内拥挤居住环境、不协调的城市风貌、乱搭乱建居民住房等问题依然没有较大的改变，区内基础设施和公共设施随着打工租户的增加变得严重不足。

此外，在1992～2002年间，西安市还先后组织技术力量编制了大明宫遗址保护规划，并于2004年1月获得国家文物局批复，2005年7月经陕西省人民政府第17次常务会议审议通过，2006年1月10日正式公布实施。这一规划为大明宫遗址保护提供了专属的管理依据，但由于此后国际联合丝路申遗工作的展开以及考古工作对遗址空间范围完善等原因，使得该规划在2009年前后又进行了调整和完善。从2007年以前大明宫遗址地区的

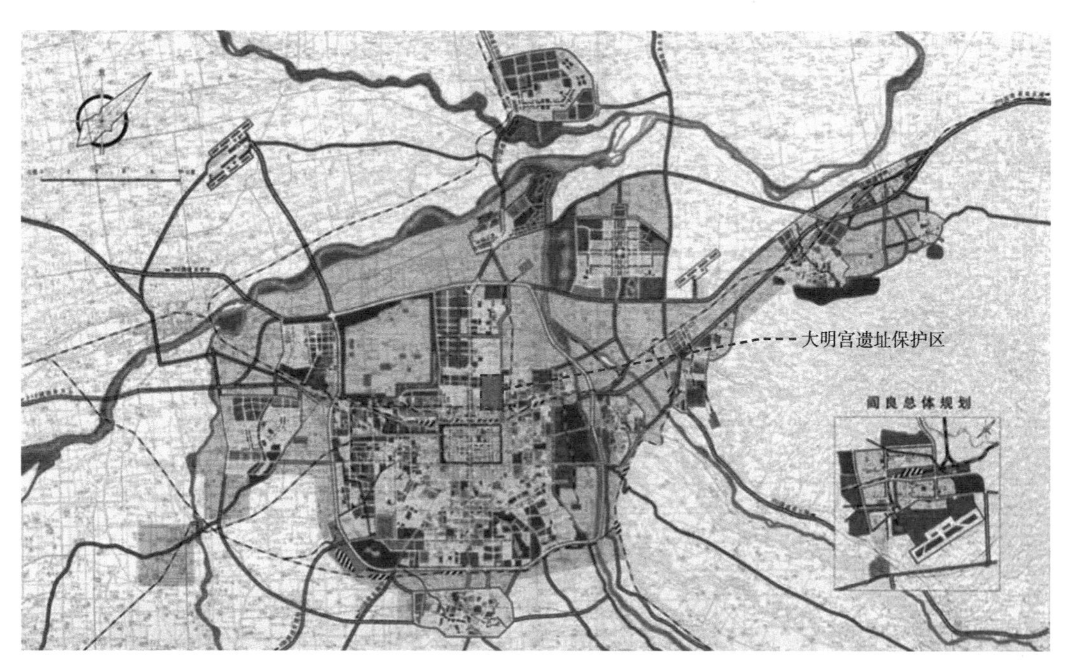

图4.3　大明宫遗址在1995版总规中位置示意
（图片来源：《西安於我》）

空间表征来看，大明宫遗址的重要性在以往的规划中越来越清晰，其历史文化功能在城市发展过程中也不断加重。从“郊野遗址+发展备用地+工业仓储区”，到“修复保护+公用绿地+城市公园”，再到“环境整治+遗址博物苑+相关产业”，展现了规划决策者对大明宫遗址的文化、社会、经济认知路线和对大明宫遗址地区空间生产的构想图景。但由于规划对遗址保护所面临困难的预估不足、规划政策的具体实施操作性不强、现实社会经济条件支撑不足等原因，在遗址地区的空间生产过程中进一步累积和加剧了大明宫遗址保护与周边地区发展相互制约的矛盾（表4.2）。

1934～2006年期间有关大明宫遗址地区的空间表征　　表4.2

形成时间	规划、条例	表征内容
1934年	《西京市区分划问题刍议》	新建新城，为保护历史文化遗存预留更多的空间资源
1941年	《西京市分区计划说明》	妥为保存，栽种树木，以增厚游览兴趣
	《西京都市计划大纲》	将童家巷的丹凤门、含元殿辟建为第二公园
1953年	《西安市城市总体规划（1953年—1972年）》	将大明宫遗址区园林绿地供市民休闲游憩之用；将遗址外围区域作为城市的地方性工业发展区域，并明确在太华路以东地区发展建材产业
1981年	《西安市城市总体规划（1980年—2000年）》	划定遗址区保护范围，恢复太液池等湖面水系
1993年	《西安市城市总体规划（1995年—2010年）》	建设唐大明宫遗址公园，整治周边地区的环境
1995年	《西安市周丰镐、秦阿房宫、汉长安城和唐大明宫遗址保护管理条例》	明确在遗址保护区内进行工程建设或者从事其他生产经营活动，不得破坏遗址的环境风貌，不得污染环境，不得危及文物安全
2002年	《西安历史文化名城保护条例》	开发利用应当保持古遗址的完整性，结合古遗址的特点和地理环境，植树种草，改善环境，建设遗址公园、博物苑
2005年	《唐大明宫遗址保护总体规划》	重新划定了6.5平方公里的建设控制地带，在确保遗址安全的前提下，促进遗址保护工作与当地社会、经济协调发展

（表格来源：参考吴宏岐．抗战时期的西京筹备委员会及其对西安城市建设的贡献；任云英．近代西安城市空间结构演变研究（1840—1949）；郭文毅，吴宏岐．抗战时期陪都西京3种规划方案的比较研究以及历版西安市城市总体规划、《西安於我》等资料整理绘制）

（三）2007年遗址地区的现状

1．基本情况

进入2000年以来，尽管西安城区进入了快速城市化阶段，但一直到2007年大明宫遗址地区的居民生活状况并没有得到明显的改善。遗址地区住房以低矮毡棚、村民自建房为主，房屋面积小，安全隐患多；排水、供热、供气设施几乎没有，居民生活用水、上厕所需排队；医疗、教育设施配套等级低、数量少，社区阅览室、老年活动中心等公共设施极度缺乏。根据李晓玲等2007年的社会调查显示，大明宫遗址及周边地区60%以上的居住者为工人和无业者，大中专人口占比不到8%，小学及以下18%，38%的居民家庭没有卫生间，适龄劳动人口中30%的居民无固定收入。

当时大明宫遗址地区的用地主要为居住、商业、工业、村庄建设、文物古迹、农林等，文化娱乐、医疗服务、道路交通等用地缺乏，各类用地布局混乱、结构失衡。遗址保护用地与商业、居住、村庄建设、工业用地等交错混杂，被侵占、挤压现象特别严重；居住用地以铁路职工和老旧企业职工住宅为主，主要为20世纪60年代前后建的3层、4层楼房，也有少量高层，主要沿未央路、北二环分布；商业用地主要集中在太华路和未央路两侧，其中太华路为大面积的大明宫建材市场，未央路为一般性商业服务设施，主要为中小型店铺，为遗址周边地区服务；大面积村庄建设用地（村民自建房屋和搭建临时性棚屋）沿自强路呈东西连片分布，并与工业厂区、仓库等错综交叉；区内工业用地主要分布在遗址区南部，主要企业有华清开关厂、通讯电缆厂、双鹤药厂等中小企业，其中较大的企业有汉斯啤酒厂、大华纺织厂等。

遗址保护区被城中村、棚户区、新旧居住区、工业厂区、仓库、企事业单位大院等密集包围，街道狭小曲折、对外联系不畅；随意乱搭乱建的棚屋造成安全隐患。在遗址保护范围6.5km^{2}内分布有7个城中村、89家企事业单位。遗址分布区3.8km^{2}内，分布有5个自然村、64家企事业单位，居住总人口近10万。宫城区和东内苑两项相加近150万m^{2}的遗址分布区被密集分布的城中村、企业厂区、职工住房、学校叠压。大量质量低劣、景观性差的违章建设，使得遗址地区文化与景观氛围荡然无存（图4.4）。

2．发展形势

大明宫遗址位于西安中心城区的一、二环之间，紧邻明古城北。2006年国务院批准同意西安市政府迁入未央区凤城八路计划和北部经济技术开发区的快速发展，使得大明宫遗址所在区域成为城市发展的核心地区。但由于长期受限于紧缺的土地资源、有限保护经费的制约等，当时大明宫遗址地区的保护与发展矛盾重重，遗址安全正遭受着极大的威胁。因此，如何能实现遗址保护与地区发展相协调，成为大明宫遗址地区今后一段时期内必须要解决的难题。

遗址所在的道北地区，是西安市最大的棚户区，约占到全市棚户区总量的2/3。长期以来，该区域一直是西安中心城区的非重点发展区域，加之大明宫遗址保护法律上的种种限制，70多年来一直没有大型生产企业、开发企业等投资入住，使得遗址地区的生活条件改善较为缓慢，居民生活水平与城市其他地区差距较大。居住条件简陋、垃圾乱堆放、饮用水排队、公共设施缺乏等问题，对西安城区的整体发展和对外形象造成一定影响，不利于遗址的长远保护和唐文化的传承、发扬。

从2004年开始，西安市政府开始启动第四轮总体规划修编工作，2008年国务院正式批复同意修订的《西安市城市总体规划（2008年—2020年）》；2005年，国际古迹遗址理事会在西安召开第15次大会并发表《西安宣言》，强调文化遗产周边环境与文化遗产同样重要；2006年，我国第一次将“丝绸之路”列入《中国世界文化遗产预备名单》，国际联合“丝绸之路”申遗工作正式进入到启动与推进阶段（唐大明宫遗址

图4.4　2007～2008年间大明宫遗址地区现状情况
（图片来源：《大明宫前世今生》）

是“丝绸之路”中国段最重要的遗址之一）；2006年国家文物局和财政部联合发布了《“十一五”期间大遗址保护总体规划》，唐大明宫遗址名列其中；2007年大明宫遗址地区保护改造领导小组正式成立，并委托曲江新区管委会负责大明宫遗址地区的保护改造工程。

2007年前后大明宫遗址地区所面临的遗址保护、环境整治、经济发展、民生改善、丝路申遗等重大问题，为未来一段时间内大明宫遗址地区空间表征的建构形成提供了事实基础和形势背景。由此直接或间接影响了一系列与大明宫遗址及周边地区相关的规划政策产生，如：《西安市城市总体规划（2008年—2020年）》《唐大明宫遗址保护总体规划》《大明宫地区保护与改造总体规划（2007年—2020年）》等，这些规划政策的效能（效应、效率、效益）状况将直接关系到上述问题的解决情况。

二、构成内容

大明宫遗址地区的空间表征，以《唐大明宫遗址保护总体规划》《大明宫地区保护与改造总体规划（2007年—2020年）》《唐大明宫国家大遗址保护展示示范园区暨遗址公园总体规划》《西安市大明宫遗址保护管理办法》为主要内容。同时为了更加系统、全面地了解大明宫遗址地区的空间表征，本书还研究了《西安市周丰镐、秦阿房宫、汉长安城和唐大明宫遗址保护管理条例》（1995年）、《西安历史文化名城保护条例》（2002年）、《西安市城市总体规划（2008年—2020年）》、《西安国际化大都市城市发展战略规划》（2009年—2020年）等相关规划和政策。在此，对部分规划内容作简要的梳理和回顾，以便更好地识别影响空间表征效能的主导观点和评估要素。

（一）《唐大明宫遗址保护总体规划》

《唐大明宫遗址保护总体规划》于2004年1月获得国家文物局批复、2005年7月经陕西省人民政府第17次常务会议审议通过，2006年1月10日正式公布实施。规划提出要严格贯彻“保护为主、抢救第一、合理利用、加强管理”的文物工作方针，及时抢救、完整保护已毁废千年的大明宫遗址，防止其被现代建筑叠压、蚕食。同时要正确处理经济建设、社会发展与遗址保护的关系，在确保遗址安全的前提下，促进遗址保护工作与当地社会、经济协调发展。为了实现上述目标，规划调整了1992年公布的保护范围，重新划定了6.5km^{2}的建设控制地带（图4.5）；在保护区内实行只迁出、不迁入的人口管理政策，并对遗址区的活动内容执行禁止、申请、审批的行政管理，遗址保护措施还包括征地、搬迁、土地利用、道路交通规划、种植规划等内容；保护经费来源以国家和省政府投资为主，并鼓励招商引资、社会捐赠等多元化方式筹措。

（二）《大明宫地区保护与改造总体规划（2007年—2020年）》

针对大明宫遗址地区保护与发展所面临的复杂状况和难题，西安市委、市政府于2007年7月委托西安市规划设计院编制了《大明宫地区保护与改造总体规划（2007年—2020年）》。规划范围北至红庙坡路、北二环路、环园中路；西起星火路、未央路、太华路；东至东二环及其延伸线，总面积23.2km^2（图4.6）。规划对遗址地区的社会经济、土地利用、对外交通、建筑质量、公共设施、产业发展等进行了分析，提出以大明宫遗址公园为核心，带动区域经济与社会发展，塑造一个具有时代特征、文化品位、环境优美的北城区改造示范新形态的目标要求。为此，规划从用地布局、公共设施配置、商业发展、建设控制、交通组织、市政配套、拆迁安置等方面制定了详细的推进落实计划。

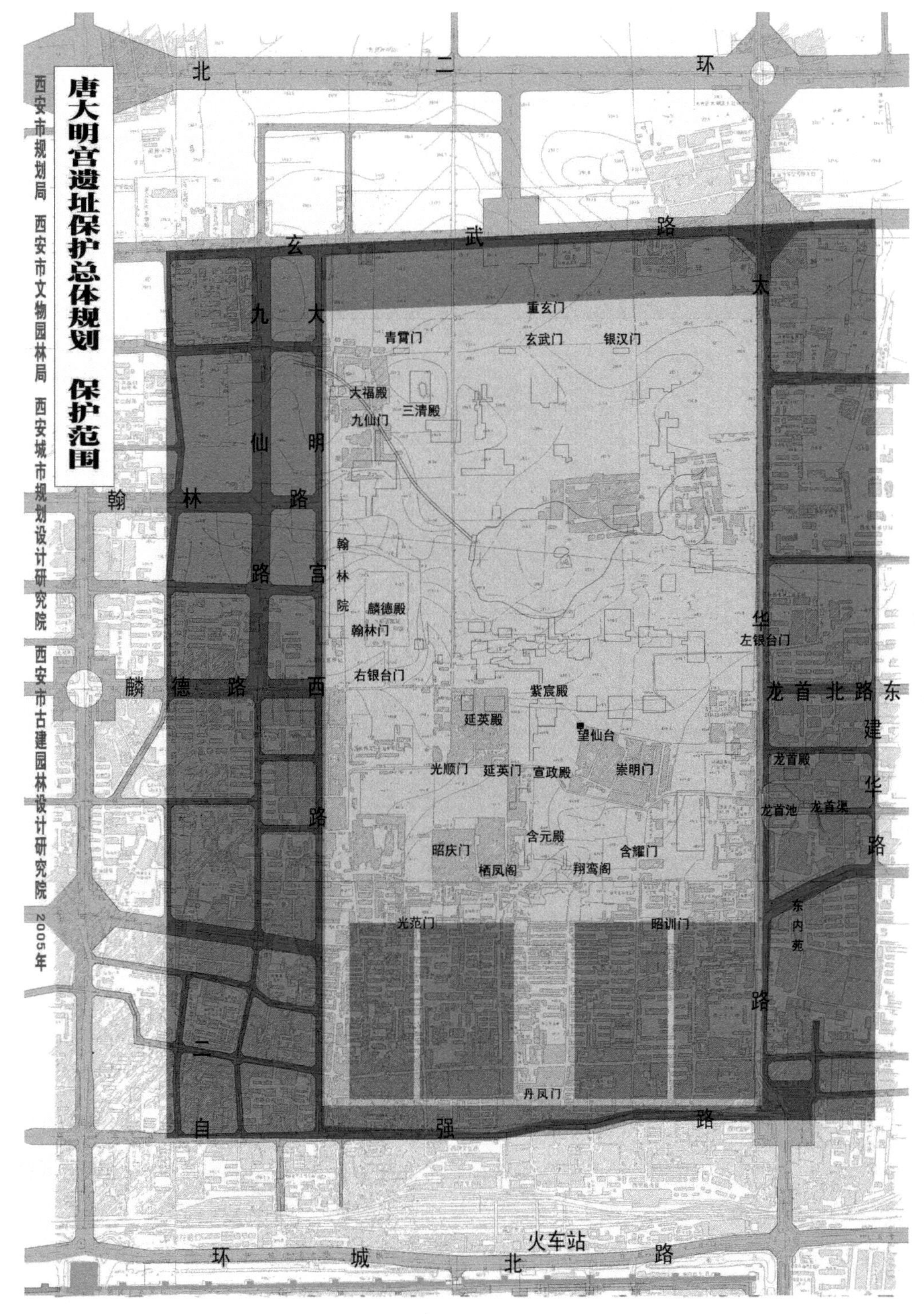

图4.5 唐大明宫遗址保护范围图

（图片来源：《唐大明宫遗址保护总体规划》）

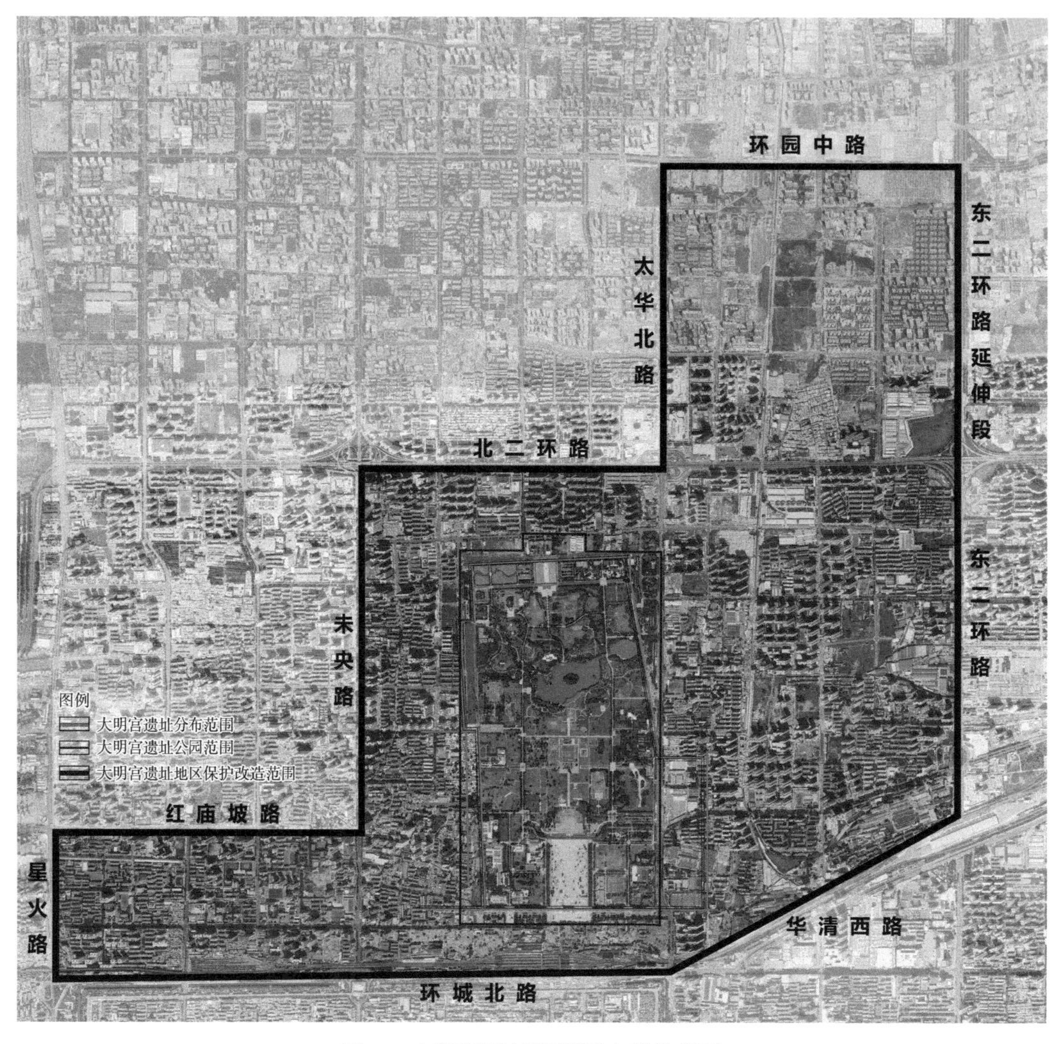

图4.6　大明宫遗址地区保护与改造范围

（图片来源：根据《大明宫地区保护与改造总体规划（2007年—2020年）》重新绘制）

（三）《唐大明宫国家大遗址保护展示示范园区暨遗址公园总体规划》

2007年，依据国家大遗址保护展示示范园区建设必须坚持“中央主导，地方配合”的原则，经与国家文物局协商，西安市制定《唐大明宫国家大遗址保护展示示范园区暨遗址公园总体规划》。规划依据上位规划《唐大明宫遗址保护总体规划》的要求，以及融合了平行规划《丝绸之路申报世界文化遗产·中国·陕西·西安段——唐长安城遗址·唐大明宫遗址保护管理规划（草案）》（2008年）的相关内容，考虑到现实的社会经济状况，对唐大明宫遗址的文物保护范围和建设控制地带进行了局部调整。规划在遵从真实性和完整性原则的前提下，鉴于大明宫遗址土质特征，提出要探索适合中国土木结构建筑遗址保护的理论、方法和材料。同时，为保障丝路申遗工作的顺利推进，对殿

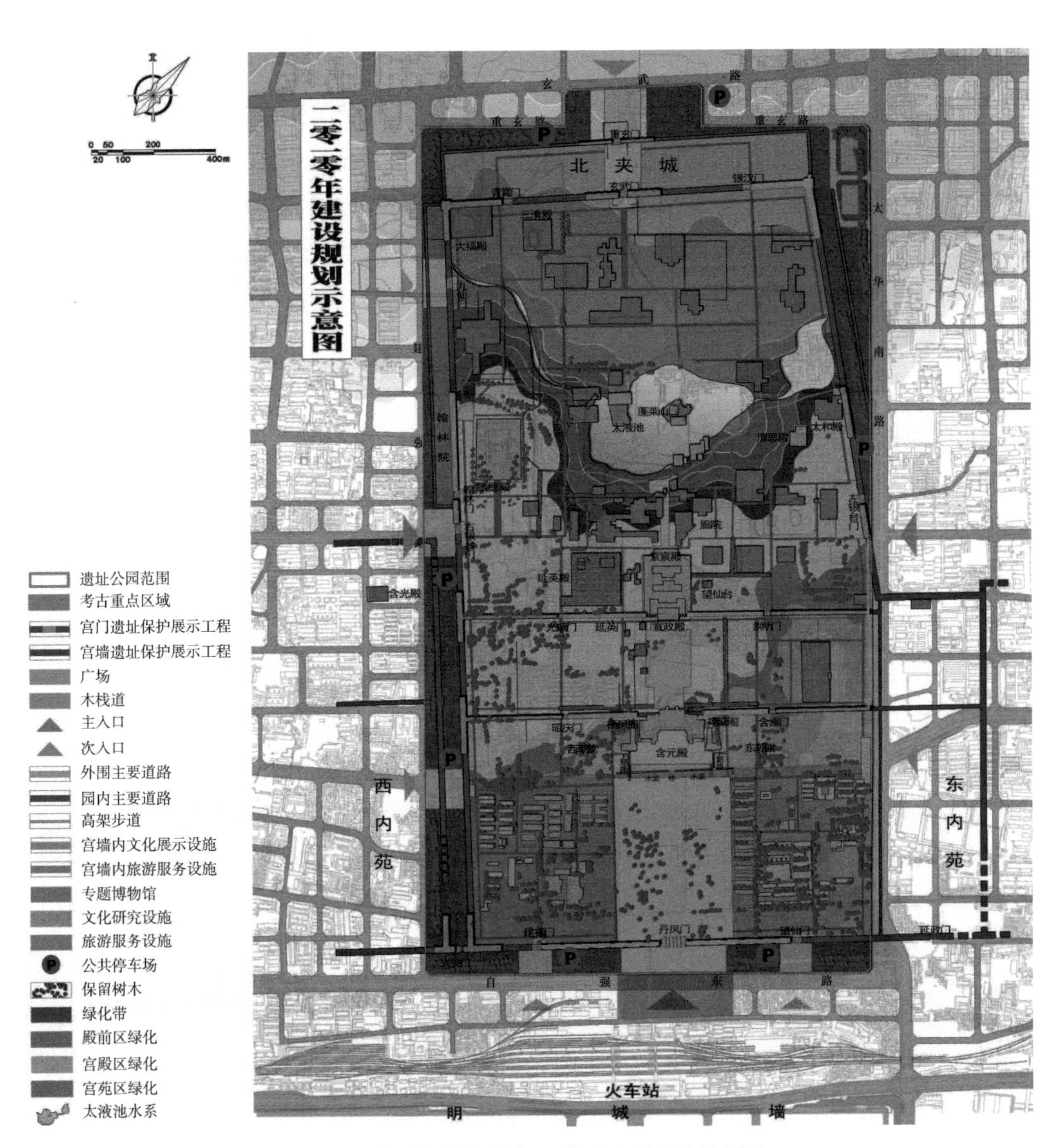

图4.7　大明宫遗址公园2010年的主要建设任务图

（图片来源：《唐大明宫国家大遗址保护展示示范园区暨遗址公园总体规划》）

前区建筑保护改造、保护工程设施、遗址博物馆、园区绿化、游园景观等项目进行了规划建设引导（图4.7）。

（四）《西安市大明宫遗址保护管理办法》

为了加强对大明宫遗址的保护和管理，依据《中华人民共和国文物保护法》等相关法律法规，西安市政府于2013年7月制定颁布了《西安市大明宫遗址保护管理办法》，提出要正确处理大明宫遗址保护与社会经济发展、人民群众生产生活的关系，确保大明宫遗址的真实性和完整性。规定曲江新区管委会负责大明宫遗址的保护管理工作，其他与大明宫遗址保护工作相关的部门应当按照各自职责，做好保护工作，市人民政府应当将大明宫遗址保护工作纳入国民经济和社会发展规划等。管理办法为曲江新区管委会全面负责遗址保护管理工作提供了法律依据，在此之前，尽管市政府委托曲江新区管委会负责大明宫遗址地区的保护与改造项目，但并没有明确其对遗址日常保护管理职责。将遗址地区综合保护改造与遗址日常保护管理相统一，有利于提升遗址地区保护与发展的行政效率。

（五）其他相关规划、政策的规定与要求

《西安市周丰镐、秦阿房宫、汉长安城和唐大明宫遗址保护管理条例》公布于1995年6月，规定遗址保护实行分级管理，经费预算统一纳入政府财政预算，对重点保护区、一般保护区及其周围的建设控制地带执行不同的管理措施，做到有效保护与科学利用相结合，继承历史文化遗产与发展经济相结合，专业管理与群众管理相结合。

2002年7月《西安历史文化名城保护条例》正式颁布实施，并将名城保护范围确定为西安市行政区域内体现西安历史文化的古遗址区域、古城墙区域以及历史文化风貌区域。针对遗址所在区域提出开发利用应当保持古遗址的完整性，结合古遗址的特点和地理环境，植树种草、改善环境，建设遗址公园、博物苑，提高古遗址的旅游观光价值。

《西安市城市总体规划（2008年—2020年）》提出要保护和凸显唐长安“六岗”自然形胜，其中包括九一之地龙首原，九二之地大明宫高岗；保护和恢复历史太液池、曲江池等“十一池”；重点展现与保护隋唐长安城的棋盘式格局，重点展现与保护历史城市的城市轮廓及重要轴线；确定大遗址文物保护范围和建设控制地带，在总体规划的基础上，进一步制定遗址公园的详细规划；围绕大明宫遗址区发展相关文化旅游产业；在大明宫遗址区的东北区域规划形成北二环商业中心、东南形成中储建材物流中心。

《西安国际化大都市城市发展战略规划》（2009年—2020年）中，大明宫遗址地区被规划为西安大都市南北主轴带的七大中心区之一，是世界东方历史人文之都建设的重要支撑。并提出将厚重的东方文化与众多文化遗产遗迹相结合，形成九大文化产业集聚区，大明宫遗址区划归到古城文化产业集聚区。

2014年10月西安市人民政府常务会审批通过《西安市城市设计导则》，将大明宫遗址区划为历史文化特色风貌区，遗址周边地区（唐城遗址内区域）划为风貌协调区。特色风貌区重点承载发展文化旅游功能，区域内的发展建设应充分考虑与区域的历史文化内涵相结合，注重对重要历史机理的传承和延续，注重运用历史文化符号来表达历史文化信息。风貌协调区主要承载发展商贸功能，规划设计应通过重新组合、装置艺术等形式，运用现代材料充分表现建筑艺术及工艺水平，表现古今融合的独特风貌。

第二节

主导观点与评估要素

一、确立评估立场

确立评估立场是为了锚固空间表征效能分析的主导观点，这是一致性、充要性、依赖性评估开展的前提。在公共政策的形成过程中会有许多参与主体，对这些参与主体的立场进行分析的人，或者代表被分析的人，是“首要参与者”。“首要参与者”的立场是首要观点，也是评估的主导观点。但这并不意味着他是最重要的参与者，抑或在权力和资源调动方面最有能力，而是评估分析要从他的立场、观点出发，按照他的价值/政策关系去做相应的分析研究工作。“首要参与者”也会关心其他参与者的立场、观点，特别在考虑政策的合理化、合法化、实施性等方面，会考虑其他参与者是否与他的观点相一致。与“首要参与者”相对应的其他参与者称为“相关参与者”，他们的立场是相关观点。参与主体的角色和职能决定了参与者的观点，对“相关参与者”角色、职能的研究，有助于恰当地理解“相关参与者”的倾向、期望和影响。而根据这些可以修正“首要参与者”的价值、目标、手段。

根据前文对大遗址地区空间生产主体构成的分析，可知大明宫遗址地区空间表征的参与者有三大类：即：①政府类，国家文物局为代表的中央政府、西安市政府，以及负责实施的曲江管委会和配合支撑的各级文物、国土、农业、交通、环保等公共事务职能部门；②市场类，西安曲江大明宫投资（集团）有限公司、西安曲江大明宫建设开发有限公司、西安曲江大明宫置业有限公司、西安曲江马拉松文化体育发展有限公司、西安万科大明宫房地产开发有限公司等国有、私营企业；③社会类，大明宫遗址地区的原住居民、西安市本地居民、外来游客以及新闻媒体、专业人士等。其中以国家文物局为代表的中央政府和西安市人民政府是大明宫遗址地区公共政策的制定者，曲江管委会、各级相关职能部门等是大明宫遗址地区公共政策的执行者，其他参与主体为大明宫遗址地区公共政策的影响者。

根据第三章第二节的分析，西安市政府作为规划政策供给者、地方发展经营者，其在大明宫遗址地区空间表征建构形成过程中的价值取向较为全面和综合，能合理地兼顾其他参与主体的价值偏好和观点立场；同时西安市人民政府也是公共利益的“化身”，其价值主张与空间正义视域下本书研究所确立的“平等、差异、开放、发展”的价值基点也最为接近。因此，本书将西安市人民政府作为大明宫遗址地区空间表征建构的“首要参与者”，将其对大明宫遗址地区保护与改造的价值取向作为大明宫遗址地区空间表征效能评估的主导观点。国家文物局、曲江管委会、原住居民等其他参与者为“相关参与者”，所持观点为相关观点。

二、识别评估要素

基于“首要参与者”的综合性价值立场，识别大明宫遗址地区空间表征的前提要素、目标要素、手段要素、结果要素。

（一）前提要素识别

价值前提（Premises and Stances，简称PS），是首要参与者组织编制规划、制定条例和办法的价值主张，也是本书开展大明宫遗址地区空间表征效能评估的主导观点。通过对影响大明宫遗址地区空间表征内容形成的有关政策、官方发言、媒体报道等梳理分析可知：大明宫遗址及周边地区的保护改造是西安市委、市政府落实科学发展观，建设“人文西安、活力西安、和谐西安”的一项重大工程。可见“人文、活力、和谐”是大明宫遗址及周边地区空间表征建构形成的价值前提，体现了西安市人民政府下定决心解决大明宫地区遗址保护、环境整治、发展经济、改善民生等重大问题的价值立场。通过进一步解析第四章第一节第二部分中的规划、条例、办法、导则等内容，将大明宫遗址地区空间表征建构形成的价值前提进一步设定为：PS1—人文，有效保护大明宫遗址地区的历史文化资源，深入挖掘大明宫遗址的历史文化内涵；PS2—活力，将大明宫遗址保护与相关产业发展相结合，带动大明宫遗址地区的经济、社会发展；PS3—和谐，遗址保护、生活改善、发展建设三者之间实现和谐统一。

（二）目标要素识别

目标（Goal，简称G），基于上述价值前提，通过对《西安市城市总体规划（2008年—2020年）》《大明宫地区保护与改造总体规划（2007年—2020年）》《唐大明宫遗址保护总体规划》等规划文本分析得出：大明宫遗址地区保护改造到2020年的总体目标是“以大明宫国家遗址公园为核心，继承、保护与发扬传统文化，构建完整的文化体系、产业体系、生态体系，塑造一个具有时代特征、文化品位、环境优美的北城区改造示范新形象”。具体可分解为：G1科学保护遗址和传承历史文化；G2文化氛围浓郁、空间特色鲜明；G3优化用地布局和经济繁荣发展；G4改善居住生活条件、提升居民幸福指数；G5丰富城市文化意象、打造世界文化重要节点。

（三）手段要素识别

手段（Strategy，简称S），是推进落实规划目标的行动计划和保障措施。综合分析大明宫遗址地区主要空间表征的内容，保障大明宫遗址地区保护改造目标落实的手段有：S1保护遗址本体及背景环境，改善遗址区内外环境。包括调整划定保护范围，点保护区3km^2，建设控制地带6.5km^2（S1.1）；创建遗址公园，加强遗址区及周边的绿化营造，架构遗址保护的绿色屏障（S1.2）；对遗址本体采取加固、补齐、回填、建棚等保护措施，对中轴线、殿前区、宫殿区、宫苑区等历史格局进行完整保护，并恢复太液池、山形、塬体等历史地形（S1.3）；对整个大明宫遗址地区实行风貌分区和建设管控（S1.4）。S2培育发展商业服务、文化创意、观光旅游、建材物流等产业，包括：在大明宫遗址历史风貌区重点发展文化旅游产业（S2.1）；通过建设博物馆等项目措施，增加遗址的观光旅游价值（S2.2）；在遗址周边地区重点发展文创、商贸产业（S2.3）；规划未央路城市商业轴和北二环城市商业轴，北二环商业中心和建材物流中心，大明宫商务圈（S2.4）。S3调整用地结构、优化用地布局，包括：规划形成“一心、四轴、六区”的空间结构（遗址核心，未央路、太华路、北二环、陇海铁路四大发展轴，遗址保护区、盛唐文化区、核心商务区、改造示范区、中央居住区、城市车站广场区）（S3.1）；迁出保护区内城中村庄、企事业单位、铁路职工住区、建材商业市场等，恢复为遗址保护用地（S3.2）；将大明宫遗址地区的工业、仓储等性质用地外迁，变更为以居住、商业、文化娱乐为主的用地结构（S3.3）；制定开发强度、建设风貌、建筑高度等管控要求（S3.4）。S4依据与城市发展水平相适应的原则，配套完善公共服务设施，包括：统筹考虑布局三级公共服务设施体系，一级中心服务于整个中心城区范围，二级中心服务于各个功能分区，三级中心主要是满足居住区内部的需要（S4.1）；规划区内布置小学23所，中学10所，医疗卫生机构6个，行政办公机构4处，文化娱乐设施9处（S4.2）。S5全方位对遗址进行展示利用，包括：遗址整体展示、建筑文物展示、太液池及周边皇家园林展示、考古及保护工程展示（S5.1）；通过遗址模拟、城台标识、地面标识、建馆覆盖、树木标识、局部复原、宫墙剖面、轴线标识、屋顶意向等方式对宫门、宫墙遗址进行展示（S5.2）；通过玻璃覆罩、地面标识、基址复原、基址柱梁架局部屋顶、模型、保护展厅对宫殿建筑进行展示，对出土文物、建造技艺、历史事件、文化艺术、历史场景等通过模拟复原、环幕投影、体验漫游等方式进行虚拟展示（S5.3）。S6形成内外畅通、快速便捷的网络化交通体系，包括：提升自强路、太华南路、建强路的道路等级，拓宽其他数条支路，并加大路网密度（S6.1）；新建未央路、太华路与自强路两处分离式立交，对区内主次干道实行区划处理，通过单行、禁直等方式重新组织优化火车站北广场区域交通方式，将火车站北广场和丹凤门广场规划为人行广场（S6.2）；规划公共机动车停车场共计40处，合理优化现状公交站点部分、强化与快速路和地铁2、3、4线的接驳（S6.3）。S7提升优化大明宫遗址地区的绿地景观系统，包括：以大明宫遗址公园为核心，以十字形景观轴为骨架，将公园、游园、林荫道等串联起来（S7.1）；利用太华路、未央路两侧楼宇布局丰富城市天际线，结合贞观路两侧的绿地、广场等要素营造大明宫入口历史空间（S7.2）。S8全面优化提升区内市政公用设施，包括改造提升给水排水设施（S8.1）；优化电力电信设施（S8.2）。S9有序拆迁、妥善安置，拆迁安置总人口6.88万，人均安置面积25m^2，安置用地位于规划区东北部，总用地面积2.7km^2（S9.1）；建材商业市场安置经营与仓储用地0.7km^2，与人口安置用地结合布置（S9.2）。S10探索城市经营、拓宽融资渠道，包括：通过基础设施建设和环境改善提升区内土地售价，进而增加政府对大明宫遗址保护的经费预算（S10.1）；由曲江新区管委会、新城区政府、未央区政府、莲湖区政府出资50亿元成立投融资平台，平台通过政策性银行贷款、商业银行贷款、国家专项资金申请等路径筹措保护改造资金（S10.2）。

（四）预期结果识别

预期结果（Result，简称R），是指规划政策实施前，规划制定者根据规划方案的价值前提、目标、手段，预估规划实施后所得到的结果。根据本书所研究大明宫遗址地区空间表征主要内容中的前提、目标、手段，有关2007年以来大明宫遗址地区保护与改造的预期结果有：R1遗址得到真实和完整保护，历史文化得到发掘和传承；R2居住生活条件明显改善；R3区内经济产业繁荣发展；R4空间特色鲜明，品牌效应凸显（图4.8）。

三、架构分析链条

（一）前提与目标

根据前文要素识别情况可知，PS1—人文，主要聚焦于大明宫遗址地区的历史文化资源保护和挖掘，与之存在逻辑关联的目标G有G1、G2、G4、G5。科学保护遗址和传承历史文化（G1）对大明宫遗址地区的历史文化传承和深入挖掘大明宫遗址的历史文化内涵有着决定影响；围绕大明宫遗址挖掘和塑造浓郁的历史文化氛围和鲜明的空间特色（G2）无疑会有利于大明宫遗址保护和相关历史文化的传承；优化现状遗址区内混乱的用地布局（G4）是有效保护遗址重要内容之一；大明宫遗址作为西安市的城市文化意向和世界文化系统的重要节点（G5）将会使遗址保护在更广的范围内获得更多的认可和支持。

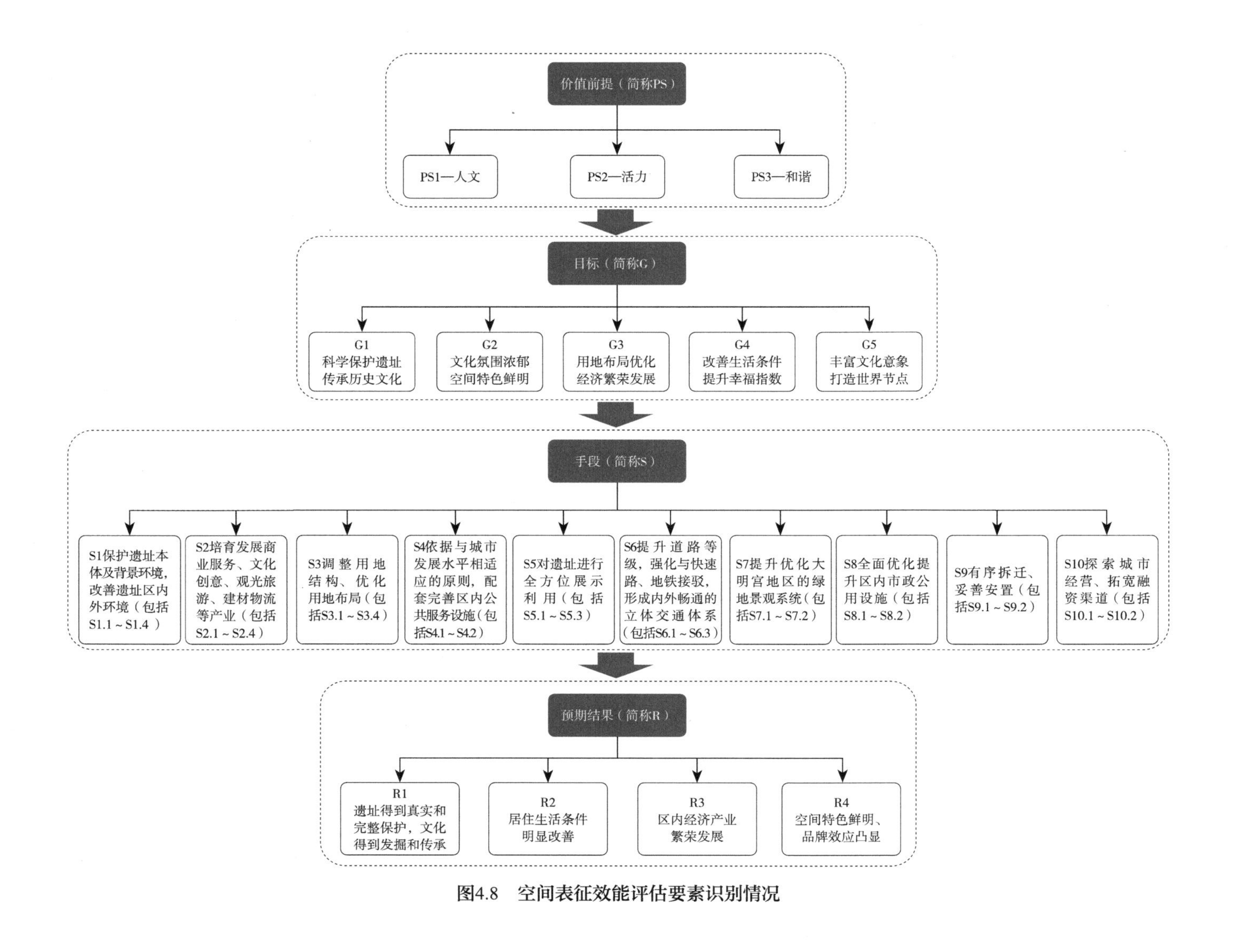

图4.8　空间表征效能评估要素识别情况

PS2—活力（将大明宫遗址保护与相关产业发展相结合，带动大明宫遗址地区经济、社会的发展与更新）与目标G1、G2、G3、G4有逻辑关联关系。科学保护遗址和传承历史文化（G1）是遗址保护与产业发展相结合的前提，没有大明宫遗址的保护，而发展与其相关的产业将成为“无源之水”，不可持续；浓郁的历史文化氛围和鲜明的空间特色（G2）会增加大明宫遗址地区吸引力，使得更多人口和资本汇集于此，为遗址保护与相关产业发展奠定人口和资本基础；通过调整和优化大明宫遗址地区的用地布局和产业结构（G3），可以带动大明宫遗址地区经济、社会的发展与更新，还可以激发市场潜力、挖掘和释放大明宫遗址保护的巨大产业价值；改善居住生活条件和提升居民幸福指数（G4）有助于营造积极健康的遗址保护与产业发展氛围。

PS3—和谐（遗址保护、生活改善、发展建设的和谐统一）与目标G1、G2、G3、G4、G5存在逻辑关联。对遗址的科学保护和传承其所承载的历史文化（G1）、塑造浓郁的历史文化氛围和鲜明的空间特色（G2）、优化用地布局和产业结构（G3）、改善居住生活条件、提升居民幸福指数（G4）以及丰富城市文化意象和打造世界文化重要节点（G5）这些目标的本质诉求是破解大明宫遗址保护与城市发展建设之间的困局，使得大明宫遗址保护、居民生活条件改善、地区发展建设三者之间实现和谐统一。

（二）目标与手段

G1—S。S1是直接针对实现目标G1所展开的系列行动措施。其中，S1.1是依据新形势对遗址保护区所做的管控调整；S1.2是改善遗址保存环境而采取的环境治理行动；S1.3是针对大明宫遗址本体保护所采取的具体措施；S1.4是对遗址周边地区空间风貌环境的管控要求。S2中S2.1～S2.3有利于传承大明宫遗址历史文化G1系列措施。其中S2.1有利于吸引更广范围的人群参观和了解大明宫遗址的文化内涵；S2.2有利于进一步挖掘大明宫遗址的历史文化内涵；S2.3有利于通过市场途径传承大明宫遗址的历史文化。S3中S3.1清晰的空间结构有助于在遗址保护区和周边地区形成与遗址相协调的功能和风貌；S3.2为大明宫遗址保护提供了用地保障。S5.1～S5.3通过实物、虚拟、标识等综合性方法和措施对遗址进行了全方位的展示利用，是传承大明宫遗址历史文化的直接行动。S7围绕大明宫遗址公园优化区内的绿地景观系统，包括以遗址公园为核心的十字景观轴S7.1、结合贞观路两侧绿地营造遗址公园入口历史空间S7.2以及对太液池对等历史水系的修复等行动措施，能有效改善大明宫遗址周边地区的形象，有益于遗址文化的传播。S9合理选择人口安置S9.1和商铺安置地点S9.2，有助于降低遗址保护中的社会摩擦，增加社会凝聚力。城市经营S10.1和拓宽融资渠道S10.2是大明宫遗址地区保护改造的主要资金来源，直接关系到遗址保护所有工作推进效率和质量。

G2—S。调整完善遗址保护管理边界S1.1，整治和美化遗址区内外环境S1.2，保护加固遗址本体并恢复历史地形S1.3，对大明宫遗址区实施风貌分区和建设管控S1.4，这些行动措施都将对目标G2的实现起到推动作用。S2.1在遗址区发展文化旅游产业、S2.2建设遗址博物馆、S2.3周边地区发展文创产业对G2浓郁的历史文化氛围形成有正向作用。S3.1清晰有序的轴线结构和功能分区对塑造空间特色具有积极作用；S3.2搬迁遗址区内非保护性质用地和S3.3将大明宫遗址地区用地调整为居住、文化娱乐等用地性质，从用地功能方面为历史文化氛围的营造提供了保障。遗址本体、建筑文物、皇家园林、保护工程的展示S5.1，模拟复原、标识体系、建馆覆盖等措施对宫门、宫墙的展示S5.2，对建造技艺和文化艺术通过场景复原、环幕投影、体验漫游等方式的展示S5.3，是文化氛围营造和空间特色塑造的直接性措施。提升优化大明宫遗址地区的绿地景观系统，包括以遗址公园为核心的十字形绿地景观框架S7.1和利用楼宇丰富城市天际线、营建入口历史空间S7.2等都属于文化氛围和空间特色构成内容。

G3—S。创建遗址公园、加强遗址区内外绿化营造S1.2，保护遗址本体及完整历史格局、恢复太液池等历史地形（S1.3），为发展观光旅游产业提供了资源基础。在大明宫遗址区重点培育发展文化旅游产业S2.1，建设遗址博物馆S2.2，在遗址周边地区发展文创和商贸产业S2.3，打造未央路城市商业轴、北二环城市商业轴、北二环商业中心和建材物流中心S2.4，是直接优化产业结构的措施。规划形成“一心、四轴、六区”的空间结构S3.1；迁出保护区内村庄、企事业单位、铁路职工住区等，将其恢复为遗址保护用地S3.2；将工业、仓储等性质用地外迁，变更为以居住、商业、文化娱乐为主的用地结构S3.3等是对用地布局进行优化的直接性行动措施。统筹布局形成公共服务体系S4.1，配套布置中小学、医疗卫生机构、文化娱乐设施、市政公用设施等S4.2，是优化用地布局和产业结构等的间接“杠杆”。对遗址进行全方位的展示利用（S5.1、S5.2、S5.3）是培育发展文化旅游业的重要内容。快捷畅通的交通体系（S6.1、S6.2、S6.3）、舒适宜人的绿化景观环境（S7.1、S7.2）、提升完善市政公用设施（S8.1、S8.2）有助于用地布局和产业调整的更好落实。妥善的拆迁和合理的安置（S9.1、S9.2）降低用地调整过程中的社会摩擦。

G4—S。S1.2创建遗址公园可以增加休闲游憩之地，对提升居民幸福指数有正向关系；S1.4独特的城市风貌、有趣的空间组织同样有助于居民幸福指数的提升。发展文化旅游产业S2.1、建设遗址博物馆等游览项目S2.2、规划大的商业中心和物流中心S2.4，可以增加就业机会和家庭收入。S3.2对遗址区内城中村、企事业单位、建材商业市场外迁和S3.3大明宫遗址地区工业、仓储外迁以及商业文化功能植入，有助于整体改善居民的生活环境和条件。S4.1统筹布局三级公共服务设施体系和S4.2全面覆盖学校、医疗、娱乐等设施，能给区内居民日常生活带来极大的便利。S5中对遗址本体展示S5.1、宫城宫门展示S5.2、环幕投影体验漫游S5.3等，不仅丰富了居民休闲活动内容，还可以获得知识增加自豪感。道路等级和道路密度S6.1、关键地区和节点交通组织方式S6.2、公交站点分布和地铁接驳换乘S6.3，与居民日常生活出行密切相关联。S7.1公园、游园、林荫道的组织串联，S7.2城市天际线、历史空间的营建等，可以改善居民的日常户外活动体验。给水排水设施S8.1、电力电信设施S8.2关系到居民日常吃水、卫生、用电、用网等内容。居住安置S9.1和市场安置S9.2的区位、规模关系到拆迁居民日后生计和生活。资金来源及其可持续性（S10.1、S10.2）是设施配套、环境提升、拆迁安置等行动落实的关键因素。

G5—S。S1中包括调整保护范围S1.1、创建遗址公园S1.2、恢复遗址历史地形S1.3、进行风貌管控S1.4均是对目标G5的直接回应。增加遗址区内旅游文化景观S2.1、建设遗址博物馆S2.2、培育发展文创产业S2.3，也是丰富文化意象和打造世界文化重要节点的直接举措。S3.1遗址保护区和盛唐文化区是以唐文化为主体城市意象；S3.2对遗址区内城中村、企事业单位的外迁有利于遗址完整保护，有助于提升大明宫遗址在世界文化符号体系中的地位。对遗址的展示利用，包括遗址本体、建筑文物、皇家园林等S5.1；局部复原、轴线标识、城台标识等S5.2；场景复原、环幕投影、体验漫游等S5.3，均属于丰富城市文化意象的范畴。围绕遗址公园创建城市景观轴线S7.1、营造遗址公园入口历史空间S7.2、丰富大明宫遗址地区的天际线S7.2等属于丰富城市文化意象的具体行动。增加政府遗址保护经费预算S10.1和可靠的资金来源S10.2是打造世界文化重要节点的物质保障。

（三）手段与结果

S1—R。与S1相关的预期结果有R1、R2、R3、R4。保护遗址本体及背景环境、改善遗址区内外环境，直接影响着大明宫遗址保护的真实性、完整性R1，且遗址物质实体的真实存在也关系到历史文化的挖掘R1。遗址保护能使得文化旅游产业发展受益R3，同时也有助于城市特色风貌空间的形成R4。遗址区及周边地区的环境提升整治，将会影响到相关地区居民的日常R2。

S2—R。围绕遗址发展的相关产业，对遗址文化的发掘和传承产生影响R1。发展遗址文化创意、商业服务、旅游观光等产业可以增加就业机会、增加居民的就业收入R2。培育发展文化旅游、文化创意产业，打造大明宫商务圈对区内经济产业繁荣有高度关联R3。以唐文化主题的文化旅游和文化创意产业发展对大明宫品牌的形成将产生影响R4。

S3—R。对遗址区内的城中村、企事业单位、铁路职工住区的搬迁，与R遗址保护存在逻辑关系。大规模搬迁城中村、企事业单位、铁路职工住区等，将会引起居民的生活条件发生变化R2。规划“一心、四轴、六区”的空间结构对遗址地区的产业发展R3和空间特色风貌产生影响R4。配置以居住、商业、文化娱乐为主的用地结构也将对R3和R4产生影响。

S4—R。医疗卫生机构、中小学、图书馆等设施是居民日常生活的必要设施，这些设施的配置等级、服务半径等要素，将影响居民日常生活条件R2。服务中心城区的公共服务设施将对区内的产业商贸、文创发展产生影响R3；同时这些设施造型、风格等也会建构大明宫遗址地区的空间特色R4。

S5—R。对遗址的展示利用是挖掘和传承大明宫遗址历史文化的重要手段R1。展示利用的内容、方式、体验效果等会影响观光旅游等产业的发展情况R3。展示利用空间、标识体系、遗址复原等对大明宫遗址地区的空间特色和品牌形成会产生影响R4。

S6—R。快速、便捷的公共交通会对改善居民日常出行和游客观光产生影响。提升道路等级、强化与城市快速立体链接，有助于物流等产业发展。增加街区路网密度、行人优先的交通秩序，对居民生活和品牌建设具有积极意义。此外，城市主要路网骨架往往也是城市空间特色的构成要素。因此，与手段S6相关的结果有R2、R3、R4。

S7—R。优美的绿地景观有助于室外产业环境的提升，同时也可以吸引居民延长户外活动的时间。以大明宫遗址公园为核心的绿地景观轴线无疑会在城市空间风貌层面对遗址的历史文化形成阐释和言传。由此可见，与手段S7相关联的结果有R1、R2、R3、R4。

S8—R。市政公用设施是改善居民生活、发展经济、打造品牌的基础条件。同时，对遗址区及周边地区市政基础设施的优化提升，无疑会有助于改善遗址的保存环境，降低日常生活垃圾对遗址产生破坏的风险。所以，R1、R2、R3、R4都与S8相关联。

S9—R。拆迁安置是遗址保护、产业发展、重塑空间的前置条件，拆迁安置措施的合理与否，一方面会影响上述事项落实效率和效果问题；另一方面也会影响被拆迁安置居民的日后生活、工作等问题，因此S9将在逻辑上与R1、R2、R3、R4存在关联。

S10—R。大明宫遗址地区的保护改造涉及资金1400多亿元，稳定的资金来源将成为所有行动措施落地的关键因素之一，会直接对遗址保护与文化传承R1、居民生活条件改善R2、区内经济产业发展R3、空间特色塑造与品牌效应形成R4产生影响。

综合以上对评估要素的逻辑关联分析结果，本书建构了大明宫遗址地区空间表征效能分析的要素关联链条（图4.9）。

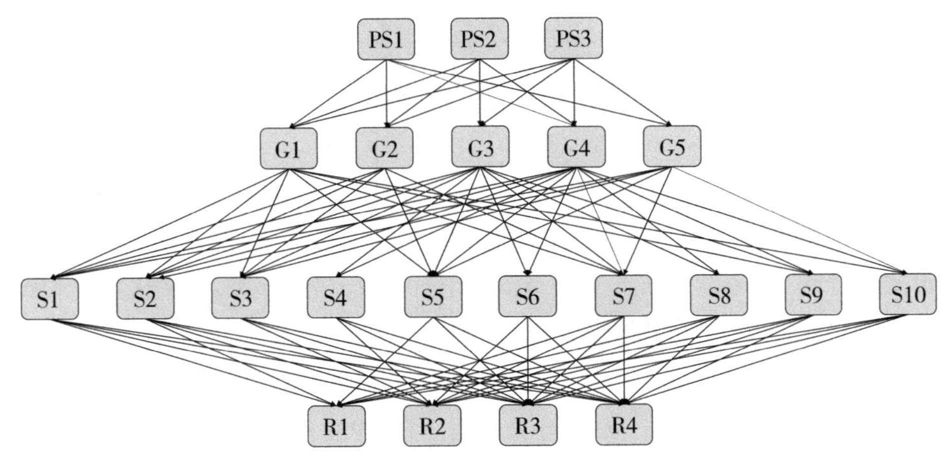

图4.9　空间表征效能分析的要素关系链

第三节

空间表征的效能分析

一、一致性（效应）分析

分析评估大明宫遗址地区空间表征主要内容的一致性，可以分析检视大明宫遗址地区空间生产（保护与改造）的价值立场是否被有效贯彻在相关规划政策体系中，以及主导参与者的价值主张和相关参与者的合理诉求在相关规划政策体系中的反映和体现程度。

（一）环节分析评价

邀请城乡规划领域专家3位、遗址保护领域专家3位、公共政策领域专家3位、了解大明宫遗址地区保护改造的专家2位。依据第三章第四节第一部分中的表3.9，对空间表征效能分析要素关系链中各环节进行一致性评分，其中要素之间未建立逻辑关系的环节不参与评分，并在评分表中对应标识为"—"项。在统计和整理专家评分基础上，计算各要素环节的一致性得分情况，并对各环节的一致性状况展开分析评价。

1．前提—目标一致性

通过计算，前提—目标一致性得分见表4.3。

前提—目标一致性得分 表4.3

	G1	G2	G3	G4	G5
PS1	9	7	5	—	9
PS2	7	6	8	8	—
PS3	8	7	8	8	5

根据表4.3的分析可知：PS1人文（保护大明宫遗址地区的历史文化资源，深入挖掘大明宫遗址的历史文化内涵）与目标G1（科学保护遗址和传承历史文化）和目标G5（丰富城市文化意象、打造世界文化重要节点）绝对一致，与目标G2（文化氛围浓郁、空间特色鲜明）非常一致，与目标G3（优化用地布局和经济繁荣发展）相当一致。PS2活力（将大明宫遗址保护与相关产业发展相结合，带动大明宫遗址地区经济、社会的发展）与目标G1、G3、G4非常一致，与G2相当一致。PS3和谐（遗址保护、生活改善、发展建设三者之间实现和谐统一）与目标G1、G2、G3、G4非常一致，与G5相当一致。

总体而言，围绕大明宫遗址地区保护改造所形成的空间表征，其目标设计较好地贯彻了“人文、活力、和谐”的价值立场。

2. 目标—手段一致性

通过计算，目标—手段一致性得分见表4.4。

目标—手段一致性得分　　表4.4

	S1	S2	S3	S4	S5	S6	S7	S8	S9	S10
G1	9	4	7	—	9	—	8	—	5	8
G2	8	4	6	—	8	—	7	—	—	—
G3	6	9	9	6	7	7	3	7	5	—
G4	7	8	7	7	4	7	5	7	3	5
G5	9	3	5	—	9	—	6	—	—	5

根据表4.4分析可知：

目标G1（科学保护遗址和传承历史文化）与手段S1（保护遗址本体及背景环境、改善遗址区内外环境）和S5（全方位对遗址进行展示利用）绝对一致，与手段S3（调整用地结构、优化用地布局）、S7（提升优化大明宫遗址地区的绿地景观系统）以及S10（探索城市经营、拓宽融资渠道）非常一致，与手段S9（有序拆迁、妥善安置）相当一致，与手段S2（培育发展商业服务、文化创意、观光旅游、建材物流等产业）稍微一致。手段S2中S2.1和S2.2在遗址区发展旅游产业和增加具有观光价值的项目，对大明宫遗址保护存在潜在的可能破坏威胁，进而影响到S2对目标G1回应的有效程度。

目标G2（文化氛围浓郁、空间特色鲜明）与手段S1（保护遗址本体及背景环境、改善遗址区内外环境）、S5（全方位对遗址进行展示利用）以及S7（提升优化大明宫遗址地区的绿地景观系统）存在非常一致关联；与手段S2（培育发展商业服务、文化创意、观光旅游、建材物流等产业）稍微一致，过分强调商业化的开发会使历史文化在商品化的过程中产生过度演绎或变异，不利于传统历史文化氛围的形成；与手段S3（调整用地结构、优化用地布局）具有相当一致关联，但在遗址区西侧布置大型的高密度住区和商业区，将不利于遗址区西片区的风貌组织。

目标G3（优化用地布局和经济繁荣发展）与手段S2（培育发展商业服务、文化创意、观光旅游、建材物流等产业）和手段S3（调整用地结构、优化用地布局）存在绝对一致性；与S5（全方位对遗址进行展示利用）、S6（形成内外畅通、快速便捷的网络化交通体系）、S8（全面优化提升区内市政公用设施）具有非常一致性；与S1（保护遗址本体及背景环境、改善遗址区内外环境）、S4（依据城市发展水平，配套完善公共服务设施）和S9（有序拆迁、妥善安置）具有相当一致性；与S7（提升优化大明宫遗址地区的绿地景观系统）稍微一致，景观有助于诠释用地类型和美化发展环境，但不起决定作用。

目标G4（改善居住生活条件、提升居民幸福指数）与S1（保护遗址本体及背景环境、改善遗址区内外环境）、S2（培育发展商业服务、文化创意、观光旅游、建材物流等产业）、S3（调整用地结构、优化用地布局）、S4（依据城市发展水平，配套完善公共服务设施）、S6（形成内外畅通、快速便捷的网络化交通体系）、S8（全面优化提升区内市政公用设施）非常一致；与S7（提升优化大明宫遗址地区的绿地景观系统）、S10（探索城市经营、拓宽融资渠道）相当一致；与S5（全方位对遗址进行展示利用）、S9（有序拆迁、妥善安置）稍微一致。

目标G5（丰富文化意象、打造世界节点）与手段S1（保护遗址本体及背景环境、改善遗址区内外环境）、S5（全方位对遗址进行展示利用）绝对一致，表现出很好地落实行动规划；与S3（调整用地结构、优化用地布局）、S7（提升优化大明宫遗址地区的绿地景观系统）、S10（探索城市经营、拓宽融资渠道）相当一致；与S2（培育发展商业服务、文化创意、观光旅游、建材物流等产业）稍微一致。主要因发展商业服务、观光旅游等产业对遗址保护造成的安全隐忧，使得手段S2对目标G5的回应表现出较低的一致程度。

3．手段—结果一致性

通过计算，手段—结果一致性得分见表4.5。

手段—结果一致性得分　表4.5

	R1	R2	R3	R4
S1	9	4	3	7
S2	3	7	8	5
S3	7	7	8	6
S4	—	8	6	2
S5	9	—	3	4
S6	—	7	8	3
S7	5	7	3	4
S8	3	9	6	5
S9	6	8	2	1
S10	6	7	3	5

根据对表4.5分析可知：

手段S1（保护遗址本体及背景环境、改善遗址区内外环境）与结果R1（遗址得到真实和完整保护、历史文化得到发掘和传承）绝对一致；与结果R4（空间特色鲜明、品牌效应凸显）非常一致；与结果R2（居住生活条件明显改善）和R3（区内经济产业繁荣发展）稍微一致。

手段S2（培育发展商业服务、文化创意、观光旅游、建材物流等产业）与结果R2（居住生活条件明显改善）和R3（区内经济产业繁荣发展）非常一致；与R4（空间特色鲜明、品牌效应凸显）相当一致；与结果R1（遗址得到真实和完整保护、历史文化得到发掘和传承）稍微一致。

手段S3（调整用地结构、优化用地布局）与结果R1（遗址得到真实和完整保护、历史文化得到发掘和传承）、R2（居住生活条件明显改善）、R3（区内经济产业繁荣发展）非常一致；与结果R4（空间特色鲜明、品牌效应凸显）相当一致。

手段S4（依据城市发展水平，配套完善公共服务设施）与结果R2（居住生活条件明显改善）非常一致；与结果R3（区内经济产业繁荣发展）相当一致；与结果R4（空间特色鲜明、品牌效应凸显）一点一致。

手段S5（全方位对遗址进行展示利用）与结果R1（遗址得到真实和完整保护、历史文化得到发掘和传承）绝对一致；与结果R3（区内经济产业繁荣发展）和R4（空间特色鲜明、品牌效应凸显）稍微一致。

手段S6（形成内外畅通、快速便捷的网络化交通体系）与结果R2（居住生活条件明显改善）非常一致和R3（区内经济产业繁荣发展）非常一致；与结果R4（空间特色鲜明、品牌效应凸显）稍微一致。

手段S7（提升优化大明宫遗址地区的绿地景观系统）与结果R2（居住生活条件明显改善）非常一致；与结果R1（遗址得到真实和完整保护、历史文化得到发掘和传承）相当一致；与结果R3（区内经济产业繁荣发展）和R4（空间特色鲜明、品牌效应凸显）稍微一致。

手段S8（全面优化提升区内市政公用设施）与结果R2（居住生活条件明显改善）绝对一致；与结果R3（区内经济产业繁荣发展）和R4（空间特色鲜明、品牌效应凸显）相当一致；与结果R1（遗址得到真实和完整保护、历史文化得到发掘和传承）稍微一致。

手段S9（有序拆迁、妥善安置）与结果R2（居住生活条件明显改善）非常一致；与结果R1（遗址得到真实和完整保护、历史文化得到发掘和传承）相当一致；与结果R3（区内经济产业繁荣发展）和R4（空间特色鲜明、品牌效应凸显）一点一致。

手段S10（探索城市经营、拓宽融资渠道）与结果R2（居住生活条件明显改善）非常一致；与结果R1（遗址得到真实和完整保护、历史文化得到发掘和传承）和R4（空间特色鲜明、品牌效应凸显）相当一致；与结果R3（区内经济产业繁荣发展）稍微一致。

（二）链条分析评价

以专家环节评价评分为基础，按照第三章第四节第一部分中公式（3—1）和公式（3—2）的计算方法，从前提出发依次计算前提—目标、前提—手段、前提—结果链条的一致性得分，并对计算结果作相应分析描述。在运算过程中，要素环节中标识为“—”的选项不参与其所在链条的运算分析。

1．前提—目标链条分析

前提—目标链条一致性得分见表4.6中PS—G一栏。

前提—目标链条一致性得分 表4.6

	G1	G2	G3	G4	G5	PS—G
PS1	9	7	5	—	9	7.50
PS2	7	6	8	8	—	7.25
PS3	8	7	8	8	5	7.20

从表4.6可以看出，从前提PS出发到目标G的链条一致性评分依次为：7.50（PS1—G）、7.25（PS2—G）、7.20（PS3—G）。对照一致性评分表可知：每项目标到前提的效应程度均为非常一致，即规划政策体系的目标对大明宫保护与改造的每项前提都有非常一致的响应效应。剔除前提—目标链条表中标识“—”的评分环节项，运用SPSS Statistics19对前提—目标链条进行列联分析，通过运算：前提—目标一致性链条的Cramer′s V（简称V系数）=0.69，显著性P=0.000<0.05。这说明目标G与前提PS不是相互独立，并且具有较强相关性。因此，总体而言规划政策体系的目标涵盖了保护改造参与主体的大部分价值诉求，较好地响应了大明宫遗址地区保护与改造的价值前提。

2．前提—手段链条分析

前提—手段链条一致性得分，见表4.7中PS—S一栏。

从表4.7中可以看出，从前提PS出发到手段S的链条评分依次为：6.65（PS1—S）、6.99（PS2—S）、6.86（PS3—S）。对比评分详细数据结果不难发现，相较于前提—目标链条的一致性得分状况，前提—手段链条的一致性得分开始有所下降，这说明有关大明宫遗址地区规划政策体系中的措施（手段S）对大明宫遗址区保护与改造的前提PS1、PS2、PS3的响应支撑程度有所下降。其中响应程度下降最大的为PS1—S链条，下降幅度为0.85分，导致下降的主要手段因素有S2、S4、S6、S8、S9等；PS2—S和PS3—S两项也有所下降，分别下降了0.26分和0.34分，导致下降的主要手段因素为S2、S7、S9等。

前提—手段链条一致性得分 表4.7

	S1	S2	S3	S4	S5	S6	S7	S8	S9	S10	PS—S
PS1	7.71	5.83	6.98	5.48	8.20	5.92	6.89	5.92	5.92	7.65	6.65
PS2	7.48	6.86	7.30	7.21	7.05	7.48	6.36	7.48	5.70	6.93	6.99
PS3	6.78	6.50	7.09	7.21	7.22	7.48	6.43	7.48	5.89	6.56	6.86

运用SPSS Statistics19对前提—手段链条进行列联分析检验，通过运算得出：前提—手段链条的*V*系数=0.52，显著性*P*=0.031<0.05。可见前提PS与手段S仍然不是相互独立，但相较前提与目标的总体相关程度，前提与手段的相关程度已经降为中等相关水平。这说明大明宫遗址地区相关规划政策体系的手段设计比较明显地开始偏离大明宫遗址地区保护与改造的价值前提，规划政策措施与参与主体的价值诉求和规划政策目标存在较多方面的不一致。

3．前提—结果链条分析

前提—结果链条一致性得分，见表4.8中PS—R一栏。

前提—结果链条一致性得分　　表4.8

	R1	R2	R3	R4	PS—R
PS1	6.94	6.28	6.01	6.15	6.35
PS2	6.57	6.83	6.78	5.95	6.53
PS3	6.85	6.78	6.14	5.98	6.43

从表4.8中PS—S一栏可知前提—结果链条一致性得分：PS1—R为6.35分、PS2—R为6.53分、PS3—R为6.43分。对比前提—目标和前提—手段的一致性得分情况，前提—结果的链条一致性得分进一步下降。其中导致PS1—R链条一致程度降低的主要结果有R2、R3、R4；导致PS2—R链条一致程度降低的主要结果有R3、R4；导致PS3—R链条一致程度降低的主要结果有R3、R4。

对前提—结果链条的总体相关性进行列联分析，运用软件SPSS Statistics19计算前提—结果链条的Cramer′s *V*=0.22，显著性*P*=0.033 < 0.05，可见前提与结果依然不是相互独立存在。但由于前提—结果链条的*V*系数为0.22，说明规划政策的价值前提与预期结果之间已落入弱相关区间，预期结果已不能充分地反映和体现大明宫遗址地区保护与改造的价值前提。

综合前提—目标、前提—手段、前提—结果链条的一致性（效应）评价分析结果，得出以下两点结论：第一，大明宫遗址地区的相关规划政策体系的目标与前提之间存在非常一致的关联效应，目标能解释参与主体的大部分价值诉求；但同时存在某些环节一致性得分较低的情况（如G3对PS1、G5对PS3），这说明这些环节在再现保护改造的价值前提、价值诉求的过程中存在一定的问题。第二，规划政策体系中的手段措施和预期结果与价值前提的链条相关性相较目标链条而言均有所降低，而这主要是源于部分手段措施不能够很好地匹配价值前提，如S2、S4、S6等手段。

二、充要性（效率）分析

充要性分析是从经济效率的角度去分析考察规划政策体系所动用资源的必要性和充分性：不必要的要素投入意味着重复和浪费，不充分的要素投入意味着失败和损失。由于充要性分析是从经济的角度去分析考察前提、目标、手段、结果四大要素在路径依赖过程中对资源的利用状况，因此充要性分析也被称为效率分析，其本质是分析检视规划政策的效率问题。

（一）环节分析评价

依据表3.10对空间表征效能要素关系链中各环节的充要性进行评价，其中未建立逻辑关联的要素环节不参与评分，并在评分表中标识为“—”项。通过统计和整理专家评分情况，分别计算出各要素环节的充要性得分，并对此做相应的充要性评价分析。

1．前提—目标环节充要性

汇总专家的评分情况，计算前提—目标环节的必要性/充分性得分，见表4.9。

前提—目标环节充要性得分 表4.9

	G1	G2	G3	G4	G5
PS1	9/9	4/5	9/9	—	7/7
PS2	7/5	4/4	9/9	5/5	—
PS3	9/9	3/5	9/9	9/9	5/7

如表4.9所示，对于前提PS1而言，目标G1、G3、G5环节评分分别为绝对必要和绝对充分、绝对必要和绝对充分、非常必要和非常充分，三个环节依赖的资源投入与前提主张有着非常高的经济效率关系；与目标G2的环节评分为比较需要和相当充分，在“文化氛围浓郁、空间特色鲜明”方面存在要素稍微投入过量和资源浪费的情况。

前提PS2与目标G2、G3、G4均有着非常高的经济效率关系，各环节评价结果依次为：比较必要和比较充分、绝对必要和绝对充分、相当必要和相当充分。与目标G1的环节评分为非常必要和相当充分，要素利用的经济效率也相对比较高，但在保护与发展结合方面存在投入略微不足的情况，可能会导致后续手段设计方向性偏离和政策预期结果的偏差。

前提PS3与目标G1、G3、G4的环节评分均为绝对必要和绝对充分，三个环节的经济效率非常高。与目标G2的环节评分为比较必要和相当充分，存在要素投入过量和资源浪费现象。与目标G5的环节评分为相当必要和非常充分，相对于前提PS3的价值主张，G5也明显存在要素投入过量和资源浪费现象。

2. 目标—手段环节充要性

汇总专家的评分情况，计算目标—手段环节的必要性/充分性得分，见表4.10。

目标—手段环节充要性得分 表4.10

	S1	S2	S3	S4	S5	S6	S7	S8	S9	S10
G1	9/9	5/5	9/7	—	9/9	—	5/3	—	7/4	8/4
G2	9/9	4/4	7/5	—	9/7	—	5/3	—	—	—
G3	9/9	9/6	9/9	6/6	7/7	7/7	4/4	6/6	5/3	—
G4	3/3	8/8	9/9	7/5	3/3	7/7	7/3	7/7	9/6	5/5
G5	9/9	5/5	7/9	—	9/7	—	5/3	—	—	5/3

根据表4.10分析可知：

目标G1与手段S1、S2、S5的必要性和充分性评分依次为绝对必要和绝对充分、相当必要和相当充分、绝对必要和绝对充分，三个环节要素投入和利用效率非常高。与S3的环节评分为绝对必要和非常充分，在用地优化调整方面存在要素投入不足问题，由此可能会导致目标发生偏离。与S7的环节评分为相当必要和比较充分；手段S7对实现遗址文化传承的针对性要素投入不足。与S9和S10的环节评分均为非常必要和相当充分；其中S9是在拆迁安置用地选择方面要素投入不足，S10在保护经费的可持续方面要素投入不足，也因此S9和S10会导致目标G1的呈现可能存在损失。

目标G2与手段S1、S2的评分依次为绝对必要和绝对充分、比较必要和比较充分，两个环节均有着非常高的效率关系。与手段S3的评分为非常必要和相当充分，要素投入与资源利用的效率水平也相对较高。与手段S5的评分为绝对必要和非常充分，该环节的效率水平也比较高，但展示仅限于保护区内的措施安排，没有考虑非遗址区的展示和整个大明宫遗址地区文化氛围营造、空间特色塑造的要素投入。与手段S7的评分为相当必要和比较充分，环节的效率水平也比较高，但落实措施仅限于总体结构性的架构和串联。

目标G3与手段S1、S3、S4、S5、S6、S7、S8的环节评分依次为：绝对必要和绝对充分、绝对必要和绝对充分、相当必要和相当充分、非常必要和非常充分、非常必要和非常充分、比较必要和比较充分、相当必要和相当充分，7个环节的效率水平均非常高。与手段S2的评分为绝对必要和相当充分，要素投入多集中在产业用地供给方面，而对于产业培育发展的政策措施要素投入不充分。与手段S9的评分为相当必要和比较充分，环节的经济效率水平相对较低，这主要源于拆迁和就业安置考虑不足，相应的要素资源投入不充分。

目标G4与手段S1、S2、S3、S5、S6、S8、S10的环节评分依次为：比较必要和比较充分、非常必要和非常充分、绝对必要和绝对充分、比较必要和比较充分、非常必要和非常充分、非常必要和非常充分、相当必要和相当充分，上述各环节的要素投入和利用效率均非常高。与手段S4的评分为非常必要和相当充分，在设施配套方面存在要素投入不充分情况。与手段S7的环节评分为非常必要和比较充分，在改善居民日常生活的绿地景观要素方面投入不充分。与手段S9的环节评分为绝对必要和相当充分，针对安置措施所影响的解决生活改善等问题的要素投入不足。

目标G5与手段S1、S2环节评分为：绝对必要和绝对充分、相当必要和相当充分，两个环节在落实“丰富城市文化意象、打造世界文化节点”目标方面有着非常高的效率。与手段S7、S10的环节评分均为相当必要和比较充分，其中S7的设计并没有直接以世界文化节点为目标导向，存在要素效果折损和不匹配问题；城市意象和文化节点是长期性事件，需要站在更高的角度去制定费用筹措机制，而S10更多是一次措施，可持续性差。与手段S3环节评分为非常必要和绝对充分，关于落实目标G5方面，相关土地要素的投入已明显超出了打造世界文化节点的需要。

3．手段—结果环节充要性

汇总专家的评分情况，计算手段—结果环节的必要性/充分性得分，见表4.11。

手段—结果环节充要性得分　　表4.11

	R1	R2	R3	R4
S1	9/9	5/5	3/7	7/9
S2	4/4	8/6	9/9	5/5
S3	9/7	9/6	7/7	6/6
S4	—	9/4	4/4	3/3
S5	9/9	—	6/8	5/3
S6	—	6/6	8/8	4/4
S7	4/4	7/2	3/3	5/3
S8	4/4	9/9	6/6	2/2
S9	9/9	9/6	7/7	3/1
S10	9/6	9/5	5/5	5/3

根据表4.11可知：S1与R1、R2的效率最高，环节评分分别为绝对必要和绝对充分、相当必要和相当充分；与R4为非常充分和绝对必要关系，效率也相对较高；与R3为比较必要和非常充分关系，预期结果R3所需要的资源远远大于手段S1的资源投入，结果失败的可能性增大。

手段S2与结果R1为比较必要和比较充分关系；与结果R2为非常必要和相当充分关系；与结果R3为绝对必要和绝对充分关系，与R4为相当必要和相当充分关系。总体而言，S2与R1、R3、R4的经济效率均比较高，与R2（改善居住生活条件）存在落实措施不充分问题。

手段S3与结果R3和R4的效率最高，其中R3为非常必要和非常充分、R4为相当必要和相当充分；相对结果R1中涉及的用地内容，表现为绝对必要和非常充分的效率关系；与R2体现为绝对必要和相当充分，投入措施与真实需求存在错位。

手段S4与结果R2的评分为绝对必要和比较充分，环节经济效率较低，设施配置内容和标准考虑不够充分；与结果R3和R4的经济效率较高，两项评分均为比较必要和比较充分。

手段S5与结果R1的环节评分为绝对必要和绝对充分，两者之间的经济效率比较高；与R3的环节评分为相当必要和非常充分，两者之间也呈现出了良好的匹配关系，S5并不能产生较大的产业价值，但落实S5可以对预期产业发展起到催化放大效应；与R4的环节评分为相当必要和比较充分，遗址展示有助于空间特色和品牌的塑造，但仅限于遗址区内，措施投入不够充分。

手段S6与结果R2、R3、R4的环节效率均较高，环节评分依次为相当必要和相当充分、非常必要和非常充分、比较必要和比较充分。良好的交通出行是居住生活条件改善的重要内容之一，更是产业发展的首要条件。交通线路和场站是空间特色和地区品牌展示的重要窗口，要素投入与预期结果匹配度较高。

手段S7与结果R1、R3的效率最高，两个环节的评分为比较必要和比较充分。手段S7与R2的效率较低，评分为非常必要和稍微充分。手段S7不全面和没有针对性的措施投入，是导致与R2效率低的主因。手段S7与R4的效率关系也比较低，评分为相当必要和比较充分。

手段S8与结果R1、R2、R3、R4均表现出非常高的资源利用效率，其环节评分依次为比较必要和比较充分、绝对必要和绝对充分、相当必要和相当充分、稍微必要和稍微充分。

手段S9与结果R1和R3的环节评分依次为绝对必要和绝对充分、非常必要和非常充分，两个环节表现出了较高的效率关系；与结果R2的环节评分为绝对必要和相当充分，手段S9投入的措施不够充分，可能会导致预期结果的不理想；与R4环节评分为比较必要和稍微充分，手段S9具体措施并没有明显针对结果R4的投入，严重影响到该环节的效率。

手段S10与结果R1和R2的环节评分均为绝对必要和相当充分，效率水平表现一般，对R1而言缺少稳定性的支持，对R2而言预估不足。对R3引导支持表现出较好的效率，环节评分为相当必要和相当充分。与R4环节评分为相当必要和比较充分，效率表现一般。

（二）链条分析评价

按照第三章第四节第一部分中的计算方法，从前提出发依次计算前提—目标、前提—手段、前提—结果逻辑链条的充要性得分，并对计算结果作相应分析描述。在运算过程中，要素环节标识为“—”的选项不参与其所在链条的充要性运算分析。

1．前提—目标链条分析

前提—目标链条充要性得分见表4.12中PS—G列。

前提—目标链条充要性得分　　表4.12

	G1	G2	G3	G4	G5	PS—G
PS1	9/9	4/5	9/9	—	7/7	7.25/7.50
PS2	7/5	4/4	9/9	5/5	—	6.25/5.75
PS3	9/9	3/5	9/9	9/9	5/7	7.00/7.80

从表4.12可以看出，从前提PS出发到目标G的链条充要性评分依次为：7.25/7.50（PS1—G）、6.25/5.75（PS2—G）、7.00/7.80（PS3—G）。对照充要性评价标准可知：前提PS1到目标G的链条充要性为：非常必要和非常充分，目标G与前提PS1的效率非常高；前提PS2到目标G的链条充要性为：相当必要和相当充分，该链条的总体效率也非常高；前提PS3到目标G的链条充要性为：非常必要和非常充分，同样链条的总体效率也非常高。

剔除前提—目标链条表中标识“—”的评分环节项，运用SPSS Statistics19对前提—目标链条充要性相关程度进行列联分析，通过运算得出：前提—目标充要性链条的V系数=0.79，显著性P=0.001 < 0.05。这表明前提PS与目标G在必要性和充分性方面存在显著的相关性，且关联程度较强。总体而言，规划政策目标所动用的要素资源能够非常高效地落实参与主体的价值诉求。

2．前提—手段链条分析

前提—手段链条的充要性得分，见表4.13中PS—S一栏。

前提—手段链条充要性得分　　表4.13

	S1	S2	S3	S4	S5	S6	S7	S8	S9	S10	PS—S
PS1	8.08/8.21	6.65/6.20	7.72/7.61	7.35/7.35	7.79/7.55	7.94/7.94	5.83/5.32	7.35/7.35	7.35/5.61	7.31/5.34	7.34/6.85
PS2	6.98/6.65	6.56/5.81	7.37/6.73	6.67/6.28	6.65/6.14	7.35/7.35	5.61/4.42	6.67/6.67	6.81/5.07	7.11/4.74	6.78/5.99
PS3	7.22/7.71	6.86/6.72	7.73/7.91	7.65/7.04	6.97/7.14	7.94/7.94	6.07/5.02	7.64/7.64	7.94/6.36	6.88/5.83	7.28/6.93

对照第三章第四节第一部分的充要性评价标准可知：前提PS1到手段S链条的充要性为：非常必要和非常充分，手段S与前提PS1有着非常高的效率关系；前提PS2到手段S链条的充要性为：非常必要和相当充分，对比前提PS2到目标G链条的充要性得分情

况，PS2—S链条的效率有所下降，这主要体现在PS2—S链条中手段S2、S4、S5、S7、S9、S10投入资源不足影响到了链条PS2到S的效率；前提PS3到手段S的链条充要性为：非常必要和非常充分，链条的效率也非常高。

基于SPSS Statistics19对前提—手段链条的充要性相关程度进行分析检验，通过计算得出：前提—手段充要性链条的V系数=0.47，显著性P值为$0.017 < 0.05$。这表明前提—手段链条在充要性方面仍然显著相关，但相较于前提—目标链条，前提—手段链条的相关程度已下降为中等相关。总体来看，规划政策体系在经过手段路径之后，仍能保持高效的要素投入利用水平，但手段要素投入已较大程度偏离前提诉求。

3．前提—结果链条分析

前提—结果链条的充要性得分，见表4.14中PS—R一栏。

前提—结果链条充要性得分 表4.14

	R1	R2	R3	R4	PS—R
PS1	7.39/6.91	7.34/6.25	6.74/6.88	6.50/6.17	6.99/6.55
PS2	6.89/6.19	7.02/5.82	6.40/6.25	6.00/5.47	6.58/5.93
PS3	7.21/6.87	7.41/6.40	6.72/6.90	6.31/6.07	6.91/6.56

从表4.14中PS—R一栏可知：前提PS1到结果R为非常必要和非常充分，两者之间保持着非常高的效率关系；前提PS2到结果R为非常必要和相当充分，在前提PS2到结果R2、R4存在要素稍微投入不充分情况，影响了PS2—R链条的效率；前提PS3到结果R为非常必要和非常充分，两者之间也有着非常高的效率关系。

对前提—结果链条的充要性相关程度进行分析检验，运用软件SPSS Statistics19计算前提—结果充要性链条的V系数=0.39，显著性$P=0.031 < 0.05$。相较前提与手段，前提与结果充要性相关程度下降为较弱相关。这表明经目标、手段、结果环节后，对于落实前提的资源效率水平仍然比较高，但两者间的相关程度降低，表明政策方案投入的要素资源已经偏离了前提实现需要。

三、依赖性（效益）分析

依赖性分析本质是从相关参与者利益的角度出发，分析评价规划政策的认可度和可行性。规划政策不仅要反映首要参与者的利益，还要呈现相关参与者的利益，因此依赖性分析也被称为效益评价。实施规划政策能否成功，很大程度上取决于政策所主张的价值是否契合相关参与者的观点（相关观点）。大明宫遗址地区空间表征效能的依赖性分析，是从相关观点（西安市人民政府之外其他参与者）出发，分析评价这些参与者对大明宫遗址地区规划政策方案的支持和反对、合作和抗拒情况，即规划政策方案的认可度和配合度。

（一）识别关键要素和相关参与者

根据大明宫遗址地区保护改造前的问题情况、基础条件、功能定位、发展方向，结合遗址资源的稀缺性和政府政策导向，采用德尔菲法由专家团队依据预先设定的评分标准（表3.13），对PS1（人文）、PS2（活力）、PS3（和谐）三个前提的重要性进行打分排序。通过归纳统计打分情况可知：大明宫遗址作为不可再生珍贵的历史文物资源，彻底解决其现状保护问题和挖掘传承其历史文化，是大明宫遗址地区相关规划政策发起的直接原因，与之相对应前提PS1的重要性也最高（9分）；而破解“遗址保护、生活改善、发展建设”之间的矛盾，即实现遗址保护、生活改善、发展建设之间的和谐统一（PS3），是科学有效保护大明宫遗址必须面对的重要课题，其重要排序为第二（8分）；让遗址保护惠及地区经济和社会发展（PS2），不仅能够促进地方经济发展和增加社会活力，而且反过来还可以促进大明宫遗址的长远有效保护，其重要性排序为第三（7分）。由此可见，在PS1（人文）、PS2（活力）、PS3（和谐）三个前提中，PS1（人文）无疑最为关键。

从前提PS1出发，与之对应有G1、G2、G3、G5 4个目标，在一致性方面，目标G1（科学保护遗址和传承历史文化）和目标G5（丰富城市文化意象、打造世界文化重要节点）与前提PS1均为绝对一致；在充要性方面，目标G1（科学保护遗址和传承历史文化）和目标G3（优化用地布局和经济繁荣发展）与前提PS1为绝对必要和绝对充分。由此可见，科学保护遗址和传承历史文化（G1）是有效保护大明宫遗址地区历史文化资源和深入挖掘大明宫遗址历史文化内涵前提（PS1）的最关键目标。手段S1（保护遗址本体及背景环境、改善遗址区内外环境）和手段S5（全方位对遗址进行展示利用）在所有手段中与目标G1（科学保护遗址和传承历史文化）一致性关联程度最高（均为绝对一致）；同样目标G1对手段S1和S5的充要性均为绝对必要和绝对充分，依然在所有手段中要素投入利用效率最高。但全方位的展示利用（S5）是以保护遗址本体及背景环境、改善遗址区内外环境（S1）为前置条件，因此在所有手段中S1是实现目标G1的关键手段要素。在4个预期结果中，R1（遗址得到真实和完整保护、历史文化得到发掘和传承）与手段S1（保护遗址本体及背景环境、改善遗址区内外环境）的一致性程度最高（绝对一致）；在充要性方面，依然是在所有预期结果中R1与手段S1的效率关系最高。综合以上分析，大明宫遗址地区规划政策的关键链条为PS1（有效保护大明宫遗址地区的历史文化资源，深入挖掘大明宫遗址的历史文化内涵）—G1（科学保护遗址和传承历史文化）—S1（保护遗址本体及背景环境、改善遗址区内外环境）—R1（遗址得到真实和完整保护、历史文化得到发掘和传承）。

根据城市大遗址地区空间生产的主体构成，从大明宫遗址地区空间生产的关键链条出发，可以鉴别大明宫遗址地区规划政策所影响的相关利益者（相关主体）有：上级管理部门（国家文物局为代表的中央政府），下级执行部门（曲江管委会和配合支撑的各级文物、国土、农业、交通、环保等公共事务职能部门），市场企业组织（西安曲江大明宫投资（集团）有限公司，西安万科大明宫房地产开发有限公司等国有、私营企业），遗址地区原住居民、西安市本地居民以及第三方公共、公益组织和专业人士（新闻媒体、非营利组织、专业人士）等。这六类主体基本上覆盖了大明宫遗址地区规划政策所影响的主要利益相关者，这些主体对关键要素的支持和反对情况是政策实施成败的关键。

（二）规划政策体系的认可度分析

依据第三章第四节第一部分中的依赖性分析方法，相关利益者对大明宫遗址地区保护改造规划政策方案的认可度（支持和反对）情况见表4.15。

相关利益者对规划政策方案的认可度评分　　表4.15

	PS1	G1	S1	R1	认可度
上级政府	9	9	7	9	8.50
下级政府	8	8	5	6	6.75
企业组织	6	7	4	3	5.00
遗址地区原住居民	8	7	2	4	5.25
西安市本地居民	7	5	7	5	6
第三方等	7	5	4	5	5.25

对表4.15进行评价分析：

（1）上级政府

以国家文物局为代表的上级政府部门对大明宫遗址地区的保护改造绝对支持。一方面，保护历史文化遗产是以国家文物局为代表中央政府部门的重要职能，明确写在相关的法律、法规和部门职能规定中；另一方面，大明宫遗址具有无可替代的世界级历史文化意义，对其进行科学的保护无疑会提升政府公信力和增加社会凝聚力。

（2）下级政府

大明宫遗址地区的保护改造具有全国、世界级的关注度。以曲江管委会为代表的下级专门执行单位，对规划政策方案非常支持。同时由于保护改造涉及未央区、新城区、莲湖区、经济技术开发区4个区的资源和利益再分配问题，部分下级部门在具体的策略推进配合上表现出较低的支持认可度。

（3）企业组织

项目潜在巨大的商业经济利益，无疑会吸引企业组织对规划政策目标有着非常高的认可支持度（非常支持）。但由于历史文化属性、复杂的空间构成等因素影响，会显著提高企业开发运营的门槛和成本，由此在部分政策前提、推进措施、预期结果等方面降低了支持认可度。

（4）遗址地区原住居民

长年受限于遗址保护管控，使得大明宫遗址地区的基础设施、公共设施、景观环境、治安管理等远远滞后于城市其他区域，遗址区的原住居民迫切需要通过保护改造尽快、彻底地改善他们的居住生活条件。因此，对规划政策前提和目标有着非常高的支持认可度，但由于居民过高的社会预期和有限物质经济资源，在某些政策措施和预期结果方面难以达成共识，降低了对措施和结果的支持认可度。

（5）西安市本地居民

本地居民对大明宫遗址地区保护改造政策持相当支持认同度。一方面，保护改造政策实施可以提升西安市文化品牌影响力，增加居民家园感、归属感和自豪感；另一方面，遗址保护和开发利用可以促进经济发展，增加就业机会。但由于调研和宣传力度不够，城市居民很难全面地了解政策内容，也因此认为规划政策与其关系不大，进而影响了支持认同度。

（6）第三方公共、公益组织和专业人士

在大明宫遗址地区保护改造中，第三方公共、公益组织和专业人士主要表现为新闻媒体、世界遗产保护相关组织，以及国际、国家层面的遗产保护专家、城乡规划专家等，他们对规划政策持相当支持认同的态度。尽管他们以文化遗产保护，社会公共、公众问题为站点，但由于参与渠道不畅、相应法律制度不完善等原因，以至于参与仅限于遗产保护范畴，而在弱势群体的专业援助和事件的持续跟踪等方面较弱。

总体而言，利益相关者对大明宫遗址地区保护改造的规划政策有着相当以上的支持认可度。其中，上下级政府支持认可的力度最大，它们对规划政策的每个环节均表现出了相当以上的支持认可度；而企业组织、遗址区原住居民、西安市本地居民、第三方公共、公益组织和专业人士对规划政策持相当支持态度，其中企业组织和遗址地区原住居民由于牵涉直接的经济利益问题，对落实策略和预期结果的支持认可度较低，增加了政策推进落实的难度；而西安市本地居民由于参与机制不完善和信息不对称等使得他们很难完全把握政策措施和结果与自己的利害关系，降低了他们的支持认可度；第三方公共、公益组织受限于可参与的范围和所了解政策信息的情况，对部分政策措施和结果表现出较低的支持认可度。

（三）规划政策体系的可行性分析

汇总专家评价情况，相关利益相关者对大明宫遗址地区保护改造规划政策方案的合作和抗拒（配合度）情况见表4.16。

利益相关者对规划政策方案的配合度评分 表4.16

	PS1	G1	S1	R1	配合度
上级政府	9	9	4	4	6.25
下级政府	8	8	5	6	6.75
企业组织	5	5	–3	2	2.25
遗址地区原住居民	8	6	–2	–2	2.50
西安市本地居民	7	5	3	3	4.50
第三方等	7	5	4	3	4.75

对表4.16进行评价分析：

（1）上级政府

以国家文物局为代表的上级政府部门在对大明宫遗址地区的保护改造中主要关注考古发掘、本体加固、环境整治、保护区内管控等方面，并对此有着非常高的配合度；而在拆迁安置、经济发展、开发利用等方面，由于管理权限、权责利益等原因，仅限于事务特批、默许同意等非正规形式合作，因此关于这类事务又展现出了较低的配合度。

（2）下级政府

为了有效推进保护改造工作，由时任西安市政府主要领导牵头成立的保护改造领导小组全权委派下属单位（曲江管委会）推进落实保护改造方案，在规划政策方案的前提、目标方面有着非常高的合作执行度。同时由于曲江管委会又下设许多经营性投资开发公司，且涉及其他执行配合部门的利益分配问题，由此下级部门又会在手段和预期结果方面降低合作程度。

（3）企业组织

企业组织参与大明宫遗址地区保护改造的相关事项，完全基于潜在的经济商业利益。尽管会在名义上对规划政策方案的前提和目标表现出相当程度的合作意愿，但其根本目标是追求超额的利润。在涉及切实利益分配的有关措施和预期结果时，他们往往会因为疯狂地追逐经济利益，通过手段要素去对抗、改变不符合自身利益的保护改造措施，同时他们也不会就偏公益性的文化、社会方面预期结果进行有效合作。

（4）遗址地区原住居民

遗址地区的保护改造对于原住居民来说无疑是一次显著改善生活条件的机会。为此，在规划政策前提和目标方面原住居民表现出非常配合的合作程度。但因个别“一夜暴富”的社会现象，成功拉高了原住居民对保护改造的物质预期；加之多年来快速城市化过程中因拆迁等问题积累的不信任，使得原住居民在手段和结果方面表现出了“天然”的排斥和对抗。

（5）西安市本地居民

西安市本地居民对保护改造关注更多的是非直接性利益。他们希望通过合作能更加便利地接近遗址和享受遗址带来的文化自豪感，并寄希望于保护改造能带来更多、更好的就业机会。因此，他们对前提、目标有着相当以上的合作意愿，但由于参与渠道不畅和专业知识限制等原因，在手段和结果上只能限于舆论上的合作支持。

（6）第三方公共、公益组织和专业人士

这一类主体主要致力于社会公益事业和协助解决各种社会问题。在大明宫遗址地区保护改造中，主要以中国世界遗产委员会为代表的组织和专业人士对大明宫遗址保护有着非常高的合作程度；而对于遗址保护之外的其他社会问题，由于相关组织不发达、制度体系不完善等因素限制，导致合作程度偏低。

综上分析以上各类相关利益者，上下级政府对规划政策实施的配合程度相当高，西安市本地居民和第三方及专业人士等对规划政策的实施拥有稍微程度的配合，而企业和遗址区原住居民源于对物质经济利益的"纠葛"，只在前提和目标层面有着相当的合作程度，而对策略和结果内容呈现出一点反对和抗拒。

第四节

本章小结

基于前文架构空间表征效能分析的方法技术体系，本章拟通过对大明宫遗址地区规划政策的一致性、充要性、依赖性分析，来考察评估大明宫遗址地区空间表征的精神效能水平。首先，通过对大明宫遗址地区空间表征的建构脉络和建构背景的回溯，以及对2007年以来影响大明宫遗址地区空间生产规划政策的解析，锚定了空间表征效能分析的主导观点。其次，从主导观点出发对大明宫遗址地区空间表征内容的前提、目标、手段、结果4个要素进行了识别，建立了前提与目标、目标与手段、手段与结果的评价关系链。最后，以关系环节和关系链为抓手，通过一致性效应分析，检视了大明宫遗址地区空间生产的价值立场是否被有效地贯彻在规划政策中，以及规划政策对首要参与者的价值主张和相关参与者的合理诉求的体现程度如何；通过充要性效率分析，从资源配置利益的角度考察了规划政策的效率情况，即：规划政策体系动用各种物质、非物质资源的必要性和充分性；从相关参与者观点出发，通过依赖性效益分析，综合评估了相关参与者对大明宫遗址地区规划政策方案的支持、反对和合作、抗拒情况。本章主要得出以下几点结论：

（1）大明宫遗址地区的规划政策目标能够解释参与主体的大部分价值诉求，但由于产业发展、公共设施、拆迁安置等政策措施不能很好地匹配西安市政府提出的“人文、活力、和谐”价值前提，导致了规划政策体系的手段和预期结果到价值前提链条的一致性效应水平不高。

（2）对于价值前提的落实，目标、手段、预期结果环节总体上保持了高效的资源要素投入，但部分环节、链条存在资源要素投入不充分或偏离前提需要的问题。如：在落实“改善居住生活条件、提升居民幸福指数”目标方面，投入的教育设施、医疗设施、绿地景观等严重不足；在落实“人文”前提方面，“文化氛围浓郁、空间特色鲜明”目标存在资源要素投入偏离前提需要的问题。资源要素投入的不充分或偏离前提需要制约了规划政策体系的效率水平。

（3）上下级政府对规划政策的认可度最高；由于涉及经济利益问题，企业组织和原住居民对规划政策的认可度较低；受限于参与机制、参与范围等，本地居民和第三方以及专业人士对部分规划政策措施的认可度较低。上下级政府对规划政策有着较高的配合度；本地居民和第三方及专业人士对规划政策持有稍微程度的配合；而企业和原住居民仅限于前提和目标层面的相当配合，甚至对部分策略和结果表现出稍微的反对和抵触。

第五章

大明宫遗址地区空间实践的物质效能分析

第一节

空间实践的物质表征

空间实践的物质表征表面上对应于遗址地区的物质环境，但实则还暗含了物质环境所承载的功能。因此在物质效能评估分析前，有必要从物质环境变迁和主体功能演化两方面来系统认知2007年以来大明宫遗址地区空间实践的物质内容。

一、物质环境变迁

随着2008版总体规划对西安城市总体发展战略的调整，大明宫遗址所在区域重新回到了城市发展的中枢区位（曹恺宁，2011），大明宫遗址地区物质空间环境也随之迎来了一系列变化。2007～2019年，是大明宫遗址地区响应城市战略布局调整、推进落实保护改造的完整政策期，这一时期大明宫遗址地区的物质空间环境发生了方方面面的改变，在此本书从空间重构、用地变化、环境风貌、设施配套4个方面予以认知。

（一）空间重构

运用DepthmapX0.50软件中的线段分析模型，对2007年、2013年、2019年大明宫遗址地区的道路空间系统进行连接值（Connectivity）、深度值（Depth）、整合度（Integration）、选择度（Choice）4个方面的分析，以此来探讨2007年以来大明宫遗址地区的空间结构、形态等方面的演化重构特征。其中，连接值越高说明空间的渗透性越好，空间对周边地区的影响力越强；深度值表述的是一个空间到另一个空间便捷程度，是衡量一个空间元素吸引交通到达的潜力，深度值越低，空间对到达交通的吸引力越高；整合度反映了空间系统中某一节点与其他更多节点联系的紧密程度，整合度越高，表示该节点的公共性越强、可达性越好，而这也意味着此空间区域内通常有重要的社会经济功能，是一定空间范围内的发展重心；选择度是考察一个空间出现在最短拓扑路径上的次数，反映空间吸引交通穿越潜力的大小。由图5.1中的分析结果可知，2007年大明宫遗址地区的连接值以浅色连接为主，可见这一时期大明宫遗址地区的空间整体渗透性较差，对周边区域的影响力较弱；同时就局部连接情况来看，马旗寨路以北、太华路以西、北二环以南，分布有较小范围的深色连接，当时这一地区分布有陶瓷工业品、五金水暖等批发市场；而在研究区西部、自强路以北区域，围绕陕西省教导大队、陕西省交通学校等也形成了小范围的高连接值区域。全局深度值主要围绕未央路、太华路、北二环三条骨干性路网由内向外呈逐级递增分布格局，其中深度值最小的为北二环，最高为麟德殿遗址西边界处的南北向道路；从深度值较低的浅色轴线的总体分布情况来看，除以上三条骨干型道路，现状大部分深度值为深色，可见2007年大明宫遗址地区对到达交通的吸引力水平一般。根据图5.1中整合度分析可知，2007年大明宫遗址地区整合度最高的空间为北二环地区，其次为未央路地区，而其他区域大部分为中值整合度，可达性和公共性比较弱；与之相应，2007年研究区内沿北二环分布有明珠家具城、大明宫建材市场、五金水暖批发市场等，是当时大明宫遗址地区经济最为活跃、人流最为密集的空间单元，其中建材、家具类商业功能具有西安甚至西北区域的影响辐射力；而沿未央路分布有当时研究区内仅有的商业综合体、大中型超市以及高等级酒店等，相较于其他空间区域未央路具有明显的生活服务功能轴向聚集特征。2007年大明宫遗址地区的高选择度空间区域主要为研究区内的北二环西段和未央路北段，是整个研究区内交通穿越潜力最大的空间区域，而现状这一区域同样也是当时整个大明宫地区的发展中心。

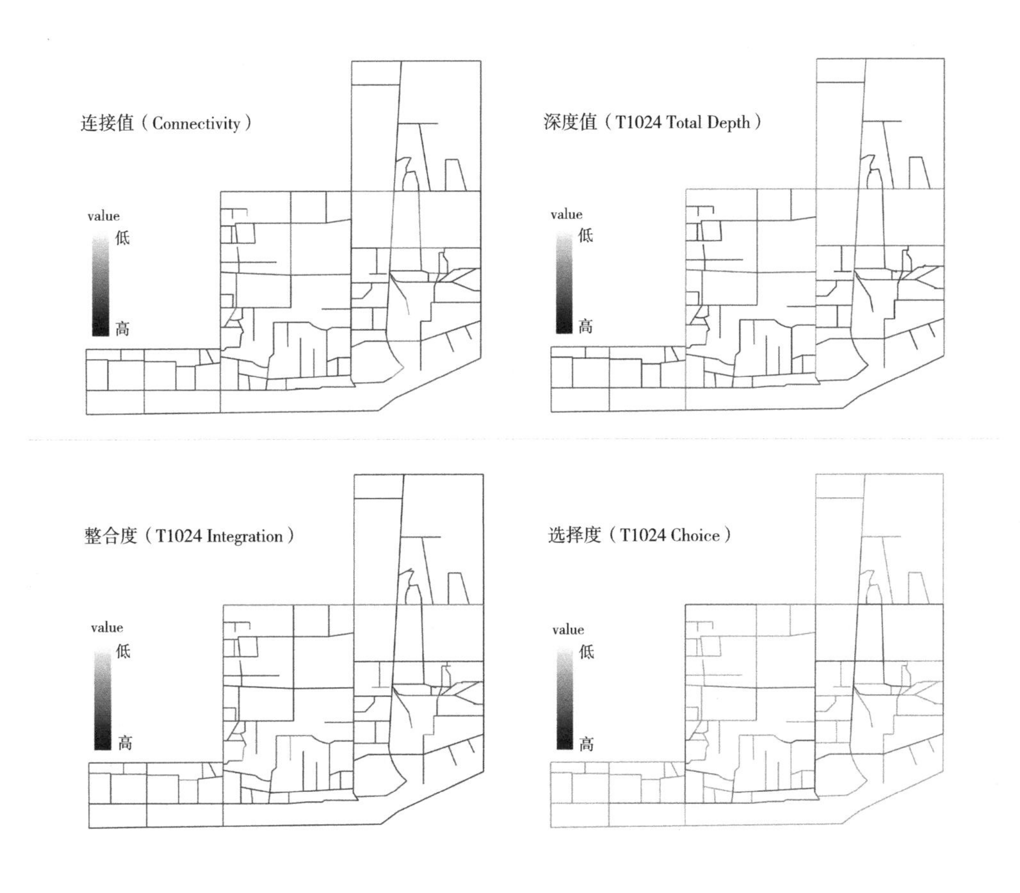

图5.1　2007年大明宫遗址地区道路空间系统的相关分析结果

由图5.2中的相关分析结果可知，在连接值方面，2013年研究区内的深色轴线数量较2007年有所增多，可见空间整体渗透性和影响力得到了一定程度提升改善，特别是沿北二环空间区域和太华路以东地区提升改善最为明显。在深度值方面，2013年研究区内浅色轴线数量开始增多，特别是研究区北部已基本被浅色轴线的道路空间所覆盖，成为当时吸引到达交通潜力最大的空间区域。在整合度方面，提升改善最明显的是未央路和太华路，北二环的整合度较2007年略有下降，以上3条轴线段所处的空间区域是当时大明宫遗址地区可达性最高、与周边地区连接最紧密的空间单元，布局新建了许多商业办公建筑以及高档居住小区，成为当时大明宫遗址地区发展最为活跃的空间单元。在选择度方面，较2007年未央路中段和太华路南段有着比较明显的改善提升，未央路中段所在区域成为当时交通穿越潜力最高的空间单元，新建设布局了荣民时代广场、荣民金融中心、印象城购物中心、未央大厦等一系列商住综合体、办公写字楼、中高端酒店等。

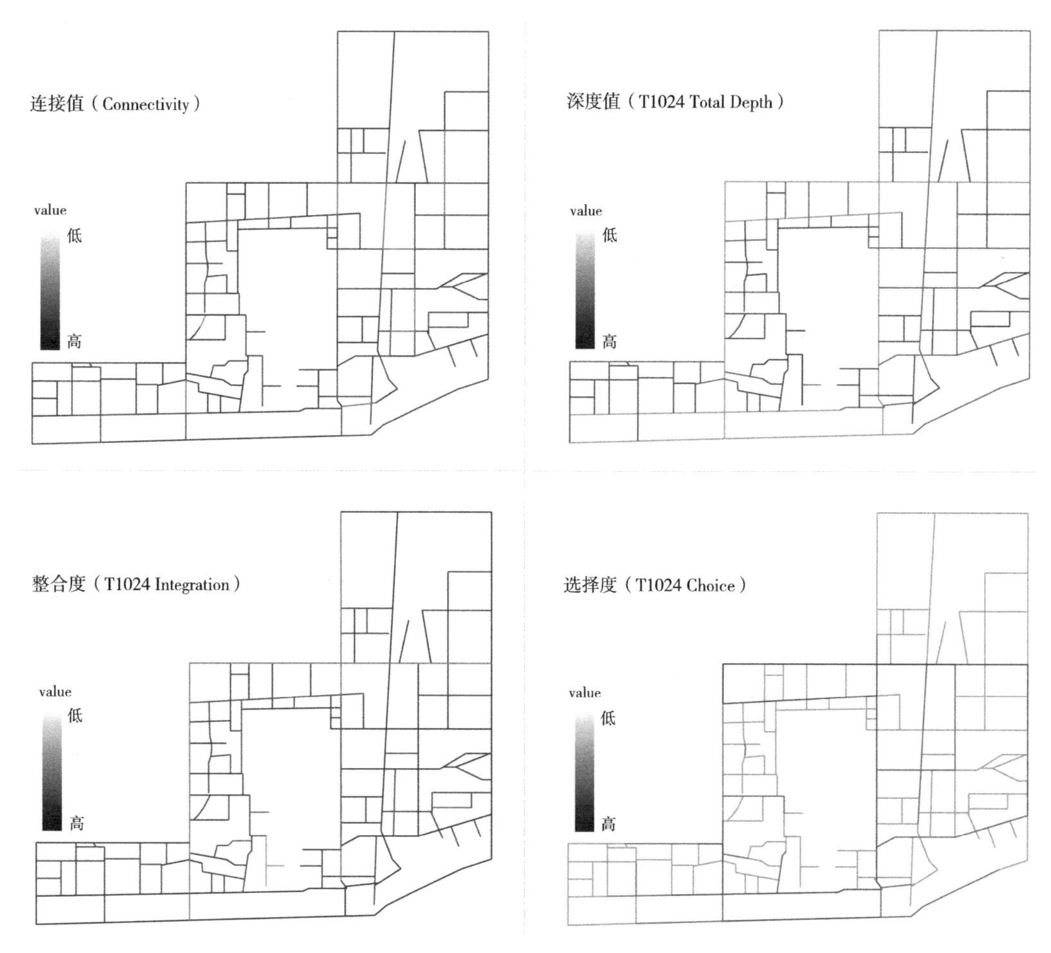

图5.2　2013年大明宫遗址地区道路空间系统的相关分析结果

由图5.3中的相关分析结果可知，在连接值方面，2019年大明宫遗址地区分布有更多的深色轴线，特别是太华路以东地区，形成以二环路为轴的南北两个高连接值分布区。在深度方面，2019年研究区内增加了许多浅色轴线段，空间的到达交通吸引力潜力进一步提升，特别是太华路以东和大明宫遗址以北地区。在整合度方面，所有的道路空间整合度均有不同程度的提高，整个地区的可达性有了进一步提升改善，其中北二环的整合度最高，其次是太华路；沿太华路新建布局了百花建材家居城、大明宫万达、大明宫中央广场、中海开元壹号等商业综合体、高档住区。在选择度方面，所有道路空间的选择度均有一定程度的提升，但选择度的高低分布格局没有太大变化，可见整个地区对穿越交通的吸引潜力进一步增强，其中增强最明显是太和路沿线区域，现状这一区域新建了华远君城、紫薇东进、汇林华城等住宅小区。

综合以上分析，2007年以来大明宫遗址地区的空间重构演化呈现出以下几个方面特征：①随着区内道路等级、结构体系日趋完善，整个地区的空间渗透性、影响力、可

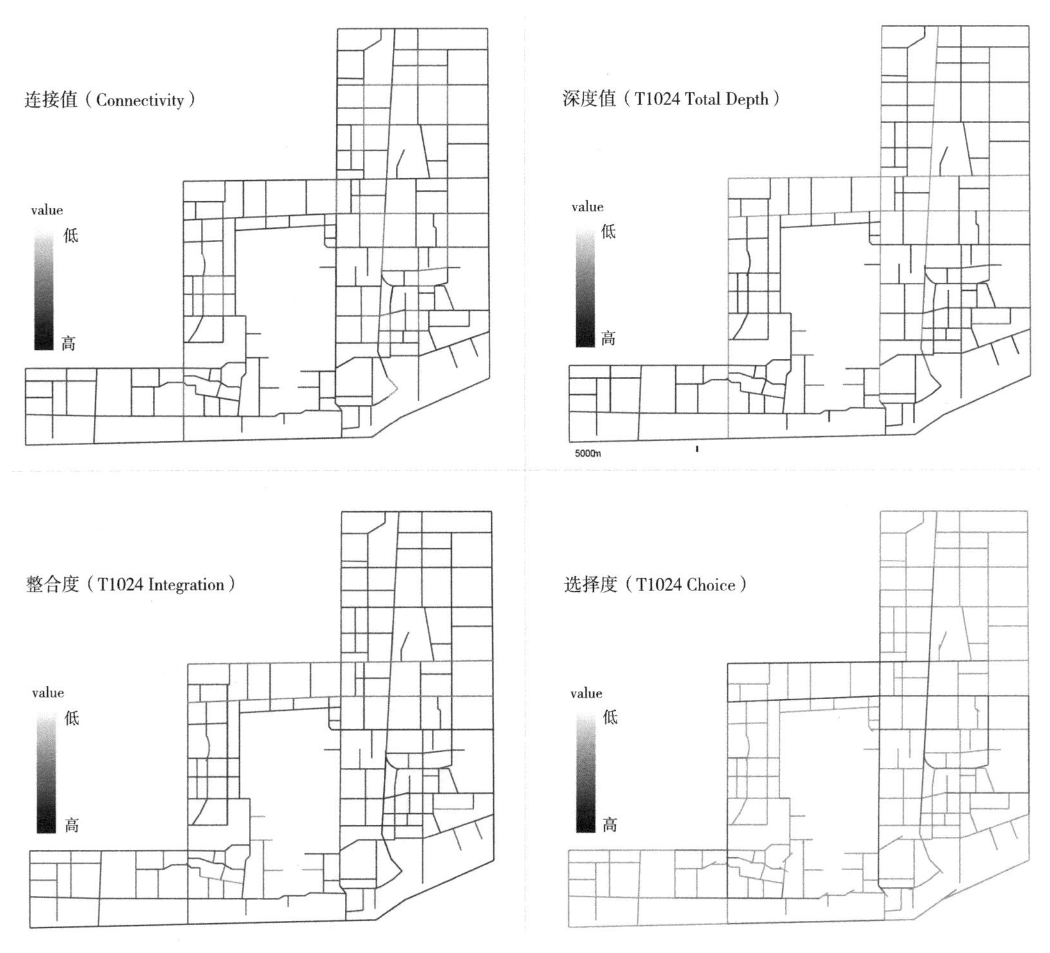

图5.3　2019年大明宫遗址地区道路空间系统的相关分析结果

达性、吸引交通穿越潜力等属性值均有不同程度的改善提升，其中太华路以东地区的提升优化幅度最大；②北二环、未央路、太华路、大明宫遗址区是大明宫遗址地区空间结构、空间形态的主要组织控制要素；③发展重心地区由未央路和北二环组成的“L”形空间逐渐演变为由未央路、太华路、北二环组成的“H”形空间，区内的发展重心产生了一定距离的位移；④深度较低的空间区域仅限于北二环、未央路、太华路，遗址地区整体吸引交通到达的潜力较低；⑤围绕大明宫遗址形成了明显的空间属性值塌陷区，这表明围绕大明宫遗址保护而推进的物质环境改造是这一地区空间重构的主要逻辑。

（二）用地变化

2007年，遗址地区23.2km²的范围（与保护改造范围一致）内大部分区域被村庄、厂区、大院、职工住区、农田等用地所覆盖，其中农林等非建设用地面积约为7.37km²、村庄建设用地约为5.53km²、城市建设用地约为12.16km²（图5.4）。城市建设

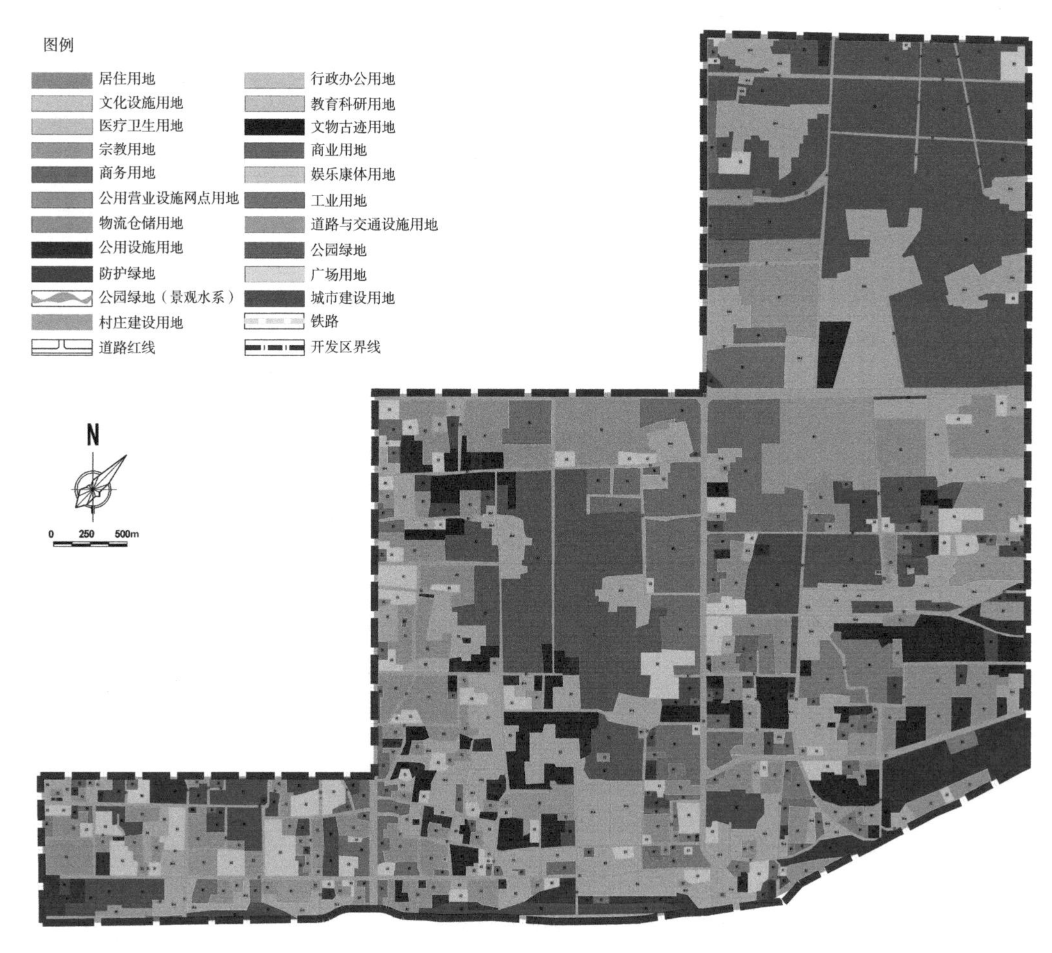

图5.4　2007年大明宫遗址地区土地利用状况

用地中，居住用地约为3.45km²，其中三类居住用地约为1.71km²，人均居住用地面积仅为11.53m²，远低于国家18～28m²/人标准（《城市用地分类与规划建设用地标准》原GBJ 137—90标准）；而作为大明宫遗址的分布区，文物古迹实际用地不到0.05km²，用地占比约为0.49%，可见对于遗址区的保护治理还主要停留在办公室文件层面；商业服务设施用地约为1.50km²，占比约为15.09%，且大部分为建材销售类业态用地；教育科研用地0.23km²，主要包括中小学、高中、技术职业学校等用地，占比为2.31%；医疗卫生用地约为0.02km²，用地占比不到0.20%；绿地与广场用地0.21km²，其中公园绿地不到0.10km²，人均公园绿地面积只有0.3m²；道路与交通设施用地约为0.96km²，用地占比约为9.66%；工业用地1.48km²、仓储用地1.19km²；余下其他中小类用地合计约0.85km²。

2013年，遗址地区分布有一定数量的村庄、农田、单位大院、仓库、厂房等用地，其中农林用地约为3.69km²，较2007年减少了4.40km²；村庄建设用地约为3.36km²，较2007年减少了2.17km²；城市建设用地约为16.15km²，与2007年相比增加了6.21km²，增幅为62.47%（图5.5）。城市建设用地中，新增居住用地2.98km²，原三类居住用地面积

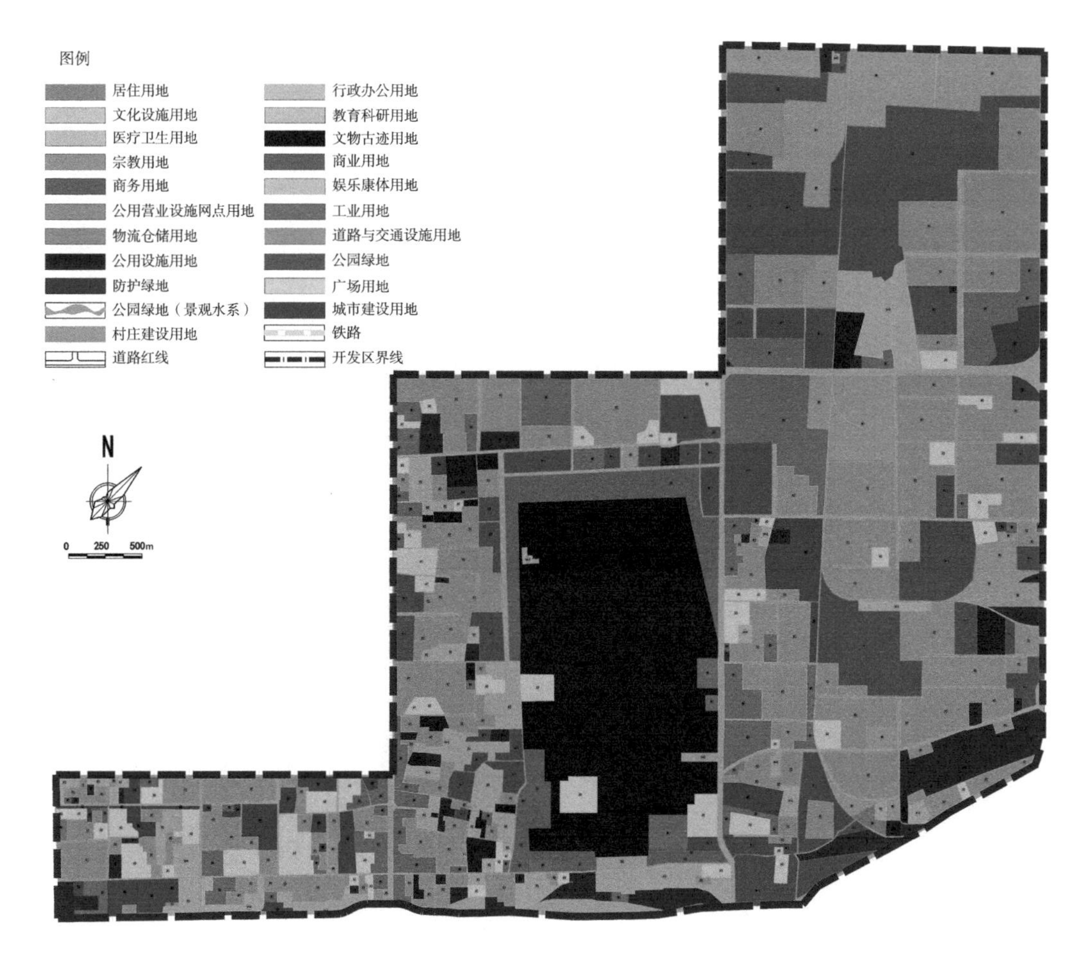

图5.5　2013年大明宫遗址地区土地利用状况

减少仍有1.05km²，人均居住用地面积达到了19.36m²；通过考古发掘、遗址公园建设、保护区内环境整治等措施的落实，文物古迹用地面积上升为2.53km²，用地占比达到了15.67%；优化调整商业服务设施用地面积约1.74km²，较2007年增加了16%，但用地占比却下降为10.77%；教育科研用地新增0.46km²，合计用地占比上升为4.27%；医疗卫生用地增量较少，新增面积不到0.01km²，用地占比下降为0.18%；新增绿地与广场用地面积0.61km²，增幅达到了290.48%，人均公园绿地面积约为2.1m²；道路与交通设施用地面积约为1.47km²，但用地占比略微下降，约为9.10%；工业和仓储用地均减少了0.67km²，现状两类用地面积分别为0.91km²和0.52km²；余下行政办公、社会福利等用地合计约1.01km²。

2019年，遗址地区的村庄、农林等非城市建设用地面积进一步减少，其中农林用地变为1.56km²，村庄建设用地约为0.94km²，其中包含了许多现状已被围挡处于整理开发中的农林、村庄用地；相比2013年，2019年城市建设用地增加了28.17%，合计约为20.70km²（图5.6）。城市建设用地中，新增居住用地1.86km²，居住用地合计约8.39km²，

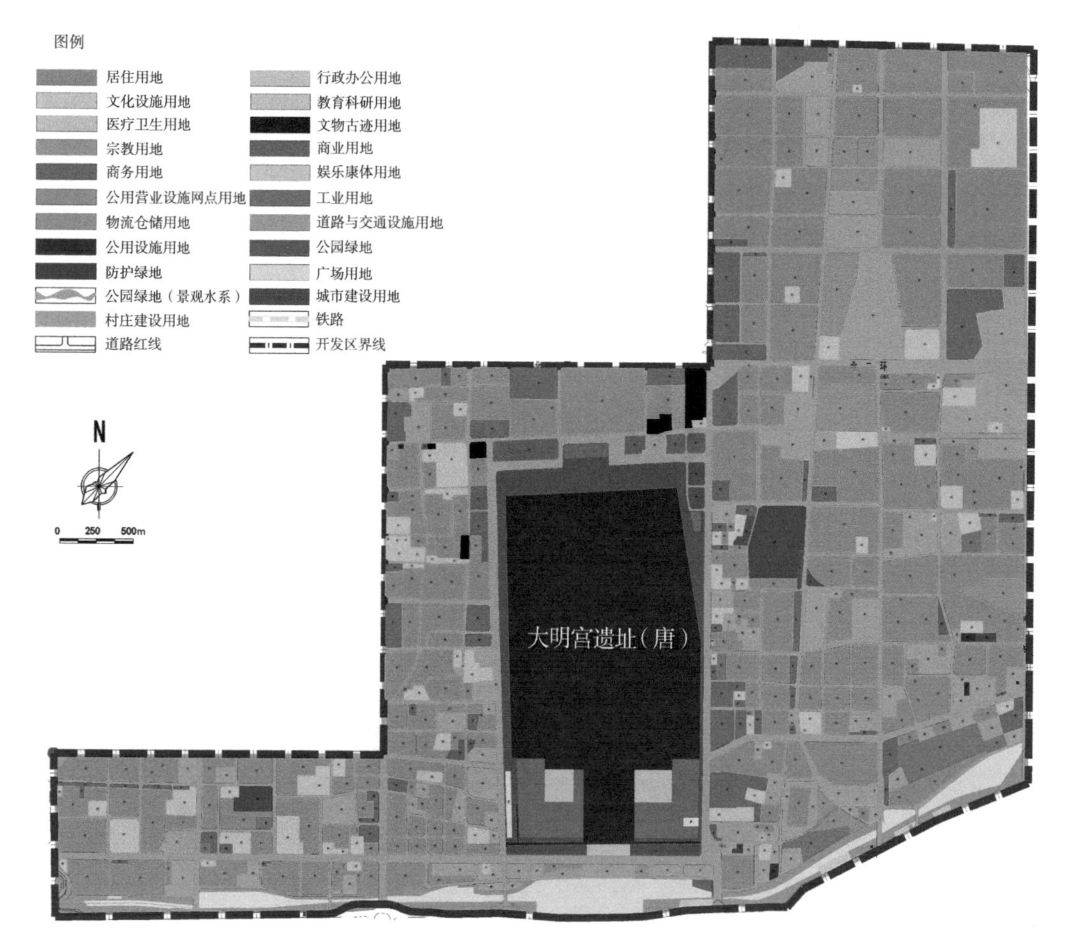

图5.6　2019年大明宫遗址地区土地利用状况

占比达到46.81%，人均居住用地面积也达到了21.67m^2，但仍有约1.09km^{2}三类居住用地；文物古迹用地新增不到0.1km^2，合计约为2.54km^2，用地占比下降为12.27%；商业服务设施用地面积约2.13km^2，总量增加不多，但通过调整优化，形成了诸如大明宫万达、龙首原印象城等多个大型商业区；教育科研用地没有新增任何用地面积，同时医疗卫生用地增量也较少，新增约为0.01km^2，两种用地面积占比下降明显；绿地与广场用地面积约为1.25km^2，其中公园绿地面积近1km^2；道路与交通设施用地新增1.30km^2，用地占比上升为13.38%；工业用地减少了0.83km^2，用地面积变为0.33km^2，余下行政办公、社会福利等用地合计约1.73km^2。

通过用地面积变化分析可知，2007～2019年大明宫遗址地区的农林、村庄等非城市建设用地大面积减少，而居住、文物古迹、商业设施、道路交通等城市建设用地大面积增加，其中增长变化幅度最快为文物古迹用地，其余依次为绿地与广场用地、道路交通用地、教育科研用地、居住用地等。可见，围绕大明宫遗址保护利用所推进的土地利用供给结构调整实践，明显改变了大明宫遗址地区土地的使用现状，表现为低效的农林、村庄等用地类型逐渐消亡，转而演变为更加高效的城市建设用地。

（三）环境风貌

环境风貌主要由建筑风貌、街巷肌理、重要节点、小品标识、基础设施等要素构成，通过梳理总结以上这些要素在时间序列上的变化呈现，可以认知了解2007年以来大明宫遗址地区的环境风貌变化情况。

2007年，大明宫遗址地区分布有大量的食品、纺织、机械、木材、汽修、建材、印刷等生产工业厂房，这些生产性建筑除少量集中分布于太华路东侧，其余大部分零散地穿插于村庄、农田、住区间；居住建筑以三层以下的老式楼房、铁路平房、简易搭建棚屋为主，布局密集、结构简陋、设施缺乏；商业建筑主要集中分布在太华路和未央路两侧，建筑立面、造型、屋顶、色彩等比较随意；街巷空间狭长、曲折，沿街临时搭建较多，街道内的共享空间不足、安全设施缺乏；遗址保护区被村民住宅、仓库厂房、农田林地所覆盖，特别是含元殿、丹凤门遗址被住区建筑占压、破坏问题严重；紧邻西安火车站的北部片区，流线组织比较混乱、公共开敞空间缺乏，空间环境意向与其门户地位极不相称；室外环境很少有雕塑、小品布置，广告牌悬挂随意，文物、交通、门牌等标识少且不规范；区内街头绿地、游园广场较少，而且许多区域缺乏必要的排水、供热、环卫等设施，垃圾乱堆、雨污混流、烟尘污染，日常生活居住环境比较差（表5.1）。可见，2007年大明宫遗址地区以城、村、厂交织为主的环境风貌特征，历史文化要素在环境风貌中体现甚微。

2007年前后大明宫遗址地区空间环境风貌现状　　表5.1

要素	观察区域	照片或示意图		
建筑风貌	依次：太华路沿线商铺、双鹤药业、含元殿村			
街巷肌理	依次：崇明路、自强村、空间影像			
重要节点	依次：丹凤门、太液池、大福殿			
小品标识	依次：保护标识牌、路牌、广告牌			
基础设施	依次：建强路、生活用水龙头、含元殿村		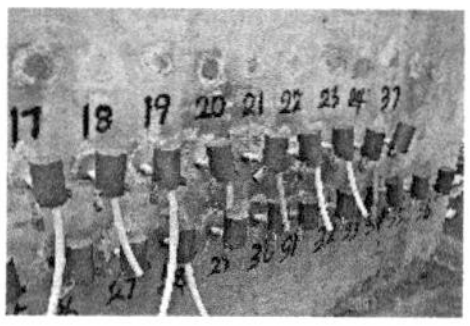	

（表格来源：根据华商网、大明宫画传、作者调研等资料整理绘制）

2013年，许多生产企业相继关停、搬迁，区内工业景观逐渐萎缩，大面积城中村、单位大院、老旧小区被搬迁改造等，取而代之是带有文化符号的现代住区、办公大厦、商业综合体；在遗址保护区内，博物馆建成运营、太液池水系恢复，大面积游憩绿地景观取代了之前的老旧住区，加之外围布置的绿地、广场、地标提示，保护区内外边界变得清晰可辨；紧邻火车站北部枢纽片区，还未进行全面的整治提升，门户空间的特征不明显；绿地景观、家具小品、导游标识等明显增多，特别是遗址公园区和商业广场区等，这些区域的介绍牌、座椅、导览图等具有明显的主题表述；跨越陇海铁路线和连接北二环的立交体系进一步优化，片区对外联系得到加强；随着排水、环境等设施的配套完善，研究区内大部分区域的生活环境质量得到了提升（表5.2）；此外，区内许多地方正进行着激烈的空间改造，特别是太华路以东地区随处可见大面积围挡拆迁和开发建设工地，“遍地施工”在一定程度上也表述当时大明宫遗址地区的空间“写照”。空间风貌整体呈现三大格局：东北片区——符号化、网格化现代居住、商贸型风貌空间，西南片区——空间拥挤、街道曲折的城、村、厂交织型风貌空间，中部片区——以遗址公园为核心历史文化展示型风貌空间。

2013年前后大明宫遗址地区空间环境风貌现状　　表5.2

要素	观察区域	照片或示意图		
建筑风貌	依次：太华立交西北、改造后大华纱厂、大明宫万达			
街巷肌理	依次：新修建支路、啤酒路、空间影像			
重要节点	依次：丹凤门、太液池、火车站北广场			
小品标识	依次：游览导识、公园雕塑、广场座椅			
基础设施	依次：龙首原地铁站、街头广场健身设施、铁路住区公厕			

（表格来源：根据华商网、大明宫画传、作者调研等资料整理绘制）

2019年，符号化的建筑、景观进一步增多，特别是太华路以东地区，除汉斯啤酒厂、井上村（仍保留有一小部分）等少数几处老旧建筑外，大部分老式住宅、村民住房、简易搭建等已更新迭代为具有一定符号特征的高层、洋房、别墅等类型的住宅建筑；商业、办公建筑主要沿太华路和未央路两侧分布，部分路段区域通过色彩变化、构件造型、立面组织等方式，在局部空间范围内表现出一定的风格特征，但大部分仅停留在整齐、干净层面的心理知觉，地域性的文化风貌特征并不明显。随着区内路网体系的完善和拆迁改造区域的增多，整体网格状的街巷肌理得到了进一步强化，整齐划一的街道空间也进一步增多；沿未央路的地铁2号线和沿太华路的地铁4号线建成通车，在改善内外联系便捷性的同时，也极大提升了遗址公园及周边区域的活力；火车站北部的门户空间区域现已全部处于围挡施工状态，对相毗连区域造成交通断路；遗址公园南部的入口广场区已成为文艺汇演、节庆活动、休闲散步的重要公共空间；道路空间、遗址保护空间、商业中心的户外空间、部分住区空间的绿化、标识进一步增多，但游园广场主要集中分布于遗址公园处，数量少且空间不均；未保护改造的老旧住区和祥和居、泰和居等安置住区及周边区域的绿地广场、游园绿地分布少、景观环境较差。总体上，空间环境风貌特征仍延续了2013年以来的三大分区格局，但城、村、厂交织型的风貌空间进一步减少（表5.3）。

2019年前后大明宫遗址地区空间环境风貌现状　　表5.3

要素	观察区域	示意照片或图		
建筑风貌	依次：未央路与北二环立交处、保亿大明宫、中海开元小区			
街巷肌理	依次：万达公馆步行街、遗址东侧太华路、空间影像			
重要节点	依次：丹凤门、火车站北改造围挡、含元殿遗址			
小品标识	依次：街旁绿化、遗址介绍牌、印象城广告牌			
基础设施	依次：未央路人行区、游园步道、更新后公共卫生间			

（表格来源：根据作者调研资料整理绘制）

2007年以来随着更新改造的推进，大明宫遗址地区呈现出城、村、厂交织混杂型风貌环境向规则整齐的现代居住、旅游、商贸型风貌环境演变的特征，具体表现为：随处可见的施工围挡、遗址景区化建设运营、建筑造型符号化、街道空间网格化、门禁式小区增加、绿化标识体系完善以及环境卫生、给水排水、道路交通等基础设施的提升和完善。特别是文化设施、文化符号增加，较先前更多地隐喻、塑造唐文化展示空间意向。

（四）设施配套

受限于详细资料制约，同时为了更好地聚焦、凸显本书所关心的研究主题，同时考虑到教育、医疗设施的供给特点及其基础性作用，在此主要选取中、小学教育设施和医疗设施来呈现2007年以来大明宫遗址地区公共设施的配套变化状况。

2007年，现状大明宫遗址地区分布有南康小学、龙首村小学、联志小学等小学共计16所，分布有大明宫中学、大华中学、第十中学等中学共计10所，分布有未央区中医院、二府庄卫生服务中心、纱厂东街社区卫生站等医疗卫生机构共计5处。相对于近30万常住人口和18km^{2}的城乡建设用地范围，显然上述三类基础性公共设施的配置供给严重不足，且地理分布不均匀、不合理。现状以上三类设施主要集中分布于北二环以南，而二环以北大量村庄建设用地区，公共设施配置严重缺乏（图5.7）。

图5.7　2007年大明宫遗址地区中小学及医疗设施分布情况

2013年，现状大明宫遗址地区共分布有郝家巷小学、星火路小学、马旗寨小学等小学共计17所，整合提升、新建扩容百花村小学、华远君城小学等小学7所；中学仍为10所，部分中学进行了校舍翻新和扩容提升；医疗卫生机构增加为7处，其中新增大明宫明园社区卫生服务站和西安莲湖国豪医院两处。相较于2007年中小学教育和医疗设施的配套供给状况，尽管总体供给数量和质量有所提升，但仍不能与2013年区内33.2万常住人口和近20km^{2}的城乡用地范围相匹配，供给不充分、不平衡问题仍然存在（图5.8）。

2019年，现状大明宫遗址地区分布有太华路小学、八府庄小学、东前进小学等小学共计22所，新建增加了经华小学、陕师大附属实验小学、西安市实验小学第二分校等5所小学；中学数量与2013年一致，但对部分中学的校舍、设施进行了更新升级；医疗卫生机构增加为9处，新增西安交通大学第二附属医院大明宫院区，同时可辐射兼顾本区域的西安市第三医院也落成。相较于2013年，小学和医疗设施供给改善较为明显，但由于以往巨大的供给缺口、区内不断增加的居住人口以及不断增长的城市建设用地规模，这些设施仍然无法满足遗址地区的基本公共服务需求，供给不足与不均衡问题依然存在（图5.9）。

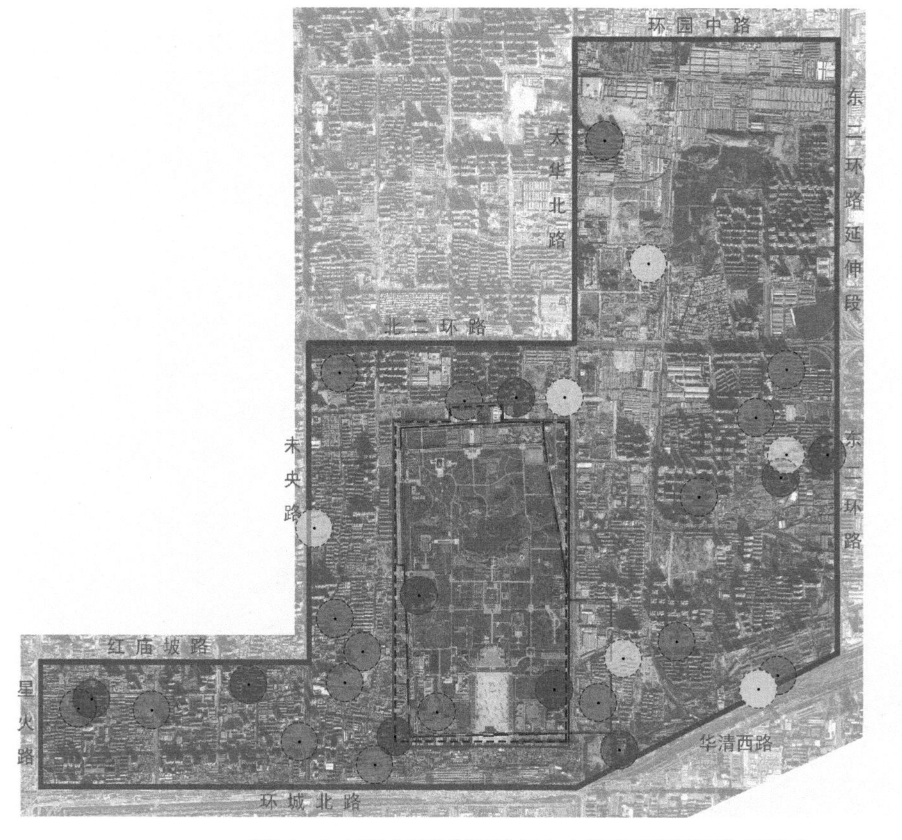

图5.8　2013年大明宫遗址地区中小学及医疗设施分布情况

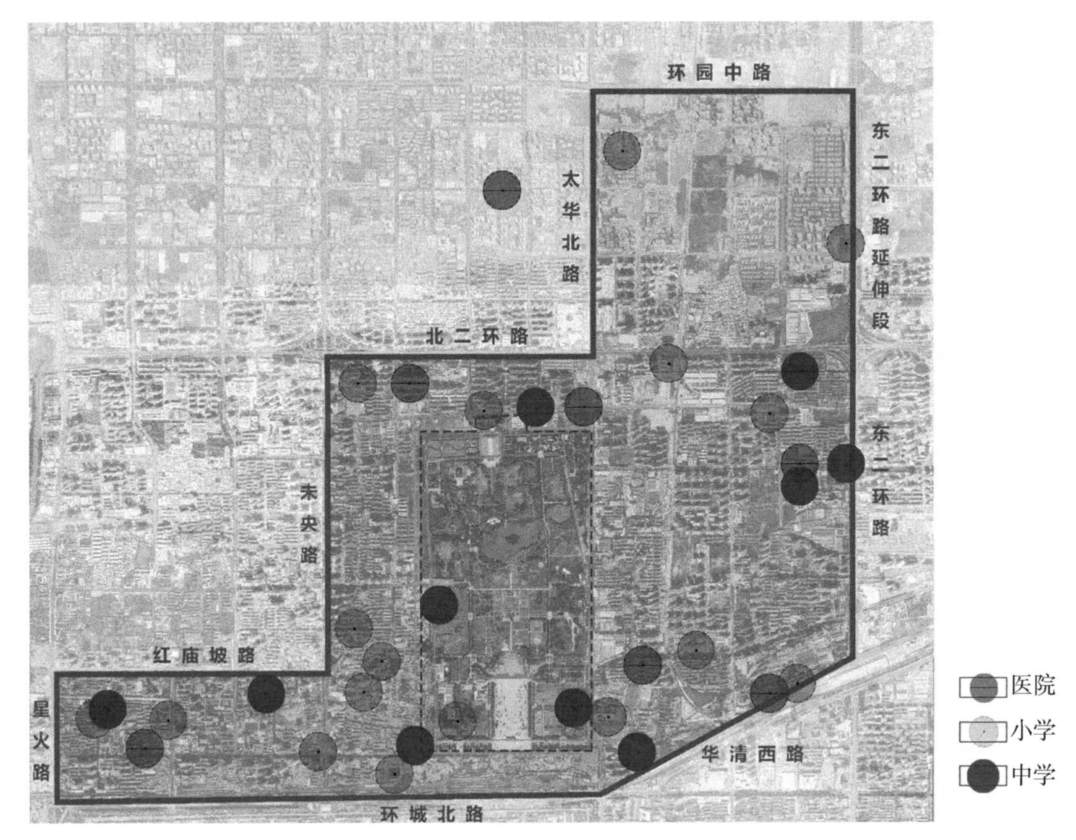

图5.9　2019年大明宫遗址地区中小学及医疗设施分布情况

二、主体功能演化

对于空间功能的刻画、识别，在以往的研究多采用实地踏勘、人工采集、分类描述等方法，但容易受样本采集的覆盖面、工作量庞大以及主观判断等因素的影响，给研究工作在时间和空间方面造成了一定的局限性。近几年随着大数据技术的日渐成熟，手机信令、公交打卡、微博签到、兴趣点等数据类型开始被广泛地应用到城市空间的相关研究中，特别是手机信令等轨迹类数据多被用于人流活动、人群聚集等方面的空间分布比较研究，而兴趣点等能反映空间功能的数据则更多应用于空间功能变迁、分异、聚集等方面的研究，如：徐婉庭、龙瀛等（2019）基于手机信令数据对城市居住空间选择行为的研究；陈蔚珊等（2016）基于兴趣点数据对广州零售商业中心热点识别与业态集聚特征的分析等。

兴趣点（Point of Interest，POI）可以是一个餐馆、一处公交站、一家宾馆等，它是物质环境中一切可以被抽象为点的地理实体，具有较高定位精度和详细的属性信息，如名称、类别、坐标、分类。POI本质是物质环境的空间功能的具体体现，它包含了功能活动类型、发生位置、分布状况等内容，能很好地表征空间的功能，相较于传统数据具有数量多、覆盖广、易获取等方面优点。鉴于POI数据的优点，本书对2007年、2013年、2019年大明宫遗址地区高德地图POI数据的类型、位置、聚集状况等属性进行了对比分析，以此来揭示2007年以来大明宫遗址地区主要功能的时空演化状况。

（一）基本思路与方法

第一，采集研究区内2007年、2013年、2019年所有POI数据，数据包含名称、位置、类型、地址等属性信息。依据《国民经济行业分类》（GB/T 4754—2017）标准对原始数据进行行业分类。通过分类发现原始数据中包含了近40多个大类行业和70多个中小类行业，对此结合本环节研究内容，在原分类基础上选取：零售、批发、餐饮、住宿、娱乐、教育、金融、卫生、房地产、居民服务、文化艺术、旅行社及相关服务、农林、制造、物流、公园与游览景区管理16个行业类别。

第二，通过数据甄别、现场核查等方式对选取后的数据结果进行清洗、补漏、校正工作，剔除功能重合、关联性小的数据点，增加关键性遗漏数据，最终获得符合研究目标的统计数据。将统计数据进行汇总整理，然后利用坐标转换软件对POI点的坐标进行转换处理，而后再利用ArcGIS软件将这些兴趣点投影到大明宫遗址地区工作底图上，实现数据的空间可视化。

第三，统计不同功能类型的POI数量，然后对POI的行业功能、结构进行比较分析，包括行业POI数量排名、行业POI数量占比。由于大明宫遗址地区的保护改造主要以文化旅游、人文居住等为目标导向，在此为了验证这些目标实现程度，将上述16类POI进一步划分为生活服务、文化旅游、制造物流三大类，而后分析比较不同年份这3大类POI的数量和占比变化。生活服务类包括：零售、餐饮、娱乐、教育、金融、卫生、房地产、居民服务8个类型；文化旅游类包括：住宿、文化艺术、旅行社及相关服务、公园与游览景区管理4个类型；制造物流类包括：批发、农林、制造、物流4个类型。

第四，将上述各类POI功能点进行可视化空间分布分析。主要包括对不同年份16个行业类POI功能点的空间分布演化进行比较分析；对不同年份日常生活、文化旅游、制造物流三大类POI的集聚（聚集密度）演化进行比较分析；对不同年份零售、住宿、制造、物流、居民服务、旅行社及相关服务业6个行业POI功能点的空间分布变化进行比较分析。

（二）行业结构的演化

对研究区内2007年、2013年、2019年筛选后的POI进行排序统计（表5.4），不难发现：2007年大明宫遗址地区的保护改造尚处于启动期，由于区内分布有大面积的农林用地和村集体建设用地，捕捉采集到的16个行业POI总数较少（1070个），且分布有大量的批发、制造、农林类POI点，数量占比最多的为餐饮业，与大明宫遗址保护利用关联较为紧密的文化艺术、公园与游览景区管理、旅行社及相关服务的POI点较少；2013年，遗址公园建成并投入运行两年，区域整体发展正式融入到了中心城区，区内农业空间也逐渐减少，但分布有大量工地以及待拆迁改造的城中村和待征用农田，与2007年情况相比，2013年捕捉采集的16个行业POI增长了近50%（1516个），其中数量最多的行业为零售业，教育（培训）、住宿、公园与游览景区管理3个行业POI数量增长也较为明显，而批发、农林、制造3个行业POI数量均明显减少、占比降低；2019年，区内农业空间已基本被征用开发（唯一的井上村正处拆迁状态），已完全成为成熟的城市片区，捕捉采集的POI数量较前两个研究年份增加极为明显（总数为17174个），16个行业POI占比最多仍为零售业（33.34%），居住服务业占比上升比较明显，批发行业POI由于几处大型的建材批发市场建成和行业房地产业繁荣，数量和排名均增长明显，此外文化艺术、医疗卫生类行业POI占比也增长明显，住宿、房地产业、公园与游览景区管理、旅行社及相关服务4个行业尽管占比有所下滑，但数量却较2013年增长了近3～7倍，而农林和制造业POI数量在2019年已排在16个行业的最后两位。

大明宫遗址地区16个行业POI排名（前10位） 表5.4

2007年		2013年		2019年	
行业排名	数量占比（%）	行业排名	数量占比（%）	行业排名	数量占比（%）
餐饮	38.78	零售	18.60	零售	33.34
房地产	19.71	房地产（制造）	13.85	居民服务	23.28
居民服务	16.44	餐饮（教育）	13.19	餐饮	17.78
住宿	7.94	居民服务	12.34	批发	5.56
批发	4.67	教育（餐饮）	10.22	住宿	4.04
农林	3.27	住宿	9.10	房地产	3.96
制造	1.96	公园与游览景区管理（房地产）	6.73	教育	2.57
卫生	1.40	金融	3.36	文化艺术	2.37
教育	1.31	卫生	2.77	娱乐	2.11
文化艺术	1.31	制造（公园与游览景区管理）	2.70	卫生	1.98

综合上述情况，从2007年到2019年，大明宫遗址地区的行业构成已经从传统的城乡结合型向城市型发生了转变，传统的农林、制造、批发等行业已基本完成退出，且随着大明宫遗址建成及相关遗址文化挖掘利用，与之紧密相关的文化、旅游产业也得到进一步发育，而在居住地产、商业地产以及新迁入人口的助推下，传统零售、餐饮、娱乐、物流等行业也完成了迭代升级，并成为大明宫遗址的绝对主导行业。

（三）功能结构的演化

对生活服务、文化旅游、制造物流三类主要功能的POI进行整理统计（表5.5），比较分析表中的统计结果：

从2007年至2013年，生活服务类POI总量增长明显，但在三类中占比却下降了3%，主要源于到2013年，除遗址分布区及周边少量空间区域完成了保护改造之外，其他大部分区域处于代征、拆迁、施工状态，遗址地区的生活性功能还未形成；与此同时，随着遗址公园、遗址博物馆的建成投用，文化旅游类功能POI数量增加明显，且占比上升速度也比较快；这一时期制造物流功能处于缓慢替代过程，各类农业类生产以及传统粗放式、作坊式的制造、仓储、物流企业逐渐消失或开始转型，相应的POI数量略有减少，且比例开始出现下降。

2013～2019年，保护改造工作已大部分完成，随着外部人口的迁入以及产业更新迭代的深度推进，三类功能POI数量上均增加明显，其中生活服务功能增加了17倍之多，且占比上升到85.59%，可见相较于保护改造前，这一地区的生活服务功能得到了明显强化；文化旅游功能POI数量较2013年增加了5倍多，在三类功能POI总量中占比下降明显；制造物流功能POI数量较2013年增加了10倍之多，在三类功能POI总量中占比略有下降。

三类功能POI增长、占比变化情况　　表5.5

类型	2007年		2013年		2019年	
	数量（个）	占比（%）	数量（个）	占比（%）	数量（个）	占比（%）
生活服务	842	78.69	1149	75.79	14699	85.59
文化旅游	116	10.84	263	17.34	1336	7.78
制造物流	112	10.47	104	6.86	1139	6.63

（四）功能的空间演化

以上分析的行业结构、功能结构在空间上又会呈现出什么样的变化特征呢？与传统数据相比，POI数据点可以凭借地理位置信息直观地表达出这些变化的空间特征。对此，通过ArcGIS软件加载数据位置信息和集聚密度计算，对2007年、2013年、2019年的整体行业POI进行可视化的空间分布变化分析、三类功能POI集聚度变化分析、6个关键行业POI空间分布变化分析。

1．整体 POI 空间分布变化

2007年，大明宫遗址地区的保护改造刚刚启动，各个行业的POI点主要沿北二环以南的未央路、自强路、太华路等主要道路两侧分布，街区道路、社区内分布较少，在空间上呈现出“南多北少、点线结合”散状分布形态；2013年，随着遗址分布区保护改造工作的完结以及未央路、太华路通行条件的优化，使得这些空间区域的POI数量明显增多，并在局部空间区域出现了POI集簇分布状态，与此同时遗址公园南部也呈现出沿道路两侧扩散的渗透之状，总体上各个行业的POI在空间分布上呈现出“轴向加强、两侧渗透”的特征；2019年，伴随着保护改造工作大部分落实完成，各个行业类的POI点呈现出网络化扩张之势，即：由原来沿主要干道、重要支路、重要节点分布开始扩散至街区、小区内部层面，除了遗址公园内部和北部正在开发建设区域，各个行业的POI点在空间分布上呈现出“局部集聚、面状扩散”的特征（图5.10）。

2．三大功能 POI 集聚度分析

2007年，生活服务类POI沿着未央路与自强路形成“带状—多中心”集聚分布区，同时在太华路以东的职工社区、城中村等生活区域也形成多处集聚中心，但这些区域集聚水平较低，中心的能级较低、辐射影响范围有限，存在一定程度的低水平均衡分布状况。2013年，位于未央路、自强路沿线的“带状—多中心”集聚特征开始消解，同时在太华路南段和遗址公园以南的空间区域开始形成了集聚区和集聚中心。就整个研究区而言，2013年生活服务类POI在局部空间区域的集聚水平进一步提高，并出现了生活服务中心位移和融合现象。2019年，随着生活服务类POI数量爆发式增长，研究区内出现了高能级集聚的“双中心”模式，分别位于未央路的印象城片区和太华北路的万达片区；尽管POI总量增加明显，但由于增加后的均衡分散效应以及受遗址保护区的管控、火车站北广场和遗址公园北部道路改造等工程施工影响，生活服务类POI并没有形成多中心、多区域的集聚分布特征；另外，北二环以北区域由于商业化开发起步较晚，目前还没有出现中、低水平的集聚中心。总体而言，从2007年至2019年间，生活服务类POI在空间上表现为“带状—多中心”低度集聚向南北“双中心”高度集聚演变的过程，并围绕龙首原印象城、大明宫万达形成片区、城市级的生活服务中心，两个中心的集聚水平高，辐射影响范围广；而与此同时，也反映出了局部空间范围内次级或中低水平集聚中心的缺失（图5.11）。

2007年，文化旅游类POI整体分布较为分散，其中安远门附近文化旅游类POI的集

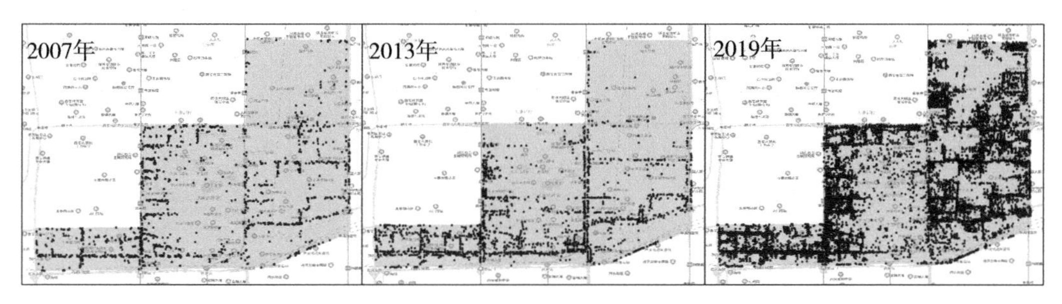

图5.10　16个行业POI历年空间分布情况

聚程度相对较高，并呈现出一定的中心性；此外在自强路与工农路交叉路口附近区域集聚分布了较多的文化旅游类POI；大明宫遗址保护区南部也出现集聚中心。到2013年，文化旅游类POI出现了较多的高集聚分布区，如遗址公园南部、未央路南段、太华路沿线等区域的集聚程度均比较高。总体来看，2013年文化旅游类功能在空间分布的集聚水平进一步提高，并表现为多种中心集聚分布模式，但高层级的集聚中心还未形成。2019年，与生活服务类集聚中心相同，印象城和大明宫万达单元同样是文化旅游类POI集聚程度最高的空间区域，其中印象城区域集聚程度高于万达区域；2019年，文化旅游类POI在空间上集聚的中心性同样得到了加强，同样由于火车站北广场以及自强路沿线保护改造施工，导致位于遗址公园南部的文化旅游类POI已完全被“清除”（图5.12）。

2007年，制造物流类POI以点状分布为主，并没有明显的POI集聚分布区，其中位于研究区东南侧，依托中铁物质生产、加工、仓储、交易等功能，形成了集聚程度相对较高的中心点。2013年，在太华路以东区域依托现状较多废弃工业厂房、仓库等形成了较多制造物流集聚中心，同样在太华路沿线以及自强路两侧街区中制造物流类POI集聚程度有了比较明显的提升；但同时由于POI总体增量较少，集聚区或中心的集聚水平比较低。2019年，制造物流类POI围绕大华电动车批发市场、西北农副产品批发中心、青岛汉斯啤酒厂、西安赛迪生物医药公司等集聚形成了较高能级的制造物流功能中心，其

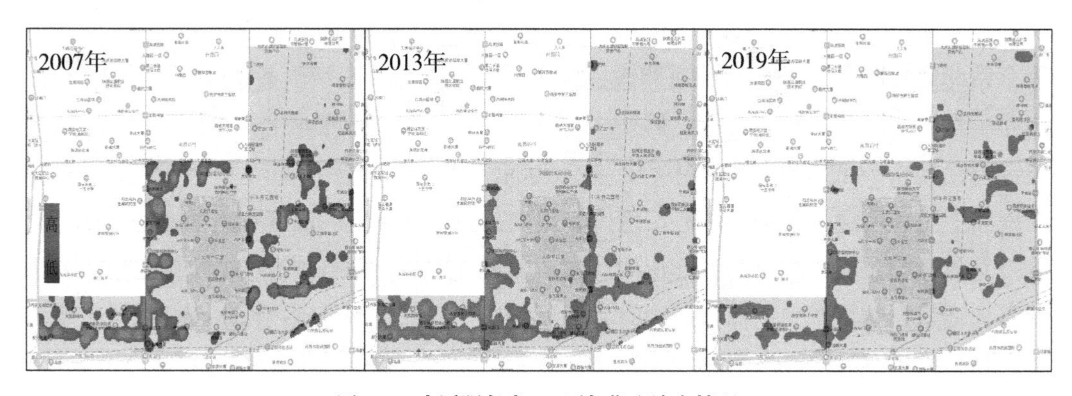

图5.11　生活服务类POI历年集聚演变情况

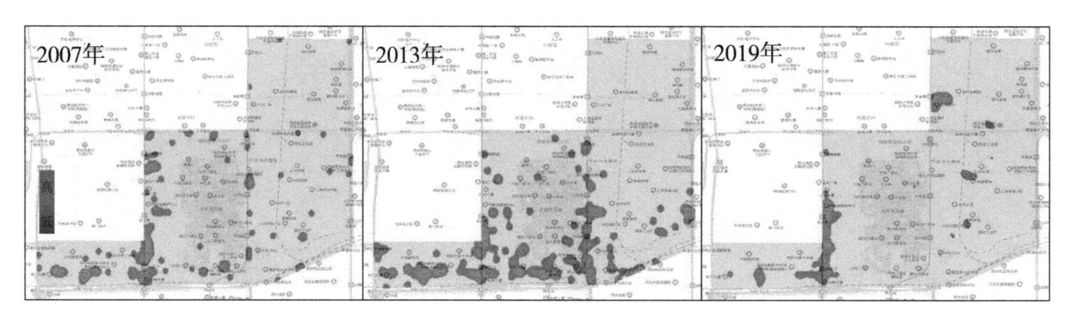

图5.12　文化旅游类POI历年集聚演变情况

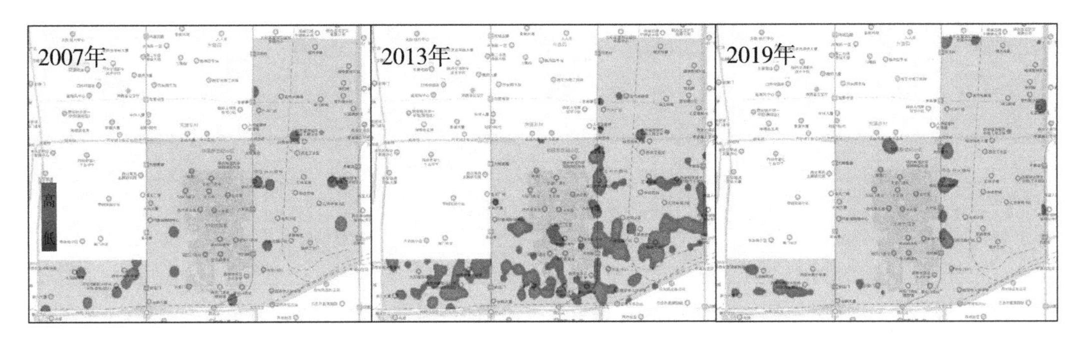

图5.13　制造物流类POI历年集聚演变情况

中大华电动车批发市场和青岛汉斯啤酒厂区域集聚程度相对最高。2019年，总体上研究区内的制造物流类POI集聚中心在减少，且随着部分生产企业外迁、农业生产的彻底退出，以及快递物流行业爆发式增长对传统制造物流集聚中心的功能性替代等，使得原来中低层级的集聚中心逐渐被瓦解（图5.13）。

（五）关键行业POI空间分布变化

为了揭示保护改造前后主要功能的空间演替变化情况，本书选择了6个关键性行业进行比较分析：2个与居民日常生活密切相关的零售业、居民服务业；2个与外地游客密切相关的住宿业、旅行及相关服务；2个与生产制造相关的制造业、物流业。

2007年，保护改造工作启动前期，区内零售业和居民服务业主要分布道路空间两侧，很少有渗透到街区内部；制造、物流业分布比较随意，其中在遗址区内中、南部片区分布有大量制造业业态，同时靠近铁路沿线区域也分布了大量的物流、制造类业态；住宿业分布较少，且主要集中分布在未央路东侧邻近街道区域和未央路以东的南部区域；旅行社及相关服务业数量非常少，仅零星地分布在研究区南部。

2013年，遗址公园建成并进入成熟运营期，区内其他区域保护改造工作正全面推进。这一时期，遗址公园以南区域和太华路沿线新增了较多的零售业分布，同时在紧邻太华路两侧的街区内也出现了较多的居住服务业；遗址保护区内制造业、物流业分布已全部消失，整个研究区内的制造业分布也有所减少，而物流业增加了一些，且多出现在太华路以东地区；住宿业的分布明显增多，特别是遗址公园以南和太华路沿线增加明显；旅行社及相关服务业略有增加，且主要出现在遗址公园南部附近和临近城墙地区。

2019年，遗址地区的更新改造工作已基本完成，零售业和居住服务业爆发式扩散，开始渗透到街区层面，行业的发展重心呈现出向太华路以东地区移动的趋势；制造业仅零星分布在少数未完成更新改造的区域；物流业增长明显，特别太华路以东地区，物流业已均衡地分布于整个研究区内；住宿业在未央路沿线区域增长非常显著，出现典型的

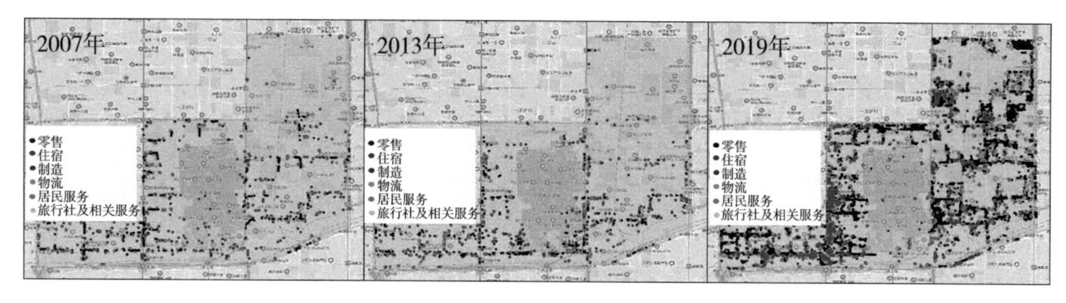

图5.14　6个关键性行业POI历年空间分布情况

带状集中分布特征；同时在太华路以东地区也增加了大量的住宿业态，分布相对均衡；旅行社及相关服务业也增长明显，且主要集中分布在太华路以东地区。

从以上6个行业的空间分布变化来看，2007～2013年，零售、住宿、物流、居民服务、旅行社及相关服务业的发展主要沿未央路、太华路等主路展开；2013～2019年，上述5个行业的发展开始渗透到街区、支路、社区层面，并呈现出爆发式扩散特征；与此同时，制造业在2013年以前已基本完成退出，2019年区内仅有少量分布，且主要集中在未改造地区（图5.14）。

第二节

评价指标体系构建

一、指标甄选落定

基于前文城市大遗址地区空间实践的物质效能评价分析框架，将大明宫遗址地区的物质效能评价指标体系划分为空间效率和空间公平两个子系统；运用第三章第四节第二部分中的物质效能指标甄选优化方法，根据大明宫遗址地区物质表征和功能作用，在经济、社会、文化、环境以及空间5个方面甄选出两大子系统若干具有可比性、导向性、可操作性的指标。具体：

（一）空间效率系统

空间效率系统是考评遗址地区物质空间资源配置和空间产品生产的作用功效，强调资源利用的有效性，具体由空间利用效率、经济发展效率、社会服务效率、遗址保护效率、环境改善效率5方面的作用功效构成。其中空间利用效率是对空间资源利用和空间产品自身运行效率的考评；经济发展效率是考评空间物质资源配置和空间物质产品生产对大明宫遗址地区经济社会发展效果的影响；社会服务效率是考评保护改造对公共服务领域的产品供给和效率提升的作用；遗址保护效率是考评大明宫遗址保护对大明宫遗址地区发展的贡献；环境改善效率是考评保护改造对大明宫遗址地区环境改善的影响。通过对指标的优化、筛选、改进以及考虑到指标的简洁性、可获性，本书最终选择如下指标（表5.6）作为空间效率的考评体系。

大明宫遗址地区物质效能的空间效率评价体系 表5.6

系统层	功效层	指标层
空间效率系统	空间利用效率	整合度
		选择度
		建筑密度
		人均建设用地面积
		空间特色风貌有效控制比
	经济发展效率	人均GDP
		地均GDP
		产业类POI增长率
	社会服务效率	商业设施重叠率
		公共交通出行比
		公共设施配套完善度
		市政设施完好率
	遗址保护效率	可游览面积增长率
		遗址保护利用收支比
		遗址对地区发展贡献率
	环境改善效率	绿地率
		绿化覆盖率
		生活垃圾无害化率
		污水集中处理率

（二）空间公平体系

空间公平是对遗址地区物质资源和空间产品分配结果和所起作用的公平合理性的考评，由空间利用公平、经济发展公平、社会服务公平、遗址保护公平、环境改善公平5方面构成。其中，空间利用公平重点考察土地利用、道路交通、拆迁安置等空间产品分配的公平性；经济发展公平是考评空间资源配置和空间产品生产真正惠及普通大众的程度；社会服务公平重点考评教育、医疗等公共服务领域空间物质产品供给的公平合理状况；遗址保护公平是考评大明宫遗址保护工作的有效推进状况和遗址提供公共服务的能力；环境改善公平重点考评的是空间环境产品供给的公平合理性。基于以上考评目标，通过指标优化甄选，在此选择如下指标（表5.7）作为空间公平系统的考评体系。

大明宫遗址地区物质效能的空间公平评价体系 表5.7

系统层	功效层	指标层
空间公平系统	空间利用公平	道路网密度
		土地利用混合度
		公交、地铁站POI密度
		安置片区选址中心性
	经济发展公平	基尼系数
		人均住房面积
		居民人均可支配收入
		房价增长率与GDP增长率比值
	社会服务公平	中小学教育设施覆盖率
		医疗设施覆盖率
		基础设施覆盖率
		基本养老、医疗参保率
	遗址保护公平	保护区内环境整治完成率
		遗址公园游览免费与收费面积比
		公园门票价格
		保护区外1000m范围内开发强度
	环境改善公平	安置片区绿地率
		绿地斑块密度
		人均社区公园面积

综合以上空间效率和空间公平两个系统指标甄选的结果，最终建构了“目标—系统—功效—指标”四层级的物质效能评价指标体系，共包含2个系统、10方面功效、38项指标（表5.8）。

空间实践的物质效能评价指标体系　　表5.8

目标层（A）	系统层（B）	功效层（C）	指标层（D）	单位	效能指向
空间实践的物质效能评价（A）	空间效率系统（B1）	空间利用效率（C1）	整合度（D1）	—	正向
			选择度（D2）	—	正向
			建筑密度（D3）	—	适度
			人均建设用地面积（D4）	m^2	适度
			空间特色风貌有效控制比（D5）	—	正向
		经济发展效率（C2）	人均GDP（D6）	万元	正向
			地均GDP（D7）	亿元/km^2	正向
			产业类POI增长率（D8）	%	正向
		社会服务效率（C3）	商业设施重叠率（D9）	%	负向
			公共交通出行比（D10）	—	正向
			公共设施配套完善度（D11）	—	正向
			市政设施完好率（D12）	%	正向
		遗址保护效率（C4）	可游览面积增长率（D13）	%	适度
			遗址保护利用收支比（D14）	—	负向
			遗址对地区发展贡献度（D15）	—	正向
		环境改善效率（C5）	绿地率（D16）	%	正向
			绿化覆盖率（D17）	%	正向
			生活垃圾无害化率（D18）	%	正向
			污水集中处理率（D19）	%	正向
	空间公平系统（B2）	空间利用公平（C6）	道路网密度（D20）	km/km^2	适度
			土地利用混合度（D21）	—	适度
			公交、地铁站POI密度（D22）	—	正向
			安置片区选址的中心性（D23）	—	适度
		经济发展公平（C7）	基尼系数（D24）	—	负向
			人均住房面积（D25）	m^2	适度
			居民人均可支配收入（D26）	元/人	正向
			房价增长率与GDP增长率比值（D27）	—	负向
		社会服务公平（C8）	中小学教育设施覆盖率（D28）	%	正向
			医疗设施覆盖率（D29）	%	正向
			基础设施覆盖率（D30）	%	正向
			基本养老、医疗参保率（D31）	%	正向
		遗址保护公平（C9）	保护区内环境整治完成率（D32）	%	正向
			遗址公园游览免费与收费面积比（D33）	—	负向
			公园门票价格（D34）	元	负向
			保护区外1000m范围内开发强度（D35）	—	负向
		环境改善公平（C10）	安置片区绿地率（D36）	%	正向
			绿地斑块密度（D37）	—	正向
			人均社区公园面积（D38）	m^2	正向

二、数据赋值处理

（一）指标数据获取

对大明宫遗址地区2007年、2013年、2019年的研究时点数据，通过以下四种路径予以获得：

（1）相关资料查阅

对于社会、经济、用地、交通、环境等方面数据主要通过查阅西安市、未央区、新城区、莲湖区相应年份的统计公报、统计年鉴以及政府部门的相关工作报告、工作文件和西安市城市总体规划、大明宫地区保护与改造总体规划以及详细规划等资料来获得。

（2）网络数据采集

指标中有关功能、产业、房价等数据主要通过高德地图、谷歌影像、58同城、安居客等地图、网站的采集抓取和检索获得。在获得原始数据基础上，通过数据清洗和分类统计，形成建模分析和指标计算的数据基础。

（3）现场实地调研

结合影像地图，通过网格化实地调研和街道、社区走访，获得研究区范围内的用地、人口、设施等方面数据。同时对不同方法获得的同类型数据进行比对校验。

（4）建模计算分析

基于以上基础数据，通过GIS软件、DepthmapX0.50软件建模以及常规指标的计算方法，计算2007年、2013年、2019年3个研究时点的指标原始数值（表5.9）。

物质效能评价指标数据来源　　表5.9

序号	指标	数据来源
1	整合度、选择度	谷歌影像+空间句法
2	产业类POI增长率、公共交通出行比、遗址对地区发展贡献度、公交和地铁站POI密度、公园门票价格	网站爬取+数据分析
3	建筑密度、商业设施重叠率、可游览面积增长率、绿地率、绿化覆盖率、道路网密度、土地利用混合度、安置片区选址的中心性、安置片区绿地率、中小学教育设施覆盖率、医疗设施覆盖率、基础设施覆盖率、绿地斑块密度	谷歌影像+相关规划+实地调研+GIS空间分析
4	空间特色风貌有效控制比、保护区内环境整治完成率、遗址公园游览免费与收费面积比、保护区外1000m范围内开发强度	谷歌影像+实地调研+GIS空间分析
5	人均建设用地面积、人均GDP、地均GDP、公共设施配套完善度+市政设施完好率、遗址保护利用收支比、生活垃圾无害化率、污水集中处理率、基尼系数、人均住房面积、人均社区公园面积、居民人均可支配收入、房价增长率与GDP增长率比值、基本养老、医疗参保率	统计年鉴+工作报告+相关规划+社区访谈

（二）数据标准化处理

基于评价指标的正负效应，运用第三章第四节第二部分建构的指标值标准化模型，对指标原始数据进行标准化处理，标准化结果见表5.10。

大明宫遗址地区空间实践物质效能指标的标准值　　表5.10

目标层（A）	系统层（B）	功效层（C）	指标层（D）	标准值		
				2007年	2013年	2019年
空间实践的物质效能评价（A）	空间效率系统（B1）	空间利用效率（C1）	整合度（D1）	0.1075	0.5234	0.8178
			选择度（D2）	0.0893	0.6071	0.8125
			建筑密度（D3）	0.1223	0.7022	0.8683
			人均建设用地面积（D4）	0.6204	0.7592	0.8272
			空间特色风貌有效控制比（D5）	0.1057	0.4553	0.5041
		经济发展效率（C2）	人均GDP（D6）	0.1706	0.7930	0.9636
			地均GDP（D7）	0.0986	0.5159	0.7189
			产业类POI增长率（D8）	0.1689	0.7717	0.8219
		社会服务效率（C3）	商业设施重叠率（D9）	0.8542	0.5417	0.4542
			公共交通出行比（D10）	0.0909	0.3566	0.6748
			公共设施配套完善度（D11）	0.1169	0.4930	0.5710
			市政设施完好率（D12）	0.6240	0.832	0.968
		遗址保护效率（C4）	可游览面积增长率（D13）	0.3663	0.9884	0.9942
			遗址保护利用收支比（D14）	0.1595	0.3759	0.4007
			遗址对地区发展贡献度（D15）	0.1582	0.8532	0.9564
		环境改善效率（C5）	绿地率（D16）	0.1759	0.5833	0.6574
			绿化覆盖率（D17）	0.1512	0.2717	0.2885
			生活垃圾无害化率（D18）	0.2486	0.6162	0.9459
			污水集中处理率（D19）	0.1803	0.8197	0.9344
	空间公平系统（B2）	空间利用公平（C6）	道路网密度（D20）	0.3737	0.7373	0.8585
			土地利用混合度（D21）	0.0230	0.6462	0.7077
			公交、地铁站POI密度（D22）	0.1795	0.8615	0.9282
			安置片区选址的中心性（D23）	0.6605	0.2340	0.2339
		经济发展公平（C7）	基尼系数（D24）	0.8079	0.2731	0.3356
			人均住房面积（D25）	0.1078	0.8578	0.8922
			居民人均可支配收入（D26）	0.0841	0.7275	0.8957
			房价增长率与GDP增长率比值（D27）	0.8991	0.4622	0.3613

续表

目标层（A）	系统层（B）	功效层（C）	指标层（D）	标准值		
				2007年	2013年	2019年
空间实践的物质效能评价（A）	空间公平系统（B2）	社会服务公平（C8）	中小学教育设施覆盖率（D28）	0.1969	0.3107	0.3807
			医疗设施覆盖率（D29）	0.2041	0.3566	0.4987
			基础设施覆盖率（D30）	0.1873	0.6923	0.9064
			基本养老、医疗参保率（D31）	0.2721	0.7426	0.9779
		遗址保护公平（C9）	保护区内环境整治完成率（D32）	0.1076	0.8154	0.9538
			遗址公园游览免费与收费面积比（D33）	0.2027	0.5586	0.6172
			公园门票价格（D34）	0.7209	0.4767	0.5000
			保护区外1000m范围内开发强度（D35）	0.4411	0.48151	0.4175
		环境改善公平（C10）	安置片区绿地率（D36）	0.0365	0.2677	0.2941
			绿地斑块密度（D37）	0.0448	0.6143	0.7623
			人均社区公园面积（D38）	0.0525	0.4753	0.5525

三、计算指标权重

基于第三章第四节第二部分构建的权重计算模型，综合运用层次分析法和熵权法计算指标体系各层级的权重值。考虑到当前西安市总体社会经济发展情况，首先将指标体系的系统层（B）的空间效率系统和空间公平系统，在空间实践物质效能目标层（A）上的权重确定为0.5和0.5，即在当前的社会经济条件下，两者对于空间实践效能的贡献同等重要；而后运用在线软件SPSSAU计算对指标体系的功效层（C）进行层次分析，计算出功效层（C）在目标层（A）上的各项权重（表5.11功效层C列）；对指标层（D）分别进行层次分析和熵权分析：运用软件SPSSAU通过层次分析计算出指标层（D）在目标层（A）上的权重，运用excel软件通过熵权法计算出指标层（D）在目标层（A）上的权重；用功效层（C）对目标层（A）的权重修正熵权法计算的指标权重，得到修正后的熵权法指标权重；计算熵权法指标权重与层次分析法指标权重的平均值，并将其作为评价指标的最终权重（表5.11指标层D综合权重列）。

空间实践的物质效能评价权重体系 表5.11

目标层A	系统层B		功效层C		指标层D			
	编码	层次分析法 B在A层权重	编码	层次分析法 C在A层权重	编码	层次分析法 D在A层权重	熵权法 D在A层权重	综合权重 D在A层权重
A	B1	0.500	C1	0.115	D1	0.0282	0.0171	0.0214
					D2	0.0071	0.0178	0.0112
					D3	0.0357	0.0330	0.0319

续表

目标层A	系统层B		功效层C		指标层D			
	编码	层次分析法	编码	层次分析法	编码	层次分析法	熵权法	综合权重
		B在A层权重		C在A层权重		D在A层权重	D在A层权重	D在A层权重
A	B1	0.500	C1	0.115	D4	0.0324	0.0514	0.0382
					D5	0.0116	0.0153	0.0123
			C2	0.125	D6	0.0563	0.0879	0.0686
					D7	0.0389	0.0327	0.0345
					D8	0.0298	0.0153	0.0219
			C3	0.101	D9	0.0212	0.0255	0.0240
					D10	0.0286	0.0272	0.0286
					D11	0.0330	0.0371	0.0359
					D12	0.0182	0.0064	0.0125
			C4	0.089	D13	0.0209	0.0092	0.0172
					D14	0.0292	0.0187	0.0282
					D15	0.0389	0.0332	0.0436
			C5	0.071	D16	0.0109	0.0101	0.0108
					D17	0.0227	0.0334	0.0357
					D18	0.0187	0.0173	0.0185
					D19	0.0187	0.0057	0.0061
	B2	0.500	C6	0.091	D20	0.0130	0.0076	0.0099
					D21	0.0130	0.0144	0.0130
					D22	0.0183	0.0230	0.0195
					D23	0.0462	0.0561	0.0483
			C7	0.110	D24	0.0413	0.0319	0.0432
					D25	0.0138	0.0151	0.0204
					D26	0.0275	0.0255	0.0345
					D27	0.0275	0.0088	0.0119
			C8	0.128	D28	0.0401	0.0573	0.0457
					D29	0.0401	0.0417	0.0387
					D30	0.0319	0.0311	0.0299
					D31	0.0160	0.0125	0.0136
			C9	0.067	D32	0.0145	0.0077	0.0065
					D33	0.0235	0.0264	0.0222
					D34	0.0097	0.0102	0.0086
					D35	0.0193	0.0354	0.0297
			C10	0.104	D36	0.0465	0.0479	0.0493
					D37	0.0253	0.0217	0.0223
					D38	0.0322	0.0315	0.0324

第三节

空间实践的效能分析

一、空间效率分析

空间效率子系统的效能分析，是评价分析大明宫遗址地区空间资源配置和空间产品生产对社会、经济、文化、环境方面的作用效果，强调的是物质空间资源利用的有效性和作用大小。评价分析体系由5方面功效和19项指标构成。综合指标标准化值和权重计算结果，运用第三章第四节第二部分建构的物质效能评价结果合成模型（$E=\sum_{i=1}^{n} U_{\mathrm{A}(u_i)} \times W_i$）计算空间效率子系统各级要素和指标的效能评价值，计算结果见表5.12。通过对比分析表5.12中2007年、2013年、2019年空间效率子系统各层级效能评价值，从具体指标效能、要素静态效能、要素动态效能、分系统总体效能4个方面对空间效率子系统的物质效能状况展开系统性评价分析。

空间效率系统的效能评价值　　表5.12

系统层（B）				功效层（C）				指标层（D）			
代码	2007年	2013年	2019年	代码	2007年	2013年	2019年	代码	2007年	2013年	2019年
空间效率系统B1	0.2307	0.6368	0.7647	空间利用效率C1	0.2560	0.6436	0.8041	D1	0.0023	0.0112	0.0175
								D2	0.0010	0.0068	0.0091
								D3	0.0039	0.0224	0.0277
								D4	0.0237	0.0290	0.0316
								D5	0.0013	0.0056	0.0062
				经济发展效率C2	0.1478	0.7017	0.8536	D6	0.0117	0.0544	0.0661
								D7	0.0034	0.0178	0.0248
								D8	0.0037	0.0169	0.0180
				社会服务效率C3	0.3556	0.5257	0.6473	D9	0.0205	0.0130	0.0109
								D10	0.0026	0.0102	0.0193
								D11	0.0042	0.0177	0.0205
								D12	0.0078	0.0104	0.0121
				遗址保护效率C4	0.2076	0.7284	0.7830	D13	0.0063	0.017	0.0171
								D14	0.0045	0.0106	0.0113
								D15	0.0069	0.0372	0.0417
				环境改善效率C5	0.1883	0.5544	0.6881	D16	0.0019	0.0063	0.0071
								D17	0.0054	0.0097	0.0103
								D18	0.0046	0.0114	0.0175
								D19	0.0011	0.0050	0.0057

（一）具体指标效能

对空间效率子系统各指标效能值进行统计学描述分析（表5.13），通过比较统计学描述分析得到平均数、中位数、偏度等数值，不难发现：2007年空间效率子系统各指标效能的平均数>中位数，且偏度>0，这说明指标效能值分布呈右偏态（正偏态），即大部分指标效能值位于平均值的左侧；同时标准差和方差值也比较小，说明指标效能值之间的离散程度低，分布比较接近平均数；峰度值=5.5520>3（正态分布），说明系统指标效能的极端值较多，指标效能分布比较陡峭。同理，2013年和2019年空间效率子系统标效能的分布也为右偏态，两个年份各自的指标效能值也大部分小于且靠近各自年份指标效能的平均值，极端值也分布较多，指标分布的集中程度接近2007年水平。综上情况，大明宫遗址地区物质效能空间效率系统指标间的效能离散程度低，数值集中分布于平均值左侧，且大部分接近效能平均值，系统指标效能的极端值较多。

空间效率子系统效能值统计学描述分析　　表5.13

年份	平均数	中位数	标准差	方差	峰度	偏度
2007	0.0121	0.0087	0.0106	0.0001	5.5520	1.742025
2013	0.0335	0.0301	0.0205	0.0004	4.7529	1.203118
2019	0.0402	0.0375	0.0243	0.0006	5.1310	1.178416

（二）要素静态效能

2007年，空间利用、社会服务、遗址保护三方面的效能水平均比较低；经济发展和环境改善两方面的效能水平为非常低，其中环境改善效能的评分为0.1883，非常接近较低水平的效能等级；以上5方面效率要素中效能水平最低为经济发展效率，其效能值为0.1478。可见在2007年，改善经济发展效率是大明宫遗址地区推进保护改造工作必须优先考虑的内容。综合2007年空间效率子系统各要素效能评价结果：各要素静态效能呈现出低水平一致特征（图5.15），由此也导致了空间效率系统的整体效能水平处于较低水平状态。

2013年，空间利用、经济发展、遗址保护3方面的效能均处于较高水平；相较于以上3个要素方面，社会服务和环境改善的效能水平也非常接近较高等级水平，两个方面的效能值分别为0.5257、0.5544。综合以上各效率要素的评价结果：2013年空间效率子系统各要素静态效能水平均处于或接近较高等级（图5.15）；各要素的静态效能水平最高为经济发展，最低为环境改善，两者之间效能评价差值近0.2；可见这一阶段相较于其他要素方面，经济发展是这一时期物质资源优先配置的重点。

2019年，空间利用和经济发展两方面的效能已达到非常高等级水平，但两方面的具

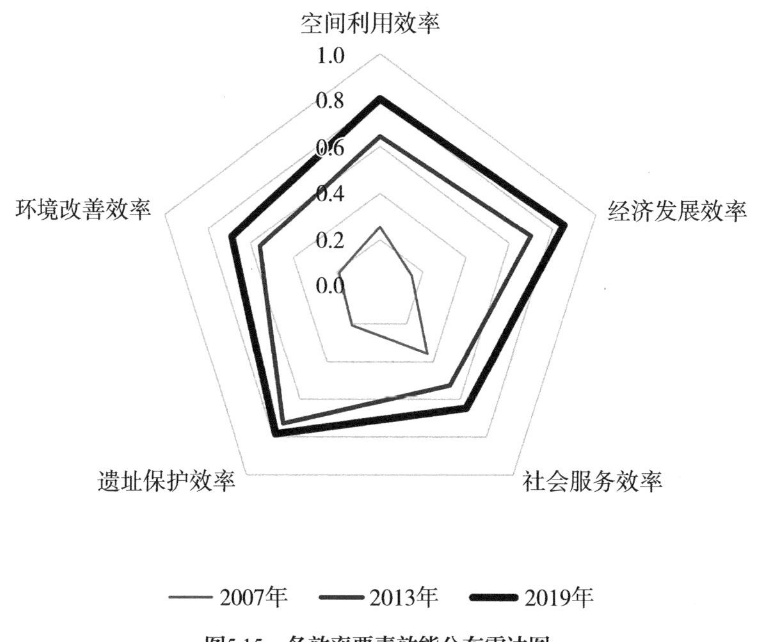

图5.15　各效率要素效能分布雷达图

体效能值仍比较靠近较高水平效能等级，效能值分别为0.8041、0.8536；社会服务、遗址保护、环境改善3方面的效能水平为较高等级。综合以上各方面的效能情况，2019年空间效率子系统中各要素的效能水平主要集中在较高水平或稍高于较高水平（图5.15）。在2019年空间效率要素效能评价中，空间利用和经济发展两方面的效能水平要明显高于社会服务、遗址保护、环境改善，这说明保护改造推进一段时间以来，大明宫遗址地区的空间实践仍以物质环境建设和经济发展为重点。

（三）要素动态效能

通过纵向对比空间效率子系统2007年、2013年、2019年各要素的效能评价值，不难发现空间效率各要素的效能状况在时间序列上呈现出明显的动态增长发育特征（图5.16）。即：随着时间的推移，构成空间效率各要素的效能水平呈现出明显递增趋势。将历年各要素进行线性趋势分析（图5.17），空间效率各要素历年的效能水平呈线性增长变化趋势，其中在增长变化速率方面：经济发展效率＞遗址保护效率＞空间利用效率＞环境改善效率＞社会服务效率。这表明：2007～2019年，大明宫遗址地区的物质环境建设（空间实践）对大明宫遗址地区经济发展效率的贡献影响最为突出，对社会服务效率的作用影响最小，其他三方面要素次之。

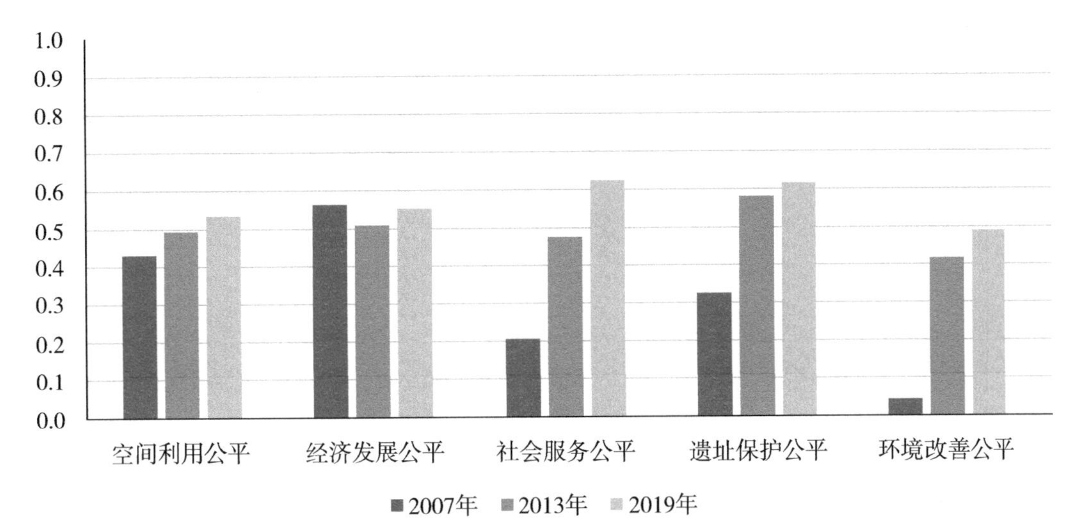

图5.16　各效率要素效能增长变化情况

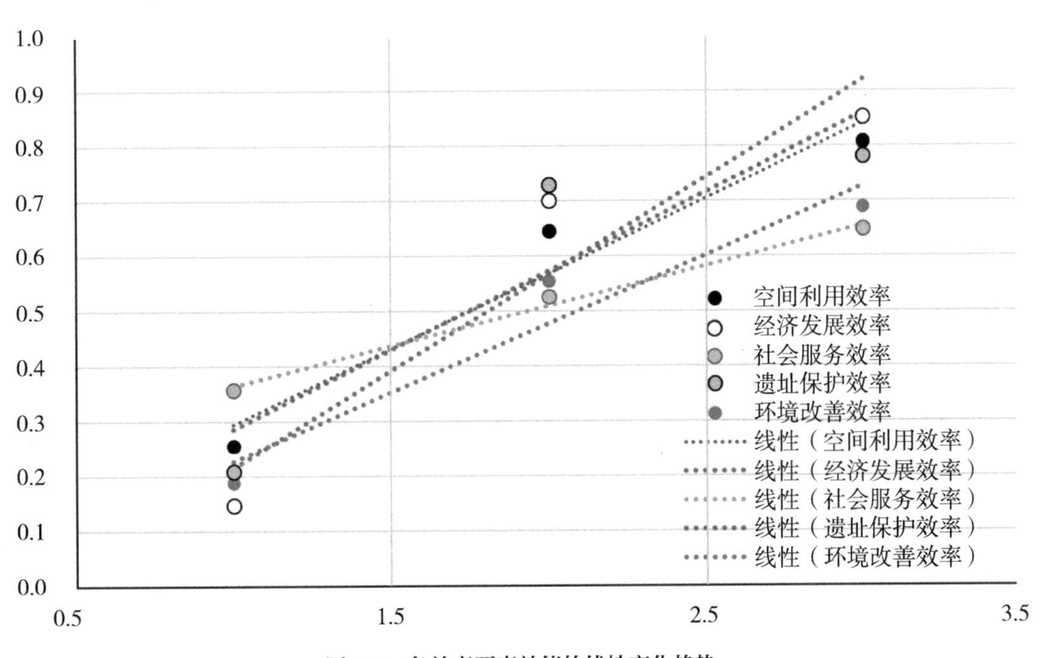

图5.17　各效率要素效能的线性变化趋势

（四）分系统总体效能

由表5.12可知，2007年空间效率系统的效能评价值为0.2307，属于较低等级效能水平，且比较靠近非常低等级效能水平；2013年空间效率系统的效能评价值为0.6368，属于较高等级效能水平；2019年空间效率系统的效能评价值为0.7647，仍属于较高等级效能水平，但比较接近非常高等级的效能水平。根据图5.18的分析可知，2007年至2019年

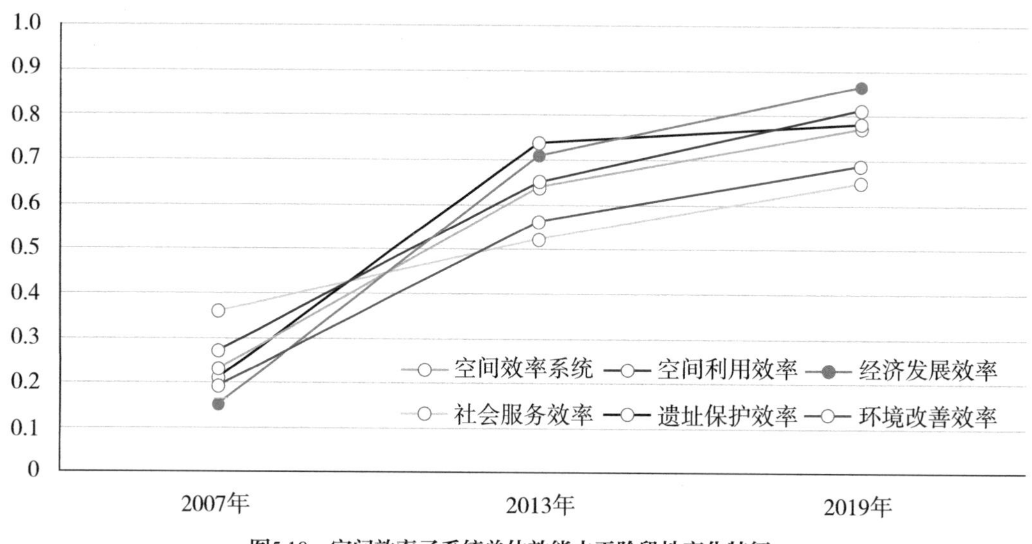

图5.18　空间效率子系统总体效能水平阶段性变化特征

间，空间效率系统及其构成要素（除社会服务要素外）的效能变化呈现出两个不同发育变化阶段，即：2007～2013年的空间效率系统及其构成要素的效能增长变化速率明显快于2013～2019年，这与遗址地区的保护改造进度相契合。从2007年10月正式启动大明宫遗址地区的保护改造项目以来，至2019年12月，期间大明宫遗址地区物质环境的改造建设可以明显地划分为两个阶段：第一阶段为2007～2013年快速发展建设期，这一时期遗址地区大规模的拆迁活动、安置项目建设、企事业单位搬迁、遗址公园建成开园、大明宫万达广场开业等一大批重点项目均在此期间完成，由此物质环境的空间效率水平得到了极大的提升、改善；第二阶段为2013～2019年稳定发展期，随着遗址文化价值效应溢出的衰减和大部分公共性物质产品供给的补齐，遗址地区物质环境的空间效率的增长速率开始逐渐趋缓（图5.18）。

二、空间公平分析

空间公平子系统包括5方面功效要素、19项评价指标，主要考察评价大明宫遗址地区物质空间资源和空间产品再分配结果和作用的公平合理性。同样综合指标标准化值和权重计算结果，运用第三章第四节第二部分中构建的物质效能评价结果合成模型（$E=\sum_{i=1}^{n}U_{\mathrm{A}(u_i)}\times W_i$）计算空间公平子系统各要素和各指标的效能评价值，计算结果见表5.14。通过对比分析表5.14中2007年、2013年、2019年空间公平子系统的各层级效能评价值，从具体指标效能、要素静态效能、要素动态效能、子系统总体效能4个方面对空间公平子系统的物质效能状况展开系统性评价分析。

空间公平系统的效能评价值　表5.14

系统层（B）				功效层（C）				指标层（D）			
代码	2007年	2013年	2019年	代码	2007年	2013年	2019年	代码	2007年	2013年	2019年
空间公平系统B2	0.2407	0.4616	0.5421	空间利用公平C6	0.4304	0.4934	0.5332	D20	0.0037	0.0073	0.0085
								D21	0.0003	0.0084	0.0092
								D22	0.0035	0.0168	0.0181
								D23	0.0411	0.0113	0.0113
				经济发展公平C7	0.5622	0.5071	0.5516	D24	0.0349	0.0118	0.0145
								D25	0.0022	0.0175	0.0182
								D26	0.0029	0.0251	0.0309
								D27	0.0107	0.0055	0.0043
				社会服务公平C8	0.2062	0.4741	0.6232	D28	0.0090	0.0142	0.0174
								D29	0.0079	0.0138	0.0193
								D30	0.0056	0.0207	0.0271
								D31	0.0037	0.0101	0.0133
				遗址保护公平C9	0.3260	0.5800	0.6154	D32	0.0007	0.0053	0.0062
								D33	0.0045	0.0124	0.0137
								D34	0.0062	0.0041	0.0043
								D35	0.0131	0.0143	0.0124
				环境改善公平C10	0.0435	0.4163	0.4880	D36	0.0018	0.0132	0.0145
								D37	0.0010	0.0137	0.0170
								D38	0.0017	0.0154	0.0179

（一）具体指标效能

对空间公平子系统各指标效能值进行统计学描述分析，通过比较分析描述分析结果（表5.15）的平均数、中位数、偏度等数值，不难发现：2007年空间公平子系统指标效能的平均数＞中位数，且偏度=2.3706＞0，这表明2007年空间公平效能系统的指标效能呈右偏态分布；同时标准差和方差都比较小，效能值分布离散程度较低，且大部分指标的效能水平比较接近平均值；峰度值=5.0739＞3（峰度值=3时为正态分布），这说明公平系统内的极端效能指标稍多，纵向分布比较陡峭。2013年指标效能平均数＜中位数，指标效能为左偏态分布；2019年指标效能平均数＞中位数，指标效能为右偏态分布；2013年和2019年的指标效能标准差和方差也比较小，对应这两个年份的指标效能值分布比较集中（离散程度低）；2013年和2019年的指标效能峰度均比较接近3，表明这两个年份的指标效能比较接近正态分布，极端值较少。综合以上情况，2007年、2013年、2019年空间公平子系统各指标效能值多集中分布在平均值的左侧，且有一定比例极端值存在，其中2007年比2013年和2019年的极端效能指标分布更多。

空间公平子系统效能值统计学描述分析　　表5.15

年份	平均数	中位数	标准差	方差	峰度	偏度
2007	0.0081	0.0037	0.0111	0.0001	5.0739	2.3706
2013	0.0127	0.0138	0.0053	<0.0001	3.4002	0.4065
2019	0.0146	0.0145	0.0069	<0.0001	3.6800	0.6084

（二）要素静态效能

2007年，空间利用和经济发展两方面的公平要素效能评价值分别为0.4304和0.5622，效能水平处于一般等级，且是5方面公平要素中效能水平最高的两个要素；社会服务和遗址保护两方面公平要素的效能评价值为0.2062和0.3260，效能水平处于非常低等级；5方面功效要素中环境改善公平要素的效能评价值最小（0.0435），这与保护改造前（2007年以前）大明宫遗址地区大面积分布的基本无任何环境卫生、排水设施的城中村、棚户区、废弃厂区情况相吻合。

2013年，空间利用（0.4934）、经济发展（0.5071）、社会服务（0.4741）、遗址保护（0.5800）、环境改善（0.4163）5个方面的公平要素效能评价值均分布于一般效能等级区间（$0.4<C\leqslant0.6$）。可见发展到2013年时，在大明宫遗址地区的保护改造中各功效要素基本得到了平等程度重视，但要素的效能水平一般，也表明了与各功效要素相关的物质空间资源配置和空间产品生产仍存在较大不足。

2019年，空间利用、经济发展、环境改善3个方面的公平要素效能值依次为0.5332、0.5516、0.4880，效能水平属于一般等级；社会服务公平和遗址保护公平的效能评价值为0.6232、0.6154，虽然属于较高效能水平等级，但两者的评价值比较接近一般效能水平等级。可见发展到2019年，各公平要素的效能水平主要分布于一般等级区间。

综合以上各年份的要素效能评价值，结合图5.19不难发现：2007年、2013年以及2019年3个研究时点空间公平系统各功效要素的效能评价值主要集中分布在$0.4<C\leqslant0.6$等级区间，要素的静态效能水平一般。

（三）要素动态效能

通过比较分析不同研究时点功效要素的效能评价值可知，空间利用、社会服务、遗址保护、环境改善4方面功效要素的公平效能水平呈现出时间纵向上的增长发育特征，而经济发展公平要素效能水平表现为逐渐降低趋势。与2007年相比较，2013年的社会服务公平、遗址保护公平、环境改善公平要素的效能值增长幅度较大，而空间利用要素的

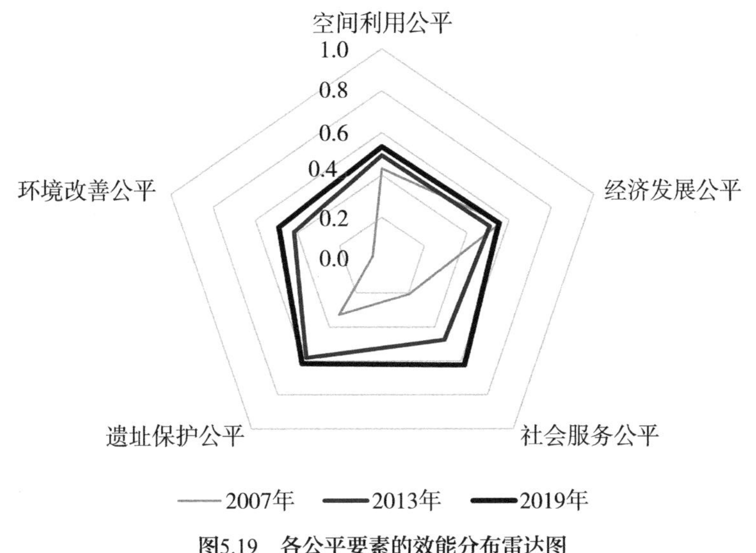

图5.19 各公平要素的效能分布雷达图

效能水平增长幅度较小，经济发展要素甚至出现一定幅度的下降；相较于2013年，2019年空间利用、经济发展、社会服务、遗址保护、环境改善5方面功效要素的效能水平均有小幅改善提升（图5.20）。对各研究时点功效要素的效能评价值作进一步的线性分析，从分析结果（图5.21）中要素增长变化速率来看：环境改善公平＞社会服务公平＞遗址保护公平＞空间利用公平＞经济发展公平，其中经济发展公平的斜率为负值。综合以上情况：在大明宫遗址地区的空间生产中，物质环境（空间实践）的变化对社会服务、遗址保护、环境改善、空间利用的公平性均有不同程度改善提升，但总体幅度较小；而与此同时，经济发展要素的公平性水平甚至下降一定幅度。

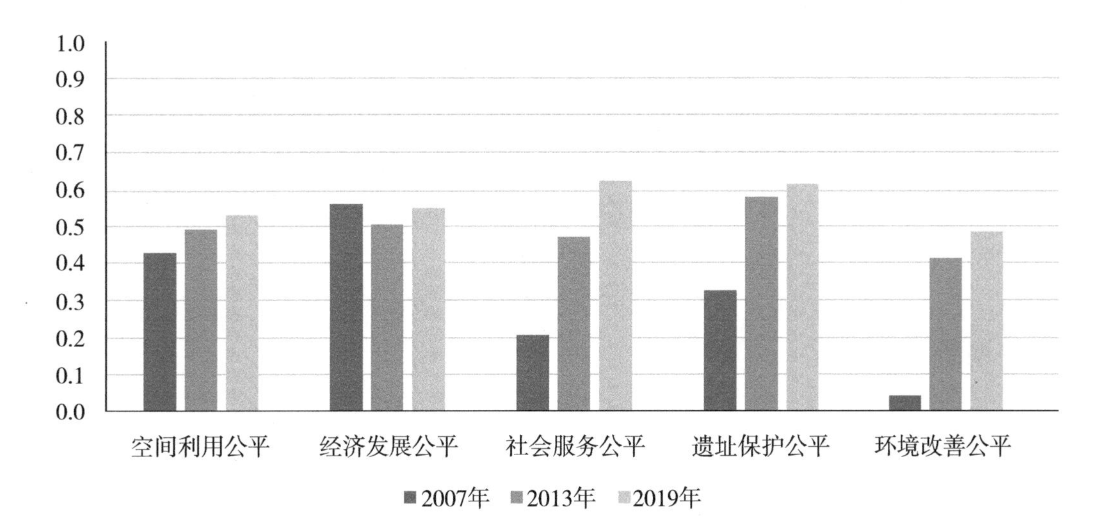

图5.20 各公平要素效能增长变化情况

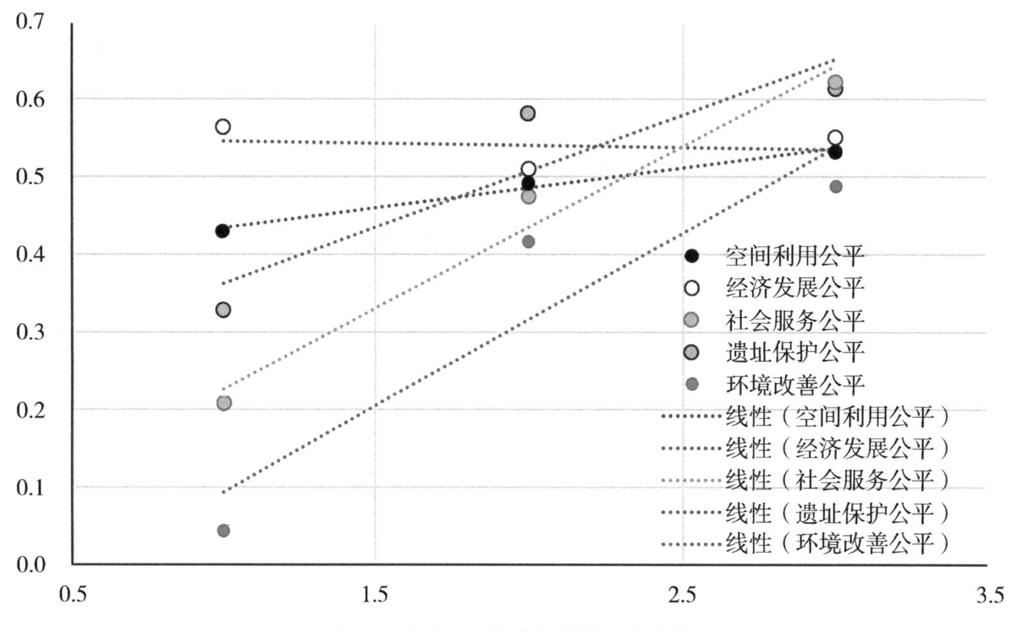

图5.21　各公平要素效能线性变化趋势

（四）子系统总体效能

根据表5.14可知，2007年空间公平系统总体效能评价值为0.2407，属于较低效能水平；2013年空间公平系统总体效能评价值为0.4616，属于一般效能水平；2019年空间公平系统的总体效能评价值为0.5421，仍属于一般效能水平。结合图5.22的分析可知，尽管空间公平系统的总体效能水平呈增长发育趋势，但增长变化幅度有限，物质环境的公平性表现一般。具体分段比较来看，2007～2013年间空间公平系统总体效能增长变化速率要优于2013～2019年。显然2007～2013年的保护改造“运动”对提升改善大明宫遗址地区的公平性产生了比较大的促进推动作用，但随着重点保护改造项目的逐步结束，通过大规模的城建活动来实现改善公平的作用逐渐减弱，对应表现为2013～2019年空间公平效能的增长速率低于2007～2013年。总体而言，围绕大明宫遗址地区保护改造而发起的空间生产活动，对空间实践物质效能的空间公平性改善作用较小，表现为空间公平系统效能水平一般。

三、系统总体分析

空间实践物质效能系统的总体评价分析主要从系统指标效能状况、系统综合效能水平、效能耦合协调情况3个方面展开：

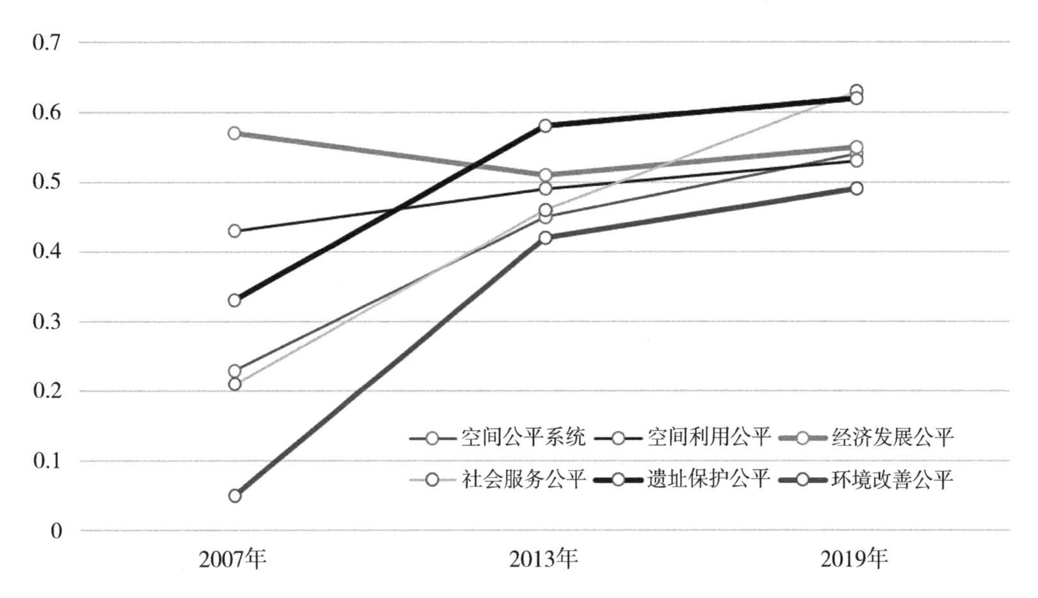

图5.22 空间公平子系统总体效能水平阶段性变化特征

（一）系统指标效能状况

将物质效能系统的所有指标效能值进行统计描述分析，结果见表5.16。通过比较分析表中各类数值可知，2007年物质效能系统所有指标效能值的平均数＞中位数，且偏度值=2.3116＞0，这说明物质效能系统2007年的指标效能呈右偏态分布，即大部分效能值分布于平均值左侧；同时标准差和方差也比较小，指标效能分布的离散程度比较低，大部分指标效能水平接近平均值；峰度值=5.1464＞3，这表明物质效能系统内极端效能指标比较多，指标效能指向分布不均匀。2013年和2019年指标效能的平均数＞中位数，偏度值＞0，表明这两年的指标效能同样为右偏态分布；2013年和2019年标准差和方差仍然比较小，这表明指标效能横向分布比较集中（离散程度低）；相较于2007年，2013年指标峰度值进一步增大，说明与2007年相比较，2013年极端效能指标增多，效能值的纵向分布愈发不均匀；2019年指标峰度值进一步增大，可见极端效能指标进一步增多，效能大小分布更加不均匀。综上分析，2007年、2013年、2019年物质效能系统的指标效能多分布在平均值左侧，极端效能指标较多，大小分布不均匀，且随着时间的变化，这种不均匀程度进一步加剧。

物质效能总系统指标效能值统计学描述分析　　表5.16

年份	平均数	中位数	标准差	方差	峰度	偏度
2007	0.0069	0.0040	0.0081	＜0.0001	5.1464	2.3116
2013	0.0146	0.0127	0.0096	＜0.0001	7.7890	2.3975
2019	0.0172	0.0158	0.0116	0.0001	8.0383	2.3616

（二）系统综合效能水平

综合空间效率系统和空间公平系统对物质效能的权重，运用第三章第四节第二部分构建的评价结果合成模型，计算2007年、2013年、2019年大明宫遗址地区空间实践的物质效能系统值，计算结果依次为：0.2357、0.5492、0.6534。对比分析：2007年空间实践物质效能水平较低，2013年效能水平一般，2019年效能水平较高；其中2019年效能值比一般等级效能值高出0.0534，可见2019年系统的总体效能水平仍比较接近一般等级。从2007年大明宫遗址地区保护改造起，大明宫遗址地区空间实践的总体效能水平得到了稳步提升。从空间效率子系统和空间公平子系统对物质系统的效能贡献情况来看，随着时间变化空间效率子系统对大明宫遗址地区物质效能贡献比例呈不断上升趋势，而空间公平子系统的效能贡献呈下降趋势（图5.23），可见2007～2019年，空间效率子系统对改善提升大明宫遗址地区空间实践效能水平的作用要明显大于空间公平子系统；同时也反映出这一时期大明宫遗址地区的空间实践更加重视物质空间资源配置和空间产品生产的效率作用。

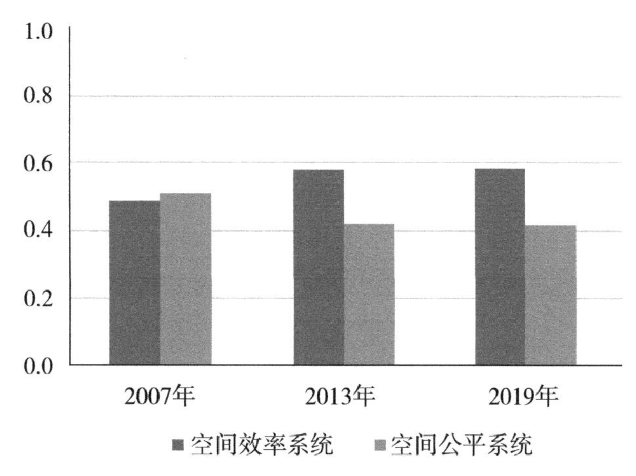

图5.23　子系统对空间实践总系统的效能贡献占比情况

（三）效能耦合协调情况

运用前文构建的效能耦合协调模型，计算大明宫遗址地区空间实践物质系统的效能耦合协调水平，并将计算结果C值转化至0～10的区间内。经过运算分析比较：2007年大明宫遗址地区空间实践物质系统的效能协调度为2，物质效能系统内部为极不协调；2013年的协调度为5，物质效能系统内部为一般协调；2019年的协调度为6，物质效能系统内部仍为一般协调。由此可见，随着保护改造的推进、社会经济的发展，大明宫遗址地区空间实践的内部协调性得到一定程度改善；同时结合图5.24呈现情况，物质系统总体效能与物质系统协调度之间存在一致性发展变化趋势，即：随着物质系统的效能增长，系统内部协调度也得到了相应提升改善。综合以上分析，2007～2013年大明宫遗址地区空间实践的物质效能水平大部分时间段为较低等级，对应的物质系统内部处于稍微协调状态；2013～2019年大明宫遗址地区空间实践物质效能水平大部分时间段为一般等级，对应物质系统内部处于一般协调状态。

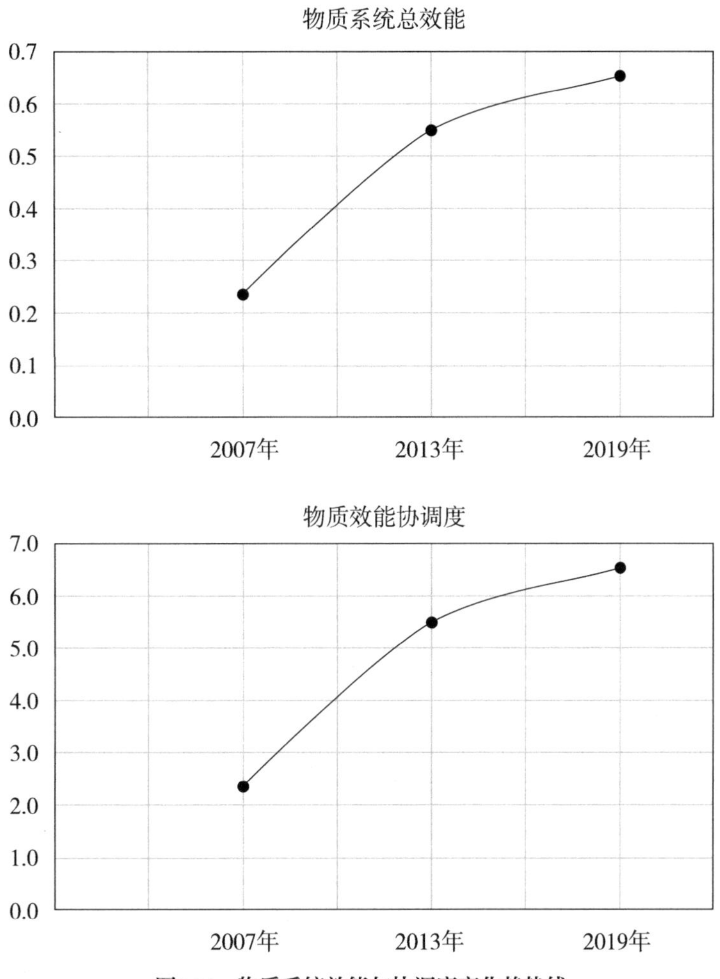

图5.24　物质系统效能与协调度变化趋势线

第四节

本章小结

基于空间实践效能分析思路与方法，本章综合运用指标值标准化模型、系统权重计算模型、评价结果合成模型、效能耦合协调模型等，对大明宫遗址地区空间实践的物质效能展开了评价分析，以此来考察评估大明宫遗址地区的空间生产在空间权力运作和空间资源配置方面的效率性和公平性。首先，依托DepthmapX0.50线段分析模型、ArcGIS

可视化辅助分析以及高德地图POI点源数据分析等，通过空间重构、用地变化、环境风貌、设施配套、行业结构、功能结构、空间演化等方面的比较分析，就2007年以来大明宫遗址地区空间生产所引起的物质环境变迁和主体功能演化进行了认知。其次，从空间利用、经济发展、社会服务、遗址保护、环境改善5个维度出发，通过理论分析和频度统计建构落定了大明宫遗址地区物质效能分析的空间效率和空间公平两大子系统的38项指标。第三，通过查阅相关资料、网络数据抓取、现场实地调研以及建模计算分析等，获取了2007年、2013年、2019年3个研究时点的指标原始数据；根据指标的正负效应，运用无量纲标准化函数对指标数据进行标准化处理；通过SPSSAU的层次分析和excel的熵权分析，综合确定物质效能评价体系的各层级权重值。第四，通过具体指标效能、要素静态效能、要素动态效能、分系统总体效能、总系统指标效能、总系统综合效能、效能系统耦合协调7个方面的集成比较分析、统计学描述等，对大明宫遗址地区空间实践的物质效能水平进行系统性评价分析。本章主要得出以下几点结论：

（1）2007年、2013年、2019年3个研究年份的空间实践物质系统的指标效能多分布在平均效能值左侧，极端效能指标较多、大小分布不均匀，且随着时间的推移，这种不均匀情况呈现出进一步加剧的趋势。

（2）2007年以来，随着保护改造工作的推进落实，大明宫遗址地区的空间实践效能在效率和公平两个方面呈现出一定的增长变化趋势，特别是空间效率方面由2007年较低效能等级提升改善为2019年较高效能等级。但在增长变化速率方面，空间效率明显要快于空间公平，这也说明这一时期遗址地区的空间生产更注重空间权力运作和空间资源配置的效率性。

（3）伴随着空间效率和空间公平方面的效能水平提升，2007年以来大明宫遗址地区空间实践物质系统的总体效能水平也得到了稳步提升改善，但同时由于空间公平子系统效能增长缓慢，制约影响了物质系统效能水平的增长幅度，导致2019年物质系统的总体效能水平仍处于一般等级附近。

（4）保护改造以来，大明宫遗址地区空间实践物质效能系统的协调度由“极不协调”改善提升到了“一般协调”水平；系统耦合协调水平的改善依赖于系统各要素效能水平的均衡提升，当前大明宫遗址地区空间实践的公平性效能水平已严重制约影响了物质效能系统的耦合协调水平。

第六章 大明宫遗址地区表征空间的生活效能分析

第一节

表征空间的日常生活

在日常生活中，人们总是将物质空间环境与自己的生活相联系，对其进行解读和赋意，而在此过程中得益于日常生活的创造性，这种解读和赋意常常超越了空间秩序、规训本身，并呈现出空间内涵和意义的多样性和丰富性。在此，本书从日常生活内容变化和日常生活空间再建构对大明宫遗址地区表征空间的日常生活予以认识和了解。

一、生活内容的变化

大明宫遗址地区保护改造后的生活内容变化主要体现在生活环境、生活方式、社会关系、就业环境4个方面：

1．生活环境方面

随着区内大规模拆迁和现代化住区、商业、办公建筑的建成，以及道路街巷、游园广场、环境卫生、消防安全、给水排水等设施的逐步完善，以往村庄、农田、厂房、仓库等大片消亡，乱搭乱建、雨污混流、交通不畅、设施缺乏的生活环境也随之得到了明显改善，因此大明宫遗址地区也从保护改造前落后、混乱的"道北地区"，演变成为西安市中心城区就业、居住、文化、旅游发展的新高地。生活于此的居民们，日常居住、购物、出行、上学、就业、休闲、运动等活动较之前有了更加舒适、便捷、安全的生活环境。与此同时，由于不同空间区域物质资源（诸如学校、医院、公园、地铁站等）的差异化配置，造成了不同空间区域生活环境的差异化，如：祥和居、泰和居等易地拆迁安置住区，一方面，由于远离遗址公园、医疗教育、大型购物中心等，使得住区内的居民很难在日常生活中便利地享受到这些设施；另一方面，安置住区规模大且集中住区内部及其周边的配套、绿化、景观等要劣于遗址公园附近的商业化开发的住区，加之各种设施的门禁、门槛化的管理，安置住区在后期易与城市其他区域联系不够紧密。

2．生活方式方面

不同的生活环境建构影响着人们选择不同的生活方式。伴随着大明宫遗址地区村庄、农田、棚房的消失，生活在大明宫遗址地区的人们开始从熟悉、杂乱的生活环境中被剥离出来，转而进入到陌生、整齐、集中的现代城市环境中。与之相伴，原来悠闲、慢节奏的生活方式开始向快速、紧凑的生活方式转变。出行、外出就餐、健身休闲、观影、艺术欣赏、亲子户外等生活内容开始增多，而传统的家庭聚会、邻里走访、宅院聊天等活动也开始减少，日常生活更加强调对体验、文化、休闲、健康、养生的追求。但同时由于个体生活习惯、文化水平、经济实力、设施条件等因素差异，“新”“旧”生活方式在大明宫遗址地区的日常生活中广泛交织存在。这种双重生活特征也体现在不同群体之间地理空间的分异，如：新迁入的富裕、白领阶层对租金支付能力更强，他们生活在公共设施配置齐全、景观环境优美的区域，是现代生活理念和生活方式倡导者、践行者，同时有着更高品质生活的追求；而那些远离资源配置中心的安置小区、老旧小区以及外来务工人员聚居区等更多的仍坚持着原来底层互助、邻里交往、家庭聚居式的生活。

3．社会关系方面

物质空间环境的变化无疑会重新定义原来的社会关系（张京祥等，2014）。遗址博物馆、遗址公园、大明宫中央广场、印象城购物中心以及中海开元、绿地香树花城等现代住区一旦被开发出来，便开始重塑和建构大明宫遗址地区的社会关系。那些长期建构在村庄、厂区住宅、单位大院、生产车间等空间上的地缘、业缘、亲缘关系，随着这些空间的消失开始被逐步发生变化。相较于以往村民、同事、租客、居民之间的血缘、地缘、业缘关系，新的社会关系主要建立在地缘和业缘基础上，关系网络的联系密度较低。

4．就业环境方面

保护改造前，生活在大明宫遗址地区的就业人员主要为农民、失业工人、外来务工者等就业主要通过非常规途径。随着新的物质环境生成，原来依赖于熟悉、稳定的社会关系网络提供的非常规就业机会渠道被瓦解，转而替代为就业门槛比较高的常规就业渠道。专业的写字办公楼、华丽的购物广场等高端化、专业化、知识化、技能化的就业空间一方面吸纳了许多高学历、专业性的外部人员来此择业，另一方面也将教育经历少、技能经验不足、年龄偏大的就业人群排斥在外，形成就业机会与就业需求失配问题。同时，物质环境的绅士化，使得遗址地区传统农业、机械制造、批发仓储业的工作机会逐渐消失，进而导致了从事这些职业的群体面临二次就业问题，增加了失业风险；尽管遗址公园、高端社区、大型商业综合体等空间单元也提供了大量安保、搬运、修理、物流等就业机会，但需要这些就业机会的人群多为外来打工者、拆迁安置居民等，而他们又由于遗址地区的绅士化导致居住生活在城市边缘地区，在空间上造成就业机会与需求不匹配的问题，这无形中增加了这些就业人员的时间和经济成本，为此许多人员不得不放弃这些就业机会（胡毅等，2015）。

二、生活空间再建构

新的物质空间生成后，使用者便通过日常生活体验和感受对其进行空间再建构。人们在新的居住小区、遗址公园、艺术街区、商业综合体、写字楼等新空间中，通过上班、休息、游览、行走、就餐、购物等日常活动的体验和感受重新建构起这些物质空间的内涵。如：人们通过自己的游览体验和知觉比对将遗址公园作为西安市唐文化表征的第三代表空间（根据调研访谈：比较多的本地居民认为大雁塔为西安市唐文化表征的第一空间，大唐芙蓉园为第二表征空间，第三表征空间为大明宫遗址公园）；而年轻群体则将大华1935艺术中心界定为带有怀旧文化符号的特色消费场所、交往空间、闲暇漫步空间；那些绿化景观环境好、毗邻高级别公共设施、拥有大品牌物业的现代住区则被大部分附近居民界定为优势阶层的特权居所。这些空间的再认识、再建构，无论是哪一种赋意，都说明了物质空间一旦进入到日常生活便成为一种“感知的空间”。感知的空间借助于日常生活中的体验和想象，让生活其中的人们通过行为对其进行自由支配和体验感悟（费瑟斯通，2000；胡毅，2015）。

日常生活让实际意义上的物质空间得到了升华，超越了既定的空间表征秩序和空间实践秩序。这种升华源于日常生活体验和感受对物质空间的二次建构。而二次建构后的空间已不只是或不是政府、开发商意义上的空间，而是通过普通居民日常生活的赋意、替换或盗用等方式，成为真正意义上的生活空间。如：遗址公园是西安市民眼中的唐文化展示空间、城市形象空间，但更是他们心理上的城市标识空间；同时又是外来游客眼中的历史文物古迹、旅游体验的景区空间；为了保护大明宫遗址，遗址地区原住居民被易地安置，而旧“遗址地区”在心理上已成为这些被搬迁安置居民的情感依恋空间；对于生活在遗址公园附近的居民，由于物质空间的改变，遗址公园成为他们晨练漫步、表演集会、邻居交往的闲暇空间。同样，新的物质空间，如：印象城、大明宫万达、保亿大明宫国际等商业、办公综合体，其本身不仅是空间秩序规定的购物消费空间、白领工作空间等，它们还是特定阶层日常生活的领域空间。而以珠江新城、祥和居、泰和居等为代表的集中安置住区，由于部分配套不到位、投入使用时间短等因素，使得这里成为大明宫遗址地区日常生活的边缘空间。即使对于那些没有拆除重建的老旧住区，随着大明宫遗址地区整体发展条件的改善和提升，其本身已不只是原来居住意义上的生活空间，更多已成为业主租赁收益和房价上涨财富增值的投资空间。

日常生活对于物质空间的再建构，源于不同群体的自我认同和空间认同（张敏，2018）。人们在选择空间、使用空间、解读空间时，往往是将自己的需求、爱好、习惯、经济等因素考虑其中，当他们回答或描述空间体验、空间感受时，实际上表达了群体的自我认同和空间认同，尽管有些时候认同还包含了许多说不清楚的无奈。以大明宫遗址公园为例，对于外地游客而言参观游览遗址公园，本质上是游客群体对遗址文化自我兴趣的认同和历史文化公园式呈现的空间认同，但有时候由于营销宣传错位、游览者需求差异、环节服务不到位等原因，造成这种认同总会是包含着这样或那样的不如意。同样，对于西安大部分本地居民而言，虽然很少去遗址公园，甚至建成后从未到访过，但这并不妨碍他们将其作为心理上的城市文化表征，而这源于他们对西安市民身份的群体认同和对遗址公园文化表征的空间认同。而对于大量被搬迁安置的原住居民而言，遗址公园不仅让他们改变了生活环境，同时是曾经生活的空间区域还是心理上回不去的“家”，特别是在新的住区一时难以建立起归属感的情况下，使得他们在未来很长一段时间会留恋、怀念遗址地区的生活过往，对于他们遗址公园区域更多是一种心理依恋，在未来的日常生活中这里将经常被提及、言说，同样反映了被安置居民身份的群体自我认同。对于附近居民来说，遗址公园的建成彻底改变了他们日常休闲游憩环境，新建的步道、广场、座椅以及怡人的景观等，成为他们日常锻炼、邻里交往、闲暇散步的活动空间。其他商业综合体、办公写字楼、安置住区等物质空间依然如此。可见，同一空间，对于不同群体在日常生活中会呈现出不同的内涵和意义，即不同群体的自我认同和空间认同建构了日常生活中的物质空间的丰富性和多样性。

综合以上分析不难发现，物质空间生成后建构和改变了大明宫遗址地区的生活图景。这种改变一方面来源于空间表征和空间实践的规训和秩序，另一方面主要源于日常生活对物质空间的再次建构。在一定意义上，物质空间本身在于提供了各类日常活动的场所，而物质空间的内容却来源于日常生活。日常生活从生活环境、生活方式、生活内容、就业环境等方面丰富着物质空间的内容，而不同群体的自我认同和空间认同刻画和描述着空间的真实边界和价值意义。

第二节

实地调查与数据描述

一、问卷设计与深度访谈

（一）问卷设计

围绕城市大遗址地区表征空间效能的影响要素，在大明宫遗址地区对这些要素的重要性进行随机抽样调查，并就调查结果进行重要性排序；排序结果通过专家判断、专题讨论、微调优化等措施，确定大明宫遗址地区表征空间效能分析评价的要素调查体系（表6.1）。根据大明宫遗址地区保护改造的实际情况，将上述调查要素体系进行口语化调整，得到外地游客、本地居民、安置居民3类主体的满意度调查要素表（表6.1）。

表征空间效能分析要素体系及对应问题描述　　表6.1

类型	表征内容	调查要素	问题描述
外地游客	历史文化呈现	遗址本体保护展示	遗址本体呈现展示方式新颖，吸引力比较强
		考古过程和出土文物展示	考古过程展示和出土文物展示的知识性和趣味性不错
		遗址历史格局呈现	通过序列参观能清晰地感知到大明宫宏伟格局
		建筑景观环境的文化意象	遗址公园内的建筑、小品、雕塑、标识等具有明显的遗址历史文化寓意
		展陈的丰富性和趣味性	可值得游览参观的点较多，内容丰富、呈现方式生动有趣
		遗址周边风貌环境	遗址周边视线开阔，风貌控制得比较好
	游览服务体验	到达交通便捷程度	可以通过公交、地铁等交通形式很方便地到达这里
		游览线路组织	游线组织清晰，很容易找到想参观的地方
		导览服务	导览服务周到、细致，能很好地获得相关历史信息
		园林景观环境	公园内外景观宜人、环境优美
		住宿、就餐、购物	住宿、就餐、购物体验都不错
		遗址公园门票价格	门票价格比较合理
本地居民	整体环境形象	街巷尺度	新建区的街巷尺度适宜
		建筑风格	建筑文化特征突出，风貌特色明显
		街道设施	街道设施齐全、摆放规整、样式好看
		绿化铺装	绿化层次性好、铺装实用美观
		环境卫生	环卫设施布置合理，总体街区环境卫生不错

续表

类型	表征内容	调查要素	问题描述
本地居民	文化延续传承	遗址保护展示的真实性	遗址保护展示均为原貌，没有对本体做过度的干预和修饰
		遗址周边的风貌控制	遗址周边视线开阔，风貌控制得比较好
		遗址地区的历史文化氛围	遗址地区的历史文化氛围越来越浓厚了
		居民参与遗址保护利用情况	在保护改造中，主管单位广泛地吸收了居民意见，并组织发动了居民志愿者参与到遗址保护当中
		遗址保护利用模式的认可度	大明宫遗址的保护利用这种模式比较成功，丰富了遗址保护的中国经验
	经济活力水平	商业繁荣程度	大明宫遗址地区的商业非常繁荣
		文化旅游产业发展	近几年大明宫遗址地区的文化旅游类公司比较多
		就业工作机会	这里能提供不同类型的、比较多的工作机会
		生活便利程度	日常生活需求基本在家附近就能得到解决
		日常出行便捷程度	日常出行非常方便，感觉花在路上的时间少多了
安置居民	居住条件	小区位置	与保护改造前相比，现在居住的小区位置更好了
		住房面积	与保护改造前相比，现在家庭人均住房面积增加了
		住房质量	与保护改造前相比，现在居住的房屋质量明显好多了
		小区环境	与保护改造前相比，现在居住小区环境优美多了
	就业条件	就业机会	与保护改造前相比，现在大明宫遗址地区有了更多工作机会
		就业成本	与保护改造前相比，现在的工作就业成本变小了
		工作稳定性	与保护改造前相比，现在工作更稳定了
	社会关系	关系网络	与保护改造前相比，原来的社会关系网络依然保持着频繁的联系
		邻里关系	现在居住小区的邻里交往、邻里互助氛围挺好的
		社区归属感	目前在新的住区已经建立了良好的归属感
	设施配套	生活服务设施	与保护改造前相比，当前小区周边配置了更多的商业、休闲设施
		交通出行设施	与保护改造前相比，现在日常出行更方便了
		文化教育设施	与保护改造前相比，现在孩子上托幼、小学更方便了
		医疗卫生设施	与保护改造前相比，现在医疗就诊方便多了
	治理参与	参与渠道通畅	在保护改造过程中，能通畅地表达自己意见
		决策程序公正透明	在保护改造过程中，涉及切身利益的事项决策都能做到公正和透明
		安置补偿符合预期	保护改造的安置补偿与预期差别不大
		社区自治管理	与保护改造前相比，现在的社区服务更及时、社区管理更民主

依据第三章第四节第三部分中的问卷设计注意事项和上表各类群体调查要素，大明宫遗址地区表征空间效能调查问卷由外地游客、本地居民、安置居民3类主体的调查问卷组成。每一类群体的调查问卷包含基本情况调查和日常生活（游览活动）满意度调查

两个部分。基本情况调查包括个人情况调查和基本认知调查，其中外地游客问卷包含5项个人情况调查和4项基本认知调查；本地居民问卷包含5项个人情况调查和6项基本认知调查；安置居民问卷包含6项个人情况调查和4项基本认知调查。日常生活（游览活动）满意度调查中，外地游客问卷包含两个方面的表征评价内容和12项调查评价要素；本地居民问卷包含3个方面的表征评价内容和15项调查评价要素；安置居民问卷包含5个方面的表征评价内容和18项调查评价要素（见附录一）。

（二）访谈提纲

访谈调查采用非正式访谈形式，通过实地深入研究对象的日常生活，采用随机交流的形式逐步与访谈对象就预先准备的议题进行交谈。访谈根据情况将时间控制在30～60min。由于访谈进程不能受采访者严格控制，交谈内容也不能完全按预定方向推进，许多情况下要结合特定对象，因势引导，见机行事。调查访谈提纲分为个人基本情况和开放式议题两部分，议题主要起到提示作用（见附录二）。在调查过程中两部分内容可颠倒顺序、也可交叉进行，访谈形式不受限，旨在获得受访群体有关大明宫遗址地区空间生产真实而生动的定性材料。

（三）调查访谈

问卷发放、访谈调查工作先后分8次进行，调查周期历时2年6个月，日期涵盖工作日、周六日、元旦、五一、国庆几个类型，累计发放问卷500份，其中有效问卷463份，问卷的有效率为92.6%；累计访谈100人次，其中有效记录81人次。具体：2017年11月6日～2017年11月8日间，对遗址公园及周边地区进行了实地踏勘，收集现场影像资料，并随机访谈5人次，有效记录3人次；2018年3月8日～2018年3月15日，对整个研究区进行系统性踏勘调查，并随机访谈5人次，有效记录5人次；2018年4月27日～2018年5月3日，发放问卷80份，有效问卷75份，随机访谈13人次，有效记录11人次；2018年7月3日～2018年7月11日，发放问卷80份，有效问卷78份，随机访谈15人次，有效记录13人次；2019年10月1日～2019年10月10日，发放问卷60份，有效问卷53份，随机访谈17人次，有效记录13人次；2019年12月25日～2019年12月29日，随机访谈25人次，有效记录22人次，同时再次对研究区进行了跟踪观察；2020年1月5日～2020年1月10日，发放问卷280份，有效问卷257份，随机访谈20人次，有效记录14人次；2020年5月3日～2020年5月4日，根据研究需要对研究区再次进行了补充调查（图6.1，表6.2）。

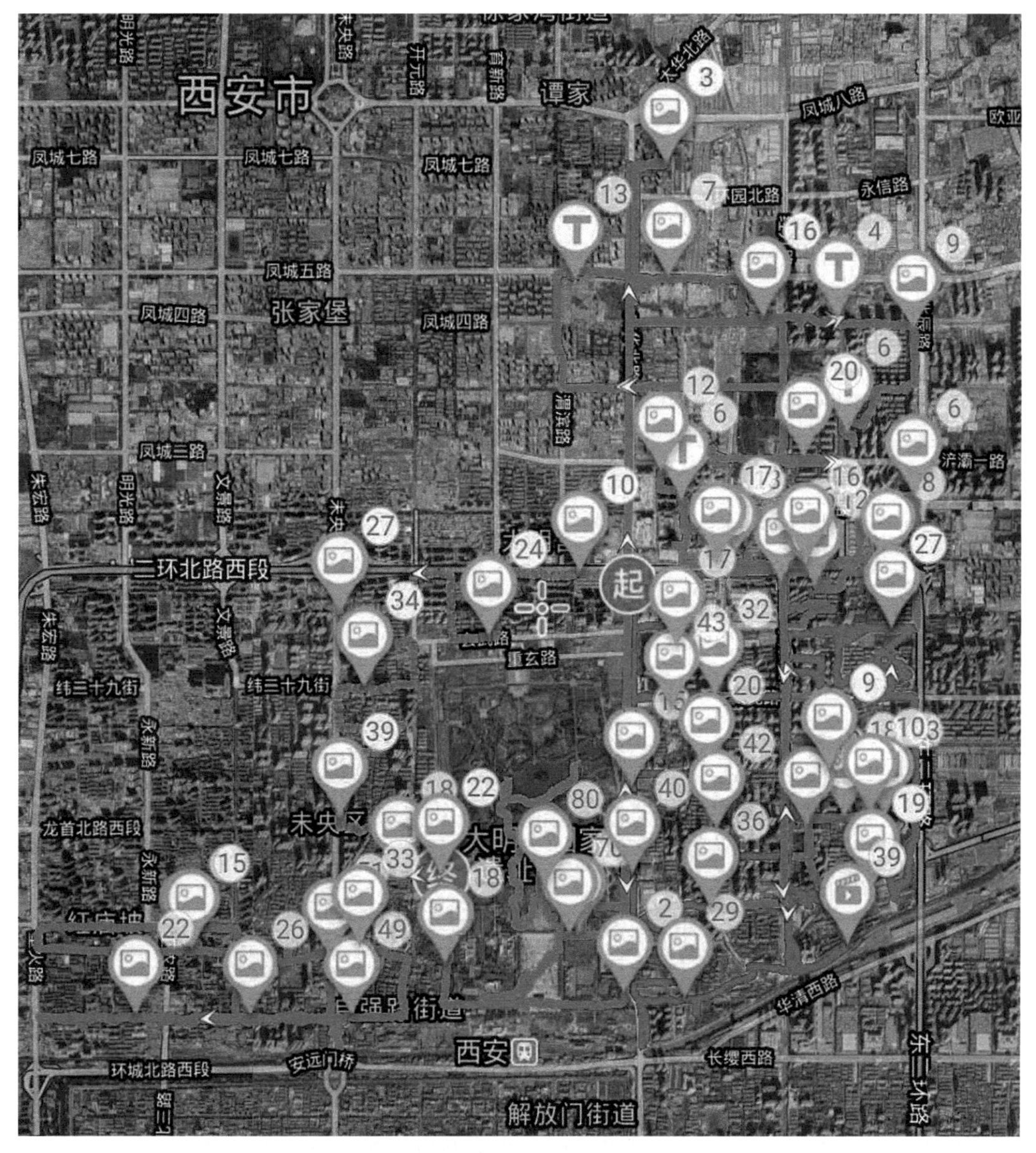

图6.1　调查轨迹与调查兴趣点分布情况（标记1246处）

问卷调查与访谈调查情况　　表6.2

调查类型	对象类型	发放/访谈（份数/人次）	有效收回/记录（份数/人次）	有效率（%）
问卷调查	外地游客	100	97	97
	本地居民	200	192	96
	安置居民	200	174	87
访谈调查	外地游客	20	17	85
	本地居民	40	33	82.5
	安置居民	40	31	77.5

二、受访者人群特征描述

（一）外地游客

1．性别

调查显示，在受访调查的外地游客中，女性占比59.65%，男性占比40.35%，女性受访者占比明显高于男性（表6.3）。

外地游客受访者性别分布（N=114）　　表6.3

性别	频次	占比
男	46	59.65%
女	68	40.35%

2．年龄

调查显示，在受访调查的外地游客中，21~35岁年龄段人员占比最多，其次为36~45岁年龄段，60岁以上年龄段占比最小（表6.4）。

外地游客受访者年龄分布（N=114）　　表6.4

年龄区间	频次	占比
20岁以下	20	17.54%
21~35岁	47	41.23%
36~45岁	30	26.32%
46~60岁	15	13.16%
60岁以上	2	1.75%

3．教育经历

调查显示，在受访调查的外地游客中，本科及以上教育经历人员最多，大专人员次之，小学及以下受访人员为零（表6.5）。

外地游客受访者受教育经历分布（N=114）　　表6.5

教育经历	频次	占比
小学及以下	0	0
初中	7	6.14%
高中及中专	15	13.16%
大专	43	37.72%
本科及以上	49	42.98%

4．职业情况

调查显示，在受访调查的外地游客中，在校学生占比最多，公务员/事业单位、离退休人员以及个体工商户/私营企业户占比都比较少，其他职业类型占比相对比较接近（表6.6）。

外地游客受访者职业类型分布（N=114）　　表6.6

职业类型	频次	占比
公务员/事业单位	5	4.39%
企业职员	13	11.40%
个体工商户/私营企业户	2	1.75%
工人	18	15.79%
专业技术人员	14	12.28%
自由职业	21	18.42%
学生	30	26.32%
离退休人员	4	3.51%
其他	7	6.14%

5．来源构成

调查显示，在受访调查的外地游客中，多数为西安本地居民和内地外省来西安游客，港澳台地区零人，国外游客有3人（均为来中留学生）（表6.7）。

外地游客受访者来源分布（N=114）　　表6.7

来源构成	频次	占比
西安市	45	39.47%
省内其他地区	27	23.69%
内地外省地区	39	34.21%
港澳台	0	0
国外	3	2.63%

（二）本地居民

1．性别

调查显示，在受访调查的本地居民中，男性占比52.44%，女性占比47.56%，男女受访者人数较为接近（表6.8）。

本地居民受访者性别分布（N=225）　表6.8

性别	频次	占比
男	118	52.44%
女	107	47.56%

2．年龄

调查显示，在受访调查的本地居民中，21～35岁年龄段的人员占比最多，其次为36～45岁年龄段，20岁以下和60岁以上的受访人员都比较少（表6.9）。

本地居民受访者年龄分布（N=225）　表6.9

年龄区间	频次	占比
20岁以下	21	9.34%
21～35岁	90	40.00%
36～45岁	59	26.22%
46～60岁	43	19.11%
60岁以上	12	5.33%

3．教育经历

调查显示，在受访调查的本地居民中，初中、高中及中专、本科及以上教育经历人员比例差距不大，占比最多为大专类教育经历，小学及以下教育经历人员最少（表6.10）。

本地居民受访者受教育经历分布（N=225）　表6.10

教育经历	频次	占比
小学及以下	7	3.11%
初中	47	20.89%
高中及中专	53	23.56%
大专	68	30.22%
本科及以上	50	22.22%

4．职业情况

调查显示，在被调查受访的本地居民中，企业职员占比最多，其次为工人和自由职业者，公务员/事业单位、专业技术人员、个体工商户/私营企业户、学生、离退休受访者数量差不多（表6.11）。

本地居民受访者职业类型分布（N=225）　　表6.11

职业类型	频次	占比
公务员/事业单位	12	5.33%
企业职员	73	32.44%
个体工商户/私营企业户	17	7.56%
工人	39	17.33%
专业技术人员	15	6.67%
自由职业	28	12.44%
学生	15	6.67%
离退休人员	17	7.56%
其他	9	4.00%

5．居住时间

调查显示，在受访调查的本地居民中，在西安居住生活5～10年的受访者最多，其次为1～5年的受访者，受访最少为20年以上，但总体上各时间段受访人员比例分布比较均衡（表6.12）。

本地居民受访者居住时间分布（N=225）　　表6.12

居住时间	频次	占比
1～5年	59	26.22%
5～10年	83	36.89%
10～20年	48	21.33%
20年以上	35	15.56%

（三）安置居民

1．性别

调查显示，在受访调查的安置居民中，男性占比48.79%，女性占比51.21%，男女受访者人数比较接近（表6.13）。

安置居民受访者性别分布（N=207）　　表6.13

性别	频次	占比
男	101	48.79%
女	106	51.21%

2．年龄

调查显示，在受访调查的安置居民中，46～60岁年龄段受访者最多，其次21～35岁年龄段，20岁以下年龄段受访者最少（表6.14）。

安置居民受访者年龄分布（N=207）　　表6.14

年龄区间	频次	占比
20岁以下	17	8.21%
21～35岁	57	27.54%
36～45岁	44	21.26%
46～60岁	66	31.88%
60岁以上	23	11.11%

3．教育经历

调查显示，在受访调查的安置居民中，大部分受访者的教育经历都集中在高中及中专以下，其中初中教育经历受访人员最多，占到32.37%，而本科及以上受访者仅有3人次（表6.15）。

安置居民受访者受教育经历分布（N=207）　　表6.15

教育经历	频次	占比
小学及以下	50	24.15%
初中	67	32.37%
高中及中专	46	22.22%
大专	41	19.81%
本科及以上	3	1.45%

4．职业类型

调查显示，在受访调查的安置居民中，自由职业者最多，其次企业职员、工人、离退休人员也比较多，而公务员/事业单位和专业技术人员最少（表6.16）。

安置居民受访者职业类型分布（N=207）　　表6.16

职业类型	频次	占比
公务员/事业单位	2	0.97%
企业职员	31	14.98%
个体工商户/私营企业户	14	6.76%
工人	43	20.77%
专业技术人员	5	2.41%
自由职业	47	22.70%
学生	15	7.25%
离退休人员	41	19.81%
其他	9	4.35%

5．家庭人数

调查显示，在受访调查的安置居民中，三口之家的比例最高，共计有73位受访者是三口之家，其次是两口之家和四口之家，分别有40位受访者和39位受访者，独居和五口以上家庭受访者人数最少（表6.17）。

安置居民受访者家庭人数分布（N=207）　表6.17

家庭人数	频次	占比
独居	13	6.28%
两口	40	19.32%
三口	73	35.27%
四口	39	18.84%
五口	28	13.53%
五口及以上	14	6.76%

6．家庭月收入

调查显示，在受访调查的安置居民中，家庭月均收入1000～3000元的受访者比例最高，其次为3000～5000元的受访者，家庭月收入在1000元以下的受访者也有10.63%占比，家庭月收入在1万元以上的仅有6.28%（表6.18）。

安置居民受访者家庭月收入分布（N=207）　表6.18

家庭月收入	频次	占比
1000元以下	22	10.63%
1000～3000元	77	37.20%
3000～5000元	74	35.75%
5000～1万元	21	10.14%
1万元以上	13	6.28%

（四）访谈资料整理、编码

对原始记录访谈内容进行梳理，剔除与调查主题关联性不大、内容过于夸张的数据，如："我对这个问题不了解""根本就没有考虑我们的利益""保护改造就是趁火打劫"等。过滤剔除掉无效数据后，对剩下的访谈数据进行统一编码：访谈资料统一编为D，外地游客编为T、本地居民编为L、安置居民编为R，访谈对象依采访顺序对应编为阿拉伯数字，访谈对象回答内容采用访谈问题序号编码，如：DL0302，代表第3个接受采访的本地居民就对应访谈调查提纲开放式议题中的第2个问题作答内容。编码整理后就每一条记录内容的主题意思进行关键词概括，进而让访谈内容与研究目的之间的联系更加清晰，为后面的研究分析提供定性的资料支撑。

三、量化赋分与信度检验

（一）要素量化赋分

就外地游客、本地居民、安置居民的有效问卷，依据李克特量表对其问卷的满意度调查部分进行量化赋分。对于调查要素选择“非常好/非常同意”的项赋予5分，对于选择“比较好/同意”的调查项赋予4分，对于选择“一般”的调查项赋予3分，对于选择“不同意/较差”的调查项赋予2分，对于选择“非常差/非常不同意”的调查项赋予1分；在要素赋分量化基础上运用SPSS Statistics19软件分别计算各类主体满意度调查表的极大值、极小值、平均值、标准差（表6.19、表6.20、表6.21）。

外地游客要素满意度描述统计（*N*=97）　表6.19

表征内容	调查要素	极小值	极大值	平均值	标准差
历史文化呈现	遗址本体保护展示	1.00	5.00	4.031	0.374
	考古过程和出土文物展示	1.00	5.00	4.441	1.082
	遗址历史格局呈现	1.00	5.00	3.190	1.120
	建筑景观环境的文化意象	1.00	5.00	2.816	0.881
	展陈的丰富性和趣味性	2.00	5.00	4.227	0.884
	遗址周边风貌环境	1.00	5.00	2.085	0.649
游览服务体验	到达交通便捷程度	2.00	5.00	4.367	0.301
	游览线路组织	1.00	5.00	3.017	0.670
	导览服务	1.00	5.00	2.765	0.455
	园林景观环境	1.00	5.00	3.745	0.761
	住宿、就餐、购物	1.00	5.00	3.093	0.350
	遗址公园门票价格	1.00	5.00	2.013	0.451

（注：有效样本数97）

本地居民要素满意度描述统计（*N*=192）　表6.20

表征内容	调查要素	极小值	极大值	平均值	标准差
整体环境形象	街巷尺度	1.00	5.00	2.731	0.361
	建筑风格	1.00	5.00	2.333	1.002
	街道设施	1.00	5.00	3.490	1.220
	绿化铺装	1.00	5.00	2.825	0.884
	环境卫生	2.00	5.00	4.322	0.367

续表

表征内容	调查要素	极小值	极大值	平均值	标准差
文化延续传承	遗址保护展示的真实性	2.00	5.00	4.570	0.401
	遗址周边的风貌控制	1.00	5.00	3.151	0.270
	遗址地区的历史文化氛围	1.00	5.00	3.059	0.799
	居民参与遗址保护利用情况	1.00	3.00	1.611	0.961
	遗址保护利用模式的认可度	1.00	4.00	3.299	0.974
经济活力水平	商业繁荣程度	1.00	5.00	4.590	0.891
	文化旅游产业发展	1.00	5.00	3.585	1.037
	就业工作机会	1.00	5.00	3.172	0.677
	生活便利程度	1.00	5.00	3.044	0.921
	出行便捷程度	1.00	5.00	3.667	0.233

（注：有效样本数192）

安置居民要素满意度描述统计（N=174） 表6.21

表征内容	调查要素	极小值	极大值	平均值	标准差
居住条件	小区位置	1.00	4.00	2.130	0.745
	住房面积	2.00	5.00	3.333	0.917
	住房质量	2.00	5.00	3.590	0.677
	小区环境	1.00	5.00	2.756	0.863
就业条件	就业机会	1.00	4.00	3.381	0.556
	就业成本	1.00	5.00	2.021	0.903
	工作稳定性	1.00	5.00	3.066	0.891
社会关系	关系网络	1.00	5.00	2.504	0.740
	邻里关系	1.00	5.00	2.735	0.783
	社区归属感	1.00	4.00	2.107	0.507
设施配套	生活服务设施	2.00	5.00	4.031	0.634
	交通出行设施	2.00	5.00	4.324	0.307
	文化教育设施	1.00	4.00	2.308	0.875
	医疗卫生设施	1.00	5.00	3.063	0.889
治理参与	参与渠道通畅	1.00	4.00	1.803	0.642
	决策程序公正透明	1.00	5.00	2.071	0.731
	安置补偿符合预期	1.00	5.00	2.555	0.376
	社区管理自治	1.00	5.00	2.059	0.556

（注：有效样本数174）

（二）问卷信度校验

利用SPSS Statistics19分别计算外地游客、本地居民、安置居民3类受访群体问卷调查中各部分调查内容的Cronbach' s alpha系数值。计算结果见表6.22，从表中可以看出，外地游客问卷两方面调查数据的α系数均大于0.6，数据可靠性方面属于可接受范围；本地居民问卷3方面调查数据的α系数也都大于0.6，其中经济活力水平的α系数在0.8以上，调查数据的可靠性属于比较高的水平；安置居民问卷5方面调查数据除居住条件之外，其他4方面的α系数均在0.8以上，数据可靠性处于比较高的水平，居住条件调查数据的α系数大于0.6，数据的可靠性属于可接受范围。

表征空间效能问卷调查数据的α系数值　　表6.22

类型	表征内容	调查要素	α系数
外地游客	历史文化呈现	遗址本体保护展示	0.731
		考古过程和出土文物展示	
		遗址历史格局	
		建筑景观环境的文化意象	
		展陈的丰富性和趣味性	
		遗址周边风貌环境	
	游览服务体验	到达交通便捷程度	0.674
		游览线路组织	
		导览服务	
		园林景观环境	
		住宿、就餐、购物	
		遗址公园门票价格	
本地居民	整体环境形象	街巷尺度	0.698
		建筑风格	
		街道设施	
		绿化铺装	
		环境卫生	
	文化延续传承	遗址保护展示的真实性	0.751
		遗址周边的风貌控制	
		遗址地区的历史文化氛围	
		居民参与遗址保护利用情况	
		遗址保护利用模式的认可度	
	经济活力水平	商业繁荣程度	0.844
		文化旅游产业发展	
		就业工作机会	
		生活便利程度	
		出行便捷程度	

续表

类型	表征内容	调查要素	α系数
安置居民	居住条件	小区位置	0.679
		住房面积	
		住房质量	
		小区环境	
	就业条件	就业机会	0.812
		就业成本	
		工作稳定性	
	社会关系	关系网络	0.874
		邻里关系	
		社区归属感	
	设施配套	生活服务设施	0.849
		交通出行设施	
		文化教育设施	
		医疗卫生设施	
	治理参与	参与渠道通畅	0.853
		决策程序公正透明	
		安置补偿符合预期	
		社区管理自治	

第三节

空间表征的效能分析

一、外地游客的大明宫

（一）基本认知

调查显示，网络是外地游客了解大明宫遗址公园的主要途径。有77.32%的游客选择了网络途径了解，其次有38.14%的游客选择了旅行社了解，通过他人推荐（口碑）获知或了解的有7.22%。对于是否将遗址公园作为西安旅游行程安排的必到打卡地，在12处历史文化类备选景点中，大明宫遗址公园位列第7选择，排在前6位的依次是秦始皇陵兵马俑、大雁塔、西安城墙、钟鼓楼、华清宫、大唐芙蓉园，可见作为世界文化遗产的大明宫遗址显然还没有充分释放其文化旅游吸引力。在重游调查方面，累计两次及以上到访过遗址公园的游客仅占10.31%，绝大部分游客（89.69%）为第一次游览遗址公园；且在实际调查交谈中发现，两次以上到访的游客大部分为接待性伴游，很少有因为遗址公园的产品吸引力而再次到访。就是否愿意将遗址公园推荐给亲朋好友问题，有31.96%的游客明确表示会，并认为遗址的历史文化和独特展示方式值得去游览参观；但是同时有46.39%的游客表示不太确定和21.65%的游客明确表示不会，理由主要有“更像一个城市公园”“没看到震撼的历史格局”“门票价格高”等（图6.2）。

综合以上情况：当前外地游客主要通过网络途径获知、了解遗址公园；遗址公园在多数情况下并不是外地游客到西安旅游必选目的地；由多方面因素导致游客到遗址公园的重游率比较低；多数游客游览后表示不会将遗址公园推荐给或不太确定是否会推荐给亲朋好友。

（二）权重计算

根据调查要素重要性排序情况和第三章第四节第三部分中的调查要素权重计算方法，运用SPSSAU在线软件对外地游客问卷的满意度调查要素进行层次分析，通过构造判断矩阵、层次单排序、总排序计算得出外地游客效能评价分析的2个层级和12项要素的权重值（表6.23）。

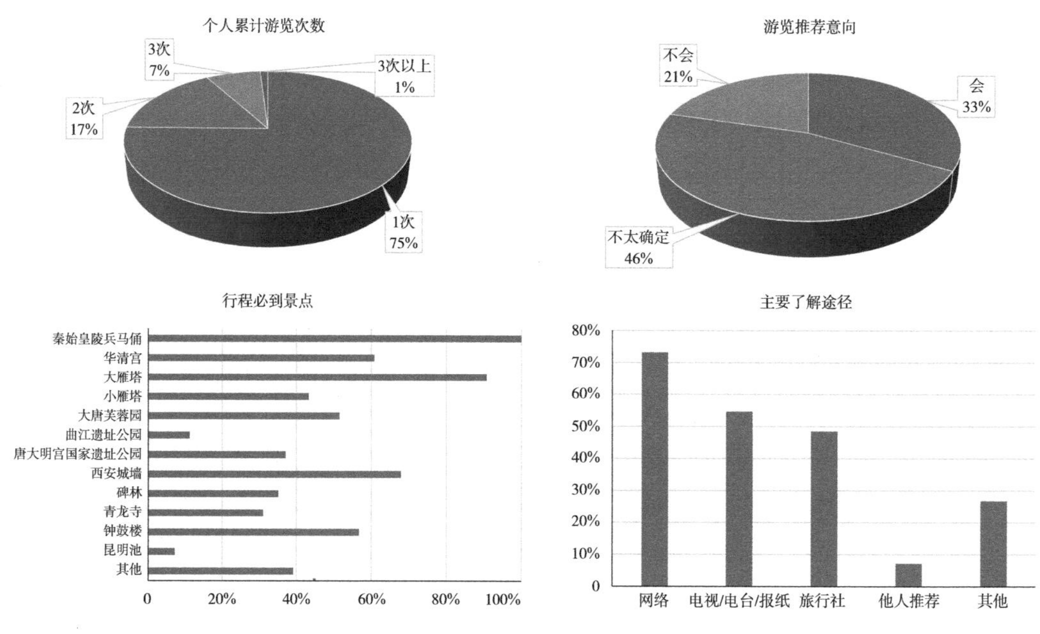

图6.2　外地游客的基本认知（总样本数*N*=97）

外地游客生活（游览）效能调查要素权重表　　表6.23

目标	表征内容（B）				调查要素（T）				排序
	代码	B在A层的权重	最大特征根	一致性比例	代码	T在B层的权重	最大特征根	一致性比例	
外地游客满意度A	历史文化呈现B1	0.500	2	0.000	T1	0.1241	6.072	0.011	4
					T2	0.1325			3
					T3	0.2443			2
					T4	0.0612			5
					T5	0.3811			1
					T6	0.0568			6
	游览服务体验B2	0.500			T7	0.0948	6.004	0.001	5
					T8	0.0474			6
					T9	0.1848			3
					T10	0.1411			4
					T11	0.2349			2
					T12	0.2971			1

分析权重计算结果不难发现：对于目标层“外地游客满意度A”而言，“历史文化呈现B1”和“游览服务体验B2”具有同等重要影响。在表征的内容层面，“展陈的丰富性和趣味性T5”对“历史文化呈现B1”的影响最大，其次重要性依次为“遗址历史格局呈现T3”“考古过程和出土文物展示T2”“遗址本体保护展示T1”“建筑景观环境的文化意象T4”“遗址周边风貌环境T6”，其中T3和T5合计对“历史文化呈现B1”影响程度过半（0.6254），是影响游客对“历史文化呈现B1”认同、满意的关键要素；对于“游览服务体验B2”而言，“遗址公园门票价格T12”是最重要因素，其次依次为“住宿、就餐、购物T11”“导览服务T9”“园林景观环境T10”“到达交通便捷程度T7”“游览线路组织T8”，从权重分布来看，调查要素T9、T11、T12是影响游客对“游览服务体验B2”认同、满意的关键要素。

（三）调查要素效能评价

绘制游客调查要素的满意度均值分布图（图6.3）。从图中可以看出：在12项调查要素中评分大于4.5的要素为零项；评分介于3.5～4.5之间的要素有5项；评分介于2.5～3.5之间的要素有5项；评分介于1.5～2.5之间的要素有2项；评分小于1.5的要素为零项。

依据第三章第四节第三部分划定的评价语集，外地游客对“遗址本体保护展示”等

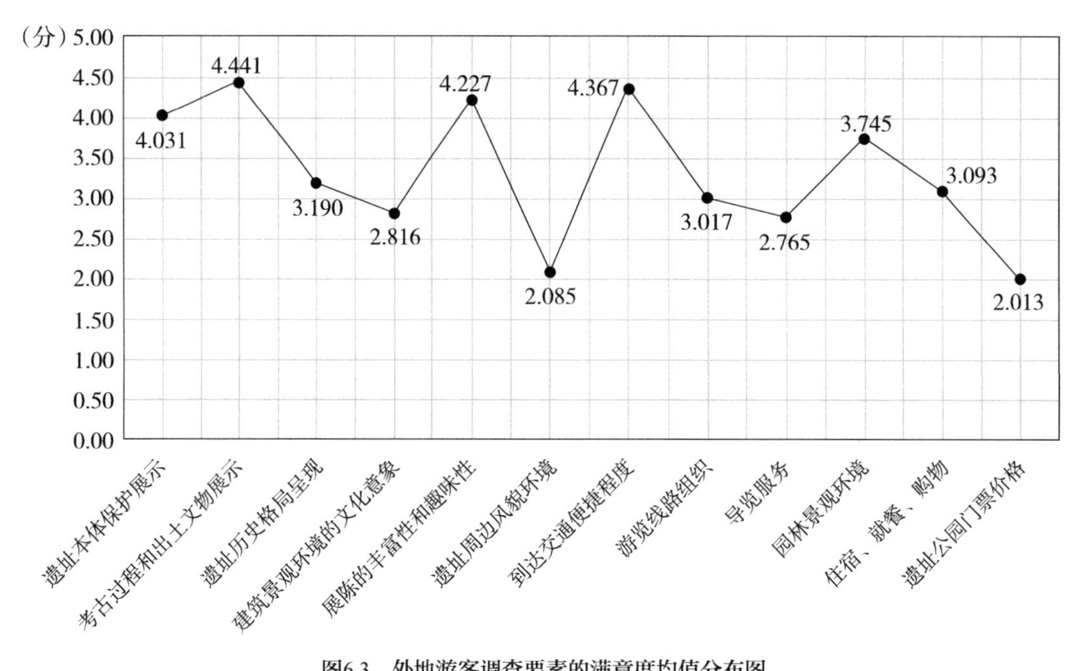

图6.3　外地游客调查要素的满意度均值分布图

5项要素的感知体验情况“较为满意”，其中对“考古过程和出土文物展示”最为满意，且已接近“非常满意”等级；其次对“到达交通便捷程度”的体验也接近“非常满意”等级。对此，累计访谈的17个样本中有一半以上的外地游客直接或间接表达了对这些方面的体验认可。如：DT0201回答“游览大明宫遗址公园后总体印象如何？”时提到“博物馆内藏品挺丰富的，展览的内容信息量很大”；DT0602也认为“博物馆展览挺好的，能体验到考古发掘和文物修复的感觉挺好的”；DT0701谈到“真的是震撼，虽然只是在遗址上复建，但足以让我们这些后人震撼了，交通方便，两条地铁线都能到”。外地游客对“遗址历史格局呈现”“导览服务”“游览线路组织”“建筑景观环境的文化意象”“住宿、就餐、购物”5项要素的感知体验情况一般，对此给出了“一般满意”评价，而这同样在访谈中被多位样本清楚地提及，如：“坐地铁到大明宫还挺方便的，住的也比较便宜，周边吃饭不是很方便，纪念品感觉全国都差不多（DT0105）”“提示不及时走了冤枉路，太液池也没看出是历史水系（DT0201）”“到这里的交通挺方便的，酒店也挺干净的，就餐主要是吃了各类面食小吃，但感觉味道没有宣传的好（DT0605）”“遗址里有一些过去宫殿的台基、墩子等遗迹，但是没有成型的复原建筑，让人看起来不是很过瘾（DT0803）”“电瓶车司机服务太差（DT1601）”等。外地游客对“遗址公园门票价格”和“遗址周边风貌环境”的满意度较差，是所有调查要素中感知体验最差的要素项，特别是“遗址公园门票价格”要素在外地游客访谈中有4次明确表达诸如“确实性价比不高（DT0301）”“收费的花样很多（DT0803）”“不建议买大套票（DT1601）”“门票价格太高了（DT1701）”等内容。总体而言，外地游客各调查要素的效能水平主要集中分布在“一般满意”和“较为满意”等级区，“较不满意”及以下等级区分布较少。

（四）表征内容效能评价

1．历史文化呈现方面

运用表征空间的生活效能成果合成模型，代入影响要素权重和满意度均值计算得出“历史文化呈现B1”的效能值$E_{历}$。

$$E_{历}=\sum_{i=1}^{n}W_iA_i=3.770$$

其中：

$E_{历}$为“历史文化呈现”表征效能的满意度值；

i=（1，2，3，4，5，6）；

W_i=（0.1241，0.1325，0.2443，0.0612，0.3811，0.0568）；

A_i=（4.031，4.441，3.190，2.816，4.227，2.085）。

对照效能量化评价语集，外地游客在“历史文化呈现”方面的体验为“较为满意”，其中影响贡献最大的要素为“展陈的丰富性和趣味性”，可见游客对遗址公园的展陈内容和组织方式较为认同。另外，尽管“历史文化呈现”方面的满意度处于较为满意等级，但其满意度值已非常趋近一般满意等级（$2.5<E_{分}\leqslant3.5$）。制约“历史文化呈现”满意度的首要调查要素为“遗址历史格局”，其次为“建筑景观环境的文化意象”和“遗址周边风貌环境”。“遗址历史格局”，作为该层级第二重要的影响要素，其对“历史文化呈现”满意度的贡献率仅为20.67%；同样“建筑景观环境的文化意象”和“遗址周边风貌环境”两项要素对满意度的贡献率相对其权重分别降低为4.57%和3.14%。总体而言，尽管“历史文化呈现”的效能状况较好，但在“建筑景观环境的文化意象”“遗址历史格局呈现”“遗址周边风貌环境”等要素方面仍有比较大的提升空间。

2．游览服务体验方面

同样运用表征空间的生活效能成果合成模型，代入影响要素权重和满意度均值计算得出“游览服务体验B2”的效能值$E_{游}$。

$$E_{游}=\sum_{i=1}^{n}W_iA_i=2.921$$

其中：

$E_{游}$为“游览服务体验”表征效能的满意度值；

i=（1，2，3，4，5，6）；

W_i=（0.0948，0.0474，0.1848，0.1411，0.2349，0.2971）；

A_i=（4.367，3.017，2.765，3.745，3.093，2.013）。

游览服务体验方面的效能值2.5＜$E_{游}$=2.921≤3.5，对照效能量化评价语集，可知外地游客对大明宫遗址地区的“游览服务体验”为“一般满意”，其中作为该层级最重要的影响要素“遗址公园门票价格”（权重为0.2971），其满意度贡献率仅有15.86%，是制约“游览服务体验”方面效能的主要调查要素；其次“住宿、就餐、购物”作为第二重要要素也是制约该层级效能水平的重要的因素，相较其重要性程度，其贡献率降低了4个百分点；在6个影响要素中起到正向作用的仅有“到达交通便捷程度”1项，但其重要性程度小，对“游览服务体验”的提升拉动作用不明显。综上，“游览服务体验”效能状况一般是由“游览线路组织”“导览服务”“遗址公园门票价格”等要素所致。

（五）调查体系总体效能评价

基于表征空间的生活效能成果合成模型，将“历史文化呈现B1”和“游览服务体验B2”两方面表征内容对目标层的权重和各自效能评价结果进行乘积累加。

$$E_{总}=\sum_{i=1}^{n}W_iA_i=3.346$$

其中：

$E_{总}$为调查体系总体表征效能的满意度值；

i=（1，2）；

W_i=（0.5000，0.5000）；

A_i=（3.770，2.921）。

对照效能量化评价语集，调查体系总体效能2.5＜$E_{总}$=3.346≤3.5，属于“一般满意”等级，这说明外地游客对大明宫遗址地区的总体旅游体验认可水平不高，与其游览预期有一定差距。

二、本地居民的大明宫

（一）基本认知

调查显示，关于“是否知道大明宫遗址是世界历史文化遗产”的作答，有52.60%的本地居民表示知道、47.40%的居民表示不清楚。对于西安的城市文化名片选择，高达97.91%的本地居民将兵马俑作为首选，其次为大雁塔、钟楼、城墙，大明宫遗址位列第五选择（54.69%）。就本地居民是否参观游览过唐大明宫国家遗址公园，71.35%的本地居民表示没有入园参观游览过遗址公园，参观游览过的人数不到受访者总数的1/3。有关遗址保护志愿者问答时，62.50%的本地居民表示愿意成为大明宫遗址保护的志愿者，37.50%的本地居民因"工作忙""年龄大""不太懂"等原因表示没办法接受志愿者工作。从街区性质认知来看，调查显示大部分本地居民认为当前大明宫遗址地区是典型的大型居住片区（69.79%）和重要商业区（68.23%）；同时还有53.13%的本地居民认为是文化旅游区；26.56%的居民认为这里还属于老旧地区，需要继续改造提升；有不到17.71%的本地居民认为大明宫遗址地区是历史风貌区。从街区性质调查结果来看，大明宫遗址地区的保护改造对本地居民心理认知的建构结果与其当初规划定位基本一致。就遗址保护利用对大明宫遗址地区发展推动作用而言，本地居民持有比较统一认知观点，即：本地居民均认为大明宫遗址的保护利用对大明宫遗址地区发展起到了推动作用，细分认为作用非常大的居民有14.06%，认为作用比较大的居民占到了36.98%，认为作用一般的居民占到了33.33%，认为有点作用的居民占到了15.63%（图6.4、图6.5）。

综合以上调查情况，近一半的本地居民不知道大明宫遗址是世界文化遗产；相较于西安的其他历史文物古迹，本地居民对大明宫遗址作为西安城市文化名片的认同感一般；本地居民大部分没有入园（收费区）参观游览过大明宫遗址公园，而他们对作为遗址保护志愿者表现出了比较高的热情；在本地居民眼中，大明宫遗址地区更多的是城市居住片区、重要的商业区以及文化旅游区；大明宫遗址的保护利用对本地地区的发展起到推动作用。可见关于本地居民的基本认知调查，大部分调查项都给出了比较积极的答案，这表明在本地居民心里已建立了遗址保护与地区发展的正向认知关联。

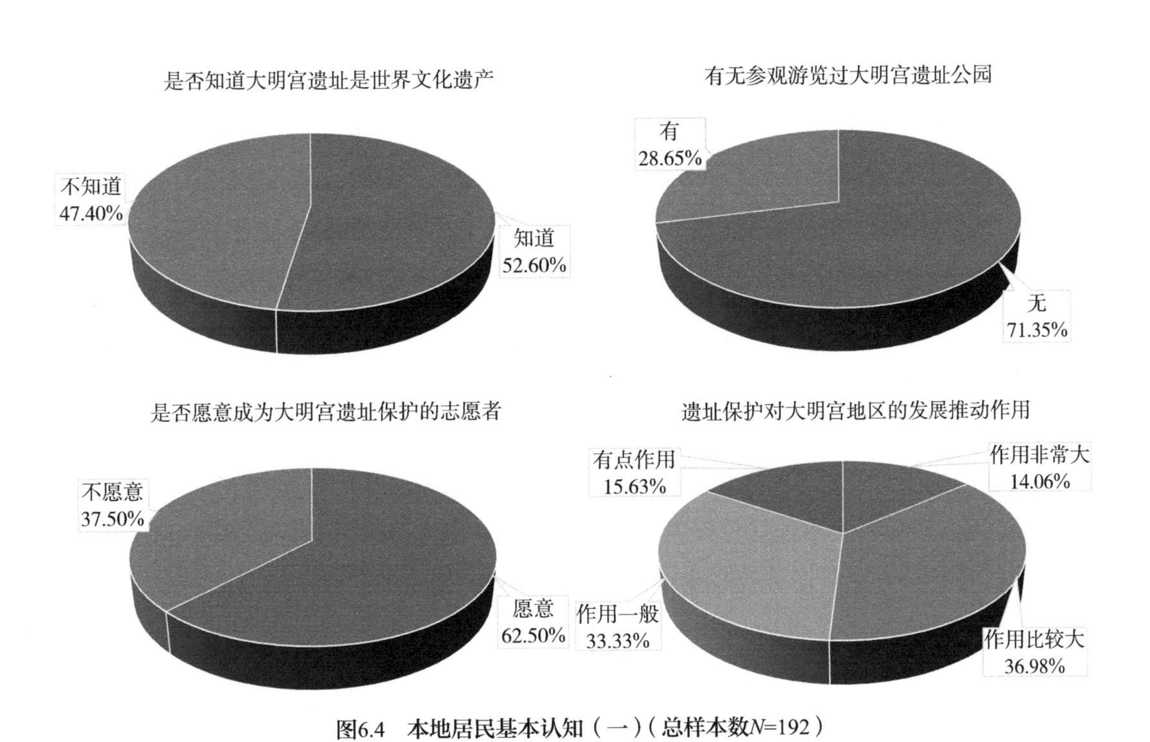

图6.4 本地居民基本认知（一）（总样本数*N*=192）

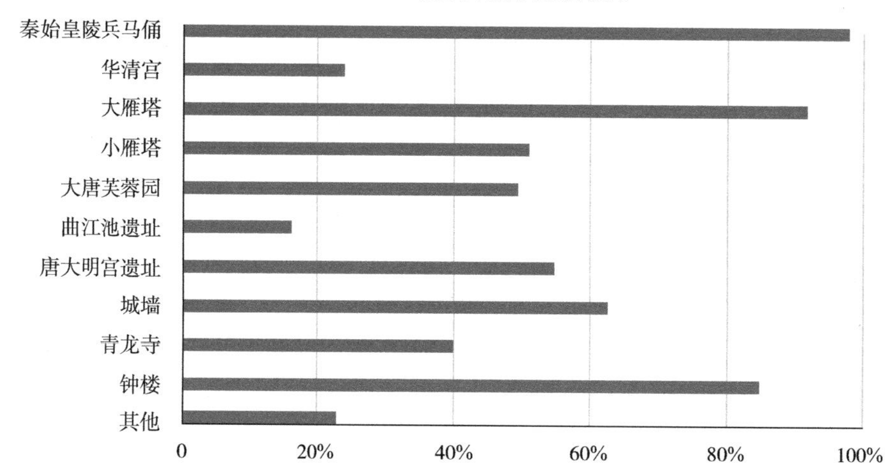

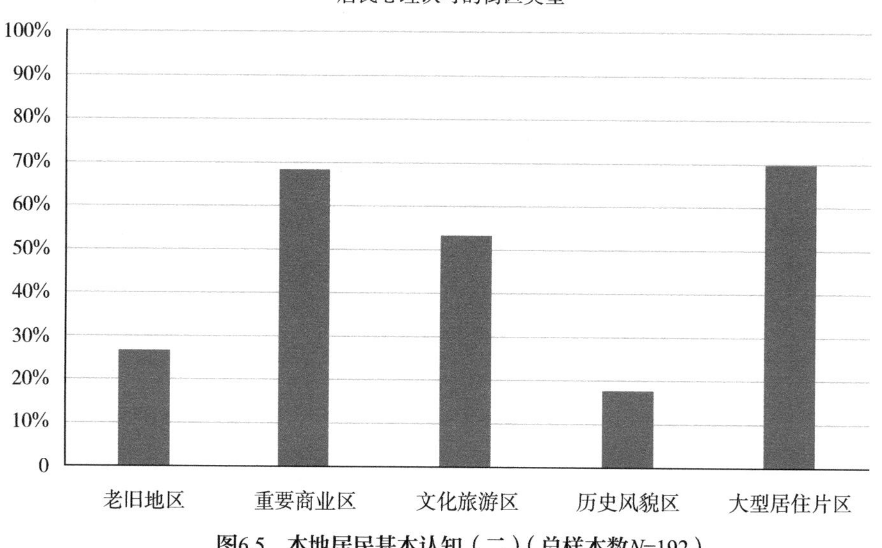

图6.5　本地居民基本认知（二）（总样本数N=192）

（二）权重计算

根据调查要素重要性排序情况和第三章第四节第三部分中的要素权重计算方法，运用SPSSAU在线软件对本地居民问卷的满意度调查要素进行层次分析，通过构造判断矩阵、层次单排序、总排序计算得出本地居民生活效能评价的3个层级、15项调查要素的权重（表6.24）。

本地居民生活效能调查要素权重　　表6.24

目标	表征内容（B）				调查要素（L）				排序
	代码	B在A层的权重	最大特征根	一致性比例	代码	L在B层的权重	最大特征根	一致性比例	
本地居民满意度A	整体环境形象B1	0.1111	3	0.000	L1	0.0735	5.073	0.016	5
					L2	0.3673			1
					L3	0.1933			3
					L4	0.2190			2
					L5	0.1469			4
	文化传承延续B2	0.5556			L6	0.3846	5.000	0.000	1
					L7	0.0481			4
					L8	0.1923			3
					L9	0.3269			2
					L10	0.0481			4
	经济活力水平B3	0.3333			L11	0.1215	5.001	0.001	3
					L12	0.3038			2
					L13	0.3693			1
					L14	0.1091			4
					L15	0.0962			5

分析权重计算结果不难发现：对目标层“本地居民满意度A”而言，“文化传承延续B2”最重要，其次为“经济活力水平B3”，最后为“整体环境形象B1”。对于表征内容层而言，“建筑风格L2”对“整体环境形象B1”的影响最大，其次“绿化铺装L4”，“街道设施L3”排在第三，“环境卫生L5”为第四重要，“街巷尺度L1”影响最小；对于“文化传承延续B2”而言，“遗址保护展示的真实性L6”对其影响最大，其次为“居民对遗址保护利用参与度L9”（与L6较为接近），“遗址地区的历史文化氛围L8”为第三重要，而“遗址周边的风貌控制L7”和“遗址保护利用模式的认可度L10”同等重要且影响最小；对于“经济活力水平B3”而言，“就业工作机会L13”最重要，其次为“文化旅游产业发展L12”，“商业繁荣程度L11”第三重要，重要性最弱的两要素依次为“生活便利程度L14”和“出行便捷程度L15”。从整体权重分布来看，调查要素L2、L4是影响本地居民对“整体环境形象”满意认同的关键要素，L6、L9是影响本地居民对“文化传承延续”满意认同的关键要素，L12、L13是影响本地居民对“经济活力水平”满意认同的关键要素。

（三）调查要素效能评价

绘制本地居民调查要素的满意度均值分布图（图6.6）。从图中可看出：在15项调查

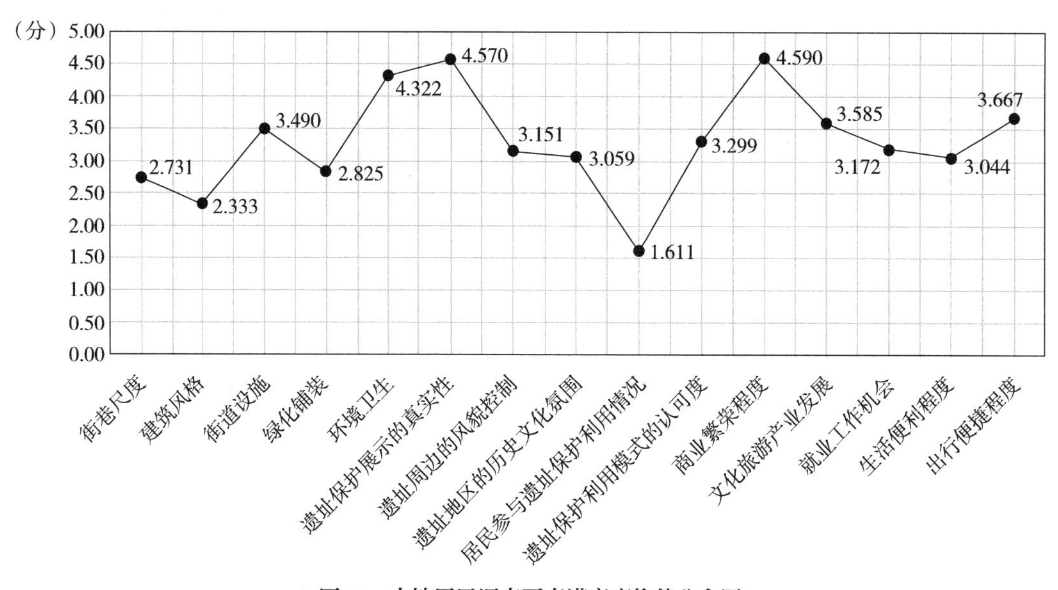

图6.6　本地居民调查要素满意度均值分布图

要素中评分大于4.5的要素有2项；评分介于3.5 ~ 4.5之间的要素有3项；评分介于2.5 ~ 3.5之间的要素有8项；评分介于1.5 ~ 2.5之间的要素有2项；评分小于1.5的要素为0项。

根据第三章第四节第三部分中划定的评价语集，在本地居民15项满意度调查要素中，“遗址本体保护展示真实性”和“商业繁荣程度”的效能值均大于4.5分，表现为本地居民“非常满意”的认同体验。与之相应，在访谈中有多位本地居民表达了“非常满意”的认同体验。如：受访者DL0404认为“遗址原貌保护挺不错，遗址的历史文化得到了延续”；受访者DL2702谈到“没有大规模复建原来的宫殿建筑，保留了历史宫殿的台基、墙基、柱础等遗迹”；受访者DL0201认为“商场人流越来越多，特别是印象城这边挺繁华的”；受访者DL0601认为“现在大明宫遗址地区的发展好多了，环境变美了，荣民广场、万达广场、印象城购物中心挺繁华的”。对于“环境卫生”“文化旅游产业发展”“出行便捷程度”3项调查内容，本地居民“比较满意”，其中“环境卫生”要素已比较接近“非常满意”等级区。在访谈过程中围绕以上三方面情况，受访者DL0801表示“原来一提‘道北地区’就是‘脏’‘乱’‘差’的代名词，公厕少且多为旱厕、自来水是集中式供水、日常用电经常停，而现在无论是建筑、街道、环境等都发生了翻天覆地的变化，是西安城北的中心”；受访者DL0604谈到“现在这里有了知名旅游景点了”；受访者DL1202觉得“每天有游客来参观遗址公园，感觉这里挺有活力的”；DL0601认为“地铁开通后这里出行方便多了”。本地居民对“街巷尺度”“街道设施”“绿化铺装”“遗址周边风貌控制”“遗址地区历史文化氛围”“遗址保护利用模式认可度”“就业工作机会”“生活便利程度”等8项要素给出了“一般满意”评价。对此受访者们多次提及“遗址周边地区的建筑特色不太明显（DL0403）”“文化氛围不是很浓（DL0502）”“没有形成大型历史文化区（DL1703）”等内容。对“建筑风格”和“居民参与遗址保护利用情况”，本地居民给出了“较不满意”的评价等级，是所有调查要素中认同体验情况最差的内容项，特别是“建筑风格”要素约1/3的本地居民在访谈中直接或间接表示了建筑特色不明显，如“新建了各式各样的建筑（DL0201）”“遗址周边的建筑风貌不太好（DL1303）”“建筑也谈不上独特的风格吧（DL1701）”“建筑风格特点不突出（DL2001）”等。总体而言，本地居民各调查要素的效能水平主要集中分布在“一般满意”和“较为满意”等级区，“较不满意”以下等级区要素分布较少。

（四）表征内容效能评价

1. 整体环境形象方面

运用表征空间的生活效能成果合成模型，代入影响要素权重和满意度均值计算“整体环境形象B1”的效能值$E_{整}$。

$$E_{整}=\sum_{i=1}^{n}W_iA_i=2.986$$

其中：

$E_{整}$为“整体环境形象”表征效能的满意度值；

i=（1，2，3，4，5）；

W_i=（0.0735，0.3673，0.1933，0.2190，0.1469）；

A_i=（2.731，2.333，3.490，2.816，4.322）。

对照效能量化评价语集，本地居民对大明宫遗址地区“整体环境形象”的体验为“一般满意”，其中“建筑风格”作为“整体环境形象”中最重要要素，其对效能$E_{整}$的贡献率为28.72%，相较其重要性，贡献率降低了8个百分点，成为制约“整体环境形象”效能的最主要因素。“街巷尺度”和“绿化铺装”要素相较于各自重要性而言，两者对效能$E_{整}$的贡献率也略有降低，贡献率分别为6.73%、20.73%。“街道设施”和“环境卫生”要素对“整体环境形象”的重要性相对较低，但其对效能$E_{整}$的贡献率（分别为22.61%、21.28%）却有不同幅度的提升，特别是“环境卫生”要素提升拉动作用更加明显。综上分析，“建筑风格”“街巷尺度”“绿化铺装”是导致本地居民对“整体环境形象”体验效果一般的主要因素，相应也是提升本地居民对该表征内容满意度的主要着力点。

2. 文化传承延续方面

同样运用表征空间的生活效能成果合成模型，代入影响要素权重和满意度均值计算得出“文化传承延续B2”的效能值$E_{文}$。

$$E_{文}=\sum_{i=1}^{n}W_iA_i=3.138$$

其中：

$E_{文}$为“文化传承延续”表征效能的满意度值；

i=（1，2，3，4，5）；

W_i=（0.3846，0.0481，0.1923，0.3269，0.0481）；

A_i=（4.570，3.151，3.059，1.611，3.299）。

对照效能量化评价语集，本地居民对大明宫遗址地区“文化传承延续”的认可满意状况一般，其中作为影响“文化传承延续”表征内容效能的第二重要因素——“居民参与遗址保护利用情况”是制约拉低效能值$E_{文}$的主要因素，该要素对“文化传承延续”权重为0.3269，但其对效能值$E_{文}$贡献率为16.78%。其次，“遗址地区的历史文化氛围”要素相较其重要性，贡献率也降低了约1个百分点；“遗址周边的风貌控制”和“遗址保护利用模式认可度”两要素的贡献率与其各自重要性保持一致，但由于自身评分比较低，也在不同程度上制约影响了本地居民对大明宫遗址地区“文化传承延续”的体验效果。综上，在“文化传承延续”方面，除“遗址保护展示的真实性”之外，其他要素方面均需要不同程度提升优化，特别是“居民参与遗址保护利用情况”方面。

3．经济活力水平方面

同样基于表征空间的生活效能成果合成模型，将影响“经济活力水平”各要素的权重值和满意度均值代入计算公式，计算得出“经济活力水平B3”的效能值$E_{经}$。

$$E_{经}=\sum_{i=1}^{n}W_iA_i=3.503$$

其中：

$E_{经}$为“经济活力水平”表征效能的满意度值；

i=（1，2，3，4，5）；

W_i=（0.1215，0.3038，0.3693，0.1091，0.0962）；

A_i=（4.590，3.585，3.172，3.044，3.667）。

对照量化评价语集，经济活力水平效能值$E_{经}$处于“较为满意”等级，可见本地居民对保护改造在改善大明宫遗址地区经济活力方面有着比较高的认可评价。其中尤以“商业繁荣程度”“文化旅游产业发展”“出行便捷程度”3项要素对经济活力水平效能$E_{经}$的拉升作用最为明显，特别是“商业繁荣程度”，尽管其权重占比小，但其对效能$E_{经}$贡献率相较其重要性增加了3个百分点。而作为“影响经济发展水平”的最重要要素“就业工作机会”，与其权重影响相比较，对效能$E_{经}$的贡献率降低了3个百分点。综上情况，本地居民对大明宫遗址地区近几年的“经济发展水平”的感知体验较为满意，但对“就业工作机会”和“生活便利程度”两方面的认同体验一般。

（五）调查体系总体效能评价

将“整体环境形象B1”“文化延续传承B2”“经济活力水平B3”3方面表征内容的权重值和效能评价结果代入表征空间生活效能成果合成模型，计算得出调查体系总体效能$E_{总}$。

$$E_{总}=\sum_{i=1}^{n}W_i A_i=3.243$$

其中：

$E_{总}$为调查体系总体表征效能的满意度值；

i=（1，2，3）；

W_i=（0.1111，0.5556，0.3333）；

A_i=（2.986，3.138，3.503）。

对照效能量化评价语集，本地居民的调查体系总体效能$2.5<E_{总}=3.243<3.5$，属于“一般满意”等级，可见本地居民对大明宫遗址地区的总体生活体验认可水平不高，与其日常生活预期有一定差距。

三、安置居民的大明宫

（一）基本认知

调查显示，拆迁安置后仅有9.77%的安置居民选择经常去大明宫遗址公园活动，43.10%的安置居民只是偶尔去过，47.13%安置居民搬迁后再没到访过。并且从访谈中得知，大部分安置居民认为遗址公园建设水平挺高，在谈到偶尔去或没去过原因时，比较多的安置居民称“因为距离太远不方便”，可见空间距离是阻隔安置居民与其原生活地发生联系的因素之一；同时还有安置居民称“那边已经没有熟人了，只是偶尔约以前老朋友过去转转”，这也从侧面反映了原来社会关系的瓦解是安置居民不再经常到访遗址公园的另一个重要原因；其他谈到较多原因有“门票价格”“没留意”“工作忙”等。在安置居民的眼中，遗址公园不只是单纯历史旅游区，更多时候（69.54%）是承载过去记忆的地方，尽管遗址公园在现实中已经真实地成为旅游空间，但这并未因此而消除他们对过往生活的心理依恋，况且新的生活环境还没有完全替代它的“存在”；有10.78%的安置居民选择遗址公园是聚会的地方，这说明遗址公园在一定程度上可能依然维系着旧的社会关系网络；此外，还分别有8.99%和7.84%的安置居民认为遗址公园是休闲运动的地方，尽管建设之初将遗址公园主要功能定位为文化旅游，但由于现实生活的创造性，遗址公园早已被建构出了更多的社会功能。就遗址保护志愿者问题，大部分安置居民（68.97%）表示愿意参加志愿者服务，有31.03%安置居民选择不愿意成为遗址保护志愿者。这在一定程度上反映了，遗址保护与居民安置之间建立起了正向的情感关联，大部分安置居民认识到了遗址保护的重要意义。对于大明宫遗址地区保护改造本身，仅有5.17%安置居民表示非常认可，17.24%表示比较认可，35.64%表示一般认可，31.61%表示稍微认可，10.34%表示非常不认可（图6.7）。

综合上述情况，由于距离等原因影响使得大部分安置居民只是偶尔或再没有到访过遗址公园；在安置居民的眼中遗址公园不仅是旅游景区，更是他们回忆过往、交友聚会、运动休闲的场所；大部分安置居民对遗址保护志愿者服务，表现出比较高的参与意愿；对于大明宫遗址地区的保护改造，比较多的安置居民表示不太认可（包括一般认可、稍微认可、不认可3种情况）。

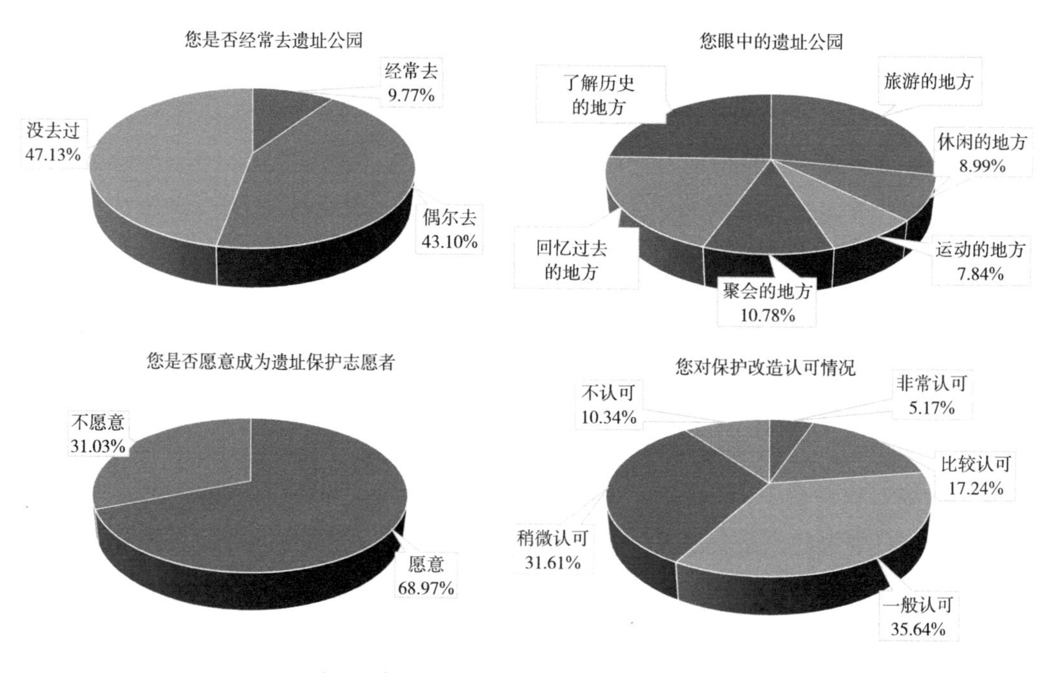

图6.7　安置居民基本认知（总样本数*N*=174）

（二）权重计算

根据调查要素重要性排序情况和第三章第四节第三部分中的要素权重计算方法，运用SPSSAU在线软件对安置居民问卷的满意度调查要素进行层次分析，通过构造判断矩阵、层次单排序、总排序计算得出安置居民效能评价5个层级、18项要素的权重值（表6.25）。

安置居民效能调查要素权重表　　表6.25

目标	表征内容B				调查要素（R）				排序
	代码	B在A层的权重	最大特征根	一致性比例	代码	R在B层的权重	最大特征根	一致性比例	
安置居民满意度A	居住条件B1	0.2856	5.001	0.000	R1	0.1380	4.000	0.000	4
					R2	0.4131			1
					R3	0.2760			2
					R4	0.1729			3
	就业条件B2	0.1978			R5	0.4445	3.000	0.000	1
					R6	0.3333			2
					R7	0.2223			3
	社会关系B3	0.1122			R8	0.3333	3.000	0.000	1
					R9	0.3333			1
					R10	0.3333			1
	设施配套B4	0.2263			R11	0.2589	4.009	0.004	2
					R12	0.1345			4
					R13	0.4073			1
					R14	0.1993			3
	治理参与B5	0.1781			R15	0.1644	4.002	0.001	3
					R16	0.2703			2
					R17	0.4374			1
					R18	0.1280			4

分析上表权重计算结果：对于目标层“安置居民满意度A”而言，“居住条件B1”最重要，其次为“设施配套B4”，“就业条件B2”第三重要，“治理参与B5”第四重要，最后为“社会关系B3”。在表征内容层面，对“居住条件B1”的满意情况影响最大的要素为“住房面积R2”，其余重要性依次为“房屋质量R3”“小区环境R4”“小区位置R1”；对“就业条件B2”的满意情况影响最大的要素为“就业机会R5”，“就业成本R6”为第二重要影响要素，影响最小为“工作稳定性R7”；对于“社会关系B3”而言，“关系网络R8”“邻里关系R9”“社区归属感R10”3项调查要素同等重要；对“设施配套B4”的满意情况影响最大的要素为“文化教育设施R13”，其余重要性依次为“生活服务设施R11”“医疗卫生设施R14”“交通出行设施R12”；对“参与治理B5”影响最大的要素为“安置补偿符合预期R17”，其次为“决策程序公正透明R16”，“参与渠道通畅R15”为第三重要影响要素，影响最小为“社区自治管理R18”。从各层级权重分布情况来看，调查要素R2是影响安置居民对“居住条件”满意认同的关键要素，R5、R6是影响安置居民对“就业条件”满意认同的关键要素，R13是影响安置居民对“设施配套”满意认同的关键要素，R17是影响安置居民对“治理参与”满意认同的关键要素。

（三）调查要素效能评价

绘制安置居民调查要素的满意度均值分布图（图6.8）。从图中可以看出：在18项调查要素中评分大于4.5的要素0项；评分介于3.5～4.5之间的要素有3项；评分介于2.5～3.5之间的要素有8项；评分介于1.5～2.5之间的要素有7项；评分小于1.5的要素0项。

依据第三章第四节第三部分中划定的评价语集，18项满意度调查要素中，“住房质量”“生活服务设施”“交通出行设施”的效能值E介于3.5～4.5之间，对应这些方面的日常生活体验“较为满意”。对此在访谈中DR1001居民表示：“我从小一直生活在道北地区，现在这里的变化特别多，街道环境干净了，生活也方便了，非常开心看到自己从小生活的地方越来越好”。“住房面积”“小区环境”“邻里关系”“安置补偿符合预期”等8项要素的效能值E介于2.5～3.5之间，安置居民在这些方面的日常生活体验一般。对此，在聊到居住环境变化时，DR2301表示“祥和居、泰和居以及珠江新城3个小区，集中安置了大量的拆迁户，是保护改造最大集中安置区，这几个小区的环境都比较一般，人员构成复杂，平时交往少”；聊到对生活环境是否满意的时候，DR2801直截了当地谈到“其他方面都挺好，除了房本、上学、就医问题”；在谈到就业机会时，DR1703表示“工作机会挺多的，但工资普遍都不高，工作也不太稳定，收入变化不大”。“小区位置”“就业成本”“参与渠道通畅”等7项要素的效能值E介于“1.5～2.5之间”，安置居民在日常生活中对这些生活内容的体验较不满意。DR0303表示“我住在祥和居小区，说实话这里都是低收入人群，大家都是从不同地方安置过来的，外来租房的人也多，邻居之间平时来往少，小区平时管理不严，楼宇门禁到现在还没启用”；同样，DR2104谈到“新房分到了泰和居小区，离遗址公园挺远的，有时候想去活动活动感觉挺折腾的，要是当初就近安置在遗址公园附近就好了”。综合各要素的调查情况，安置居民调查要

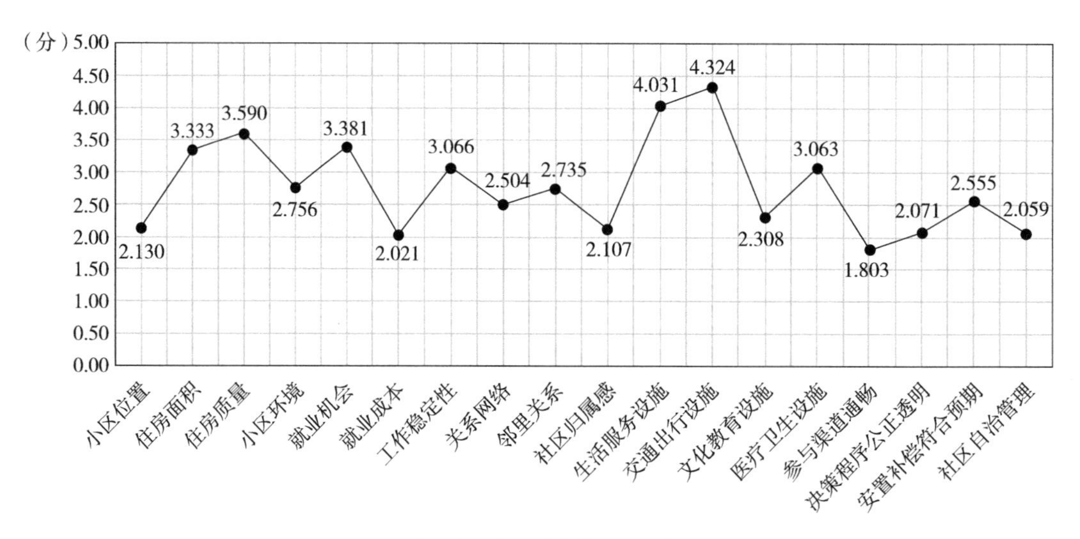

图6.8　安置居民调查要素满意度均值分布图

素的效能水平主要集中分布在“一般满意”和“较不满意”等级，“较为满意”以上和“较不满意”以下等级的要素较少。

（四）表征内容效能评价

1. 居住条件方面

运用表征空间的生活效能成果合成模型，代入影响要素权重和满意度均值计算得出“居住条件B1”的效能值$E_{居}$。

$$E_{居}=\sum_{i=1}^{n}W_iA_i=3.138$$

其中：

$E_{居}$为“居住条件”表征效能的满意度值；

i=（1，2，3，4）；

W_i=（0.1380，0.4131，0.2760，0.1729）；

A_i=（2.130，3.333，3.590，2.756）。

对照效能量化评价语集，安置居民对现“居住条件”的认同体验评价为“一般满意”。从各要素的影响效果来看，导致安置居民对“居住条件”方面效能评价一般的主要原因是“小区位置”和“小区环境”两项要素，相较其各自重要性两要素的效能贡献率（9.37%，15.19%）均出现不同程度降低，由此导致“居住条件”方面的效能水平不高。

2. 就业条件方面

同样运用表征空间的生活效能成果合成模型，代入影响要素权重和满意度均值计算得出“就业条件B2”的效能值$E_{业}$。

$$E_{业}=\sum_{i=1}^{n}W_iA_i=2.858$$

其中：

$E_{业}$为“就业条件”表征效能的满意度值；

i=（1，2，3）；

W_i=（0.4445，0.3333，0.2223）；

A_i=（3.381，2.021，3.066）。

对照效能量化评价语集，可知安置居民对保护改造后大明宫遗址地区的“就业条件”体验“一般满意”。从影响效果来看，导致安置居民对“就业条件B2”方面效能评价一般的原因有两方面：第一，“就业成本”要素较其重要性而言，效能的贡献率降低了近10个百分点；第二，尽管影响“就业条件”各要素的效能贡献率与其重要性保持一致，但由于各要素本身效能水平不高，因此每个要素均在不同程度上影响制约了安置居民对保护改造后大明宫遗址地区“就业条件”的感知体验效果。

3．社会关系方面

同样基于表征空间的生活效能成果合成模型，将影响“社会关系B3”各要素的权重值和满意度均值代入计算公式，计算得出效能值$E_{社}$。

$$E_{社}=\sum_{i=1}^{n}W_iA_i=2.448$$

其中：

$E_{社}$为“社会关系”表征效能的满意度值；

i=（1，2，3）；

W_i=（0.3333，0.3333，0.3333）；

A_i=（2.504，2.735，2.107）。

对照量化评价语集，保护改造后安置居民在“社会关系”方面的体验“较不满意”。可见，保护改造成果在对以往社会关系维护和新的社会关系培育方面并没有起到积极作用。具体从分要素的影响效果来看，在3项调查要素重要性一样的情况下，“社区归属感”的评价最低，是影响制约“社会关系”方面效能的主要因素，其次是“关系网络”，最后是“邻里关系”；综合各要素效能评价值，均处于或接近“较不满意”等级，因此各要素自身的低效能共同制约影响着安置居民对“社会关系”的生活体验。

4．设施配套方面

同样运用表征空间的生活效能成果合成模型，代入影响要素权重和满意度均值计算得出“设施配套B4”的效能值$E_{设}$。

$$E_{设}=\sum_{i=1}^{n}W_iA_i=3.176$$

其中：

$E_{设}$为“设施配套”表征效能的满意度值；

i=（1，2，3，4）；

W_i=（0.2589，0.1345，0.4073，0.1993）；

A_i=（4.031，4.324，2.308，3.063）。

对照效能量化评价语集，可知安置居民在“设施配套”方面的认同体验为“一般满意”。具体从各要素的影响效果来看，“文化教育设施”和“医疗卫生设施”本身的低效是导致安置居民对“设施配套”效能评价“一般满意”的主要原因，特别是“文化教育设施”的效能值远低于其他三项，相较其重要性效能的贡献率降低了11个百分点。

5．治理参与方面

运用表征空间的生活效能成果合成模型，代入“治理参与B5”各影响要素权重和满意度均值，计算得出效能值$E_{治}$：

$$E_{治}=\sum_{i=1}^{n} W_i A_i = 2.237$$

其中：

$E_{治}$为“治理参与”表征效能的满意度值；

i=（1，2，3，4）；

W_i=（0.1644，0.2703，0.4374，0.1280）；

A_i=（1.803，2.071，2.555，2.059）。

对照效能量化评价语集，安置居民在大明宫遗址地区保护改造“治理参与”方面体验“较不满意”。从前文要素效能评价可知，4项影响要素中，除“安置补偿符合预期”之外，其他三项要素均处于“较不满意”等级，其中“参与渠道通畅”要素的效能已非常接近“非常不满意”等级；另外，“安置补偿符合预期”作为影响“治理参与”的关键要素，尽管其效能贡献率相较其重要性提升6个百分点，但其自身效能水平一般。可见，导致安置居民对“治理参与”方面效能评价较低的根本原因是各要素自身效能普遍偏低。

（五）调查体系总体效能评价

将“居住条件B1”“就业条件B2”“社会关系B3”“设施配套B4”“治理参与B5”5方面表征内容的权重值和效能评价结果，代入生活效能成果合成模型，计算得出调查体系总体效能$E_{总}$。

$$E_{总}=\sum_{i=1}^{n} W_i A_i = 2.853$$

其中：

$E_{总}$为调查体系总体表征效能的满意度值；

i=（1，2，3，4，5）；

W_i=（0.2856，0.1978，0.1122，0.2263，0.1781）；

A_i=（3.138，2.858，2.448，3.176，2.237）。

对照效能量化评价语集，安置居民的调查体系总体表征效能$2.5<E_{总}=2.853<3.5$，属于“一般满意”等级，可见安置居民对大明宫遗址地区的总体生活体验认可水平不高，与其生活预期有一定差距。

第四节

本章小结

基于空间实践效能分析思路与方法，本章拟通过对大明宫遗址地区日常生活变化和日常生活体验的实地调查、深度访谈、量化描述、比较分析等，考察评估保护改造后大明宫遗址地区表征空间的生活效能水平。首先，从生活内容的变化和生活空间再建构两个方面出发，对当前大明宫遗址地区的日常生活情况进行了认知。第二，依托前文建构的表征空间生活效能体系，通过要素重要性调查等技术环节确定大明宫遗址地区表征空间效能分析评价的要素调查体系和满意度调查要素表。第三，通过问卷调查、深度访谈、实地观察、资料编码、量化赋分、信度检验等落定和校验了调查数据。第四，从具体要素、表征内容、体系总体3个层面出发，依次评价分析外地游客、本地居民、安置居民在大明宫遗址地区的日常生活（游览）体验效能。本章主要得出以下几点结论：

第一，物质空间环境的生产改变了大明宫遗址地区的生活“图景”，这种改变一方面源于空间表征和空间实践的秩序和规训，另一方面源于日常生活对物质空间的再次建构。

第二，外地游客的调查要素效能主要集中分布在“一般满意”和“较为满意”等级区，他们对“历史文化呈现”较为满意，对“游览服务体验”一般满意。其中“建筑景观环境”“遗址历史格局呈现”“遗址公园门票价格”“游览线路组织”等6项要素是制约外地游客游览服务体验效果的主要要素。

第三，本地居民的调查要素效能主要集中分布在“一般满意”和“较为满意”等级区，他们对大明宫遗址地区生活体验的满意度评价一般。具体表现在对“整体环境形象”和“文化传承延续”一般满意，对“经济活力水平”较为满意。制约本地居民生活效能水平的主要要素有“遗址地区的历史文化氛围”“建筑风格”“街巷尺度”“绿化铺装”等8项。

第四，安置居民的调查要素效能主要集中分布在“一般满意”和“较不满意”等级区，他们对大明宫遗址地区生活体验的满意度评价较低。这主要体现在对“居住条件”“就业条件”“设施配套”一般满意，对“社会关系”和“治理参与”较不满意。制约安置居民生活效能水平的主要要素有“小区位置”“小区环境”“就业成本”“社区自治管理”等13项。

第七章

效能提升导向下的大明宫遗址地区空间生产调控对策

对于大明宫遗址地区的空间生产调控，短时间内寄希望于一项规划、一场行动、抑或几项举措，很难达到根本性治理的目的。为此，需要树立渐进式的调控治理思维，从大明宫遗址地区空间生产的底层逻辑出发，针对制约效能水平的问题要素，通过制定一系列的空间正义之“举”，来不断地调控优化其生产之效。

第一节 回归空间正义的生产逻辑

一、空间生产的终极价值旨归

在空间生产中，本质意义上自然状态纯粹的绝对空间（物质空间）的生产已经消失，取而代之出现的是任何一种生产方式都会生产出自己的空间，即一种具有社会属性的特定空间。在现代城市的空间生产过程中，各类物质空间以及空间中的生活早已被纳入到了资本扩大再生产的范畴。资本通过对空间同质化、符号化、拼贴化的重塑和新空间生活内容、方式的倡导，实现了空间生产的商品化。在此过程中，包括人及人的社会属性、人文资源、生态环境等都是资本空间增值谋利的工具。城市中的住房空间、商业空间、交通空间、公园空间、景区空间的使用价值早让渡于交换价值，城市空间异于人的存在和需要，同质于可体现交换价值的商品而存在[350]。至此，城市空间作为一个整体，包括土地、水、阳光、空气、历史遗迹、社会关系、生活方式等一切自然和非自然、有形的和无形的要素都已纳入到资本扩大再生产的拓殖轨道[187]。这种生产的空间化使得资本增值具备了更广阔的市场和前景，也是当代生产的空间化转向的主要原因。

以列斐伏尔为代表的新马克思主义者，在继承了马克思关于“流动资本”分析的基础上，指出“当前资本的生产力已经突破传统物质生产边界，并成功迈入空间生产的新轨道；与此同时，资本的历时性积累在共时性的空间转化中焕发出了新的生机”。而资本的历史本性告诉我们，资本逻辑下的空间生产如同以往商品生产一样，以追求剩余价值为目标，空间生产不再以人的使用需要为出发点，而是将剩余价值的多少作为空间生产的准绳。同质化、符号化、普遍化的空间生产由于符合资本追求剩余价值的逻辑而大行其道，相反个性化、特色化、地域化的空间生产受到抑制。另一位新马克思主义者代表大卫·哈维认为，空间生产的不正义源泉其实内生于资本的逻辑，空间规模生产和地理差异生产是造成不均衡发展的“先天”因素。为此，要想实现空间生产的正义必须要反抗资本的分配，寻找差异化和自由化的空间，要掌握空间生产的权力。正如吉登斯所言“一种与社会主义相关联的哲学人类学必须高度关注如何保留人类差异性的问题”[351]。列斐伏尔、苏贾也有着同样的类似认识，广大民众城市权力被强势阶层剥夺，成了城市空间生产的不正义事实。为此，新马克思主义者呼唤将城市空间支配权归还人民，将空间生产从资本的逻辑中抽离，通过对资本逻辑的反抗与监督和剩余价值分配的民主管理，以终结不正义的空间生产性[216]。

空间商品化的发展使得广大人民群众失去了优质空间资源的所有权，甚至一些享有公共空间的权力也被剥夺，富裕阶层通过空间商品化占据了大量的优质空间，剥夺了贫困阶层享受美好空间的很多权利，使得空间占有差距分化严重，这种空间分配在维护富人各种特权的同时，也制造了社会劳动力的贫穷和不稳定[225]。对此，哈维深刻揭示了空间剥夺对于劳动人民的危害和压迫，对穷人的空间剥夺不仅是空间资源的剥夺，更是对空间中存在的其他社会资源的无情攫取[19，350]。哈维认为空间生产贯穿着两大辩证功能和逻辑主线，一条是上文提到的资本对剩余价值追逐的逻辑线；另一条是服务于人的发展、使人获得更好生存和发展空间的价值逻辑。在资本逻辑单一作用下，空间生产成为资本增值的中介与工具，而服务于人类更好地生存与发展的根本目的被抑制[352]。

因为人的现实需求，空间生产的目的不应是抽象的价值与剩余价值，而应是能够真实满足人需要的使用价值，由此决定了空间生产的目的实质上要真正为了“人”，将人的需求作为生产的逻辑。正如马克思所指“社会关系的生产与自然关系的生产结合于人类生产实践活动”。因此，当摒弃空间研究的本体论思维，不去追求世界的终极存在，而是将空间与实践相结合，赋予世界属以人的性质，并使其向人和人的现实生活回归，这是空间生产得以生成主体性和价值选择功能的根源所在[350]。城市空间生产作为现阶段空间生产的主要表现形式，根植于现代都市语境，其生产的目的是为更好地服务于广大城市居民对美好生活的追求。正如文化人类学者罗伯特·雷德菲尔德认为“城市的作用在于改造人”，亚里士多德指出“人天生是城市的市民”，刘易斯·芒福德表示“城市从一开始便具有人类性格的许多特征”[190]。因此，城市空间生产应与人的需求和发展高度统一，其生产的正义性表现为更多关注城市居民的真实需要和对边缘人群、弱势群体的人本关怀，而不是一味地专注剩余价值的追逐。

二、遗址地区生产的人本逻辑

随着20世纪80年代国有土地有偿使用制度的实施，以及住房商品化改革的推进，城市土地资源不再像计划经济时期仅仅作为使用价值而存在，以土地为基础的空间商品的交换价值开始显现，加之中央—地方分权改革给地方政府带来的财政压力，许多城市政府开始将土地经营作为发展地方经济、扩大财政收入来源的主要方式。根据胡毅、张京祥两位学者的研究估算：土地与房地产市场，政府、开发商的利润率在50%～60%。如此巨大的预期收益，使得地方政府与资本市场对推动城市土地经营有着无比的热情和动力，一时间房地产成了大、中、小城市的支柱产业和高利润行业。

2007年，国务院颁布的《关于解决城市低收入家庭住房困难的若干意见》提出以城市低收入家庭为对象，加大棚户区、旧住宅区改造力度，力争到"十一五"期末，使低收入家庭住房条件得到明显改善。2008年，为应对全球金融危机，中央出台扩大内需10项措施，提出加快建设保障性安居工程。2009年，国务院和住建部联合印发了《关于推进城市和国有工矿棚户区改造工作的指导意见》，提出棚户区改造可以通过财政补助、银行贷款、市场开发、专项债券、企业支持等多渠道筹措资金，并在税费、行政事业性收费和政府性基金等方面给予支持。2013年印发《国务院关于加快棚户区改造工作的意见》明确对企业用于支付统一组织的棚户区改造给予所得税前扣除等。

在此背景下，当时的西安同其他城市一样，毫无意外地也进入了土地财政依赖的发展轨道。根据官方公布数据，2010～2018年西安市土地年出让金收入增长了近4倍，2018年全年土地招拍挂成交的各类建设用地458宗，累计出让金收入730.49亿元，土地财政依赖度首次超过100%。但西安城市经营模式与一般城市的土地依赖模式有所不同，即：依托珍贵丰富的历史文化资源，通过土地、文化、生态三重价值的叠加，开创了一条文化旅游与地产开发复合化增值之道。因此，既具有优质文化资源、又符合中央棚改政策的城市大遗址地区，成了政府部门和市场资本逐利（政绩+利润）的首选之地，特别是在国家对城市新增建设用地指标约束日益趋紧的背景下，这类空间资源显得尤为"珍贵"。

毫无疑问，紧邻明城墙、坐拥世界级遗产，以脏、乱、差而"闻名"的大明宫遗址地区便成了上述情况下的优选之地，于是一场以"保护大明宫遗址、改善居民生活条件"为目标的空间生产运动迅速拉开大幕。

重视在空间生产中相关利益者使用需求的回归，是调控优化大明宫遗址地区空间生产的底层逻辑。但在此之前，我们必须先得承认空间生产中正义价值的动态性，即要认识到空间正义具有历史、时间、社会的维度，具体到大明宫遗址地区空间生产的正义问题，要认识到生产背景的历史性、生产的阶段特殊性，以及对象的复杂性。基此，在回归空间生产使用价值同时，不能完全否定空间生产的交换价值，而是要批判扬弃先前过分商品化的空间生产，并通过广大利益相关者合理使用需求的逐步回归，动态地修正因空间过分商品化而导致的非正义问题。具体而言，针对大明宫遗址地区空间生产存在的具体问题，通过架构多元共治的合作行动机制，实现以大明宫保护改造办为代表的政府类主体、以西安曲江大明宫投资（集团）有限公司为代表的市场类主体、以安置居民为代表的社会类主体之间话语权的平等，继而修正那些因参与渠道、参与程序、参与制度不完善所导致的非正义问题；通过系统性织补修复建成空间，调整优化遗址地区空间资源和空间产品的既成分配格局，继而修正因空间资源和空间产品配给不充分、不均衡所导致的非正义问题；通过重塑安置住区的邻里关系，促进住区功能完善、环境品质提升，以及社会资本明显增加，继而修正因空间剥夺和空间挤压而异化了的住区空间生活，包括设施不完善、住区环境差、邻里之间缺乏信任等非正义问题。

正如亚里士多德所言："人们为了活着，聚集于城市；为了活得更好而居住于城市"。城市源于人的创造，其存在的价值源于如何更好地服务于人的使用需求和发展需要。因此，在大明宫遗址地区的空间生产中要确立以人为本的生产逻辑，要将外地游客、本地居民、安置居民等相关利益者的使用需求和发展需要作为生产的起点和终点。

第二节

架构多元共治的生产机制

许多学者研究认为现阶段我国城市更新中出现的不公平、不公正问题，理论上源于各利益相关方未能有效地参与到城市治理中来。只有通过利益相关者共同参与治理，才能保证各方利益的实现和整体利益的最大化。在西方公共参与理论影响下，我国学者基于不同国情和社会背景，提出了"多元共治"的城市有机更新理念，强调城市更新中相关利益主体广泛参与、利益主体权力平衡、合作伙伴关系培育、政策规范对等约束以及社会组织辅助作用等。对于大明宫遗址地区而言，多元共治的更新治理机制同样有助于维护其空间生产正义性。

一、重构主体权力关系

大明宫遗址地区的空间生产，从事件发起、政策制定、规划编制，到投融资、配套建设、招商开发、项目建设等环节，政府均在其中承担了大包大揽的角色，是典型政府主导下发起的保护改造行动。尽管政府对所有环节的参与，可以快速调动各种有利资源和提升资源使用的时间效率，但自上而下的单向推进，一方面，与多元化社会需求的复杂性和多样性相违背，另一方面，在当时粗放式增长的导向下，往往使得原本立足于公共利益与居民利益的保护改造，沦为政绩工程继而导致公共政策价值失范。

大明宫遗址地区“三元”主体的空间权益诉求，决定了其空间生产机制要确立政府、市场、社会3类主体清晰的权力关系，即保障各类利益主体的权力与利益对等一致。多元共治的生产机制：地方政府要聚焦于遗址地区保护改造的政策供给和公共管理、市场管理，以维护和实现遗址地区的公共利益为目标；市场主体聚焦于空间资源配置和空间商品生产的基础性作用，以追求空间生产的剩余价值和社会责任为目标；社会主体享有日常生活空间的使用权和支配权，以个人利益和公共利益实现为目标（图7.1）。针对大明宫遗址地区现状空间权益不对等的问题，需要通过转变地方政府的管理角色、释放市场更大的作用空间、赋予社会更多的参与权益，来确立多元共治生产机制的权力基础。

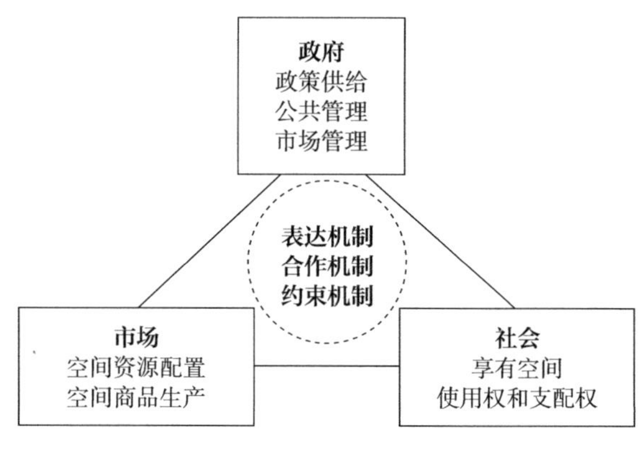

图7.1　生产主体权力关系

第一，转变地方政府的管理角色。随着国家关于社会治理能力现代化的推进以及“人民城市人民建，人民城市为人民”重要治理理念的贯彻落实，地方政府对城市管理职能将从之前大包大揽全能管理过渡到公共供给、精准引导的有限治理。在这样的大背景下，地方政府在大明宫遗址地区的保护改造中，其主要职能应聚焦在基础性公共产品供给、公共管理政策供给以及空间生产剩余价值的调控分配和对公平正义的市场参与环境、居民参与环境的营建。政府要从保护改造中与民争利的角色中脱离出来，从经济利益的政绩观念的束缚中脱离出来，在保护改造中更多地扮演公共服务的安排者、政策服务的供给者、改造的监督者以及利益关系的协调者角色（邵任微，2011）。面对资本，通过政策供给、精准引导、监督管理，使得空间生产符合遗址保护和居民的需要；面对居民，通过沟通协商平台搭建、利益分配调整、公共服务供给，保证每一位受影响者的合理权益诉求和保障弱者的空间使用权、个人发展权。

第二，释放市场更大的作用空间。要充分尊重市场的作用规律，处理好政府与市场主体在大明宫遗址地区保护改造中的相互关系。一方面，市场作为迄今最为有效的资源配置手段，能有效提高资源配置的效率和合理性。因此，要通过营建公平的市场竞争环境，赋予市场更多、更自由的空间，以充分发挥其对遗址地区空间资源配置的基础性作用。与此同时，进一步明确政府在遗址保护、产业发展、公共产品供给等方面的权力边界，释放更多被抑制的市场空间，充分调动市场的能动性，为遗址保护、产业发展、居民生活等提供更多的优质空间服务。另一方面，也要认识到市场在某些方面配置的缺陷，如：市场造成的空间剥夺、空间分异、收益分配不公平等问题。对此，政府要积极地予以干预，如：通过分配政策调节保障受益最小的群体的最大利益原则、保障受影响最大居民权益的优先权等；再比如：通过政策引导，鼓励市场获益主体在遗址保护、文化宣传、社会救助、公共服务等方面发挥作用和履行社会责任。

第三，赋予社会更多的参与权益。社会力量的广泛参与是大明宫遗址地区保护改造的必要环节，社会公众是否有效地参与是决定大明宫遗址地区空间生产效能水平高低的关键因素之一。随着公共意识的崛起和公民社会的发展，社会公众对空间治理参与的诉求越来越强烈、参与所起到的作用也越来越明显。作为空间最广泛的使用者，社会公众特别是本地居民和安置居民应该成为遗址地区保护改造的决策参与者。而以往自上而下专家权威式的公众参与，维护的是权力和资本利益，根本无法体现本地居民、安置居民、外地游客等对空间的使用需要，也无法通过保护改造事件来形塑社会公共意识。社会公众之间的相互信任、互惠与合作等社会资源对降低保护改造的社会成本、提升效率有着巨大的积极作用。因此，要在决策内容和决策程序上保障社会公众参与的核心地位，特别是在遗址保护利用、安置住区建设、公共设施配套完善等方面给予本地居民、安置居民等社会主体更多的参与决策权，进而消解因自上而下权威治理方式所带来的诸多不利影响。作为专业性、非营利性社会组织可以有效协助安置居民等非专业社会群体的参与，也能有效影响和对抗开发商不利于遗址保护和公共利益的决策行为，在法律和政策制度上要予以参与保障，以充分发挥其公共性和公益性作用。

二、完善机制运行体系

政府、市场、社会三类主体通过表达机制、合作机制、约束机制共同推动着大明宫遗址地区的空间生产，并因机制环节、约束规范的公平、公正性而决定、影响着空间生产的效能状况。针对大明宫遗址地区呈现的有关机制、规范问题，需要在今后的空间生产行动中通过不断地完善表达机制、合作机制、约束机制，来确保保护改造的价值“初心”有效实现，维护生产过程和结果的公平性和公正性[2]。

（一）表达机制

公平、公正的表达机制能使个人理性与集体理性相统一，对于整合多元主体为合作伙伴关系具有积极促进作用。在大明宫遗址地区的空间生产中，需要畅通社会公众利益诉求的表达渠道，完善规范合法的表达参与环节。首先，要赋予社会公众参与保护改造重要事项的决策权，特别是对规划设计方案、安置住区建设、配建公共设施等重要环节予以平等的表达决策地位；其次，可由大明宫保护改造办牵头成立常态化、制度化的事务委员会，成员包含相关事权管理单位、各类社会利益主体（特别是本地居民、安置居民）、第三方非政府组织以及根据具体事项需要选择具有代表性的投资商、开发商、承建商等市场主体；再次，事务委员会就保护改造中重大事项，如：规划设计方案、配套设施完善等，设立意见征询、项目进度、矛盾协商等机制环节，并定期召集相关成员就具体事项决策进行意见征询、进度报告、矛盾调解等；最后，当以上机制环节无法就决策事项达成一致或表达受限的情况下，可申请上级政府管理部门进行仲裁或非政府组织辅助决策。

（二）合作机制

正如哈维·莫洛奇（Harvey Molotch）就美国城市增长所言："增长意味着对控制土地的再开发或者对已利用土地的改进和再开发"。在大明宫遗址地区空间生产中，政企合作依托控制的土地和遗址资源推动着保护改造行动，这是城市发展到一定阶段的必然产物，有其值得肯定的正面价值。但由于政府与市场的二元合作机制，在政策供给、招商引资、土地审批、安置住区选址、公共设施配套等方面难免会产生出诸多问题（陈易，2016），并且在面对不断高涨的民生需求、复杂多变的市场环境、保护利用的多样化诉求等时，这种二元运作机制便显得"力不从心"。

从西方发达国家和国内上海等发达地区的经验来看，多元共治的合作机制较政企二元利益性合作模式，更能增进公共利益、规避社会矛盾、促进社会公平，进而极大地提升城市治理水平。城市治理理论认为，多元合作机制内部各主体之间存在行动依赖关系，即：参与治理行动的各类主体、组织都不具备独立解决集体行动问题的资源和知识，他们必须通过协作、谈判、交易的合作形式，来实现集体行动目标和各自利益目的（王本胜，2008）。在城市治理行动中，多元合作的主体通常是各类直接利益者，但鉴于大明宫遗址的特殊性和其在西安市本地居民心中的文化情感价值，其多元合作主体应包括：中央政府（国家文物局）、地方政府、资本公司、开发企业、本地居民、安置居民、非政府组织。

对大明宫遗址地区的空间生产治理，实际上其结果是不可控的，治理效果很大程度上取决于各利益主体之间观念认同、责任担当、相互影响、互惠作用的情况，即合作主体之间伙伴关系的实现程度。因此，要想达到治理预期效果，需要创造一定条件和机制程序。第一，保护改造事务委员会（合作组织）组建要基于资源互补和参与必要的原则，各类主体以伙伴关系式的组织架构共同参与遗址地区的治理行动；第二，成员之间要树立真诚的合作意识，各利益群体在合作机构组建之初要慎重选出各自代表；第三，合作组织成立后，可以先通过小规模、小事件进行磨合尝试，以增加合作成员之间的了解和信任，并以此逐渐找到合作组织的合适运作方式；第四，建立利益分配补偿机制，得益较多的一方通过二次分配调节对得益少的一方进行利益补偿，这种补偿方式不是直接的利润分配，而是基于保护改造中某些公共事务和弱势群体的需要，以促进保护改造整体效益的最大化，同时以此鼓励、吸引对保护改造具有正外部效益的个人或组织积极参与到遗址地区公共事务中来，以增加保护改造的总体效益；第五，通过鼓励非政府组织、中立专家、高校学者、科研机构的援助，提升本地居民、安置居民等群体的合作谈判能力，避免这些主体参与的形式化；第六，从项目发起、组织筹建，到组织运行、方案制定，再到方案实施、结果评价等一系列环节，制定责权清晰、程序公正的机制规章和运行流程，以维护合作机制的严肃性和权威性。

（三）约束机制

约束机制需要使用惩罚、社会化、模式和公民教育等工具来维持。简言之，行动规范是靠政策、法律、公共意识来实现的[246]。当前对大明宫大遗址地区空间生产行为的约束主要有两个层面，第一，传统行政管理上法律规章制度的约束，即具有普遍指导意义的相关法律、法规和部门行政规章等，这一类约束主要直接作用于土地征收、房屋拆迁、遗址保护等事项的违法犯罪行为，对生产中公共行为、个人行为、利益分配、遗址利用的约束效力差；第二，为了推进保护改造工作西安市政府制定出台的一些相关政策，主要作用于保护改造部门的职责和事权，如：规划方案、招商引资、内部管理、报批报审等，多倾向于保障保护改造主管部门调动资源的权力，针对参与主体的行为职责、机构社会责任、企业投机行为等没有具体的监督约束作用。

为此，基于实现多元共治的生产行动，大明宫遗址地区的约束机制要在总结过往经验的基础上，尝试探索建立系统性的约束框架，具体可以从以下3方面做出探索尝试：第一，在约束政策方面，重新梳理国家与地方、部门与部门、法律与行政之间的关系，避免赋予主体权责超出法律规定的范畴和行政规章不一致的现象；在此基础上，就参与保护改造事务的主体、程序、方式、责任和权利等作出明确的政策规定，理顺主体之间的关系，规范各方的权利和责任。第二，在约束机制方面，成立顾问委员会性质的第三方组织，独立于保护改造事务委员会，对合作机制的决策和实施过程进行监督；就预期的文化、经济、社会、环境等方面效益和保障保护改造目标、任务、效果等建立完整问责机制；保护改造事务委员会通过内部管理制度和规章的完善，建立自我约束机制和自我纠错机制。第三，在意识观念方面，树立伙伴成员间相互信任、真诚合作的工作意识；强化伙伴成员间的共同体意识，包括积极主动参与事务的意识、对政府管理部门和市场企业主体的监督意识、对政策规范和原则的维护意识等。

三、提升社会参与能力

多元共治机制的有效运行，除了依赖平衡的权力关系和良好的机制体系，还需要社会力量有能力自始至终地有效参与。但现实中由于大明宫遗址地区缺乏必要的参与氛围、知识素养、社会组织，即使有了良好的制度设计和规范约束，社会公众一时间也不具备真正有效参与的能力。基此，需要从参与氛围、公民素质、社会组织三个方面予以开发提升社会参与治理的能力。

（一）营建包容性参与氛围

包容性作为一种价值理念，近年来已渗透到社会发展的方方面面，主要用以解决各个领域中的矛盾、冲突，如：经济发展的包容性、城市规划的包容性、政治制度的包容性等。包容性理念以人本、公正、多样、共享的价值观为核心准则，着眼于社会公平和社会团结，强调发展过程中机会均等、利益共享、人文关怀，特别强调关注弱势群体的发展[353]。基此，大明宫遗址地区包容性参与氛围的营建，同样要本着人本、公正、多样、共享的价值准则，强调遗址地区保护改造是一项社会性工程和公益性文化工程，而不是简单的经济、物质利益获得。对此在后续的保护改造政策宣传中要注重人的使用需要和遗址保护的长远意义，容许社会对保护改造方案有不同的声音，并尽可能将这些异议整合到保护改造目标中。保护改造平台要保障重要信息披露的公平性和透明性，信息的传递、发布不能仅限于成员内部，要面向社会公众，保障每一位社会成员知情权和发言权，并以此增加公众对保护改造的认知，激发他们参与的积极性。

工作单位、居住小区、活动中心、兴趣俱乐部等社会单元，通常集聚有不同年龄、收入、教育背景、工作类型的人群，将这些单元作为包容性参与氛围营建的重点区域，合理地利用每一次公共活动实践，发挥社区基层组织的动员、宣传能力，增加不同群体对保护改造政策和目标的认知深度，在此过程中了解不同群体对保护改造关切的重点，特别是弱势群体对经济、生活的担忧，将这些真实的需求及时反馈到合作机制平台，并有效融入保护改造工作方案的框架。对已完成保护改造的社会单元要及时进行回访调查，了解他们保护改造前后的需求变化，以便及时纠正弥补先前工作方案的不足，同时为未完成保护改造的空间区域提供方案优化的决策依据。通过延长遗址地区公共空间开放时间、定期免费开放遗址公园等措施，增加不同群体之间的交往机会和对遗址地区既有保护改造成果认同感，以促进不同群体之间的文化观念碰撞和凝聚遗址保护利用的社会共识。

（二）培养良好的公民素质

现代公民素质表现为公民参与政治和社会生活应具备的价值理念、道德伦理、行为能力（李怀杰等，2011），而且公民素质的提升和政治的民主化是一个相互促进的过程。在遗址地区的空间生产中，相关利益人常常会表现出追求个人利益最大化的利己行为和监督开发商、维护公共利益的利他行为。在多元共治的保护改造中，要正视人的自利行为（个体利益诉求），同时还要注重公民素质的提升，激发人的利他性。对于公民素质的培养，既要重视理论形式的教育学习，也要重视实践体验获得。通过两种方式的相互结合，不断提升公民的主体意识、权责意识、合作意识、法治意识和道德伦理意识，提高公民的正义感和道德感，以及参与和监督公共事务治理的能力（廖玉娟，2013）。

具体：通过社区课堂、公众讲座等传统理论式素质教育、道德教育以及电视、报纸等传统媒介进行公民意识教育；充分运用微信、抖音、知乎、百度贴吧等现代网络工具，通过事件宣传、意见倡议等塑造公民的社会责任感和公共意识；可依托社区组织、非政府组织、专业协会等围绕遗产教育、文化活动等定期组织一些公众参与的社会活动，如：心中大明宫画展、道北故事视频拍摄有奖征集、大明宫国际马拉松等活动，拓宽遗址信息传播和公众参与渠道，增强保护遗址的社会凝聚力；有目的选取一些保护改造事项，用民主的方式进行意见征询和方案评价，培养遗址地区居民主体意识。

（三）培育发展非政府组织

非政府组织基于非政府性、组织性、公益性等特征，在现代公共治理中，对于保障公共利益、协调主体之间矛盾、维护弱势群体参与权等具有重要作用。但由于政策、机制不到位、管理方法滞后等原因，非政府组织常常在城市更新治理中缺位。具体在大明宫遗址地区的保护改造中，非政府组织参与仅限于遗址保护利用事务，如：保护利用方案制定、申遗工作辅助等，而对于保护改造规划、安置补偿方案、社会主体与政府沟通协调等事务中鲜有非政府组织的身影。对此，受访调查中大部分本地居民表示愿意成为大明宫遗址保护的志愿者，但对“居民参与遗址保护”调查却给了最低评分，有甚者直接表达了“不懂那些专业的东西，无法清楚地表达自己的想法”等。

非政府组织参与大明宫遗址地区的空间治理，完全符合新时期我国治理体系和治理能力现代化的建设要求。在大明宫遗址地区多元共治的行动机制中，非政府组织的有效参与起着推动社会化保护遗址、维护安置居民利益、缓冲矛盾和沟通协调、促进公平和公正等重要作用。为此，要借力大明宫遗址的社会影响力和特殊的文化地位，推动完善非政府组织参与地方性法规和政策，明确其参与大明宫遗址地区空间治理的合法地位、权利义务、程序途径、范围层次。多种形式培育发展非政府组织，通过设立社区规划师制度、赋权社区自治组织、扶持社团兴趣组织、引入社会既有组织以及激励居民自治探索等形式和路径，丰富参与大明宫遗址地区空间治理的非政府组织类型。政府要加强对非政府组织的指导和管理，帮助其建构、塑造以社会性和公益性为主要特征的运行机制，使其更加有序、健康地成长；通过实践引导提升这些组织参与大明宫遗址地区空间生产的能力，实现最小的付出，取得最好效果。

第三节

系统性织补修复建成空间

在回归以人为本的生产逻辑和建构完善生产机制的基础上，针对大明宫遗址地区的空间生产问题，还需从保护利用空间、公共产品空间、产业功能空间出发，进行系统性的空间织补和空间修复，以期最大限度降低非正义生产所带来的不利影响。

一、修复遗址保护利用空间

在遵循“坚持保护第一、注重文化导向、服务社会民生、实现可持续发展”原则的前提下，针对影响遗址保护利用效能的历史格局、景观环境、周边风貌等，可尝试从以下几方面予以调控优化：

（一）完善遗址公园区的展示利用空间

结合当前大遗址保护利用方针政策、考古研究成果、保护与管理条件以及社会经济条件等，就大明宫遗址价值利用方式和相容性使用方式的更多可能性进行系统评价。根据评价成果，就遗址的选址特点、格局形制、传统与技术、精神与情感等方面内容进行梳理和挖掘，通过新技术、新方式、新材料的介入，修复遗址的保护空间和创新、丰富展示利用空间。特别就外地游客、本地居民等主体关注的历史文化呈现、游览服务体验、文化传承延续等内容，通过优化提升南北门户空间、丰富完善本体展示空间、创新开辟虚拟现实空间以及合理植入日常教学空间、社区讲堂空间、公共培训空间、演艺餐饮空间等予以积极回应，继而多方式、多角度地充分展示唐代城建、礼制、宗教、建筑、科技、艺术、体育、餐饮、娱乐等方面文化内容，进一步完善大明宫遗址的本体展示、科学研究、传播教育、游憩休闲、社会服务等功能空间，在整个遗址公园内营造出浓厚的唐历史文化氛围。另外，对于遗址公园范围内未完成拆迁的空间区域，结合西安市空间规划、遗址公园考古计划、遗址保护利用总体规划等，循序渐进地安排保护改造工作，并就这些区域的保护、利用方案展开长远谋划。

（二）优化核心区边界地带的界面空间

核心区边界附近的缓冲空间既是遗址整体保护的重要构成，又是毗邻过渡到城市其他功能区的缓冲空间，承载着保护提示、视觉形象、界面过渡、氛围塑造等多种功能作用。核心区南部边界的缓冲空间是大明宫遗址对外展示的最重要门户区域，现状该区域分布望仙门、丹凤门、建福门、兴安门等遗址和西安市火车站（与遗址公园隔路相对）、二马路小学、三十八中学、公园管理用房、市民休闲场地以及停车场等，功能布局混杂、相互交织干扰，对此应结合西安市火车站、自强路沿线地区改造契机，通过视线畅通、功能优化、线路引导、园林遮挡、色彩铺装变化等措施优化提升该区域的文化氛围和视觉形象。核心区东部边界毗连太华南路区域，靠近遗址一侧分布有左右金吾仗院、含耀门遗址、隔离绿带、停车场、阳光宾馆、三明商会、后勤管理设施等，该区域界面隔离封闭性较强，临街界面基本以绿化为主，对此建议局部做适度的渗透打开，辅以小微文化知趣性空间和园林景观设施等，增强临街界面的交互功能；靠近太华路一侧是遗址东内苑区，现状主要分布有延政门遗址、龙首殿遗址、大华1935艺术区、各类家装建材城、老旧小区等，为成熟的城市建成区，整体风貌、临街空间都比较凌乱，建议通过风貌整治规划和临街界面空间治理等措施，做好与遗址区的过渡呼应。核心区北部边界毗连重玄路，是遗址公园北部入园的门户空间，沿线现状分布有重玄门、北夹层等遗址和大明宫遗址保护改造办公区、停车场、篮球场、儿童乐园以及大面积拆迁待开发的空地等，对此建议通过界面整治和待建项目风貌管控，突出北部门户区的空间主题。北部核心区边界的北段毗连拾翠路，南段现状还未形成明显实际界限，含光殿、韩林门、西宫墙等遗址与居民区、苗圃基地、小学用地犬牙交错，完全处于待整理状态，对此建议依据新颁布试行的《大遗址利用导则》，围绕大明宫遗址的文化主题，制定西边界空间区域的功能、风貌管控策略。

（三）优化遗址周边地区风貌管控举措

陈洋、吕琳等学者基于视觉分析理论对大遗址周边建筑高度控制的研究认为：遗址周边300m范围内为观察衬景的清晰距离，可以清晰地看清楚建筑轮廓、尺度、风格、色彩等几乎所有要素；遗址周边500m范围内仍然依稀可辨建筑轮廓、尺度、风格、色彩等要素，建筑对遗址的环境风貌仍存在明显干扰压迫；遗址周边500m至1000m内，随着距离的增加，外围的高层建筑依然对遗址的环境风貌存在或多、或少的冲击、干扰情况。现状大明宫遗址（宫墙）外围100m范围内大部分已被绿篱、道路所覆盖；视线延伸至约100～300m距离区域时，北、西北方向的视线观察区开始出现黄色、褐色高层建筑；视线延伸至约300～500m距离区域时，北、西、东方向的视线观察区高层建筑明显增多，建筑的风格、色彩的类型也比较多；视线延伸至约500～1000m距离区域时，北、西、东方向的视线观察区高楼林立，建筑轮廓依稀可辨，但风格、色彩开始模糊，并逐渐淡出视线。

基于以上学者的研究结论，同时考虑到遗址公园南部西安古城内建筑高度的控制要求（西安旧城区建筑控制在钟楼宝顶高度36m以下），同时结合《城市居住区规划设计标准》（GB 50180—2018）、《民用建筑通用规范》（GB 55031—2022）以及《关于进一步加强城市与建筑风貌管理的通知》等政策规范文件，可考虑遗址保护核心边界外1000m范围，作为遗址的风貌统筹协调管控区，具体可以划分为5个层次的风貌统筹协调区：遗址风貌区（遗址公园核心区）；廊道和界面风貌协调区（核心区范围外0～200m区域）；低层、多层风貌协调区（核心区范围外200～500m）；高层风貌协调区（核心区范围外500～1000m）；不受遗址影响区（核心区范围1000m以外）（图7.2）。并据此就各风貌区的开发强度、绿化景观、建筑尺度、建筑色彩、第五立面、街巷尺度、街道设施等做出统筹控制性的导引安排。同时，管控方案的形成要基于多元共治的生产机制，方案成果最终纳入地方公共政策体系中，以保证其实施的规范性和权威性。

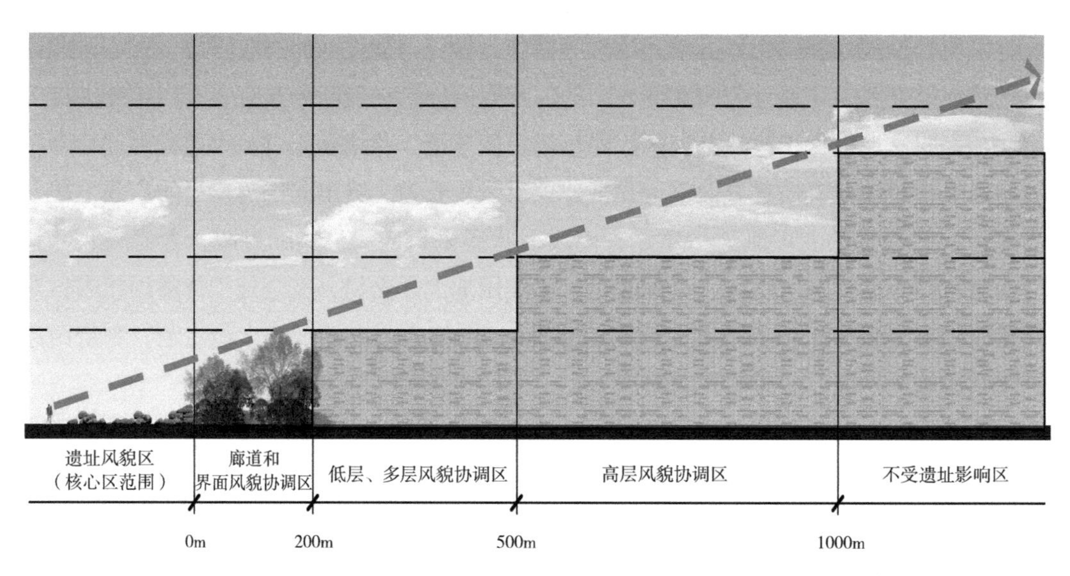

图7.2　大明宫遗址周边风貌统筹协调区划示意
（图片来源：根据陈洋、吕琳等学者研究成果整理绘制）

（四）整治、提升风貌统筹协调区环境

对上文划定的风貌统筹协调区范围内现状环境进行整治，并根据范围内主体对象不同，将整治、提升分为遗址公园核心区和外围风貌协调区两个方面。整治内容涵盖景观、绿化、导览设施、引导标识、历史地形、历史水系、街道设施、街巷立面、第五立面、卫生设施等。整治工作要以突出大明宫遗址的场所精神和历史文化氛围为重点。

对于遗址公园核心区，环境整治要与历史地形修复和保护展示相结合，一方面避免单纯的环境提升冲淡、破坏了遗址本体环境的原真性，另一方面也为下一步保护展示工作创造条件。园林景观与绿化的整治提升要注意结合生态保育的需要，不得大规模地人工造景，破坏现有植被；基础设施类项目整治，要充分征求考古单位意见，注意设施可逆和消隐；交通、导览、卫生等设施整治提升注重外观与遗址本体、周边环境相协调；各类设施的整治提升要注意布局、数量、外观的便捷性、实用性、地域性，注意压占文物、削减本体场所氛围等问题[354]。

对于外围风貌协调区，整治、提升要将协调遗址周边地区风貌和改善区内居民生产生活环境相结合。整治、提升工作要坚持微更新、细织补的工作原则，突出遗址历史文化和地方特色。对此，合理评估现状风貌协调区内建构筑物、景观环境、街道设施、绿地广场、交通组织、基础设施等对遗址周边风貌塑造和居民生产生活的影响，就必要整治项目、整治方案编写、实施行动计划等通过多元共治决策机制形成多方共赢的行动方案。在落实行动中通过积极推进城市居民、整治范围居民以及社会第三方组织的广泛参与，提升大明宫遗址在西安市民日常生活中的影响力，激励居民保护遗址、建设家园的热情。

二、均衡供给公共产品空间

增加公共性空间资源供给，平衡社会利益关系，消解遗址地区因公共空间产品供给不均衡、不充分带来的社会负面效应。公共性空间产品不均衡、区域之间差异大，是加剧遗址地区空间分异的重要因素。对此，通过均衡地供给教育、医疗、文化、绿地等公共资源，减小地区之间、住区之间的公共设施服务配置水平差距，避免优质空间资源过分集中化、私有化。

（一）完善中小学设施

2007年至今，大明宫遗址地区的中（初中）小学教育设施空间覆盖率仅为48.75%（已扣除遗址区占地面积），远未达到小学十分钟、初中十五分钟生活圈的配置要求，

且南多北少、分布不均。中小学教学教育设施主要集中分布在二环路以南、遗址公园周边，且少部分已配建多年，办学场地和设施条件差，办学规模有限，教学质量也参差不齐；而二环路以北空间区域，分布大面积的拆迁安置住区，却基本没有配建任何新的中小学教育设施，许多安置来此的居民想就近入学可谓一位难求，由此导致他们的子女不得不跨学区返回旧户籍地入学，给居民们的日常生活造成了极大的不便；与之对比，部分商品房住区通过开发配套或空间剥夺（占领了旧的教育区位），具有相对较好的入学机会，但仍存在学位不够的问题。对此，应尽快选址独立的建设场地，完善教育资源空白、短缺地区的中小学教育设施配置，特别是二环以北拆迁安置地区应予以优先配套建设；同时对办学条件差的中小学进行提升完善，并认真落实好市教育局名校合作办学政策，推动区内教学质量升级。

（二）完善区内医疗设施

2007年至今，大明宫遗址地区的医疗设施仍处于供给不充分状态，尤其在社区级医疗设施供给方面，从2007年遗址地区的5处（包括社区医院和社区卫生站），到2019年底的9处（包括社区医院和社区卫生站），相对于近40万的常住人口和23.72km^{2}的空间范围，显然医疗设施的供给严重不足。除数量不充分，医疗设施在空间分布上还呈南多北少的不平衡格局，二环以北以安置住区为主体的空间范围内，没有配套任何级别医疗设施；尽管2018年在凤城三路与贞观路东北新建了西安市第三医院（距离研究区内百花村1km），一定程度上缓解了高级别医疗设施缺乏的问题，但仍然无法掩盖医疗设施严重缺乏的问题。对此，尽快建设完善十五分钟生活圈覆盖的卫生服务中心（社区医院）和五分钟生活圈覆盖的社区卫生服务站的网点布局；同时，根据西安市医疗机构设置规划和鼓励社会资本办医等政策，尽快引进建设区县级医院甚至更高级的医疗机构，统筹完善三级医疗体系。在医疗设施建设选址时，本着利益二次分配中最大受影响者社会补偿的原则，应对靠近安置住区的合理位置予以优先考虑。

（三）完善文化养老设施

在调查中尽管遗址地区居民对文化、养老等的关注度不高，但考虑到生活水平的日益提升、老年社会的到来以及现状支撑设施不足等情况，遗址地区同样应适时地完善各层级的文化、养老设施。对于文化设施，一方面要完善区内社区等公共空间联合建设十五分钟生活圈文化活动中心和五分钟生活圈文化活动站；另一方面借助遗址公园、图书馆、科技馆开辟文化讲堂、第二课堂、文化活动等，提升居民的文化素质和遗址对居民日常生活的文化影响力。对于养老等其他设施，要严格按照《城市居住区规划设计标准》（GB 50180—2018）做好选址预留和联建方案，并根据需要予以适时落地完善。

（四）增加公园绿地配置

大明宫遗址地区的公共绿地资源配置严重不足，现状绿地中包含了许多面向游客收费的遗址公园用地和居民很难进入的道路立交、铁路线防护绿地。截至2019年底，人均社区公园绿地远低于人均3m^2的标准，且绿地斑块数量少、南北分布不均。对此，一方面，对成熟的建成区通过存量用地挖潜、局部改造置换、见缝插针等方式尽快增加区内小游园、街心公园、社区公园等，同时将大明宫遗址公园周边的绿地斑块进行有效延伸，与道路绿化、社区绿化共同形成绿网体系；另一方面，针对远离遗址公园的地区，特别北二环以北即将进行开发建设、有用地条件的区域，要进行综合公园、专类公园、社区公园的规划预留、落地建设，以增加该区域的绿地斑块的数量、完善绿地公园体系、提升人均公园面积。此外，通过前期定期免费面向遗址地区居民，后期完全免费开放的原则逐步开放遗址公园的收费区域，促进大明宫遗址真正地融入居民的日常生活，成为居民心中首选的具有文化特色的休闲绿地空间。

三、统筹优化产业功能空间

由于保护改造将大明宫遗址作为经营城市的原始资本，强调土地资源的短期增值收益等，导致了遗址地区的空间资源配置多倾向于短期利益的房地产，挤压了投资长、回报慢、韧性好的产业发展空间，特别是对与大明宫遗址高度相关的文化产业的培育不足，缺乏必要的空间预留和空间引导。2019年，大明宫遗址周边地区多为餐饮等类型的日常生活类POI，而与文化产业相关的POI占比非常低。另外，仅通过集中安排建材物流空间来解决安置居民的就业问题，显然忽视了安置居民就业需求的多样性，不能完全满足真实的就业需要。针对这些问题宜从产业空间调控优化入手，通过空间功能上的引导，培育遗址地区高质量发展的产业环境和友好型就业环境。

（一）文化产业空间圈层式发展

朱海娟等学者有关大遗址文化产业空间的研究结论认为，大遗址文化产业空间是指以遗址物质环境为基本空间要素，围绕遗址保护利用、遗址文化传承，能够进行保护利用、文化传承与现在生活密切相关各类经济活动的空间总称，并将其划分为核心发展区、服务支撑区、辐射影响区。基此，结合大明宫遗址的保护利用特点，对以上“三区”内的产业发展予以统筹优化：

1．核心发展区

核心发展区，即大明宫遗址分布区（核心区边界范围内），该区域的空间资源具有不可再生性，一旦遭到破坏将永远消失。因此，这一区域的产业发展要以遗址保护为前提，破坏遗址保护、有违遗址内涵的产业类型要坚决予以禁止。在大明宫遗址核心发展区现状产业基础上，通过对内部既有产业发展空间挖潜、优化，紧紧围绕遗址的文化价值、教育价值、研究价值等，培育发展带有唐文化标签特别是唐宫廷文化标签的时尚快消品开发、沉浸式文化教育、文化艺术作品创作等产业；同时要联合国内外相关高校等科研技术力量，就大明宫遗址的价值内涵、保护利用技术等展开多专业协同的深度研讨和学术研究，为相关产业落地转化提供科学基础和技术储备。

2．服务支撑区

对于大明宫遗址而言，这一产业发展区基本可圈定为大明宫遗址保护的缓冲区和核心区中现状为对外接待、市民休闲、文艺演出的区域。对于这一地区的产业发展，通过结合遗址公园西侧、南部自强路地区、北部重玄路以北地区的更新改造，一方面，围绕大明宫遗址的价值内涵、考古研究成果、相关历史史料等培育发展旅行接待、特色餐饮、创意产品销售、教育培训、歌舞培训、节庆会展、影视拍摄、出版发行、体育赛事等产业；另一方面，由政府主管部门牵头，通过联合市场资本、保护改造收益出资等形式成立遗址地区文化产业发展基金，就方向适宜、市场前景好的技术成果、文创产品、影视作品等予以培育引导，同时积极鼓励企事业单位有关遗址价值内涵、考古研究成果、保护利用技术成果的落地转化，促进文化产业发展的科技化、高端化。

3．辐射影响区

辐射影响区对应于缓冲区周边地区，包括缓冲区边界内的部分地区，这里承载与文化产业相关联配套产业的发展。具体可通过整合民房、厂房等闲置或效率比较低的空间资源以及即将开发的商业区等，培育发展民俗、特色餐饮、高端酒店、交通运输、旅游接待等产业，重在发挥文化产业服务经济功能，同时兼顾服务本地居民的生活需求。

（二）重要商圈空间协同发展

保护改造推进以来，正如大明宫遗址地区的商业发展规划，环遗址地区逐渐形成龙首原印象城、保亿大明宫国际、大华1935艺术街区、东方美居灯饰建材、北二环大明宫等商业中心，加之与遗址公园一路之隔正在改造升级的西安火车站商业中心，六大商业中心共同构筑了大明宫遗址地区的最重要商业发展空间，对促进大明宫遗址地区的经济发展起到了重要作用。但由于过剩的商业空间供给、商场之间距离太近、同质化的商品行销、内部业态配比失衡、商业与文化割裂等原因，使得遗址地区商业发展多为基础、基本类的同质化竞争，尽管有万科、万达、中建等地产大鳄加持，但始终没有形成与大明宫IP相匹配的商业品牌，盈利能力逐年下滑。此外，面对城南曲江大雁塔、小寨赛格商圈的竞争，即使有参观遗址的外地游客和大量本地客源的加持，也无法解决大部分商场人气日渐低迷的问题。

对此，要借力大明宫遗址的历史地位和文化内涵，构筑以“大明宫”文化为核心的商圈IP，通过现代商业与历史文化叠加、商圈与景区双向互动，实现大明宫遗址地区商业空间与历史空间、商业产业与文旅产业的深度融合。同时，通过建构差异化的商业主题，共同构筑大明宫商业生态链条，形成商业空间协同发展的态势。如：依托龙首原商业中心既有的商业基础，面向高端商务、精英人群重点着力于商务、休闲类业态；整合大华1935艺术街区，东方美居灯饰建材广场以及周边低效民房、院落空间重点着力于主体摄影、民宿、民俗、特色餐饮、文创家具和工艺品等业态；整合大明宫万达、百环国际、保亿国际等商业空间发展商务办公、皇家美食、文化曲艺、商贸商务等复合性业态；依托火车站地区门户优势，面向外地游客重点着力于餐饮、销售、旅游咨询类业态。

（三）益贫性就业空间灵活发展

随着空间生产的商品化，大明宫遗址地区高大上的商业、办公楼宇明显增多，非正规途径的灵活就业机会也变得越来越少，由此使得低技能、低收入家庭不得不面对生活成本增长和就业机会减少双重压力。这种绅士化的空间生产对弱势群体造成了空间排斥，剥夺了弱势群体平等就业、发展的权利。毫无疑问，具有灵活性的非正规产业空间能有效缓解弱势群体的生活、就业压利，但其自身因存在诸多缺点和弊端而备受诟病，因此需要在空间和管理上予以统筹安排和规范引导。

（1）增加灵活性商业设施

通过对街巷、宅旁、住区、广场等空间的局部微更新、微改造，以及划定更多的可移动售卖空间等，增加更多灵活性就业的商业设施，引导就业困难的居民从事果蔬、小吃、报刊、小商品等售卖服务。这类服务业对劳动者素质要求门槛比较低，通常经过简单培训即可上岗，甚至对于大部分人而言基本不用培训即可直接上岗。

（2）培育发展家庭工作坊

借助互联网销售渠道，以家庭为单位，通过传统手工艺挖掘、专业培训指导、品牌化管理等，帮助有意愿的居民开展传统手艺工作坊。项目选择要能反映本地文化特色，且生产不干扰邻居的正常生活，不产生任何公共危害等。项目开展不受限于空间区位条件的影响，而且还具有组织灵活、特色鲜明等优势。这类项目对民间文化、技艺传承也非常有益，也契合大明宫遗址地区的文化特征。

（3）复合化社区产业空间

现代意义的社区是一个有机的“微城市”的概念，其功能覆盖了生活、生产和社会生态的范畴（张帆，2020）。社区不仅要满足基本的生活服务需求，还向不同人群提供更加多元、特色、品质服务。因此，社区的产业功能不能局限于传统意义上的生活用品售卖、餐饮、理发等，还应根据居民日常生活内容的变化，植入教育、康养、休闲、管理等功能。在大明宫遗址地区，可根据现状不同类型社区的发展需要，通过用地性质变更、小微空间嵌入等，引导社区产业多元化发展。继而在满足居民日益增长的需求的同时，又创造了更多就近就业的工作岗位。

（4）弹性的空间管理引导

对于区内流动摊贩、占道经营等，要予以具体问题具体分析。一般从事这些工作的人员往往收入都比较低，甚至一部分已被发展边缘化，他们对当前的就业环境适应能力比较差。对此，要本着社会关爱、就业帮扶的原则，对这些临时性的经营空间不能一刀切地彻底取消，而要通过动态、弹性的管理制度帮助其经营规范化。如：通过调研针对有需求地区，划定某些可固定经营区域，规范其经营的时间和内容；同时还要发挥社区基层力量，通过聘用离职退休、就业困难人员等，担负这些区域的监督管理、卫生服务等职责。

第四节

重塑安置住区的生活空间

一、整治住区人居环境

尽管安置住区建成时间不长，但在调查评价中安置居民对“小区环境”一般满意。而且从实地踏勘结果来看，安置小区在绿化、景观、配套、物业等方面与附近的商品小区差距明显。对此，在访谈中，有多位安置居民提到“小区绿化铺装不好、配套设施不齐（缺暖气和天然气）、环境卫生状况差、存在高空抛物”等问题。良好的住区环境不仅是安置居民的生活所需，而且住区环境质量的提升，可以引发更多的社区活动和社会活动，对邻里交往、邻里关系建构有着积极作用。

（一）以需求为导向完善设施

针对安置住区现状配套设施问题：第一，从基础需求出发，完善元丰怡家小区的供暖、燃气设施和祥和居、泰和居的楼宇门禁、小区监控等安全设施；对所有安置小区的照明设施和环卫设施进行升级改造，对小区内外管网设备进行检查维修和消防设施、消防通道进行检查维护。第二，从基本需要出发，补齐各安置住区的文化活动室、多功能运动场地、老年日间照料中心、儿童游乐场地等。第三，从片区服务供给出发，鉴于珠江新城、祥和居、泰和居三大安置小区集中连片，周边生活改善型设施距离远的问题，针对这一片区的老年群体和年轻人群品质生活需求以及上班群体的育儿需要，通过功能替换、空间共享、空地插建等方式配套完善老年生活护理中心、老年社区大学、婴幼儿托管中心、学龄儿童托管中心、休闲健身中心等设施。

（二）综合整治绿地景观环境

针对住区的绿地景观问题，首先，通过小区内植被修复、硬质复绿等方式，统筹整治完善庭院、道路、游园、广场等空间层次的绿化体系；在整体提升安置住区绿地率的同时，通过配合建筑、广场等硬质空间的动静分离、边界分割以及适宜的景观小品植入等措施营造舒适、宜人的绿化环境。其次，针对现状绿化层次和植物搭配单一的问题，在满足安全、卫生要求的前提下，通过对山墙、屋面、围墙、廊亭的立体绿化，提高住区绿化覆盖率和丰富绿化景观层次；采用乔木、灌木、草相结合复合化绿化方式，通过常绿与落叶搭配、乔木与灌木搭配、乡土植物选用、生态性与观赏性兼具的绿植优化，改变现状以草为主的单一植物配置结构。最后，将低影响开发理念（LID）运用到安置住区的绿化景观提升中，通过综合运用透水铺装、生态植草沟、雨水花园等绿色基础设施，提高住区绿地系统对雨水渗透、调蓄、排放和利用的能力。

（三）适老化的公共空间改造

安置住区内普遍居住生活着比较多的老年人群，但由于建设时限与资金、用地、工期等因素，住区内的公共空间在尺度、安全等细节方面对老年群体和残疾人群不够友好，为此，需要通过人性化、尊老化的设计改造，提升各安置小区公共空间的适老性和对残疾人群的人本关怀。对入口、通道、边界等过渡、高差变化区域增加方便、安全、可靠、智能的辅助性设施；对环境雷同、信息难辨的空间区域，通过色彩、风格、标识的对比、夸张性改造，为老年和残疾群体提供更易识别、阅读的空间环境；对室内外公共活动区域的场地铺装、休憩设施等，按照柔性、软质、防滑性等益老、益残性要求进行改造；充分挖掘住区内可利用的闲散空间，通过软性隔断、座椅添置等措施，拓展更多供老年人停留、观望、休憩、晒太阳的空间。

二、架构社会支持体系

社会支持强调个体通过运用社区关系网络能够在日常生活中获得物质和精神方面的支持。社会支持是一种社会公共服务行为，是社区弱势群体在社会生活中能够获得无偿支持和帮助的行为总和。现状泰和居、祥和居等安置住区的成员多为失地农民、城中村村民、下岗失业职工等弱势群体，由于受教育水平低、观念意识落后、专业技能少等原因，在彻底脱离了原社区支持的情况下，一时间很难面对新环境变化所带来的就业、教育、居住等方面问题。而社会支持体系可以很好地协助安置居民去应对这些问题，并可以增加住区成员之间互动，促进安置小区和谐邻里关系的快速生成。

（一）政府支持

政府作为保护改造行动的发起者和主导者，有责任和义务去帮助安置居民解决当前住区存在的各方面问题，特别安置居民关注度最高的就业、教育、房屋产权等问题。一方面，这些问题本身就源于不合理的拆迁安置方式；另一方面，政府天然负有促进社会公平、帮助弱势群体的职责。对此，政府可以就安置住区普遍存在的就业、教育、房屋产权等重大问题通过生产机制成立专门的工作推进小组，就问题解决制定明确的工作方案，并实时通报问题处理进度。除了以上重大问题上给予直接支持，政府还应该通过培育社区力量、鼓励社会力量进行间接支持。政府通过一定程度权力下放和一定比例土地收益划拨，支持社区基层组织和社会力量就安置居民临时性失业、再就业培训、创业引导以及社区人才队伍建设和社会组织发展等方面提供专业、完整、系统的支持和服务。

（二）社区支持

社区具有社会服务、社会民主、社会保障、社会稳定的功能。通过社区制度建设、管理工作的系统化，完善服务、管理、监督的全程服务，增加社区工作经费预算等（张媛，2014），提升社区支持能力和拓宽社区支持范围。具体：社区管理组织要就安置住区的日常公共问题，予以及时了解、回应、解决；要经常性就安置住区的公共事务组织发起集体行动，调动安置居民自治的参与社区事务积极性，进而增加居民间互动、了解的机会，促进不同群体价值观念的深度融合。社区工作人员是社区支持的主体，通过专业培训，提高社区工作人员的服务意识和服务能力。针对专业性要求高的事务，面向社会招募志愿者或临时兼职聘用专业人士等方式充实人才队伍，依靠专业的知识、方法、技巧帮助安置居民尽快融入新的生活环境中。

（三）社会支持

社会支持主要依托于社区的非政府组织，这些组织常常通过共同兴趣、需求将不同背景的社区成员组织起来。相较政府，这些组织更容易获得安置居民的真实问题和困难。社区非政府组织能够增进社区成员间的交往频率和深度，是摆脱浅层次交往、增加关系网络密度的重要途径。如：日本“铃之会”组织，通过在社区开展的“Mini—day—Service”服务，以喝茶、聊天等形式将具有共同兴趣的社区邻里聚来，使得不熟识的社区成员获得了彼此重新认识机会；通过聚会，发起人铃木惠子和志愿者将成员面对的问题记录下来，并通过调用社会关系网络对这些问题做出及时回应[355]。两年多的时间，“铃之会”成功吸引600余人次参与，帮助解决百余人的生活困难、家庭关系、健康保险等问题。社区非政府组织支持作用的发挥，除了需要发起时的共同兴趣、需求，还依赖政府对这些组织本身的支持。当这些组织在支持活动中遇到重大问题、需要调动更多资源时，政府部门应给予一定的协作支持，以帮助这些组织处理社区的问题，树立它们在社区生活中的形象。而这样做同样也有益于改善政府形象，有助于政府与居民之间信任关系的建立。

三、培育社区公共生活

建筑学家杨·盖尔认为，邻里间接触和各种形式公共活动向深层次发展，仅有建筑设计是不够的，必须存在一种有意义的共同点，如共同的经历、共同的兴趣或共同的问题等；社会交往的形成与否主要取决于居民之间是否在经济、政治或意识形态方面有共同兴趣[356]。可见，对于安置住区生活空间的建构，除了必要的物质环境条件，还需要有共同志趣。而这些共同志趣常常潜在于每个社区居民个体，需要日常性的公共生活加以引导、合成。为此在安置住区范围要：

（一）推动自治管理

依托社区支持、社会支持，推动安置居民对住区公共事务进行自治管理。通过自治管理行动，推动安置居民广泛参与住区公共生活，增进邻里友谊和营造积极氛围。在推动住区自治管理行动中，可借鉴上海、广州、重庆等地实践经验，通过街道引导、社区统筹，以小区、楼栋为自治行动单元，建立“街道引导—社区统筹—小区实施—楼栋监管”四级联动的自治管理机制；每次公共行动开始前，小区自治管理组织要有计划地发起各类意见征询活动，广纳居民关于配套设施、绿化景观、公共空间等方面治理建议，并转化为具体实施方案；同时以楼栋为单位，就实时问题处理进度、效果和居民破坏住区环境的行为进行监督、管控；当出现争议事项时，要通过自治管理平台的公平对话、互动协商，予以及时解决。住区自治管理能够使安置住区的治理效果，更贴合居民的日常生活需要；对住区物业实施自治，可以大幅度减少物业运营管理成本，降低安置居民的物业支出，同时还能为安置居民增加更多附近就业的工作机会。

（二）丰富社区活动

各种类型的社区活动，不仅可以丰富安置居民的日常生活，还可以增进邻里感情、促进和谐邻里关系的形成（胡小武，2020）。对此，社区的居委会、小区管理组织要经常性创造各种条件，不定期地举办一些有意义、有代表性的社区活动。这些活动要类型多样，主题积极，既有文化、艺术方面的家庭才艺展示、曲艺歌舞互动表演，又有运动、健康方面的体育比赛、知识讲座等，要尽可能让所有小区居民都参与互动起来，促进邻里间深入地交流、交往。与此同时，要充分地认识到微博、微信等现代社交工具建构形成的虚拟社区的优势特征。与传统实体空间交流相比，虚拟社区工具有大大缩短交往时间和空间距离的优点，通过活动信息、内容的点对点、点对面地传播、交流和换位，让每一位住区居民都能得到有效互动，继而形成现实与虚拟有机结合的邻里关系[357]。

（三）加强文化生活

通过加强社区文化生活，一方面可以促进个体居民在邻里交往中对自己和“异己”的再认识；另一方面还可以提高居民文化素质、改善邻里关系，促进社区生活更加健康、有序（费孝通，1997）。首先，根据社区本身所蕴藏的人物故事、技艺习俗等，通过深入挖掘和提炼，创造出与安置住区相协调的文化标识、文化标签，并通过安置住区的景观、标识、小品等予以呈现，增加社区的文化气息。其次，通过遗产进社区、文化大讲堂等，提高安置居民的文化水平；同时，通过发起社区生活公约，倡导文明生活行为，加强安置居民对社区的文化认同和家园认同。最后，依托政府支持，通过增加遗址公园、遗址博物馆等公共文化设施的开放时间，亦可面向安置居民定向减免遗址公园门票等措施，强化安置居民与外界社会的联系，增加他们对遗址地区的文化依恋和生活依恋，避免安置住区沦为现代城市生活的孤岛。

第五节

本章小结

以效能提升为导向，制定大明宫遗址地区空间生产调控优化对策。针对空间正义视域下大明宫遗址地区精神、物质、生活效能层面的非正义问题，本章从生产逻辑回归、生产机制架构、建成空间修复、生活空间重塑4个方面制定了大明宫遗址地区空间生产调控优化的具体对策。第一，以人的需求和发展为基点，辩证地认识了空间生产的终极价值旨归，提出通过逐步回归“以人为本”的空间生产逻辑，将相关利益者的使用需求和发展需要作为大明宫遗址地区空间生产调控优化的起点和终点。第二，在承认空间正义价值的动态性和空间生产的历史性、阶段性、复杂性的基础上，肯定了调控优化中空间商品交换价值存在的必要性，提出批判性地扬弃过分商品化的空间生产，通过动态渐进的调控优化措施来修正符号化、商品化、碎片化的空间生产问题。第三，针对制约生产效能水平的权力关系、机制程序、社会参与等方面的问题要素，提出要通过架构多元共治的生产机制来重构遗址地区空间生产的权力关系、提升社会参与遗址地区空间治理的能力、保障公共利益和弱势群体利益的有效实现。第四，针对物质空间环境生产引发的空间效率与空间公平问题，制定了修复遗址保护利用空间、均衡供给公共产品空间、统筹优化产业功能空间三方面11项建成空间的织补修复措施。第五，针对因空间资源和空间产品配给异化了的安置住区生活空间，从整治住区人居环境、架构社会支持体系、培育社区公共生活三方面制定了9项生活空间重塑修复对策。继而以期逐步改善提升大明宫遗址地区的空间生产效能水平，最大限度降低和消解非正义生产所带来的不利影响。

参考文献

[1] 杨伟民. 必须重视城市空间发展与治理[N/OL]. 中国城市报，2019-08-12（016）[2021-05-31]. http://paper.people.com.cn/zgcsb/html/2019-08/12/content_1940916.htm.

[2] 车志晖，张沛，吴淼，等. 社会资本视域下城市更新可持续推进策略[J]. 规划师，2017，33（12）：67-72.

[3] 阳建强，杜雁. 城市更新要同时体现市场规律和公共政策属性[J]. 城市规划，2016，40（1）：72-74.

[4] 胡咏嘉，宋伟轩. 空间重构语境下的城市空间属地型碎片化倾向[J]. 城市发展研究，2011，18（12）：90-94，114.

[5] 储建国. 市场经济、市民社会和民主政治[J]. 武汉大学学报（哲学社会科学版），1999（1）：57-60.

[6] 陈朋. 国家推动与社会发育：生长在中国乡村的协商民主实践[D]. 上海：华东师范大学，2010.

[7] 张佳，华晨. 城市的文化符号及其资本化重组——对国内城市历史地区仿真更新的解析[J]. 马克思主义与现实，2014（5）：163-168.

[8] 大卫·哈维. 新帝国主义[M]. 初立忠，沈晓雷，译. 北京：社会科学文献出版社，2009：94.

[9] 张京祥，邓化媛. 解读城市近现代风貌型消费空间的塑造——基于空间生产理论的分析视角[J]. 国际城市规划，2009，23（1）：43-47.

[10] 王辉. 消费文化与社会分层的相关性研究[D]. 南京：南京师范大学，2007.

[11] 杨海. 消费主义思潮下上海历史文化风貌区的空间效应演进研究[D]. 上海：同济大学，2006.

[12] 朱海霞，权东计. 大遗址文化产业集群优化发展的动力因素与政府管理机制设计的建议[J]. 中国软科学，2015（6）：103-115.

[13] 余洁. 遗产保护区的非均衡发展与区域政策研究——以西安大遗址群的制度创新为例[M]. 北京：中国经济出版社，2012：52-65.

[14] 车志晖，张沛. 城市大遗址地区的空间生产研究述评[J]. 西部人居环境学刊，2022，37（4）：139-146.

[15] 陈理娟. 中国大遗址保护利用制度研究[M]. 北京：科学出版社，2013：94-95.

[16] G H P. On Spatial Justice[J]. Environment and Planning A，1983，15（4）：471.

[17] DAVID H. Social Justice and the City[M]. Georgia：University of Georgia Press，2009：10.

[18] 高鉴国. 新马克思主义城市理论[M]. 北京：商务印书馆，2006.

[19] EDWARD W. S. Seeking Spatial Justice[M]. Minnesota：The University of Minnesota Press，2010.

[20] 任平. 空间的正义——当代中国可持续城市化的基本走向[J]. 城市发展研究，2006（5）：1-4.

[21] 吴红涛. 从问题到方法：空间正义的理论文脉及研究反思[J]. 华中科技大学学报（社会科学版），2018，32（6）：63-69，80.

[22] 任政. 正义范式的转换：从社会正义到城市正义 [J]. 东岳论丛，2013，34（5）：27-32.
[23] 叶超，柴彦威，张小林. “空间的生产”理论、研究进展及其对中国城市研究的启示 [J]. 经济地理，2011，31（3）：409-410.
[24] HENRI L. The Production of Space [M]. Translated By DONALD N S. Oxford：Wiley-Blackwell Ltd，1991.
[25] 沈岿. 行政任务、效能原则与行政组织法治 [J]. 行政法学研究，2023（6）：3-18.
[26] 喻学才. 遗址论 [J]. 东南大学学报（哲学社会科学版），2001（2）：45-49.
[27] 陈同滨. 中国大遗址保护与展示的多学科研究 [N/OL]. 中国文物报，2002-05-03（005）[2021-05-31]. https://www.doc88.com/p-7022531013012.html.
[28] 孟宪民. 梦想辉煌：建设我们的大遗址保护展示体系和园区——关于我国大遗址保护思路的探讨 [J]. 东南文化，2001（1）：6-15.
[29] HAGLA K S. Sustainable urban development in historical areas using the tourist trail approach: A case study of the Cultural Heritage and Urban Development (CHUD) project in Saida, Lebanon [J]. Cities, 2010, 27(4): 234-248.
[30] STEPHEN N A A, VICTOR M J. Urban management and heritage tourism for sustainable development: the case of Elmina Cultural Heritage and Management Programme in Ghana [J]. Management of Environmental Quality an International Journal, 2006, 17(3): 299-312.
[31] CALLEGARI F. Sustainable development prospects for Italian coastal cultural heritage: a Ligurian case study [J]. Journal of Cultural Heritage, 2003, 4(1): 49-56.
[32] DATZIRA-M, JORDI. Cultural heritage tourism-opportunities for product development: the Barcelona case [J]. Tourism Review, 2006, 61(1): 13-20.
[33] TWEED C, SUTHERLAND M. Built cultural heritage and sustainable urban development [J]. Landscape and Urban Planning, 2007, 83(1): 62-69.
[34] STEINBERG, F. “Conservation and Rehabilitation of Urban Heritage in Developing Countries” [J]. Habitat International, 1996, 20(3): 463-475.
[35] LEE S L. Urban conservation policy and the preservation of historical and cultural heritage: The case of Singapore [J]. Cities, 1996, 13(6): 399-409.
[36] KOZLOWSKI, VASS-BOWEN N. Buffering external threats to heritage conservation areas: a planner's perspective [J]. Landscape and Urban Planning, 1997, 3(3-4): 245-267.
[37] AMIT-COHEN I. Synergy Between Urban Planning, Conservation of the Cultural Built Heritage and Functional Changes in the Old Urban Center-the Case of Tel Aviv [J]. Land Use Policy, 2005, 22(4): 291-300.
[38] JOHN P, MICHAEL S, AIDAN W. Urban World Heritage Sites and the problem of authenticity [J]. Cities, 2009, 26(6): 349-358.
[39] SHAMSUDDIN S, SULAIMANU A B, AMAT R C. Urban Landscape Factors That Influenced the Character of George Town, Penang Unesco World Heritage Site [C] //Conference on Environment-Behaviour Studies. 2014.
[40] MOLDOVEANU M, FRANC V. Urban Regeneration and More Opportunities for Artistic Expression and Cultural Consumption [J]. Procedia Economics and Finance, 2014, 8: 490-496.
[41] GRAZ B A. UNESCO City of Design and Historical Heritage [J]. Cities, 2015, 43(3): 78-91.
[42] THROSBY D. Investment in urban heritage conservation in developing countries: Concepts, methods

and data [J]. City, Culture and Society, 2016, 7(2): 81-86.

[43] MAGDA M, SALVADO N. CONSERVATION OF THE URBAN HERITAGE AND SUSTAINABILITY: Barcelona as a Paradigm [J]. Energy Procedia, 2017, 115: 29-40.

[44] FEENEY A E. Cultural heritage, sustainable development, and the impacts of craft breweries in Pennsylvania [J]. City, Culture and Society, 2017, 9: 21-30.

[45] GWENDOIYN, KRISTY. The impact of urban sprawl on cultural heritage in Herat, Afghanistan: A GIS analysis-Science Direct [J]. Digital Applications in Archaeology and Cultural Heritage, 2018, 11: 86.

[46] KIRUTHIGA K, THIRUMARAN K. Effects of urbanization on historical heritage buildings in Kumbakonam, Tamilnadu, India [J]. Frontiers of Architectural Research, 2019, 8(1): 94-105.

[47] NOAM L, SALEEM A, DAVID C, et al. World Heritage in danger: Big data and remote sensing can help protect sites in conflict zones [J]. Global Environmental Change: Human and Policy Dimensions, 2019, 55: 97-104.

[48] MCDONALD H. Understanding the antecedents to public interest and engagement with heritage [J]. European Journal of Marketing, 2011, 45(5): 780-804.

[49] Yung E H K, Chan E H W. Problem issues of public participation in built-heritage conservation: Two controversial cases in Hong Kong [J]. Habitat International, 2011, 35(3): 457-466.

[50] GRETE S, GRO B. J, ODDRUM S, et al. Alternative perspectives? The implementation of public participation in local heritage planning [J]. Norsk Geografisk Tidsskrift-Norwegian Journal of Geography, 2012, 66(4): 213-226.

[51] MIN L, AOKI N. Notice of Retraction：The dilemma analysis on the public participation in the architectural heritage protection [C] // International Conference on Electric Technology and Civil Engineering. IEEE, 2011: 3651-3655.

[52] BOHLAND J D, HAGUE E. Heritage and Identity: International Encyclopedia of Human [J]. Geography, 2009: 109-114.

[53] NICHOLAS L N, THAPA B, KO Y J. RESIDENTS’ PERSPECTIVES OF A WORLD HERITAGE SITE: The Pitons Management Area, St. Lucia [J]. Annals of Tourism Research, 2009, 36(3): 390-412.

[54] JIMURA T. The impact of world heritage site designation on local communities: A case study of Ogimachi, Shirakawa-mura, Japan [J]. Tourism Management, 2011, 32(2): 288-296.

[55] DALIA A. E. Heritage Conservation in Rosetta (Rashid): A Tool for Community Improvement and Development [J]. Cities, 2012, 29(6): 379-388.

[56] LAZZERETTI L. The resurge of the “societal function of cultural heritage” [J]. City, Culture and Society, 2012, 3(4): 229-233.

[57] BAKER K. Information Literacy and Cultural Heritage [M]. Oxford : Chandos Publishing, 2013, 41-70.

[58] ATTANASI G, CASORIA F, CENTORRINO S, et al. Cultural investment, local development and instantaneous social capital: A case study of a gathering festival in the South of Italy [J]. The Journal of Socio-Economics, 2013, 47(2): 228-247.

[59] OTHMAN R N R, HAMZAH A. Interdependency of Cultural Heritage Assets in the Old Quarter, Melaka Heritage City [J]. Procedia Social and Behavioral Sciences, 2013, 105: 577-588.

[60] CLAUDIA, VENTURA, GIUSEPPINA, et al. New models of Public-private Partnership in Cultural Heritage Sector: Sponsorships between Models and Traps [J]. Procedia Social and Behavioral Sciences, 2016, 223: 257-264.

[61] POWER A , SMYTH K. Heritage, health and place: The legacies of local community-based heritage conservation on social wellbeing [J]. Health & Place, 2016, 39: 160-167.

[62] BEEL D E, WALLACE C D, WEBSTER G, et al. Cultural resilience: The production of rural community heritage, digital archives and the role of volunteers [J]. Elsevier, 2017, 54: 459-468.

[63] WOOSNAM, KYLE M, ALESHINLOYE, et al. Social determinants of place attachment at a World Heritage Site [J]. Tourism Management, 2018, 67: 139-146.

[64] PLEVOETS B, JULIA S-H. Community initiatives as a catalyst for regeneration of heritage sites: Vernacular transformation and its influence on the formal adaptive reuse practice [J]. Cities, 2018, 78(8): 128-139.

[65] TEO P, YEOH B. Remarking Local Heritage for Tourism [J]. Annals of Tourism Research, 1997, 24(1): 192-213.

[66] ANTONIO P R. The "vicious circle" of tourism development in heritage cities [J]. Annals of Tourism Research, 2002, 29(1): 165-182.

[67] PINDER D. Seaport decline and cultural heritage sustainability issues in the UK coastal zone [J]. Journal of Cultural Heritage, 2003, 4(1): 35-47.

[68] GREFFE X. Is heritage an asset or a liability? [J]. Journal of Cultural Heritage, 2004, 5(3): 301-309.

[69] BONFIGLI M E, CABRI G, LEONARDI L, et al. Virtual visits to cultural heritage supported by web-agents [J]. Information and Software Technology, 2004, 46(3): 173-184.

[70] HERRERA L K, VIDELA H A. The importance of atmospheric effects on biodeterioration of cultural heritage constructional materials [J]. International Biodeterioration & Biodegradation, 2004, 54(2/3): 125-134.

[71] XIAO W, MILLS J, GUIDI G, et al. Geoinformatics for the conservation and promotion of cultural heritage in support of the UN Sustainable Development Goalse [J]. ISPRS Journal of Photogrammetry and Remote Sensing, 2018, 142: 389-406.

[72] RAMSEY D, EVERITT J. If you dig it, they will come! Archaeology heritage sites and tourism development in Belize, Central America [J]. Tourism Management, 2008, 29(5): 909-916.

[73] BOWITZ E, IBENHOLT K. Economic impacts of cultural heritage-research and perspectives [J]. Journal of Cultural Heritage, 2009, 10(1): 1-8.

[74] BLESSI G T, TREMBLAY D G, SANDRI M, et al. New trajectories in urban regeneration processes: Cultural capital as source of human and social capital accumulation: Evidence from the case of Tohu in Montreal [J]. Cities, 2012, 29(6): 397-407.

[75] ALBERTI F G, GIUSTI J D. Cultural heritage, tourism and regional competitiveness: The Motor Valley cluster [J]. City, Culture and Society, 2012, 3(4): 261-273.

[76] KALAMAROVA M, LOUCANOVA E, PAROBEK J, et al. The support of the cultural heritage utilization in historical town reserves [J]. Procedia Economics and Finance, 2015, 26: 914-919.

[77] BUJDOSO Z, DAVID L, TOZSER A, et al. Basis of Heritagization and Cultural Tourism Development [J]. Procedia-Social and Behavioral Sciences, 2015, 188: 307-315.

[78] FRITSCH M, HAUPT H, PIN T N. Urban house price surfaces near a World Heritage Site: Modeling

conditional price and spatial heterogeneity [J]. Regional Science and Urban Economics, 2016, 60: 260-275.

[79] FERILLI G, GUSTAFSSON C, SACCO P L. Cognitive Keynesianism: Heritage conservation as a platform for structural anti-cyclic policy. The case of the Halland Region, Sweden [J] Journal of Cultural Heritage, 2017, 27: 10-19.

[80] KUTUT V. Specific Characteristics Of real Estate Development In Cultural Heritage Areas [J]. Procedia Engineering, 2017, 208: 69-75.

[81] GROIZARD J L, GALLEGO M S. The destruction of cultural heritage and international tourism: The case of the Arab countries [J]. Journal of Cultural Heritage, 2018, 33: 285-292.

[82] CANALE R R, SIMONE E D, MAIO A D, et al. UNESCO World Heritage sites and tourism attractiveness: The case of Italian provinces [J]. Land Use Policy, 2019, 85: 114-120.

[83] PARK E, CHOI B K, LEE T J. The role and dimensions of authenticity in heritage [J]. Tourism Management, 2019, 74: 99-109.

[84] PEGGY T, BRENDA Y S A. Remarking Local heritage for tourism [J]. Annals of Tourism Research, 1997, 24(1): 192-213.

[85] SUN Y, WANG Y S, LIU L L, et al. Large-scale cultural heritage conservation and utilization based on cultural ecology corridors: a case study of the Dongjiang-Hanjiang River Basin in Guangdong, China [J]. Heritage Science, 2024, 12 (1):1-8.

[86] GUMLEY W. Investment Markets and Sustainable Agriculture: A Case for Ecological Tax Reform [J]. Revenue Law Journal, 2004, 14(1): 190-213.

[87] FORSYTH P. Ownership and Pricing of national parks: an Austrelian perspective [J]. Journal of Regional Science, 2006, 46(3): 571-572.

[88] SANNA L, ATZENI C, SPANU N. A fuzzy number ranking in project selection for cultural heritage sites [J]. Journal of Cultural Heritage, 2008, 9(3): 311-316.

[89] AI-HAGLA K S. Sustainable urban development in historical areas using the tourist trail approach: A case study of the Cultural Heritage and Urban Development (CHUD) project in Saida, Lebanon [J]. Cities, 2010, 27(4): 234-248.

[90] AHN, HYUCK K. Expansion of the Historic-cultural Landscape Concept and Evolution of the Urban Planning Control on the Historic Conservation, asdemonstrated in the Urban Planning History of Paris [J]. Journal of The Urban Design Insitute of Korea, 2011, 12(6): 43-59.

[91] EDEMA M, LEARY. A Lefebvrian analysis of the production of glorious, gruesome public space in Manchester [J]. Progress in Planning, 2013, 85: 1-52.

[92] RABADY R A, RABABEH S, SHATHA A K. Urban heritage governance within the context of emerging decentralization discourses in Jordan [J]. Habitat International, 2014, 42: 253-263.

[93] OWLEY J. Cultural heritage conservation easements: Heritage protection with property law tools [J]. Land Use Policy, 2015, 49: 177-182.

[94] BALLANTYNE R, HUGHES K, BOND N. Using a Delphi approach to identify managers' preferences for visitor interpretation at Canterbury Cathedral World Heritage Site [J]. Tourism Management, 2016, 54: 72-80.

[95] OSMAN K A A. Heritage conservation management in Egypt: A review of the current and proposed situation to amend it [J]. Ain Shams Engineering Journal, 2018, 9(4): 2907-2916.

[96] MICELLI E, PELLEGRINI P. Wasting heritage. The slow abandonment of the Italian Historic Centers [J]. Journal of Cultural Heritage, 2018, 31: 180-188.

[97] VIRUEL M J M, GUZMAN T L, GALVEZ J C P, et al. Emotional perception and tourist satisfaction in world heritage cities: The Renaissance monumental site of úbeda and baeza, Spain [J]. Journal of Outdoor Recreation and Tourism, 2019, 27:1-7.

[98] MAZZANTI M. Cultural heritage as multi-dimensional, multi-value and multi-attrabute economic goods: toward a new framework for economic analysis and valuation [J]. Journal of Socio-Economics, 2002, 31(5): 529-558.

[99] BEDATE A, HERRERO L C, SANZL J. Economic Valuation of the cultural heritage: Application to four case studies in Spain [J]. Journal of Cultural Heritage, 2004, 5(1): 101-111.

[100] RUIJGROK E.C.M. The three economic values of cultural heritage: a case study in the Netherlands [J]. Journal of Cultural Heritage, 2006, 7(3): 206-213.

[101] VAZ E D N, CABRAL P, CAETANO M, et al. Urban Heritage Endangerment at the interface of Future Cities and Past Heritage: A Spatial Vulnerability Assessment [J]. Habitat International, 2012, 36(2): 287-294.

[102] ELSORADY D A. Heritage conservation in Rosetta (Rashid): A tool for community improvement and development [J]. Cities, 2012, 29(6): 379-388.

[103] OPPIO A, BOTTERO M, FERRETTI V, et al. Giving space to multicriteria analysis for complex cultural heritage systems: The case of the castles in Valle D' Aosta Region, Italy [J]. Journal of Cultural Heritage, 2015, 16(6): 779-789.

[104] DEWI S R, PRADINIE K, SANTOSO E B, et al. The Rapid Assessment for Heritage Area Method (RAFHAM) for Kemasan Heritage Area [J]. Procedia Social and Behavioral Sciences, 2016, 227: 686-692.

[105] CAUST J, VECCO M. ARTICLE IN PRESS G Model Science Direct Is UNESCO World Heritage recognition a blessing or burden? Evidence from developing Asian countries [J]. Journal of Cultural Heritage, 2017, 27: 1-9.

[106] DANS E P, GONZALEA P A. The Altamira controversy: Assessing the economic impact of a world heritage site for planning and tourism management [J]. Journal of Cultural Heritage, 2018, 30: 180-189.

[107] LOPES A S, MACEDO D V, BRITO A Y S, et al. Assessment of urban cultural-heritage protection zones using a co-visibility-analysis tool [J]. Computers, Environment and Urban Systems, 2019, 76: 139-149.

[108] RUDOKAS K, LANDAUSKAS M, VILNEISKE I G, et al. Valuing the socio-economic benefits of built heritage: Local context and mathematical modeling [J]. Journal of Cultural Heritage, 2019, 39: 229-237.

[109] 李海燕，权东计. 国内外大遗址保护与利用研究综述 [J]. 西北工业大学学报（社会科学版），2007（3）：16-20.

[110] 张梅花. 城市大遗址保护性开发模式选择研究 [D]. 西安：西北大学，2012.

[111] 付晓东，徐涵露. 文化遗产的深度开发——以安阳殷墟世界遗产开发为例 [J]. 中国软科学，2014（7）：92-104.

[112] 马建昌. 中国城市区域大遗址管理运营研究 [D]. 西安：西北大学，2015.

[113] 苏原. 大遗址保护与洛阳城市总体规划 [J]. 中国名城，2016（2）：66-72.

[114] 刘卫红. 田园城市视域下的汉长安城遗址保护利用模式研究 [J]. 西北大学学报（自然科学版），2017，47（2）：283-288.
[115] 张敏. 湖南大遗址利用模式研究 [D]. 长沙：湖南师范大学，2018.
[116] 侯婧怡. 城市规划区内中小型遗址保护策略和利用模式研究 [D]. 济南：山东大学，2018.
[117] 余洁. 遗产保护区非均衡发展与区域政策研究——以西安大遗址群的制度创新为例 [M]. 北京：中国经济出版社，2012：21-24.
[118] 张立新，杨新军，陈佳，等. 大遗址区人地系统脆弱性评价及影响机制——以汉长安城大遗址区为例 [J]. 资源科学，2015，37（9）：1848-1859.
[119] 于冰. 大遗址保护财政制度需求特征与现状问题分析 [J]. 中国文物科学研究，2016（1）：25-32.
[120] 裴成荣. 文化大繁荣背景下遗址保护与都市圈和谐共生机制研究 [M]. 北京：中国社会科学出版社，2017.
[121] 余洁，白海峰，向剑凛. 城市新区发展与西咸大遗址群保护的制度困境和协调创新机制 [J]. 城市发展研究，2018，25（8）：93-100.
[122] 李鹏，张小敏，陈慧. 行动者网络视域下世界遗产地的空间生产——以广东开平碉楼与村落为例 [J]. 热带地理，2014，34（4）：429-437.
[123] 许婵. 大遗址空间再生产研究——以丹阳南朝陵墓群大遗址为例 [J]. 江苏城市规划，2016（4）：30-33，45.
[124] 熊恩锐. 南京市大行宫地区文化空间生产研究 [D]. 南京：东南大学，2017.
[125] 廖卫华. 消费主义视角下城市遗产旅游景观的空间生产：成都宽窄巷子个案研究 [M]. 北京：科学出版社，2017：183-190.
[126] 尹彤. 基于空间生产理论的历史街区文化空间生产研究 [D]. 西安：西安外国语大学，2018.
[127] 刘彬，陈忠暖. 权力、资本与空间：历史街区改造背景下的城市消费空间生产——以成都远洋太古里为例 [J]. 国际城市规划，2018，33（1）：75-80，118.
[128] 郭文. 社区型文化遗产地的旅游空间生产与形态转向——基于惠山古镇案例的分析 [J]. 四川师范大学学报（社会科学版），2019，46（2）：75-82.
[129] 樊海强，权东计，李海燕. 大遗址产业化经营的初步研究 [J]. 西北工业大学学报（社会科学版），2005（3）：40-42，82.
[130] 朴松爱，樊友猛. 文化空间理论与大遗址旅游资源保护开发——以曲阜片区大遗址为例 [J]. 旅游学刊，2012，27（4）：39-47.
[131] 张建忠，孙根年. 遗址公园：文化遗产体验旅游开发的新业态——以西安三大遗址公园为例 [J]. 人文地理，2012，27（1）：142-146.
[132] 刘卫红. 大遗址区域产业集聚机制与模式研究 [J]. 商业研究，2013（6）：200-205.
[133] 吴亚娟. 汉长安城遗址区产业发展现状与策略研究 [D]. 西安：西北大学，2015.
[134] 仲丹丹. 我国工业遗产保护再利用与文化产业结合发展之动因研究 [D]. 天津：天津大学，2016.
[135] 朱海霞，权东计. 大遗址文化产业集群优化与管理机制 [M]. 北京：科学出版社，2017：50.
[136] 杨宇振. 历史空间作为商品：工业旧址再开发——以“重钢”为例 [J]. 室内设计，2012，27（1）：46-50.
[137] 高微微. 大遗址周边区域空间形态的表征分析与研究 [D]. 西安：西北大学，2013.
[138] 张平. 大遗址周边区域开发强度控制研究 [D]. 西安：西北大学，2014.

[139] 赵敏. 旅游挤出效应下的丽江古城文化景观生产研究 [D]. 昆明：云南大学，2015.

[140] 王晓敏. "生态博物馆" 视角下的汉长安城遗址空间环境保护研究 [D]. 西安：西安建筑科技大学，2016.

[141] 吕琳，黄嘉颖. 西安大遗址周边环境空间模式研究 [J]. 西部人居环境学刊，2017，32（3）：90-95.

[142] 黄磊. 城市社会学视野下历史工业空间的形态演化研究 [D]. 长沙：湖南大学，2018.

[143] 魏立华，许永成，丛艳国. 隐藏于 "地方建构" 理念下的空间生产的过程与手段——以成都市旧城CBD（东华门遗址公园）的再开发为例 [J]. 城市规划，2019，43（3）：112-120.

[144] 钟晓华. 行动者的空间实践与社会空间重构 [D]. 上海：复旦大学，2012.

[145] 杨俊宴，史宜. 基于 "微社区" 的历史文化街区保护模式研究——从社会空间的视角 [J]. 建筑学报，2015（2）：119-124.

[146] 赵选贤. 基于社会网络的丽江古城社会空间变迁研究 [D]. 昆明：云南大学，2015.

[147] 边兰春，石炀. 社会——空间视角下北京历史街区整体保护思考 [J]. 上海城市规划，2017（6）：1-7.

[148] 田雪娟. 旧城历史街区更新中的社会空间结构变迁 [D]. 南京：南京大学，2017.

[149] 吴冲，朱海霞，向远林，等. 保护性利用影响下的大遗址周边地区社会空间演变——基于空间生产视角 [J]. 人文地理，2019，34（1）：106-114.

[150] 沈海虹. "集体选择" 视野下的城市遗产保护研究 [D]. 上海：同济大学，2006.

[151] 刘敏. 天津建筑遗产保护公众参与机制与实践研究 [D]. 天津：天津大学，2012.

[152] 张心. 城市遗产保护的人本视角研究 [D]. 济南：山东大学，2016.

[153] 王辉. 遗址保护和利用的公众参与机制研究 [D]. 南京：南京大学，2017.

[154] 赵洁. 空间生产视角下广州南华西历史街区空间变迁研究 [D]. 广州：华南理工大学，2017.

[155] 王庆歌. 空间正义视角下的历史街区更新研究 [D]. 济南：山东大学，2017.

[156] 梅佳欢. 基于空间正义的历史城区空间生产研究 [D]. 南京：东南大学，2018.

[157] 何健翔. 风景与遗址——泛化城市中的公共性与地方性重建 [J]. 建筑学报，2019（7）：48-53.

[158] 王军. 遗址公园模式在城市遗址保护中的应用研究——以唐大明宫遗址公园为例 [J]. 现代城市研究，2009，24（9）：50-57.

[159] 张锦秋. 长安沃土育古今——唐大明宫丹凤门遗址博物馆设计 [J]. 建筑学报，2010（11）：26-29.

[160] 张关心. 大遗址保护与考古遗址公园建设初探——以大明宫遗址保护为例 [J]. 东南文化，2011（1）：27-31.

[161] 刘克成，肖莉，王璐. 大明宫国家遗址公园：总体规划设计 [J]. 建筑创作，2012（1）：28-43.

[162] HOU W D, WANG W, YAN X. The protection project of Han yuan Hall and Linde Hall of the Daming Palace [J]. Frontiers of Architectural Research, 2012, 1(1): 69-76.

[163] 刘宗刚，刘波. 城市文脉的延续与彰显唐大明宫遗址公园的保护与展示 [J]. 风景园林，2012（2）：54-58.

[164] 余定，张哲，吴霄. 西安唐大明宫国家遗址公园规划回顾 [J]. 景观设计学，2014，2（6）：110-123.

[165] 李骥，翟斌庆. 中国大遗址 "公园化" 当中的 "原真性" 问题再思考 [J]. 中国园林，2016，

32（5）：117-121.

［166］宋莹. 国家考古遗址公园情境化设计策略研究［D］. 西安：西北大学，2017.

［167］刘军民，赵荣，周萍. 试论文物遗址开发利用的经济可行性——以西安市大明宫御道广场建设为例［J］. 生产力研究，2005（10）：134-135，138.

［168］单霁翔. 让大遗址保护助推经济社会发展［J］. 中国文化遗产，2009（4）：12-14.

［169］张嘉铭. 生产性景观应用于遗址环境规划设计的研究［D］. 西安：西安建筑科技大学，2011.

［170］张中华，段瀚. 基于Amos的环境地方性与游客地方感之间的关系机理分析——以西安大明宫国家考古遗址公园为例［J］. 旅游科学，2014，28（4）：81-94.

［171］苏卉，孙晶磊. 城市化进程中文化遗址的保护与适应性开发研究——以唐大明宫遗址为例［J］. 西安建筑科技大学学报（社会科学版），2016，35（5）：48-51，62.

［172］田敬杨. 大明宫国家遗址公园运营机制评估与产业绩效分析［D］. 天津：天津师范大学，2018.

［173］王帅. 大遗址区城市活力分析与增强策略探讨［D］. 西安：西北大学，2018.

［174］YE Y N. Research on Construction of Cultural Tourism Brand of Scenic Spot Under the Integration of Culture and Tourism Taking Daming Palace National Heritage Park as an Example［P］. Proceedings of the 2nd International Conference on Economy，Management and Entrepreneurship(ICOEME 2019)，2019.

［175］金田明子. 城市大遗址区整体保护与更新研究［D］. 西安：西北大学，2009.

［176］金鑫，陈洋，王西京. 工业遗产保护视野下的旧厂房改造利用模式研究——以西安大华纱厂改造研究为例［J］. 建筑学报，2011（S1）：17-22.

［177］曹恺宁. 城市有机更新理念在遗址地区规划中的应用——以西安唐大明宫遗址地区整体改造为例［J］. 规划师，2011，27（1）：46-50.

［178］孙伊辰. 城市大遗址周边环境保护规划策略研究［D］. 西安：长安大学，2013.

［179］涂冬梅. 基于遗址保护的大明宫周边地区土地开发策略研究［D］. 西安：西安建筑科技大学，2012.

［180］马建昌，张颖. 城市大遗址保护利用中公众参与问题研究——以唐大明宫考古遗址公园的建设和管理运营为例［J］. 人文杂志，2015（1）：125-128.

［181］毕景龙，贺嵘. 西安大遗址周边环境演变研究——以唐大明宫遗址为例［J］. 华中建筑，2015，33（5）：137-139.

［182］王新文，张沛，张中华. 城市更新视域下大明宫遗址区空间生产实践检讨及优化策略研究［J］. 城市发展研究，2017，24（2）：125-128.

［183］刘盼盼，乌鹏. 大明宫国家遗址公园周边区域城市设计分析［J］. 住宅与房地产，2017（27）：93，120.

［184］亚里士多德. 物理学［M］. 张竹明，译. 北京：商务印书馆，2009.

［185］米歇尔·福柯. 权力的眼睛：福柯访谈录［M］. 严锋，译. 上海：上海人民出版社，1997.

［186］爱德华·苏贾. 第三空间［M］. 陆扬，译. 上海：上海教育出版社，2005.

［187］包亚明. 现代性与空间的生产［M］. 上海：上海教育出版社，2003.

［188］包亚明. 后现代性与地理学的政治［M］. 上海：上海教育出版社，2001：3-4.

［189］许纪霖. 帝国都市与现代性［M］. 南京：江苏人民出版社，2006.

［190］刘易斯·芒福德. 城市发展史：起源、演变和前景［M］. 宋俊岭，倪文彦，译. 北京：中国建筑工业出版社，2005.

[191] 曼努尔·卡斯特. 网络社会的崛起 [M]. 梁建章，夏铸九，王志弘，译. 上海：上海交通大学出版社，2000.
[192] 哈维. 后现代的状况 [M]. 闫嘉，译. 北京：商务印书馆，2003.
[193] 安东尼·吉登斯. 现代性与自我认同 [M]. 赵旭东，方文，王铭铭，译. 北京：生活·读书·新知三联书店，1998.
[194] 詹姆逊. 后现代主义与文化理论 [M]. 唐小兵，译. 北京：北京大学出版社，1997.
[195] 迈克·迪尔. 后现代都市状况 [M]. 李小科，译. 上海：上海教育出版社，2004.
[196] 爱德华·苏贾. 后现代地理学 [M]. 王文斌，译. 北京：商务印书馆，2004.
[197] 曹现强，张福磊. 空间正义：形成、内涵及意义 [J]. 城市发展研究，2011，18（4）：125-129.
[198] 赫伯特·斯宾塞. 论正义 [M]. 周国兴，译. 北京：商务印书馆，2017.
[199] 约翰·罗尔斯. 正义论 [M]. 何怀宏，何包钢，廖申白，译. 北京：中国社会科学出版社，2009.
[200] 王志刚，王志英. “边缘关怀”的思想逻辑与理论表达——拾掇索亚《寻求空间正义》文本中的一个思想碎片 [J]. 理论与现代化，2014（5）：21-26.
[201] 李佳依，翁士洪. 城市治理中的空间正义：一个研究综述 [J]. 甘肃行政学院学报，2018（3）：14-22，46，126.
[202] Barney Warf. The Spatial Turn: Interdisciplinary Perspectives [J]. New German Critique, 2009, (115): 27-48.
[203] Wagner C. Spatial justice and the city of São Paulo [D]. Leuphana University Luneburg, 2011.
[204] Marcuse P. Analysis of urban trends, culture, policy, action [J]. City, 2009, 13(2-3):185-197.
[205] 李秀玲. 空间正义理论的基础与建构——试析爱德华·索亚的空间正义思想 [J]. 马克思主义与现实，2014（3）：75-81.
[206] 李春敏. 大卫·哈维的空间正义思想 [J]. 哲学动态，2013（4）：34-40.
[207] 大卫·哈维. 正义、自然和差异地理学 [M]. 胡大平，译. 上海：上海人民出版社，2015.
[208] 王志刚. 空间正义：从宏观结构到日常生活——兼论社会主义空间正义的主体性建构 [J]. 探索，2013（5）：182-186.
[209] Pirie G H. On Spatial Justice [J]. Environment & Planning A, 1983, 15(4):465-473.
[210] Dikeç M., Mustafa. Justice and the spatial imagination [J]. Environment & Planning A, 2001, 33(10): 1785-1805.
[211] 爱德华·W. 苏贾. 寻求空间正义 [M]. 高春花，强乃社，译. 北京：社会科学文献出版社，2016.
[212] 刘如菲. 后现代地理学视角下的城市空间重构：洛杉矶学派的理论与实践 [J]. 中国市场，2013（12）：64-69.
[213] Peter Marcuse, James Connolly, etc. Searching for the Just City [M]. New York: Routledge, 2009.
[214] 魏强. 空间正义与城市革命——大卫·哈维城市空间正义思想研究 [J]. 南华大学学报（社会科学版），2018，19（6）：62-66.
[215] 简·雅各布斯. 美国大城市的死与生 [M]. 金衡山，译. 南京：译林出版社，2006.
[216] 戴维·哈维. 叛逆的城市：从城市权利到城市革命 [M]. 叶齐茂，倪晓晖，译. 北京：商务印书馆，2014.
[217] 任政. 资本、空间与正义批判——大卫·哈维的空间正义思想研究 [J]. 马克思主义研究，

2014（6）：120-129.
[218] 大卫・哈维. 希望的空间 [M]. 胡大平，译. 南京：南京大学出版社，2005.
[219] 约翰・伦尼・肖特城市秩序 [M]. 郑娟，梁捷，译. 上海：上海人民出版社，2011.
[220] 大卫・哈维. 巴黎城记：现代性之都的诞生 [M]. 黄煜文，译. 桂林：广西师范大学出版社，2010.
[221] 大卫・哈维. 资本的空间 [M]. 王志弘，译. 台北：台湾群学出版社，2010.
[222] 庄立峰，江德兴. 城市治理的空间正义维度探究 [J]. 东南大学学报（哲学社会科学版），2015，17（4）：45-49，146.
[223] Jonathan S. Davies & David L. Imbroscio. Theories of Urban Politics [M]. London: SAGE, 2009.
[224] 爱德华・苏贾. 后大都市：城市和区域的批判性研究 [M]. 李钧，译. 上海：上海教育出版社，2006.
[225] 任政. 空间生产的正义逻辑——一种正义重构与空间生产批判的视域 [D]. 苏州：苏州大学，2014.
[226] 任政. 空间转向的叙事变革与空间正义的理论重构：基于都市马克思主义的批判理论 [J]. 国外社会科学前沿，2021（7）：23-33.
[227] 唐旭昌. 大卫・哈维城市空间思想研究 [M]. 北京：人民出版社，2014.
[228] 罗伯特・戴维・萨克. 社会思想中的空间观：一种地理学的视角 [M]. 黄春芳，译. 北京：北京师范大学出版社，2010.
[229] 胡毅，张京祥. 中国城市住区更新的解读与重构——走向空间正义的空间生产 [M]. 北京：中国建筑工业出版社，2015.
[230] 刘怀玉. 现代性的平庸与神奇——列斐伏尔日常生活批判哲学的文本学解释 [M]. 北京：中央编译出版社，2006.
[231] 米歇尔・福柯. 权力的眼睛：福柯访谈录 [M]. 严锋，译. 上海：上海人民出版社，1997.
[232] DAVID H. The Urbanization of Capital [M]. Baltimore: The Johns Hopkins University Press, 1985.
[233] 逯百慧，王红扬，冯建喜. 哈维“资本三级循环”理论视角下的大都市近郊区乡村转型——以南京市江宁区为例 [J]. 城市发展研究，2015，22（12）：43-50.
[234] 尹保红. 西方马克思主义空间理论建构及其当代价值 [M]. 北京：光明日报出版社，2016.
[235] 赵海月，赫曦滢. 列斐伏尔“空间三元辩证法”的辨识与建构 [J]. 吉林大学社会科学学报，2012（2）：22-27.
[236] 石崧，宁越敏. 人文地理学“空间”内涵的演进 [J]. 地理科学，2005（3）：3340-3345.
[237] 郑可佳. 后开发区时代开发区的空间生产：以苏州高新区狮山路区域为例 [M]. 北京：中国建筑工业出版社，2015.
[238] 刘怀玉. 历史唯物主义的空间化解释：以列斐伏尔为个案 [J]. 河北学刊，2005（3）：115-119.
[239] DAVID H. The Condition of Postmodernity [M]. Oxford: Basil Blackwell, 1989.
[240] DAVID H. Space of Global Capitalism: Towards a Theory of Uneven Geographical Development [M]. London: Verso, 2006.
[241] 唐正东. 苏贾的“第三空间”理论：一种批判性的解读 [J]. 南京社会科学，2016（1）：39-46，92.
[242] SOJA E W. Henri Lefebvre 1901-1991 [J]. Environment and Planning D Society and Space, 1991, 9(3): 257-259.

[243] 爱德华·W. 索亚. 第三空间——去往洛杉矶和其他真实和想象地方的旅程 [M]. 陆杨，译. 上海：上海教育出版社，2005.

[244] 许帆扬. 爱德华·W. 索亚的第三空间理论研究 [D]. 南京：南京师范大学，2017.

[245] 米歇尔·福柯. 规训与惩罚 [M]. 刘北成，杨远婴，译. 北京：生活·读书·新知三联书店，2012.

[246] 布尔迪厄. 文化资本与社会炼金术——布尔迪厄访谈录 [M]. 包亚明，译. 上海：上海人民出版社，1997.

[247] 刘怀玉，张一方. 从政治经济学批判哲学方法到当代空间化社会批判哲学——以列斐伏尔、阿尔都塞、哈维与吉登斯为主线 [J]. 学术交流，2019（3）：34-46，191.

[248] 曼纽尔·卡斯特尔. 信息化城市 [M]. 崔保国，译. 南京：江苏人民出版社，2011.

[249] 余瑞林. 武汉城市空间生产的过程、绩效与机制分析 [D]. 上海：华中师范大学，2013.

[250] 安乾. 快速城市化进程中城市“空间的生产”机制与实证研究——以河南省郑州市为例 [M]. 成都：西南财经大学出版社，2017.

[251] 包亚明. 消费文化与城市空间的生产 [J]. 学术月刊，2006（5）：11-13，16.

[252] OLDS K. Globalization and the Production of New Urban Spaces: Pacific Rimmegapro jects in the late 20th [J]. Environment and Planning A, 1995, 27(11): 1713-1743.

[253] YIFTACHEL O, HAIM Y. Urban Ethoncracy: Ethnicization and the Production of Space in an Israeli “Mixed City” [J]. Environment and Planning D: Society and Space, 2003, 21(6): 673-693.

[254] GUNDER M. The Production of Desirous Space: Mere Fantasies of The Unplan City? [J]. Planning Theory, 2005, 4(2):173-199.

[255] RENIA E, ANASTASIA L S. Constructing the Sidewalks: municipal government and the production of public space in Los Angeles, California, 1880-1920 [J]. Journal of History Geography, 2007, 33(1): 104-124.

[256] DENNIS R. Cities in Modernity: Representations and productions of Metropolitan Space, 1840-1930 [M]. Cambridge and New York: Cambridge University Press, 2008.

[257] DORFLER T T. Antinomien des(neuen) Urbanismus. Henri Lefebvre, Die Hafen City Hamburg and Die Produktion Des Posturbanen Raumes: Eine Forschungsskizze [J]. Raumforsch Raumordn, 2011, 69(2): 91-104.

[258] HUBBARD P, SANDERS T. Making Space for sex Work: Female Street Prostitution and the Production of Urban Space [J]. International Journal of Urban and Region al Research, 2003, 27(1): 75-89.

[259] LEARY M E. The Production of Space through a Shrine and Vendetta in Manchester: Lefebvre′s Spatial Thiad and the Regeneration of a Place Renamed Castlefield [J]. Planning Theory and Practice, 2009, 10(2): 189-212.

[260] KAZI A. Fragmented Dhaka: analyzing Everyday Life With Henri Lefebvre′s Theory of Production of Space By Eliza T. Bertuzzo [J]. International Social Science Journal, 2010, 61(200-201): 321-323.

[261] MITCHELL K, BECKETT K. Securing the Global City: Crime, Consulting, Risk, and Ratings in the Production of Urban Space [J]. Indiana Journal of Global Legal Studies, 2008, 15(1): 75-99.

[262] 庄友刚. 空间生产与资本逻辑 [J]. 学习与探索，2010（1）：14-18.

[263] 刘怀玉.《空间的生产》若干问题研究 [J]. 哲学动态，2014（11）：18-28.

[264] 孙全胜. 空间生产伦理：条件、诉求与建构路径 [J]. 理论月刊，2018（6）：52-59.
[265] 李春敏. 马克思恩格斯论资本主义空间生产的三重变革 [J]. 南京社会科学，2011（11）：45-50.
[266] 陈忠. 涂层式城市化：问题与应对——形式主义空间生产的行为哲学反思 [J]. 天津社会科学，2019（3）：37-42，99.
[267] 孔翔，宋志贤. 开发区周边新建社区内卷化现象研究——以昆山市蓬曦社区为例 [J]. 城市问题，2018（5）：4-14.
[268] 王卫城，赖亚妮. 社会分层的空间逻辑——非正规城市化向正规城市化转变过程中社会分层的分析视角 [J]. 社会科学战线，2017（6）：191-197.
[269] 王志刚. 当代中国空间生产的矛盾分析与正义建构 [J]. 天府新论，2015（6）：80-85.
[270] 刘天宝，柴彦威. 中国城市单位大院空间及其社会关系的生产与再生产 [J]. 南京社会科学，2014（7）：48-55.
[271] 陆小成. 新型城镇化的空间生产与治理机制——基于空间正义的视角 [J]. 城市发展研究，2016，23（9）：94-100.
[272] 叶超，柴彦威，张小林. "空间的生产"理论、研究进展及其对中国城市研究的启示 [J]. 经济地理，2011，31（3）：411-413.
[273] 刘云刚，周雯婷，黄徐璐，等. 全球化背景下在华跨国移民社区的空间生产——广州远景路韩国人聚居区的案例研究 [J]. 地理科学，2017，37（7）：976-986.
[274] 蔡运龙，叶超，特雷弗·巴恩斯，等. 马克思主义地理学及其中国化：规划与实践反思 [J]. 地理研究，2016，35（8）：1399-1419.
[275] 马学广，王爱民，闫小培. 基于增长网络的城市空间生产方式变迁研究 [J]. 经济地理，2009，29（11）：1827-1832.
[276] 杨永春. 中国模式：转型期混合制度"生产"了城市混合空间结构 [J]. 地理研究，2015，34（11）：2021-2034.
[277] 黄剑锋，陆林. 空间生产视角下的旅游地空间研究范式转型——基于空间涌现性的空间研究新范式 [J]. 地理科学，2015，35（1）：47-55.
[278] 张京祥，胡毅，孙东琪. 空间生产视角下的城中村物质空间与社会变迁——南京市江东村的实证研究 [J]. 人文地理，2014，29（2）：1-6.
[279] 张敏，熊帼. 城市中心区大型购物中心的社会空间生产与地方重建——以南京水游城为例 [J]. 现代城市研究，2018（9）：11-18.
[280] 童明. 变革的城市与转型中的城市设计——源自空间生产的视角 [J]. 城市规划学刊，2017（5）：50-57.
[281] 殷洁，罗小龙，肖菲. 国家级新区的空间生产与治理尺度建构 [J]. 人文地理，2018，33（3）：89-96.
[282] 李秀秀，李华. 重大事件与城市空间生产 [J]. 建筑学报，2024，(Z1)：241.
[283] 姚糖，蔡晴. 两部《雅典宪章》与城市建筑遗产的保护 [J]. 华中建筑，2005（5）：31-33.
[284] 毛锋，孟宪民，等. 大遗址保护理论与实践 [M]. 北京：科学出版社，2015.
[285] 浙江行政学院意大利历史文化遗产保护与利用培训团. 意大利文化遗产保护经验与启示 [J/OL]. 浙江文物，2016-01-08 [2021-05-31]. http://wwj.zj.gov.cn/art/2016/1/8/art_1675367_37382276.html.
[286] C. W. 策拉姆. 神祇、陵墓与学者：考古学传奇 [M]. 张芸，孟薇，译. 北京：生活·读

书·新知三联书店，2012.
［287］意大利政府．意大利共和国宪法［EB/OL］.［2021-05-31］. http://www. casacultureivrea. it/costituzione/cinese. pdf，2012.
［288］尹小玲，宋劲松，罗勇，等．意大利历史文化遗产保护体系研究［J］．国际城市规划，2012，12（6）：120-121.
［289］NISTRI G. The Experience of the Italian Cultural Heritage Protection Unit［J］. Crime in the Art and Antiquities World, 2011(3): 183-192.
［290］李建波．法国文化遗产保护的理念与策略［N］．中国社会科学报，2017-10-24（1315）.
［291］袁润培．法国文化遗产保护及启示［J］．魅力中国，2014（5）：104-105.
［292］彭峰．法国文化遗产法的历史与现实：兼论对中国的借鉴意义［J］．中国政法大学学报，2016（1）：5-12，158.
［293］邵甬，阮仪三．关于历史文化遗产保护的法制建设——法国历史文化遗产保护制度发展的启示［J］．城市规划汇刊，2002（3）：57-60，65-80.
［294］佐藤礼华，过伟敏．日本城市建筑遗产的保护与利用［J］．日本问题研究，2015，29（5）：47-55.
［295］周星，周超．日本书化遗产的分类体系及其保护制度［J］．文化遗产，2007（1）：121-139.
［296］盛岡市政府．盛岡市自然環境及び歴史的環境保全条例［Z］．盛岡：盛岡市政府，1976.
［297］埋蔵文化財発掘調査体制等の整備充実に関する調査研究委員会．行政目的で行う埋蔵文化財の調査についての標準（報告）［R］．调查标准090508jtd．東京：日本书化厅，2004：15-16.
［298］赵宇鸣．大遗址外部性治理研究［M］．北京：科学出版社，2013.
［299］National Park Service. National Park System［EB/OL］. 2016-12-03［2021-05-31］. https://www.nps.gov/aboutus/upload/Site-Designations-08-24-16.pdf.
［300］王京传．美国国家历史公园建设及对中国的启示［J］．北京社会科学，2018（1）：119-128.
［301］113th Congress. National Defense Authorization Act of 2015［EB/OL］. 2016-12-13［2021-05-31］. https://www.congress.gov/bill/113th-congress/house-bill/4435/text.
［302］114th Congress. National Defense Authorization Act of 2017［EB/OL］. 2016-12-13［2021-05-31］. https://armedservices.house.gov/hearings-and-legislation/ndaa-national-defense-authorization-act.
［303］111th Congress. Omnibus Public Land Management Act of 2009［EB/OL］. 2016-11-15［2021-05-31］. https://www.congress.gov/11/plaw/publ11/PLAW-111publ11.pdf.
［304］DILSAVER L M. America's National Park System: the Critical Documents［M］. Lanham:Row man & Little field Publishers, 2016.
［305］The USA Government Publishing Office. The Electronic Code of Federal Regulations［EB/OL］. 2016-12-03［2021-05-31］. http://www.ecfr.gov/cgi-bin/ECFR?page =browse.
［306］Cedar Creek National Historic Park. Superintendent's Compendium［EB/OL］. 2016-12-11［2021-05-31］. https://www.nps.gov/cebe/learn/management upload/8-20-14-CEBE-compendium.pdf.
［307］Tumacácori National Historic Park. Superintendent's Compendium［EB/OL］. 2016-12-11［2021-05-31］. https://www.nps.gov/tuma/learn/management/uploadTUMA-Compendium-July-2016-Update-FINAL.pdf.
［308］Independence National Historical Park. Our Partners［EB/OL］. 2016-12-10［2021-05-31］. https://www.nps.gov/inde/getinvolved/partners.htm.
［309］UNRAU H D, WILLISS G F. Administrative History: Expansion of the National Park Service in

the1930s［M］. Washington: the Denver Service Center, 1983.

［310］National Park Service. Discover History/Education and Training［EB/OL］. 2016-12-19［2021-05-31］. https://www.nps.gov/history/education-training.htm.

［311］National Park Service. About Us［EB/OL］. 2016-11-16［2021-05-31］. https://www.nps.gov/aboutus/index.htm.

［312］STABILE L. Congress Approves Creation of Blackstone River Valley National Historical Park［N］. Providence Business News, 2016-11-25.

［313］王星光. 美国如何保护历史文化遗产［N］. 学习时报，2016-02-25（2）.

［314］余池明. 习近平文化遗产保护思想及其指导意义述论［J］. 中国名城，2018（4）：4-10.

［315］国家文物局. 良渚正在建设国家考古遗址公园［J］. 文物鉴定与鉴赏，2018（2）：73.

［316］骆晓红，周黎明. 良渚遗址保护：历程回顾与问题探讨［J］. 南方文物，2017（3）：268-272.

［317］圆明园管理处. 圆明园大事计［EB/OL］. 2019-12-11［2021-05-31］. http：//www.yuanmingyuanpark.cn/gygk/dsj/201611/t20161102_4170995.html.

［318］佘怡宁，崔亚娟，李鑫. 圆明园遗址保护实践之曲折探索历程（1948年至今）［J］. 艺术科技，2017，30（3）：4-5，23.

［319］冯丽，叶恺妮. 圆明园遗产保护的策略探索——与城市发展同步［J］. 建筑与文化，2016（4）：190-191.

［320］马建昌，张颖. 近年来国内大遗址保护与管理运营问题研究述评［J］. 江汉考古，2014（5）：118-124.

［321］易西兵. 城市核心区的考古遗产——广州南越国遗迹的保护与展示实践［J］. 城市观察，2014（4）：184-192.

［322］曹勇. 广东大遗址保护规划研究［D］. 广州：华南理工大学，2014.

［323］成都金沙遗址博物馆. 金沙大遗址保护与利用的探索及实践［M］. 北京：科学出版社，2017.

［324］汤诗伟. “金沙模式”——成都金沙遗址保护与利用研究［D］. 西安：西安建筑科技大学，2010.

［325］杨敬一. 成都市金沙遗址博物馆对周边住宅价格影响分析［J］. 河北工业科技，2015，32（2）：118-122.

［326］房天下产业网. 成都金沙片区市场调查报告［EB/OL］. 2013-09-08［2021-05-31］. https://fdc.fang.com/wenku/281797.html.

［327］张心. 城市遗产保护的人本视角研究［D］. 济南：山东大学，2016.

［328］任平. 论差异性社会的正义逻辑［J］. 江海学刊，2011（2）：24-31.

［329］任重道，徐小平. 作为公平的正义与作为自由的发展——罗尔斯与阿马蒂亚·森的相互影响［J］. 社会科学，2008（9）：124-134，190.

［330］梁鹤年. 一个以人为本的规划范式［J］. 城市规划，2019，43（9）：13-14，94.

［331］汪原. 亨利·列斐伏尔研究［J］. 建筑师，2005（5）：42-50.

［332］周凯琦. 居住型历史街区日常生活空间分异研究［D］. 苏州：苏州科技大学，2019.

［333］埃贡·G. 古巴，伊冯娜·S. 林肯. 第四代评估［M］. 秦霖，将燕玲，译. 北京：中国人民大学出版社，2008.

［334］梁鹤年. 政策规划与评估方法［M］. 丁进锋，译. 北京：中国人民大学出版社，2009.

［335］陈铃林. 改进S-CAD方法的主体功能区规划实施评价研究［D］. 北京：中国地质大学（北京），2016.

[336] 徐灿清．梧州市工业水污染防治政策评估研究［D］．桂林：广西师范大学，2019.
[337] 张沛，车志晖，吴淼．生态导向下城市空间优化实证研究——以西安中心城市为例［J］．干旱区资源与环境，2018，32（10）：17-22.
[338] 吴一洲，吴次芳，罗文斌，等．浙江省城市土地利用绩效的空间格局及其机理研究［J］．中国土地科学，2009，23（10）：41-46.
[339] 欧雄，冯长春，沈青云．协调度模型在城市土地利用潜力评价中的应用［J］．地理与地理信息科学，2007（1）：42-45.
[340] 李植斌．区域可持续发展评价指标体系与方法的初步研究［J］．人文地理，1998（4）：74-78.
[341] 李乐山．设计调查［M］．北京：中国建筑工业出版社，2007.
[342] 陶皖．云计算与大数据［M］．西安：西安电子科技大学出版社，2017.
[343] 汪平西．城市旧居住区更新的综合评价与规划路径研究［D］．南京：东南大学，2019.
[344] 西安市档案局，西安市档案馆．筹建西京陪都档案史料选辑［M］．西安：西北大学出版社，1994.
[345] 吴宏岐．抗战时期的西京筹备委员会及其对西安城市建设的贡献［J］．中国历史地理论丛，2001（4）：44-57，128.
[346] 任云英．近代西安城市空间结构演变研究（1840—1949）［D］．西安：陕西师范大学，2005.
[347] 郭文毅，吴宏岐．抗战时期陪都西京3种规划方案的比较研究［J］．西北大学学报（自然科学版），2002（5）：553-556.
[348] 卢曼．信任［M］．瞿铁鹏，李强，译．上海：上海世纪出版集团，2005.
[349] 严成樑．社会资本、创新与长期经济增长［J］．经济研究，2012，47（11）：48-60.
[350] 宗海勇．空间生产的价值逻辑与新型城镇化［D］．苏州：苏州大学，2017.
[351] 安东尼·吉登斯．历史唯物主义的当代批判：权力、财产与国家［M］．郭忠华，译．上海：上海译文出版社，2010.
[352] 孙全胜．列斐伏尔“空间生产”的理论形态研究［D］．南京：东南大学，2015.
[353] 曹根榕，卓健．彰显规划关怀的包容性街道规划建设策略［J］．规划师，2017，33（9）：16-21.
[354] 国家文物局．大遗址利用导则（试行）〔2020〕13号［Z］．2020-05-14［2021-05-31］．http://www.ncha.gov.cn/art/2020/9/15/art_2407_122.html.
[355] 陈竞．日本公共性社区互助网络的解析——以神奈川县川崎市Y地区的NPO活动为例［J］．广西民族大学学报（哲学社会科学版），2007（1）：89-94.
[356] 杨·盖尔．交往与空间［M］．何人可，译．北京：中国建筑工业出版社，2002.
[357] 胡小武，张沥允，金光明．断裂与弥合：南京城市居民邻里关系的实证研究［J］．城市观察，2020（1）：153-164.

附录

附录一：调查问卷

大明宫遗址地区日常生活满意度调查问卷表（Ⅰ）

（游客部分）

您好！非常感谢您在百忙之中接受我们的调查。

我们是西安建筑科技大学建筑学院的研究生，当前正在开展一项有关大明宫遗址地区日常生活满意度状况的调查研究。为了解您对此最真实的想法，我们设计了本问卷。问卷采用匿名填写，答案无所谓对错，获取信息仅用于学术研究且严格保密。最后，对您的热心支持和协助，我们致以衷心的感谢！

调查时间:______年______月______日；调查地点__________。

第一部分　基本情况

填写说明：请在您认为合适的选项“□”内打“√”，部分选题可多选。

■个人情况

1. 您的性别：□男　□女

2. 您的年龄：□20岁以下　□21～35岁　□36～45岁　□46～60岁　□60岁以上

3. 您的受教育经历：

□小学及以下　□初中　□高中及中专　□大专　□本科及以上

4. 您的职业：

□公务员/事业单位　□企业职员　□个体工商户/私营企业户　□工人　□专业技术人员　□学生　□自由职业　□离退休人员　□其他

5. 您来自哪里：□西安市　□省内其他地区　□内地外省地区　□港澳台　□国外

■基本认知

6. 您是通过以下哪些渠道了解到唐大明宫国家遗址公园的？（可多选）

□网络　□电视/电台/报纸　□旅行社　□他人推荐　□其他

7. 以下哪些是您本次出游计划的必到景点？（可多选）

□秦始皇陵兵马俑　□华清宫　□大雁塔文化休闲景区　□小雁塔　□大唐芙蓉园　□曲江遗址公园　□唐大明宫国家遗址公园　□西安城墙　□碑林　□青龙寺　□钟鼓楼　□回民街　□昆明池　□其他

8. 您参观游览大明宫遗址公园累计次数有？

□1次　□2次　□3次　□3次以上

9. 您会推荐身边的朋友游览唐大明宫国家遗址公园吗？

□会　□不太确定　□不会

第二部分　满意度调查

填写说明：请在您认为最合适的选项“□”内打“√”，选题均为单选。

外地游客满意度调查表

编号	调查内容	调查要素	非常好	比较好	一般	较差	非常差
T1	历史文化呈现	遗址本体呈现展示方式新颖，吸引力比较强	□	□	□	□	□
T2		考古过程展示和出土文物展示的知识性和趣味性不错	□	□	□	□	□
T3		通过序列参观能清晰地感知到大明宫宏伟格局	□	□	□	□	□
T4		遗址公园内的建筑、小品、雕塑、标识等具有明显的遗址历史文化寓意	□	□	□	□	□
T5		值得游览参观的点较多，内容丰富、呈现方式生动有趣	□	□	□	□	□
T6		遗址周边视线开阔，风貌控制得比较好	□	□	□	□	□
T7	游览服务体验	可以通过公交、地铁等交通形式很方便地到达这里	□	□	□	□	□
T8		游览线路组织清晰	□	□	□	□	□
T9		导览服务周到、细致，能很好地获得相关历史信息	□	□	□	□	□
T10		公园内外景观宜人、环境优美	□	□	□	□	□
T11		住宿、就餐、购物体验都不错	□	□	□	□	□
T12		门票价格比较合理	□	□	□	□	□

大明宫遗址地区日常生活满意度调查问卷表（II）

（本地居民）

您好！非常感谢您在百忙之中接受我们的调查。

我们是西安建筑科技大学建筑学院的研究生，当前正在开展一项有关大明宫遗址地区日常生活满意度状况的调查研究。为了解您对此最真实的想法，我们设计了本问卷。问卷采用匿名填写，答案无所谓对错，获取信息仅用于学术研究且严格保密。最后，对您的热心支持和协助，我们致以衷心的感谢！

调查时间：______年______月______日；调查地点____________。

第一部分　基本情况

填写说明：请在您认为合适的选项"□"内打"√"，部分选题可多选。

■个人情况

1. 您的性别：□男　□女

2. 您的年龄：□20岁以下　□21～35岁　□36～45岁　□46～60岁　□60岁以上

3. 您的受教育经历：

□小学及以下　□初中　□高中及中专　□大专　□本科及以上

4. 您的职业：

□公务员/事业单位　□企业职员　□个体工商户/私营企业户　□工人　□专业技术人员　□学生　□自由职业　□离退休人员　□其他

5. 您在西安生活居住时间：

□1～5年　□5～10年　□10～20年　□20年以上

■基本认知

6. 您知道唐大明宫遗址是世界历史文化遗产吗？□知道　□不知道

7. 您认为以下哪些选项可作为西安的城市文化名片？（可多选）

□秦始皇陵兵马俑　□华清宫　□大雁塔　□小雁塔　□大唐芙蓉园　□曲江池遗址　□唐大明宫遗址　□城墙　□青龙寺　□钟楼　□其他

8. 您参观游览过唐大明宫国家遗址公园吗？□有　□无

9. 您愿意成为唐大明宫遗址保护的志愿者吗？□愿意　□不愿意

10. 您觉得当前大明宫片区属于以下哪种类型区？（可多选）

□老旧地区　□重要商业区　□文化旅游区　□历史风貌区　□大型居住片区

11. 您觉得大明宫遗址保护利用对大明宫地区发展起到多大推动作用？

□作用非常大　□作用比较大　□作用一般　□有点作用　□没有作用

第二部分　满意度调查

填写说明：请在您认为最合适的选项“□”内打“√”，选题均为单选。

本地居民满意度调查表

编号	调查内容	调查要素	非常好	比较好	一般	较差	非常差
L1	整体环境形象	新建街巷尺度适宜	□	□	□	□	□
L2		建筑文化特征突出，风貌特色明显	□	□	□	□	□
L3		街道设施齐全、摆放规整、样式好看	□	□	□	□	□
L4		绿化层次性好、铺装实用美观	□	□	□	□	□
L5		环卫设施布置合理，总体街区环境卫生不错					
L6	文化传承延续	遗址保护展示均为原貌，没有对本体做过度的干预和修饰	□	□	□	□	□
L7		遗址周边视线开阔，风貌控制得比较好	□	□	□	□	□
L8		遗址地区的历史文化氛围越来越浓厚了	□	□	□	□	□
L9		在保护改造中，主管单位广泛地吸收居民意见，并组织发挥了居民志愿者参与到遗址保护当中	□	□	□	□	□
L10		大明宫遗址的保护利用这种模式比较成功，丰富了遗址保护中国经验					
L11	经济活力水平	大明宫地区的商业非常繁荣	□	□	□	□	□
L12		近几年大明宫地区的文化旅游类公司比较多	□	□	□	□	□
L13		这里能提供不同类型的、比较多的工作机会	□	□	□	□	□
L14		日常生活需求，基本在家附近就能解决	□	□	□	□	□
L15		日常出行非常方便，感觉花在路上的时间少多了					

大明宫遗址地区日常生活满意度调查问卷表（III）

（安置居民）

您好！非常感谢您在百忙之中接受我们的调查。

我们是西安建筑科技大学建筑学院的研究生，当前正在开展一项有关大明宫遗址地区日常生活满意度状况的调查研究。为了解您对此最真实的想法，我们设计了本问卷。问卷采用匿名填写，答案无所谓对错，获取信息仅用于学术研究且严格保密。最后，对您的热心支持和协助，我们致以衷心的感谢！

调查时间：______年______月______日；调查地点____________。

第一部分　基本情况

填写说明：请在您认为合适的选项"□"内打"√"，部分选题可多选。

■个人情况

1. 您的性别：□男　□女

2. 您的年龄：□20岁以下　□21～35岁　□36～45岁　□46～60岁　□60岁以上

3. 您的受教育经历：

□小学及以下　□初中　□高中及中专　□大专　□本科及以上

4. 您的职业：

□公务员/事业单位　□企业职员　□个体工商户/私营企业户　□工人/打工者　□专业技术人员　□学生　□自由职业　□离退休人员　□其他

5. 您的家庭人员数量：

□独居　□两口　□三口　□四口　□五口　□五口以上

6. 您的家庭月均收入：

□1000元以下　□1000～3000元　□3000～5000元　□5000～1万元　□1万元以上

■基本认知

7. 拆迁安置后，您会经常去遗址公园吗？

□经常去　□偶尔去　□没去过

8. 您眼中遗址公园是什么地方？（可多选）

□旅游的地方　□休闲的地方　□运动的地方　□聚会的地方　□回忆过去的地方　□了解历史的地方

9. 您愿意成为大明宫遗址保护的志愿者吗？□愿意　□不愿意

10. 您对大明宫遗址地区保护改造的认可情况如何？

□非常认可　□比较认可　□一般认可　□稍微认可　□不认可

第二部分　满意度调查

填写说明：请在您认为最合适的选项“□”内打“√”，选题均为单选。

安置居民满意度调查表

编号	调查内容	调查要素	非常同意	同意	一般	不同意	非常不同意
R1	居住条件	与保护改造前相比，现在居住的小区位置更好了	□	□	□	□	□
R2		与保护改造前相比，现在家庭人均住房面积增加了	□	□	□	□	□
R3		与保护改造前相比，现在居住的房屋质量明显好多了	□	□	□	□	□
R4		与保护改造前相比，现在居住小区环境优美多了	□	□	□	□	□
R5	就业条件	与保护改造前相比，现在大明宫地区有了更多工作机会	□	□	□	□	□
R6		与保护改造前相比，现在的工作就业成本变小了	□	□	□	□	□
R7		与保护改造前相比，现在工作更稳定了	□	□	□	□	□
R8	社会关系	与保护改造前相比，原来的社会关系网络依然保持着同样的联系	□	□	□	□	□
R9		现在居住小区的邻里交往、邻里互助氛围挺好的	□	□	□	□	□
R10		目前在新的住区已经建立了比较良好的归属感	□	□	□	□	□
R11	设施配套	与保护改造前相比，当前小区周边配置了更多的商业、休闲设施	□	□	□	□	□
R12		与保护改造前相比，现在日常出行更方便了	□	□	□	□	□
R13		与保护改造前相比，孩子上学托幼更方便了	□	□	□	□	□
R14		与保护改造前相比，现在医疗就诊方便多了	□	□	□	□	□
R15	治理参与	在保护改造过程中，能通畅地表达自己的意见	□	□	□	□	□
R16		在保护改造过程中，涉及切身利益的事项管理决策都能做到程序公正和结果透明	□	□	□	□	□
R17		保护改造的安置补偿与预期差别不大	□	□	□	□	□
R18		与保护改造前相比，现在的社区服务更及时、社区管理更民主	□	□	□	□	□

附录二：访谈提纲

大明宫遗址地区日常生活满意度访谈调查提纲

您好！我们是西安建筑科技大学建筑学院的研究生，非常感谢您在百忙之中能接受我们的访谈调查。此次访谈旨在了解您对大明宫遗址地区保护改造后的一些真实看法，访谈结果会作匿名编号处理且仅用于学术研究分析。

调查时间:______年______月______日；调查地点____________。

访谈对象 1：外地游客

一、基本情况

1. 您的性别：□男 □女

2. 您的年龄：□20岁以下 □21 ~ 35岁 □36 ~ 45岁 □46 ~ 60岁 □60岁以上

3. 您的受教育经历：

□小学及以下 □初中 □高中及中专 □大专 □本科及以上

4. 您的职业：

□公务员/事业单位 □企业职员 □个体工商户/私营企业户 □工人/打工者 □专业技术人员 □学生 □自由职业 □离退休人员 □其他

5. 您来自哪里：□西安市 □省内其他地区 □内地外省地区 □港澳台 □国外

二、开放式议题

1. 您对大明宫遗址公园的总体印象如何？如：提供游览产品的丰富性、线路安排与否、人员服务意识、博物馆等建筑的风貌状况、景区科技化、智慧程度等。

2. 您对景区内哪些产品或细节感到不满意？

3. 与其他类似性质的景区相比，您觉得大明宫遗址公园能排到哪个位置？特点、优点体现在哪些方面？

4. 遗址公园有哪些地方需要提升和改善的？

5. 您本次出游的综合体验如何？如交通出行、酒店住宿、就餐服务、特产购买等。

访谈对象 2：本地居民

一、基本情况

1. 您的性别：□男 □女

2. 您的年龄：□20岁以下 □21 ~ 35岁 □36 ~ 45岁 □46 ~ 60岁 □60岁以上

3. 您的受教育经历：

□小学及以下 □初中 □高中及中专 □大专 □本科及以上

4. 您的职业：

□公务员/事业单位 □企业职员 □个体工商户/私营企业户 □工人/打工者 □专业技术人员

□学生　□自由职业　□离退休人员　□其他

5. 您在西安生活居住时间：

□1～5年　□5～10年　□10～20年　□20年以上

二、开放式议题

1. 您觉得当前大明宫遗址地区的综合状况如何？如：空间风貌、环境卫生、经济活力等。

2. 您认可当前大明宫遗址的保护利用方式吗？认可、不认可内容主要体现在哪些方面？

3. 您觉得大明宫遗址地区保护改造留下了哪些遗憾？或当前哪些方面有待完善、提升？

4. 大明宫遗址公园建成后，您的城市自豪感得到提升没？您愿意推荐给亲人、朋友吗？

访谈对象3：安置居民

一、基本情况

1. 您的性别：□男　□女

2. 您的年龄：□20岁以下　□21～35岁　□36～45岁　□46～60岁　□60岁以上

3. 您的受教育经历：

□小学及以下　□初中　□高中及中专　□大专　□本科及以上

4. 您的职业：

□公务员/事业单位　□企业职员　□个体工商户/私营企业户　□工人/打工者　□专业技术人员

□学生　□自由职业　□离退休人员　□其他

5. 您的家庭人员构成：

□独居　□2口　□3口　□4口　□5口　□5口以上

6. 您的家庭月均收入：

□1000元以下　□1000～3000元　□3000～5000元　□5000～1万元　□1万元以上

二、开放式议题

1. 您对当前居住生活环境满意吗？如：街区环境、小区管理、交通出行、教育医疗等方面。

2. 保护改造过程中涉及您的切身利益，是否真正做到了公开、透明、公正？如：关键问题及时告知、享有决策投票表决权、安置方案满意情况、专业人员解释说明等。

3. 您的生活支出和收入增长与保护改造前相比变化大吗？

4. 保护改造是否让您有了更多的获得感？体现在哪些方面？